画像を加工して見栄えのするプレゼンテーションを作ろう

第1章 画像の加工

たくさんのバリエーションから選べる！

アート効果を使って、画像の見た目をアレンジしよう！

画像の回転やトリミングをしたり、装飾を加えたりして体裁を整えよう！

写真や図形をレイアウトして
デザイン性豊かなちらしを作ろう

第2章 グラフィックの活用

プレゼン資料だけじゃない！？
PowerPointを使えば、用紙サイズを自由に設定して
ポスターやちらし、はがきだって作れる！

基本的な図形を
組み合わせて、
タイトルのデザインや
イラストを作ろう！

写真コンテスト

Let's Enjoy a CAMERA!

■テーマ
「季節」「動植物」「笑顔」の
3部門

■応募資格
プロ・アマチュアを問いません。

■応募締切
2025年6月30日

■応募先
〒212-0014
神奈川県川崎市幸区大宮町
X-X
株式会社FOMカメラ
写真コンテスト係

■応募条件
2024年3月以降に撮影した、
未発表の作品に限ります。

＜主　催＞株式会社FOMカメラ
＜協　賛＞株式会社イーフォト／CHIDORIフィルム株式会社

文字の背景を半透明の塗りつぶしにすれば、
写真に重ねてもマッチするデザインに！

動画や音声の特長を活かして
訴求力の高いプレゼンテーションにしよう

第3章 動画と音声の活用

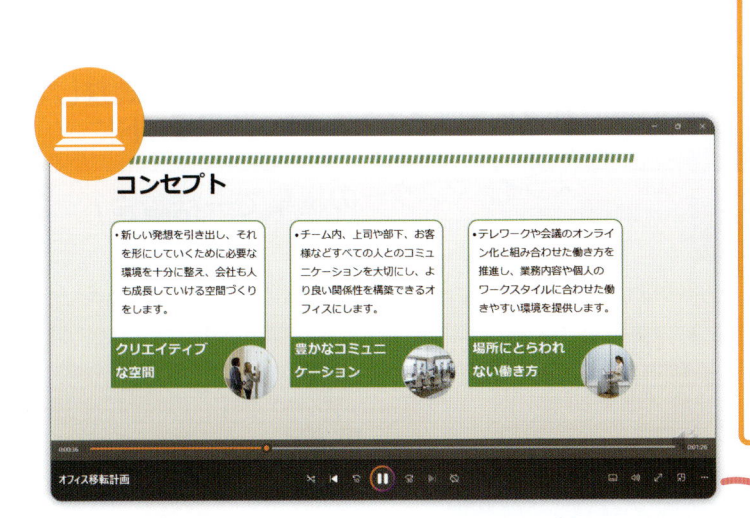

視覚と聴覚に訴えかけて、
より興味・関心を持って
見てもらおう！

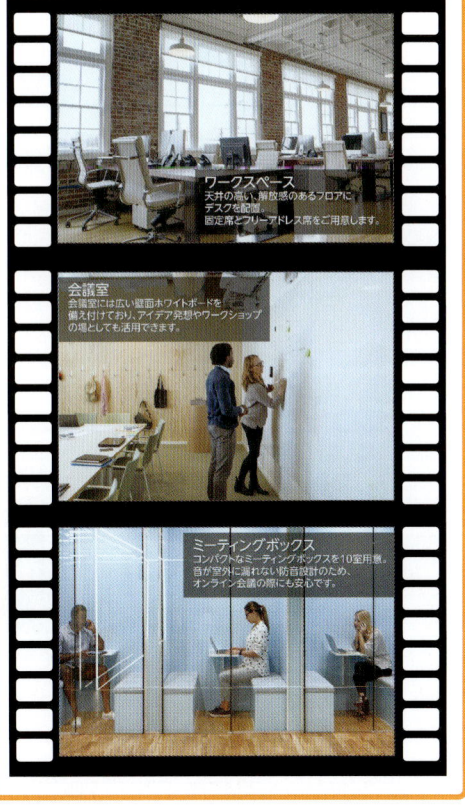

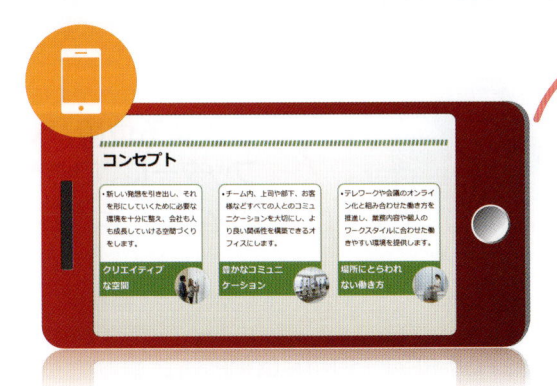

ビデオ形式で書き出せば
PowerPointが入っていない
パソコンやスマホでも
動画として再生できる！

デザインを一括で変更して統一感のあるスライドを作ろう

色やフォント、図形の位置などを調整して、作りたいイメージに合ったスライドに仕上げていこう！
スライドマスターの編集で一括設定！

エフオーエム不動産

共通する位置、ヘッダーやフッターに、ロゴや会社名、クレジットを入れよう！

©2025 FOM REAL ESTATE CORP.

WordやExcelのデータを
プレゼンテーションに組み込もう

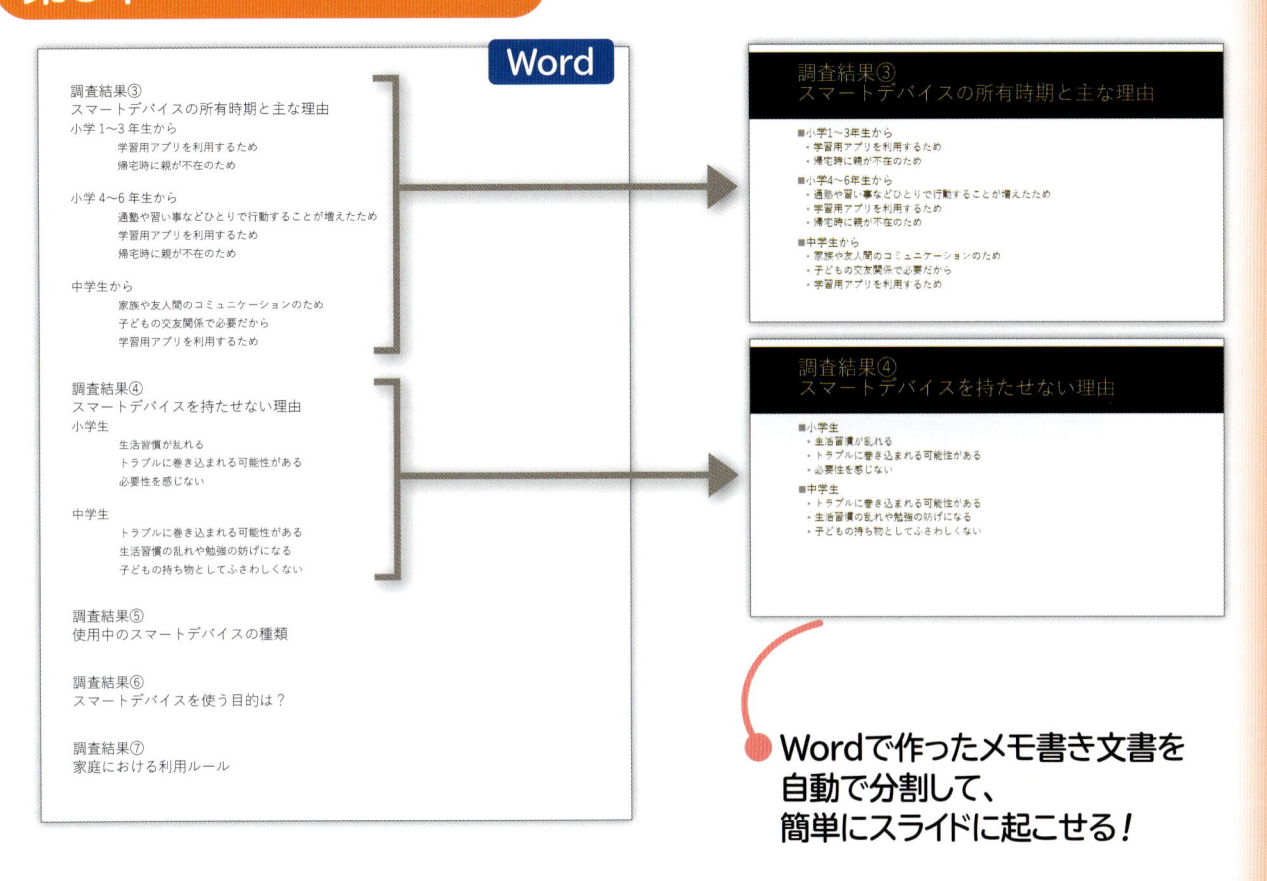

Wordで作ったメモ書き文書を
自動で分割して、
簡単にスライドに起こせる！

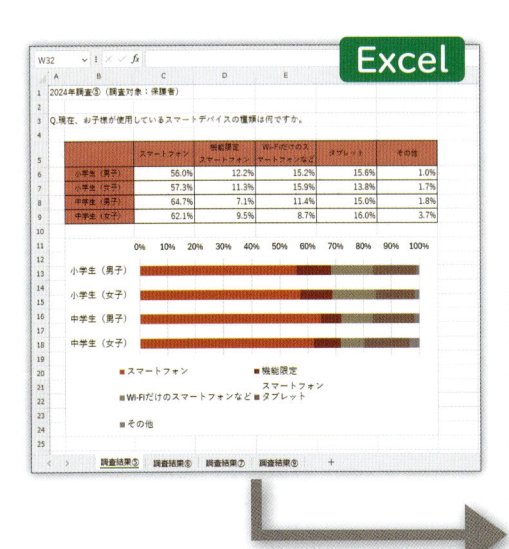

Excelで作ったグラフをスライドへ。
貼り付け方法によっては、
PowerPointでグラフの編集ができる！

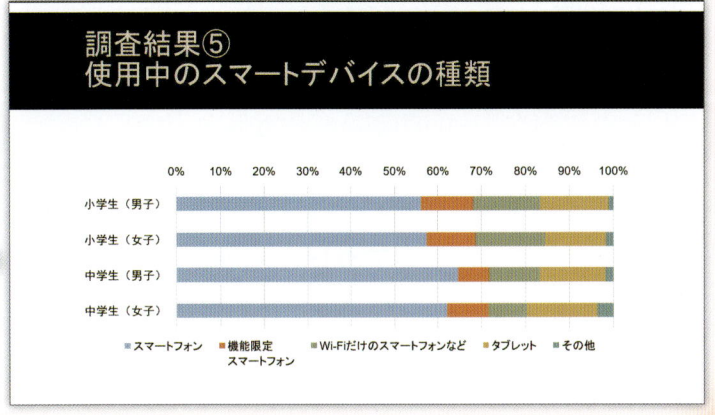

作成した内容をチェックして
プレゼンテーションを仕上げよう

第6章 プレゼンテーションの校閲

検索、置換、コメント、
比較などの機能を活用して、
プレゼンテーションのチェックや、
修正の反映をしよう！

第7章 プレゼンテーションの検査と保護

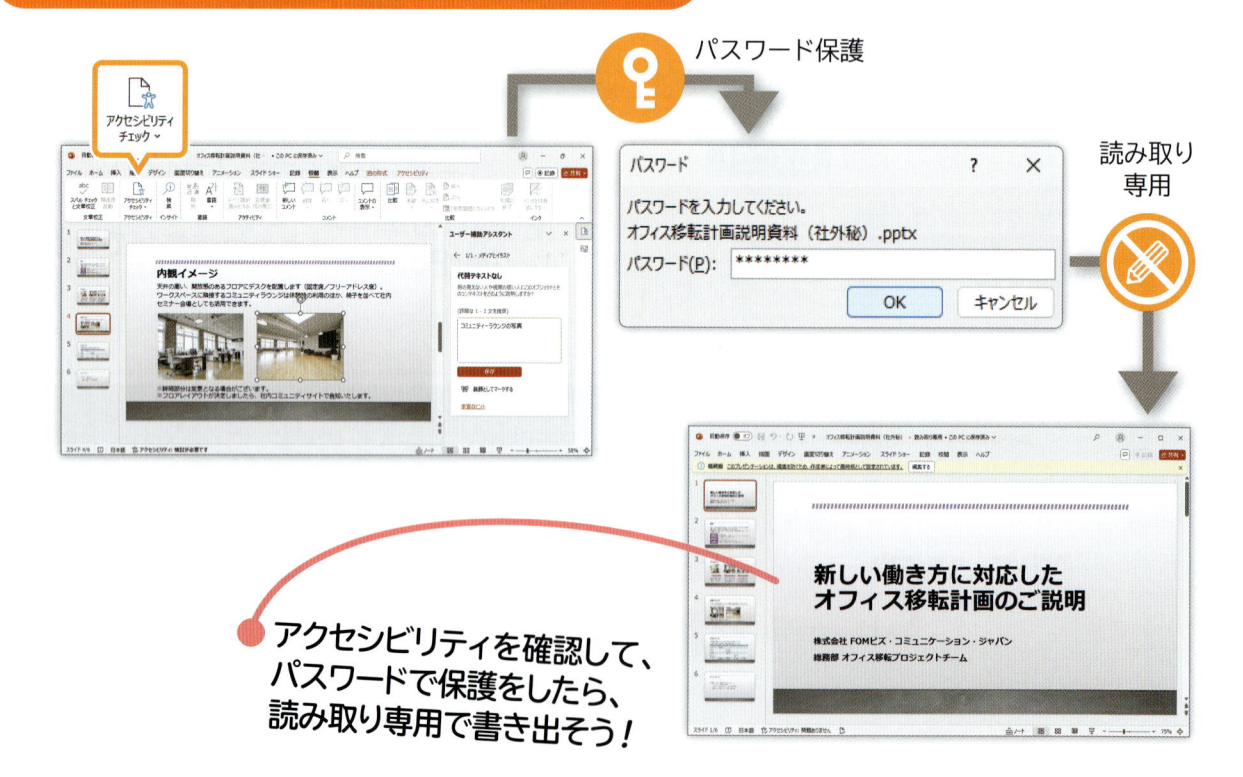

パスワード保護

読み取り専用

アクセシビリティを確認して、
パスワードで保護をしたら、
読み取り専用で書き出そう！

いろいろな場面で役に立つ PowerPointの便利な機能を使ってみよう

第8章 便利な機能

セクションごとにまとめて
移動、デザイン変更、印刷をしよう！
スライド枚数が多いときに管理が楽！

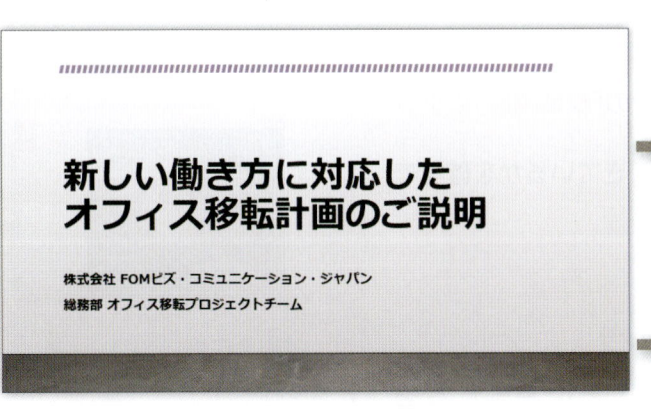

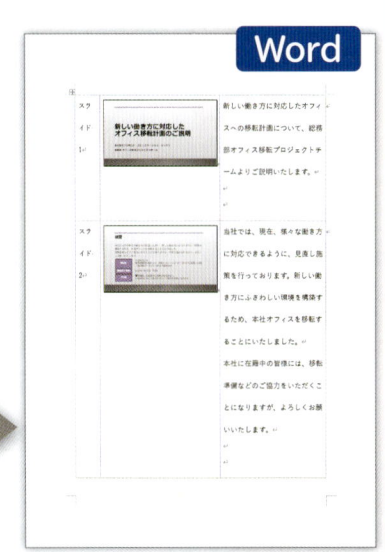

Word

Word文書の配布資料を
作ったり、PDFで保存したり。
用途に合わせてファイルを書き出そう！

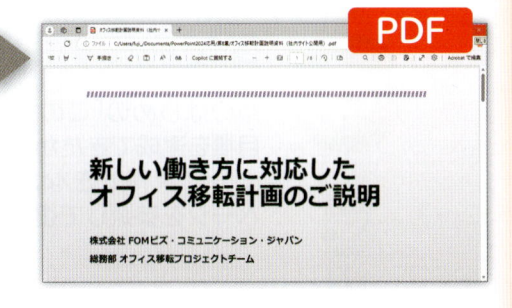

PDF

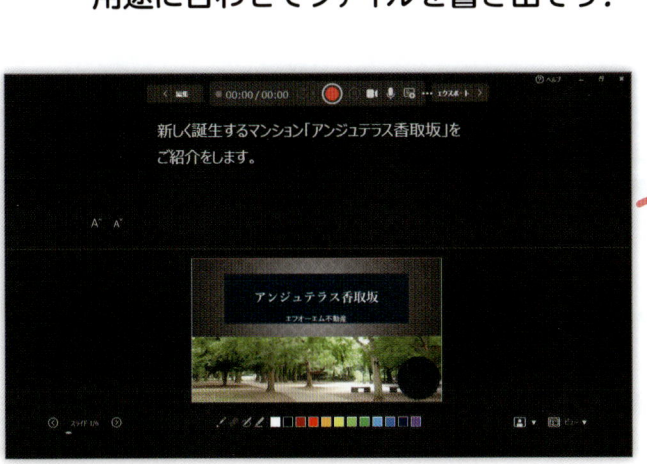

スライド切り替えのタイミングも、
ナレーションの音声も、発表者の
映像も、ペンで書き込んだ箇所も。
全部まとめて録画しよう！

本書を使った学習の進め方

本書の各章は、次のような流れで学習を進めると、効果的な構成になっています。

① 学習目標を確認

学習をはじめる前に、「この章で学ぶこと」で学習目標を確認しましょう。
学習目標を明確にすると、習得すべきポイントが整理できます。

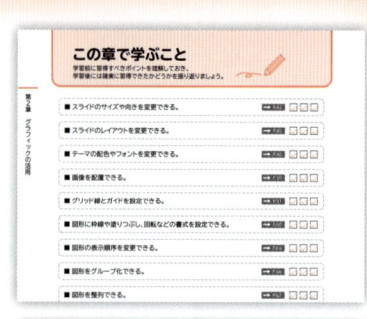

② 章の学習

学習目標を意識しながら、機能や操作を学習しましょう。

③ 練習問題にチャレンジ

章の学習が終わったら、章末の「練習問題」にチャレンジしましょう。
章の内容がどれくらい理解できているかを確認できます。

④ 学習成果をチェック

章のはじめの「この章で学ぶこと」に戻って、学習目標を達成できたかどうかをチェックしましょう。
十分に習得できなかった内容については、該当ページを参照して復習しましょう。

⑤ 総合問題にチャレンジ

すべての章の学習が終わったら、「総合問題」にチャレンジしましょう。
本書の内容がどれくらい理解できているかを確認できます。

⑥ 実践問題で力試し

「実践問題」は、ビジネスシーンにおける上司や先輩からの指示・アドバイスをもとに、PowerPointの機能や操作手順を自ら考えて解く問題です。本書の学習の仕上げに実践問題にチャレンジして、PowerPointがどれくらい使いこなせるようになったかを確認しましょう。

はじめに

多くの書籍の中から、「**PowerPoint 2024応用 Office 2024／Microsoft 365対応**」を手に取っていただき、ありがとうございます。

本書は、PowerPointを使いこなしたい方、さらにスキルアップを目指したい方を対象に、図形や写真などに様々な効果を設定する方法やスライドのカスタマイズ、ほかのアプリとの連携、コメントや比較などの機能を使ってプレゼンテーションを校閲する方法などをわかりやすく解説しています。また、各章末の練習問題、総合問題、そして実務を想定した実践問題の3種類の練習問題を用意しています。これらの多様な問題を通して学習内容を復習することで、PowerPointの操作方法を確実にマスターできます。

巻末には、作業の効率化に役立つ「**ショートカットキー一覧**」を収録しています。

本書は、根強い人気の「**よくわかる**」シリーズの開発チームが、積み重ねてきたノウハウをもとに作成しており、講習会や授業の教材としてご利用いただくほか、自己学習の教材としても最適です。
本書を学習することで、PowerPointの知識を深め、実務にいかしていただければ幸いです。

なお、プレゼンテーション作成の基本操作については、「**よくわかる Microsoft PowerPoint 2024 基礎 Office 2024／Microsoft 365対応**」(FPT2418) をご利用ください。

本書を購入される前に必ずご一読ください
本書に記載されている操作方法は、2025年1月時点の次の環境で動作確認しております。
・Windows 11 (バージョン24H2　ビルド26100.2894)
・PowerPoint 2024 (バージョン2411　ビルド16.0.18227.20082)
本書発行後のWindowsやOfficeのアップデートによって機能が更新された場合には、本書の記載のとおりに操作できなくなる可能性があります。あらかじめご了承のうえ、ご購入・ご利用ください。

2025年3月30日
FOM出版

目次

■第6章　プレゼンテーションの校閲 …… 191

練習問題・総合問題・実践問題の標準解答は、FOM出版のホームページで提供しています。P.5「5　学習ファイルと標準解答のご提供について」を参照してください。

本書をご利用いただく前に

本書で学習を進める前に、ご一読ください。

1 本書の記述について

操作の説明のために使用している記号には、次のような意味があります。

記述	意味	例
[ ]	キーボード上のキーを示します。	[Ctrl] [Enter]
[ ] + [ ]	複数のキーを押す操作を示します。	[Ctrl] + [F] ([Ctrl] を押しながら[F]を押す)
《 》	ボタン名やダイアログボックス名、タブ名、項目名など画面の表示を示します。	《アート効果》をクリックします。 《図の形式》タブを選択します。 《図の書式設定》作業ウィンドウを使います。
「 」	重要な語句や機能名、画面の表示、入力する文字などを示します。	「温度：8800K」に変更しましょう。 「担当者」を選択します。

学習の前に開くファイル

 知っておくべき重要な内容

STEP UP 知っていると便利な内容

※ 補足的な内容や注意すべき内容

 学習した内容の確認問題

 確認問題の答え

HINT 問題を解くためのヒント

2 製品名の記載について

本書では、次の名称を使用しています。

正式名称	本書で使用している名称
Windows 11	Windows 11 または Windows
Microsoft PowerPoint 2024	PowerPoint 2024 または PowerPoint
Microsoft Word 2024	Word 2024 または Word
Microsoft Excel 2024	Excel 2024 または Excel

3 学習環境について

本書を学習するには、次のソフトが必要です。
また、インターネットに接続できる環境で学習することを前提にしています。

> PowerPoint 2024　または　Microsoft 365のPowerPoint
> Word 2024　または　Microsoft 365のWord
> Excel 2024　または　Microsoft 365のExcel

◆ 本書の開発環境

本書を開発した環境は、次のとおりです。

OS	Windows 11 Pro（バージョン24H2　ビルド26100.2894）
アプリ	Microsoft Office Home and Business 2024 （バージョン2411　ビルド16.0.18227.20082）
ディスプレイの解像度	1280×768ピクセル
その他	・WindowsにMicrosoftアカウントでサインインし、インターネットに接続した状態 ・OneDriveと同期していない状態

※本書は、2025年1月時点のPowerPoint 2024またはMicrosoft 365のPowerPointに基づいて解説しています。今後のアップデートによって機能が更新された場合には、本書の記載のとおりに操作できなくなる可能性があります。

POINT　OneDriveの設定

WindowsにMicrosoftアカウントでサインインすると、同期が開始され、パソコンに保存したファイルがOneDriveに自動的に保存されます。初期の設定では、デスクトップ、ドキュメント、ピクチャの3つのフォルダーがOneDriveと同期するように設定されています。
本書はOneDriveと同期していない状態で操作しています。
OneDriveと同期している場合は、一時的に同期を停止すると、本書の記載と同じ手順で学習できます。
OneDriveとの同期を一時停止および再開する方法は、次のとおりです。

一時停止

◆通知領域の《OneDrive》→《ヘルプと設定》→《同期の一時停止》→停止する時間を選択
※時間が経過すると自動的に同期が開始されます。

再開

◆通知領域の《OneDrive》→《ヘルプと設定》→《同期の再開》

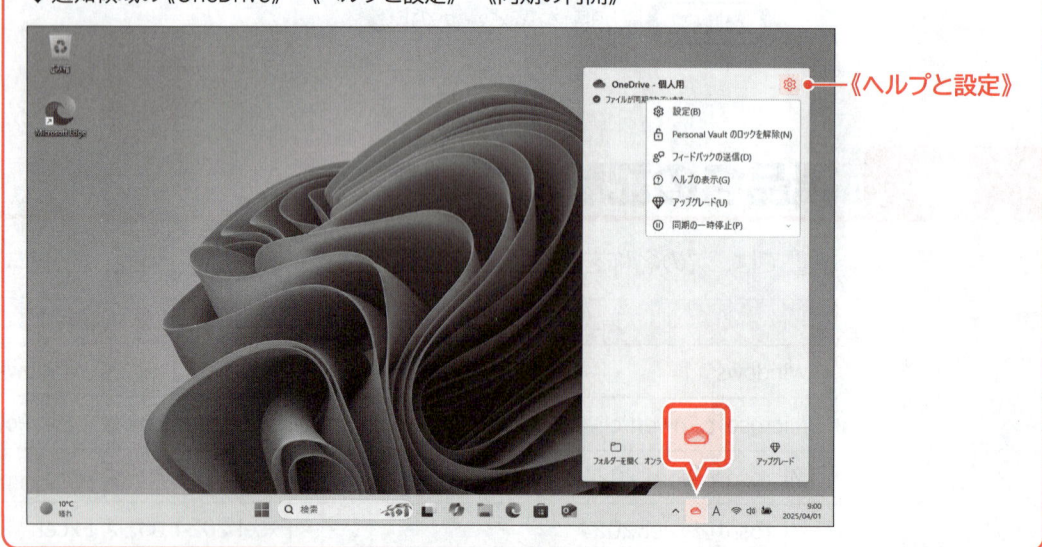

4 学習時の注意事項について

お使いの環境によっては、次のような内容について本書の記載と異なる場合があります。
ご確認のうえ、学習を進めてください。

◆画面図のボタンの形状

本書に掲載している画面図は、ディスプレイの解像度を「**1280×768ピクセル**」、ウィンドウ
を最大化した環境を基準にしています。
ディスプレイの解像度やウィンドウのサイズなど、お使いの環境によっては、画面図のボタン
の形状やサイズ、位置が異なる場合があります。
ボタンの操作は、ポップヒントに表示されるボタン名を参考に操作してください。

ポップヒント

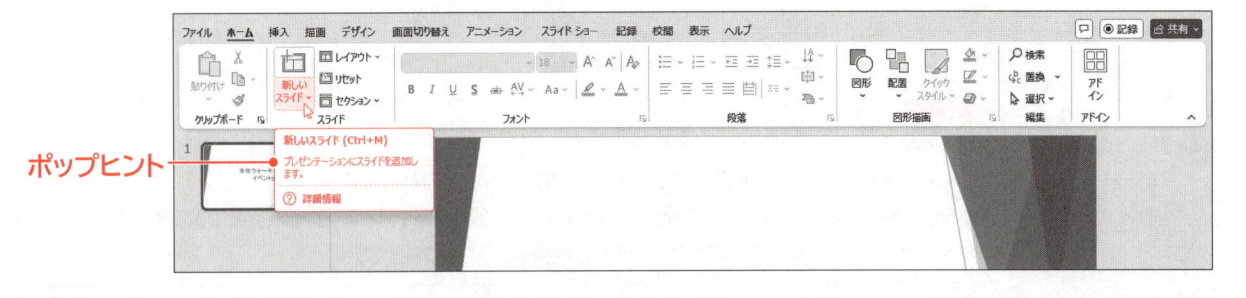

ディスプレイの解像度が高い場合／ウィンドウのサイズが大きい場合

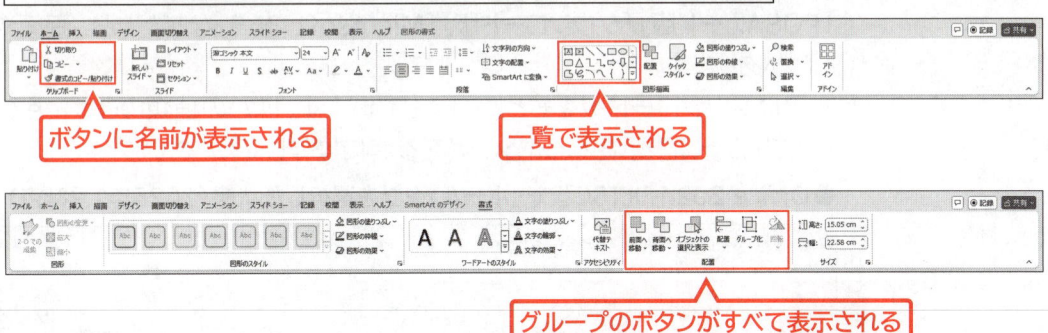

ボタンに名前が表示される　　一覧で表示される

グループのボタンがすべて表示される

ディスプレイの解像度が低い場合／ウィンドウのサイズが小さい場合

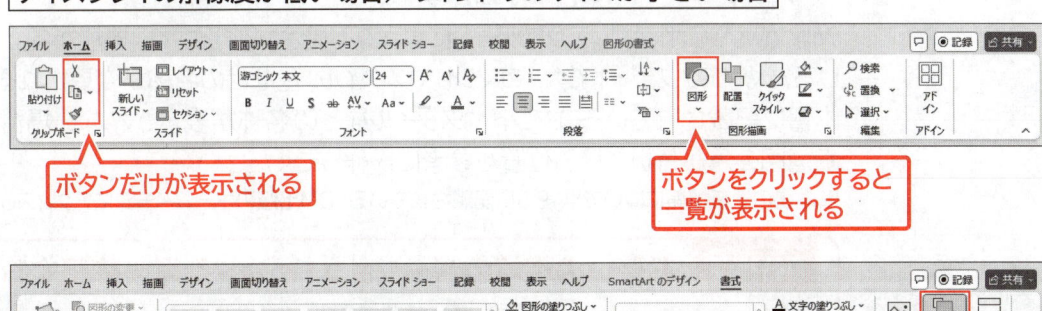

ボタンだけが表示される　　ボタンをクリックすると一覧が表示される

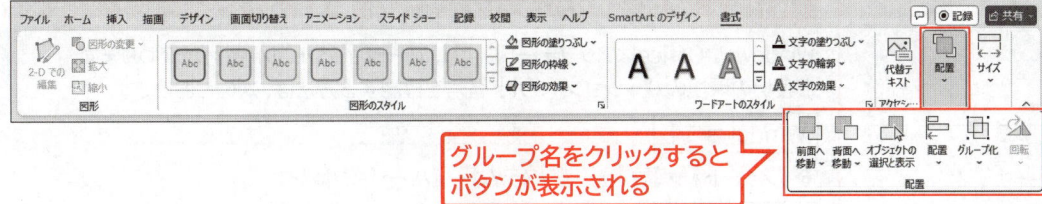

グループ名をクリックするとボタンが表示される

◆《ファイル》タブの《その他》コマンド

《ファイル》タブのコマンドは、画面の左側に一覧で表示されます。お使いの環境によっては、下側のコマンドが《その他》にまとめられている場合があります。目的のコマンドが表示されていない場合は、《その他》をクリックしてコマンドを表示してください。

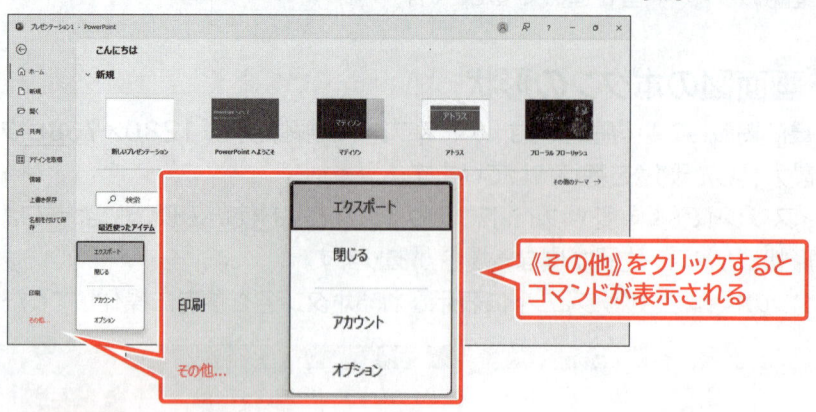

《その他》をクリックすると
コマンドが表示される

POINT　ディスプレイの解像度の設定

ディスプレイの解像度を本書と同様に設定する方法は、次のとおりです。

◆デスクトップの空き領域を右クリック→《ディスプレイ設定》→《ディスプレイの解像度》の▼→《1280×768》

※メッセージが表示される場合は、《変更の維持》をクリックします。

◆Officeの種類に伴う注意事項

Microsoftが提供するOfficeには「ボリュームライセンス（LTSC）版」「プレインストール版」「POSAカード版」「ダウンロード版」「Microsoft 365」などがあり、画面やコマンドが異なることがあります。

本書はダウンロード版をもとに開発しています。ほかの種類のOfficeで操作する場合は、ポップヒントに表示されるボタン名を参考に操作してください。

●Office 2024のLTSC版で《ホーム》タブを選択した状態（2025年1月時点）

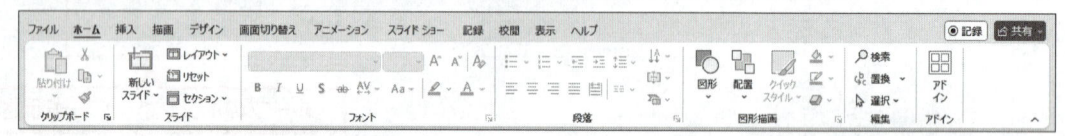

※お使いの環境のOfficeの種類は、《ファイル》タブ→《アカウント》で表示される画面で確認できます。

◆アップデートに伴う注意事項

WindowsやOfficeは、アップデートによって不具合が修正され、機能が向上する仕様となっているため、アップデート後に、コマンドやスタイル、色などの名称が変更される場合があります。本書に記載されているコマンドやスタイルなどの名称が表示されない場合は、掲載している画面図の色が付いている位置を参考に操作してください。

※本書の最新情報については、P.8に記載されているFOM出版のホームページにアクセスして確認してください。

POINT　お使いの環境のバージョン・ビルド番号を確認する

WindowsやOfficeはアップデートにより、バージョンやビルド番号が変わります。
お使いの環境のバージョン・ビルド番号を確認する方法は、次のとおりです。

Windows 11

◆《スタート》→《設定》→《システム》→《バージョン情報》

Office 2024

◆《ファイル》タブ→《アカウント》→《（アプリ名）のバージョン情報》

※お使いの環境によっては、《アカウント》が表示されていない場合があります。その場合は、《その他》→《アカウント》を選択します。

5 学習ファイルと標準解答のご提供について

本書で使用する学習ファイルと標準解答のPDFファイルは、FOM出版のホームページで提供しています。

ホームページアドレス

https://www.fom.fujitsu.com/goods/

※アドレスを入力するとき、間違いがないか確認してください。

ホームページ検索用キーワード

FOM出版

1 学習ファイル

学習ファイルはダウンロードしてご利用ください。

◆ダウンロード

学習ファイルをダウンロードする方法は、次のとおりです。

① ブラウザーを起動し、FOM出版のホームページを表示します。
※アドレスを直接入力するか、キーワードでホームページを検索します。

②《ダウンロード》をクリックします。

③《アプリケーション》の《PowerPoint》をクリックします。

④《PowerPoint 2024応用 Office 2024／Microsoft 365対応　FPT2419》をクリックします。

⑤《学習ファイル》の《学習ファイルのダウンロード》をクリックします。

⑥ 本書に関する質問に回答します。

⑦ 学習ファイルの利用に関する説明を確認し、《OK》をクリックします。

⑧《学習ファイル》の「fpt2419.zip」をクリックします。

⑨ ダウンロードが完了したら、ブラウザーを終了します。
※ダウンロードしたファイルは、《ダウンロード》に保存されます。

◆ダウンロードしたファイルの解凍

ダウンロードしたファイルは圧縮されているので、解凍（展開）します。ダウンロードしたファイル「fpt2419.zip」を《ドキュメント》に解凍する方法は、次のとおりです。

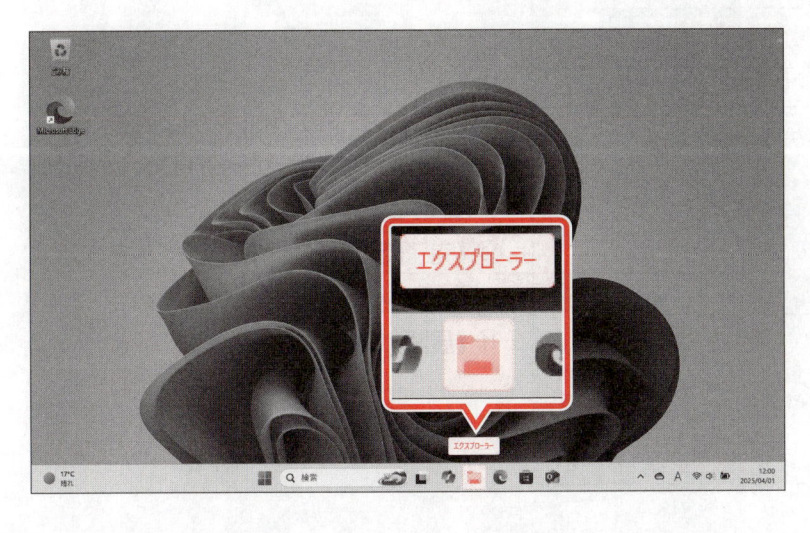

① デスクトップ画面を表示します。
② タスクバーの《エクスプローラー》をクリックします。

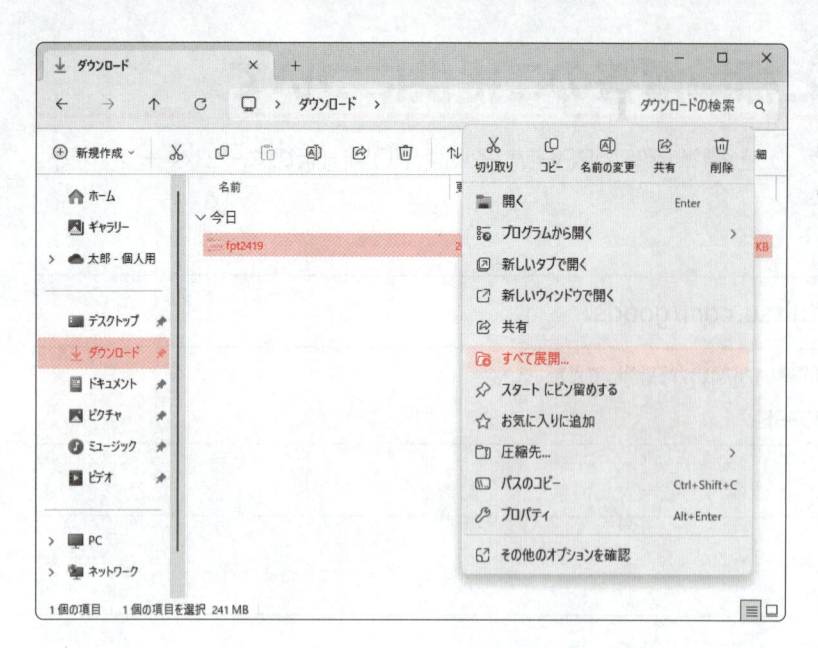

③左側の一覧から《ダウンロード》を選択します。

④ファイル「fpt2419」を右クリックします。

⑤《すべて展開》をクリックします。

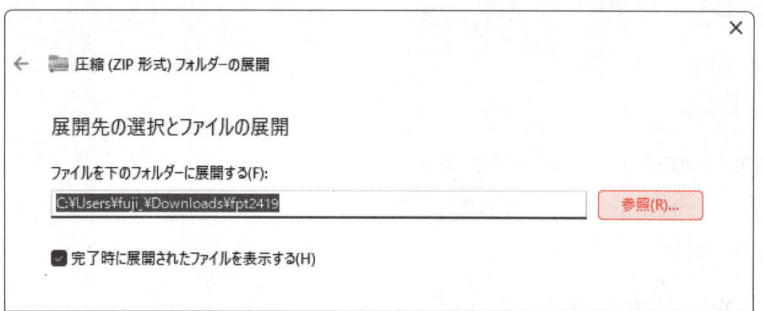

⑥《参照》をクリックします。

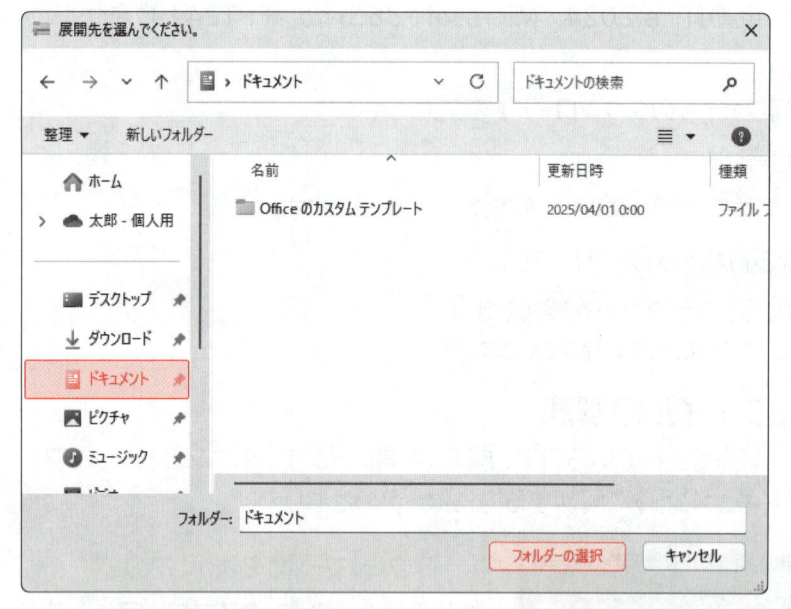

⑦左側の一覧から《ドキュメント》を選択します。

※《ドキュメント》が表示されていない場合は、スクロールして調整します。

⑧《フォルダーの選択》をクリックします。

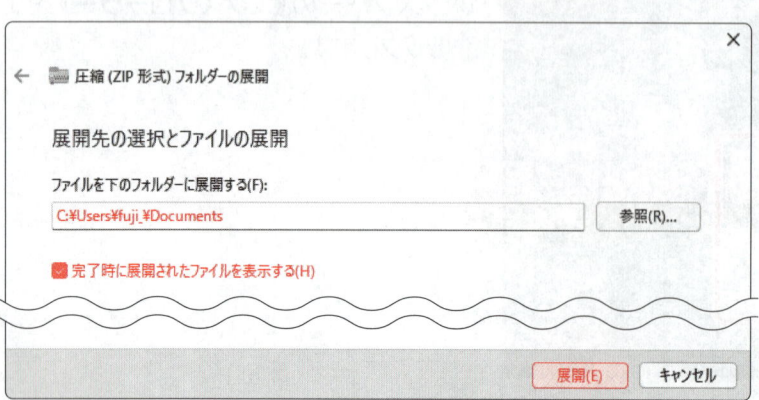

⑨《ファイルを下のフォルダーに展開する》が「C:¥Users¥（ユーザー名）¥Documents」に変更されます。

⑩《完了時に展開されたファイルを表示する》を☑にします。

⑪《展開》をクリックします。

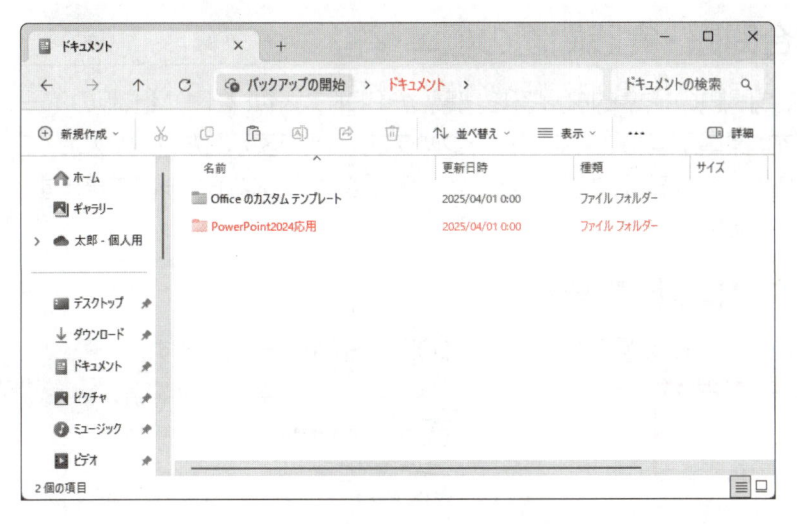

⑫ファイルが解凍され、《ドキュメント》が開かれます。

⑬フォルダー「PowerPoint2024応用」が表示されていることを確認します。

※すべてのウィンドウを閉じておきましょう。

◆学習ファイルの一覧

フォルダー「PowerPoint2024応用」には、学習ファイルが入っています。タスクバーの《エクスプローラー》→《ドキュメント》をクリックし、一覧からフォルダーを開いて確認してください。
※ご利用の前に、フォルダー内の「ご利用の前にお読みください.pdf」をご確認ください。

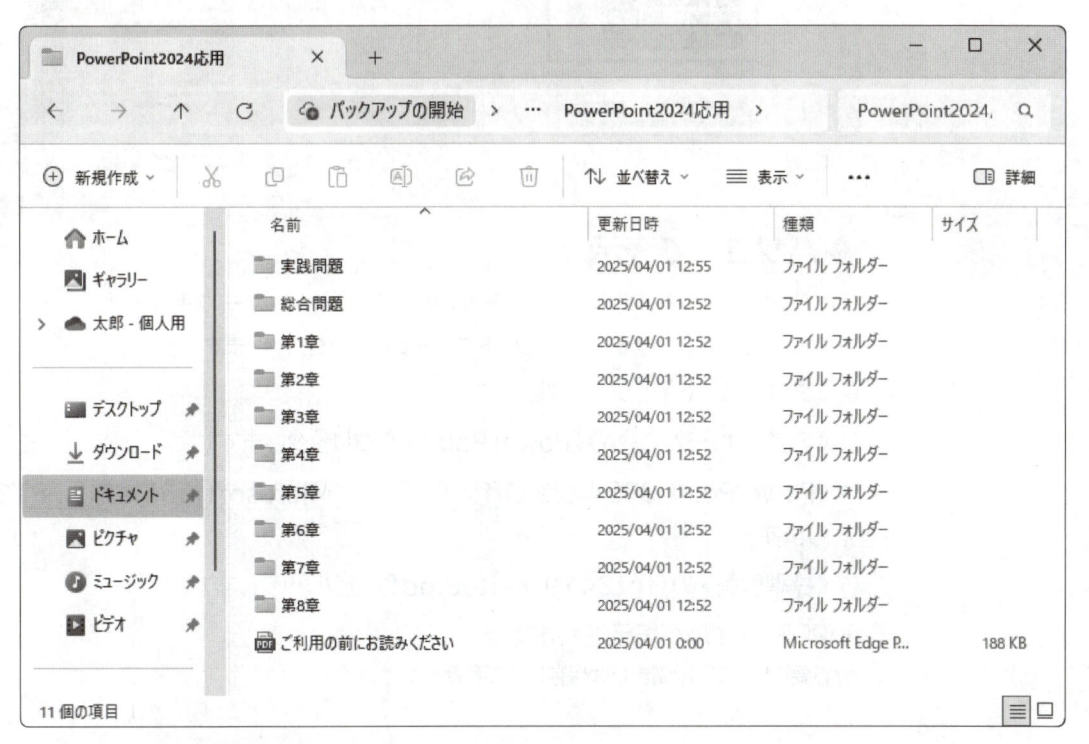

◆学習ファイルの場所

本書では、学習ファイルの場所を《ドキュメント》内のフォルダー「PowerPoint2024応用」としています。《ドキュメント》以外の場所に解凍した場合は、フォルダーを読み替えてください。

◆学習ファイル利用時の注意事項

ダウンロードした学習ファイルを開く際、そのファイルが安全かどうかを確認するメッセージが表示される場合があります。学習ファイルは安全なので、《編集を有効にする》をクリックして、編集可能な状態にしてください。

2 練習問題・総合問題・実践問題の標準解答

練習問題・総合問題・実践問題の標準的な解答を記載したPDFファイルをFOM出版のホームページで提供しています。標準解答は、スマートフォンやタブレットで表示したり、パソコンでPowerPointのウィンドウを並べて表示したりすると、操作手順を確認しながら学習できます。自分にあったスタイルでご利用ください。

◆ スマートフォン・タブレットで表示

① スマートフォン・タブレットで、各問題のページにあるQRコードを読み取ります。

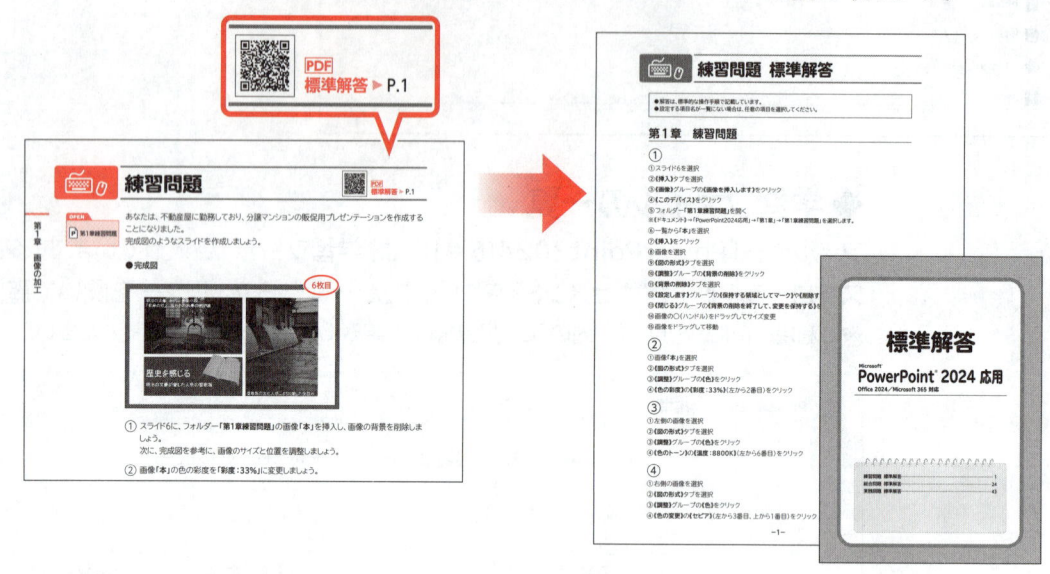

◆ パソコンで表示

① ブラウザーを起動し、FOM出版のホームページを表示します。

※アドレスを直接入力するか、キーワードでホームページを検索します。

② 《ダウンロード》をクリックします。

③ 《アプリケーション》の《PowerPoint》をクリックします。

④ 《PowerPoint 2024応用 Office 2024／Microsoft 365対応　FPT2419》をクリックします。

⑤ 《標準解答》の「fpt2419_kaitou.pdf」をクリックします。

⑥ PDFファイルが表示されます。

※必要に応じて、印刷または保存してご利用ください。

6 本書の最新情報について

本書に関する最新のQ&A情報や訂正情報、重要なお知らせなどについては、FOM出版のホームページでご確認ください。

ホームページアドレス

https://www.fom.fujitsu.com/goods/

※アドレスを入力するとき、間違いがないか確認してください。

ホームページ検索用キーワード

FOM出版

第 1 章

画像の加工

この章で学ぶこと

学習前に習得すべきポイントを理解しておき、
学習後には確実に習得できたかどうかを振り返りましょう。

■ 画像にアート効果を設定できる。　　　　　　　　➡ P.13

■ 画像の色のトーンを変更できる。　　　　　　　　➡ P.15

■ 画像を回転できる。　　　　　　　　　　　　　　➡ P.17

■ 縦横比を指定して画像をトリミングできる。　　　➡ P.22

■ 数値を指定して画像のサイズを変更できる。　　　➡ P.24

■ 図形に合わせて画像をトリミングできる。　　　　➡ P.26

■ 図のスタイルをカスタマイズできる。　　　　　　➡ P.27

■ 画像の背景を削除できる。　　　　　　　　　　　➡ P.30

STEP 1 作成するプレゼンテーションを確認する

1 作成するプレゼンテーションの確認

次のようなプレゼンテーションを作成しましょう。

1枚目

2枚目

3枚目

4枚目

5枚目

6枚目

7枚目

8枚目

9枚目

10枚目

11枚目

12枚目

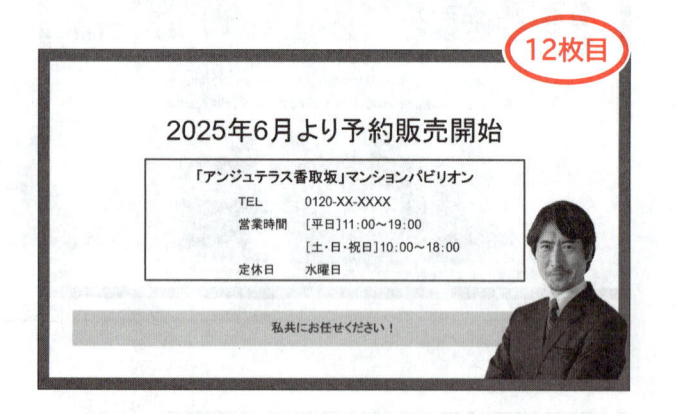

STEP2 画像の外観を変更する

1 作成するスライドの確認

次のようなスライドを作成しましょう。

アート効果の設定
色のトーンの変更

色のトーンの変更

色の変更

2 アート効果の設定

「アート効果」を使うと、写真をスケッチや水彩画などのようなタッチに変更することができます。瞬時にデザイン性の高い画像に変更できるので便利です。

● 鉛筆：スケッチ

● 線画

● パッチワーク

● カットアウト

OPEN
画像の加工

スライド1の画像に、アート効果「**パステル：滑らか**」を設定しましょう。

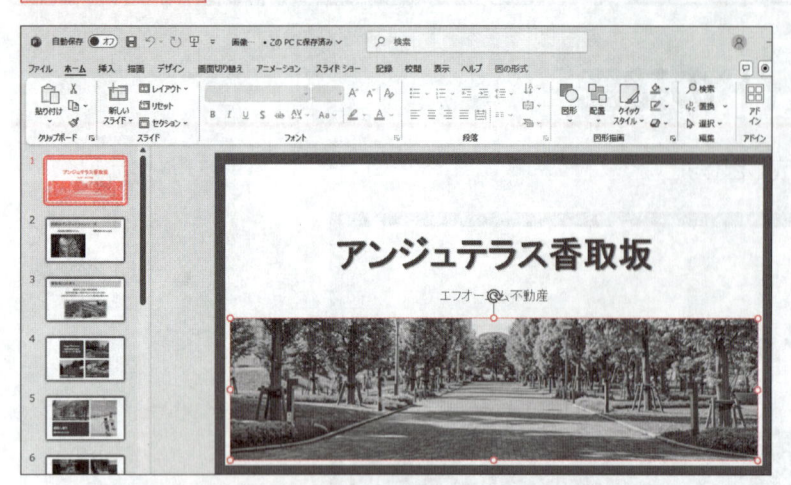

① スライド1を選択します。
② 画像を選択します。

③ 《**図の形式**》タブを選択します。
④ 《**調整**》グループの《**アート効果**》をクリックします。
⑤ 《**パステル：滑らか**》をクリックします。

※一覧をポイントすると、設定後のイメージを画面で確認できます。

画像にアート効果が設定されます。

POINT　リアルタイムプレビュー

「リアルタイムプレビュー」とは、一覧の選択肢をポイントして、設定後のイメージを画面で確認できる機能です。設定前に確認することで、繰り返し設定し直す手間を省くことができます。

POINT　アート効果の解除

アート効果を設定した画像を元の状態に戻す方法は、次のとおりです。

◆画像を選択→《図の形式》タブ→《調整》グループの《アート効果》→《なし》

3 色のトーンの変更

「色」を使うと、画像の色の彩度（鮮やかさ）やトーン（色調）を調整したり、セピアや白黒、テーマに合わせた色などに変更したりできます。
「色のトーン」は、色温度を4700K～11200Kの間で指定でき、数値が大きくなるほどあたたかみのある色合いに調整できます。

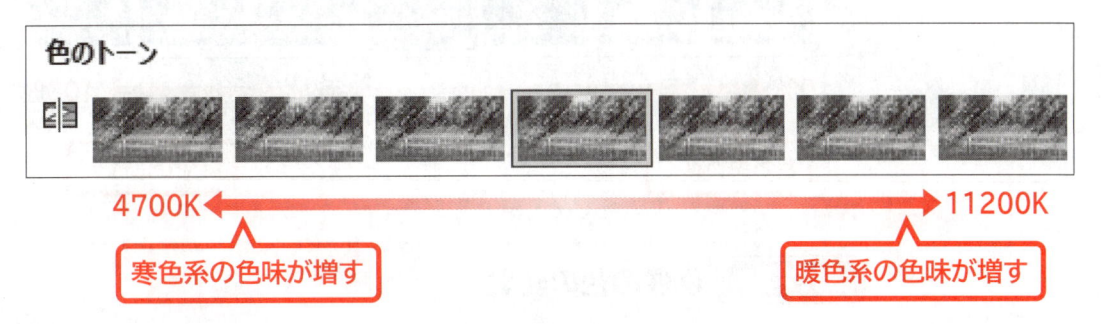

色のトーン

4700K ← → 11200K

寒色系の色味が増す　　　暖色系の色味が増す

スライド1の画像の色のトーンを「温度：8800K」に変更しましょう。

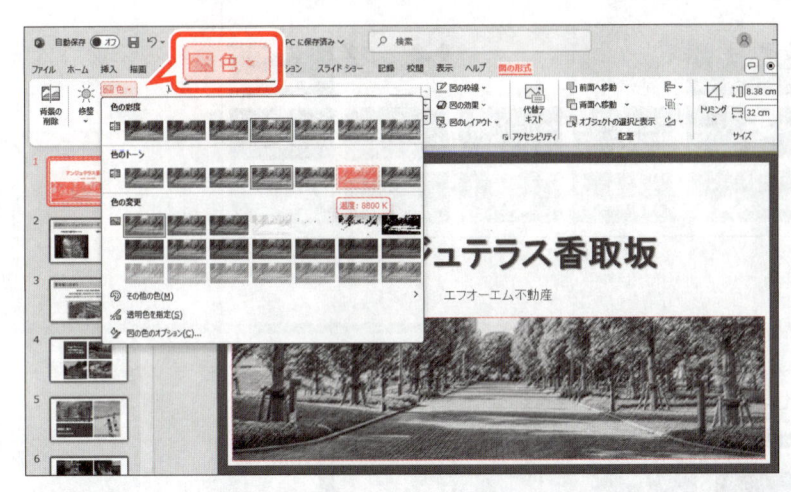

① スライド1を選択します。
② 画像を選択します。
③ 《図の形式》タブを選択します。
④ 《調整》グループの《色》をクリックします。
⑤ 《色のトーン》の《温度：8800K》をクリックします。

色のトーンが変更されます。

POINT 画像のリセット

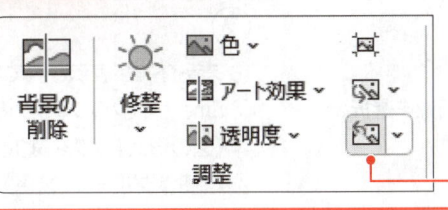

画像に行った様々な調整を一度に取り消すには、《図の形式》タブの《図のリセット》を使います。

《図のリセット》

STEP UP 画像の色の彩度

《色》の《色の彩度》を使うと、画像の色の彩度（鮮やかさ）を調整できます。
色の鮮やかさを0%～400%の間で指定でき、0%に近いほど色が失われてグレースケールに近くなり、数値が
大きくなるにつれて鮮やかさが増します。

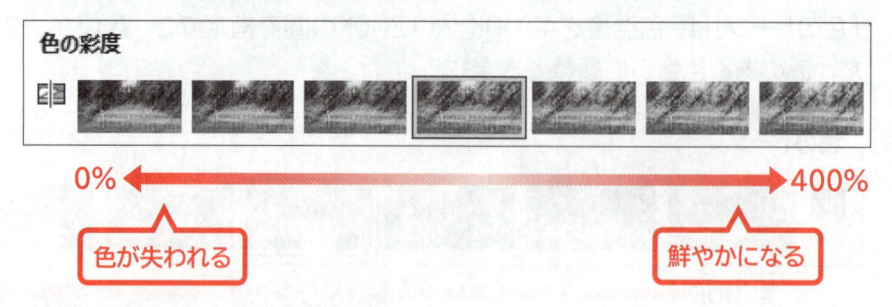

STEP UP 画像の色の変更

《色》の《色の変更》を使うと、画像の色をグレースケールやセピアなどの色に変更できます。

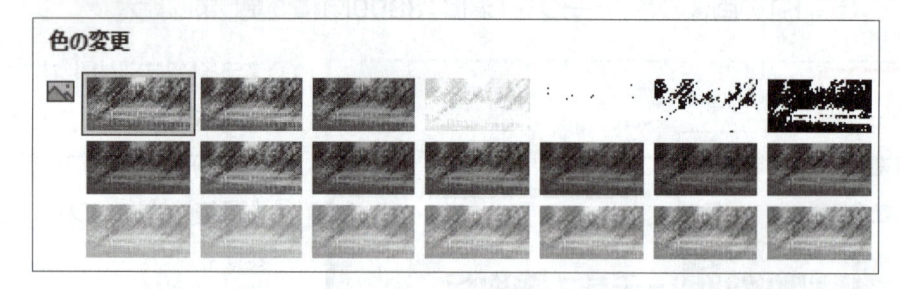

Let's Try

ためしてみよう

次のようにスライドを編集しましょう。

① スライド4のSmartArtグラフィック内の左下の画像の色をセピアに変更しましょう。

② スライド4のSmartArtグラフィック内の右上の画像の色のトーンを「温度：11200K」に変更しましょう。

Let's Try Answer

①

① スライド4を選択

② SmartArtグラフィック内の左下の画像を選択

③《図の形式》タブを選択

④《調整》グループの《色》をクリック

⑤《色の変更》の《セピア》（左から3番目、上から
1番目）をクリック

②

① スライド4が表示されていることを確認

② SmartArtグラフィック内の右上の画像を選択

③《図の形式》タブを選択

④《調整》グループの《色》をクリック

⑤《色のトーン》の《温度：11200K》（左から7番目）
をクリック

STEP 3 画像を回転する

1 作成するスライドの確認

次のようなスライドを作成しましょう。

画像の回転

2 画像の回転

「オブジェクトの回転」を使うと、挿入した画像を90度回転したり、左右または上下に反転したりできます。また、画像を選択したときに表示される ⟳ をドラッグすることで、任意の角度に回転することもできます。

1 画像の挿入

スライド2に、フォルダー「**第1章**」の画像「**リビングルーム**」を挿入しましょう。

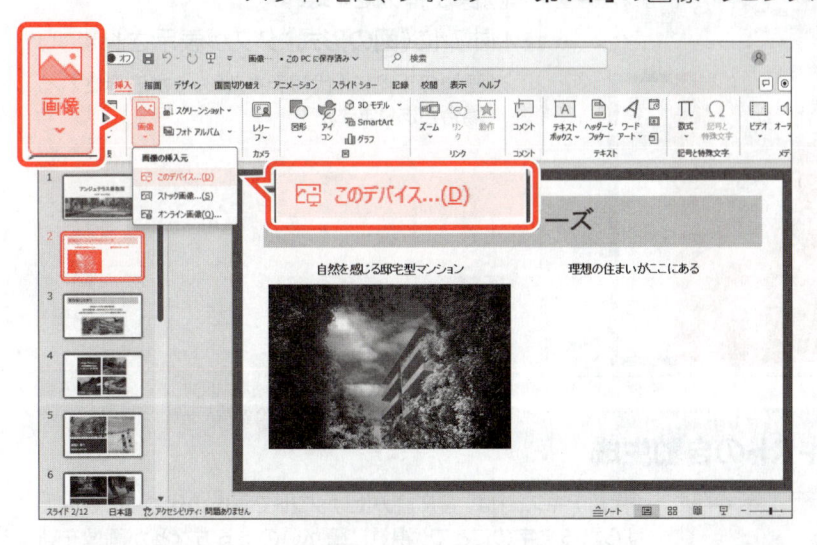

①スライド2を選択します。
②《**挿入**》タブを選択します。
③《**画像**》グループの《**画像を挿入します**》をクリックします。
④《**このデバイス**》をクリックします。

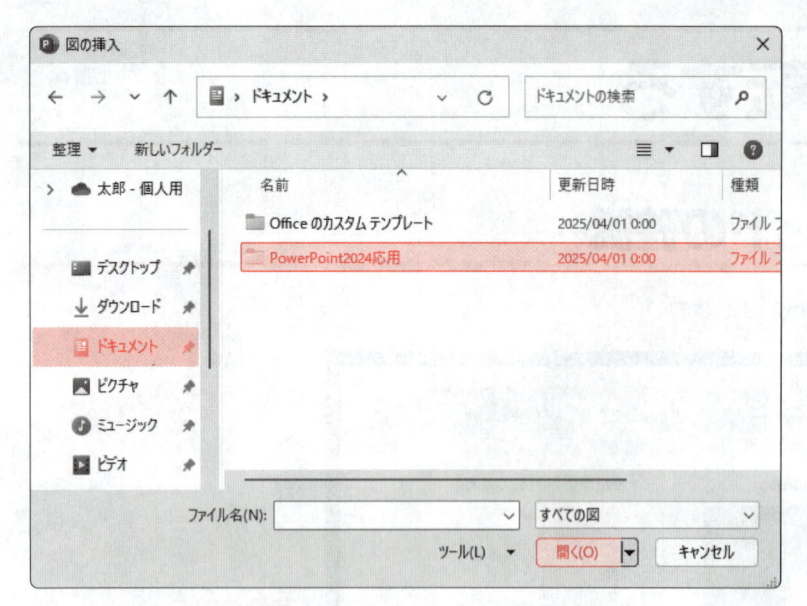

《**図の挿入**》ダイアログボックスが表示されます。

画像が保存されている場所を選択します。

⑤左側の一覧から《**ドキュメント**》を選択します。

⑥一覧から「**PowerPoint2024応用**」を選択します。

⑦《**開く**》をクリックします。

⑧一覧から「**第1章**」を選択します。

⑨《**開く**》をクリックします。

挿入する画像を選択します。

⑩一覧から「**リビングルーム**」を選択します。

⑪《**挿入**》をクリックします。

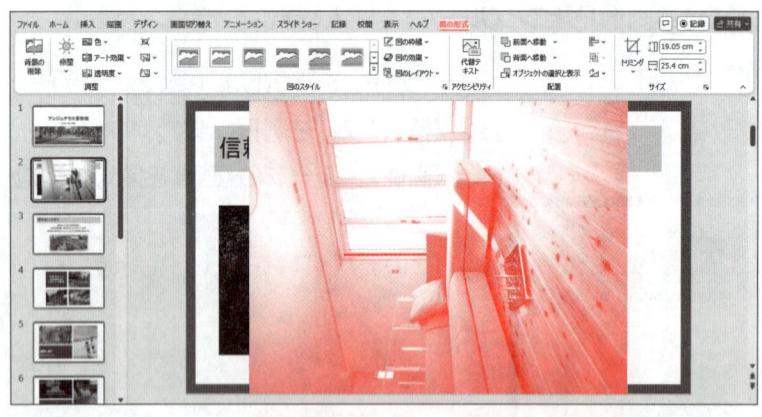

画像が挿入されます。

リボンに《**図の形式**》タブが表示されます。

※画像の下側に《代替テキスト…》が表示される場合があります。

STEP UP **代替テキストの自動生成**

「代替テキスト」は、音声読み上げソフトで画像の代わりに読み上げられる文字のことで、視覚に障がいのある方などが画像を判別しやすくなるように設定します。

お使いの環境によっては、画像を挿入すると、画像の下側に《代替テキスト…》が表示される場合があります。《承認》をクリックして自動生成された代替テキストを設定したり、《編集》をクリックして代替テキストを編集したりすることもできます。

2 画像の回転

画像「リビングルーム」のサイズを調整し、右に90度回転しましょう。

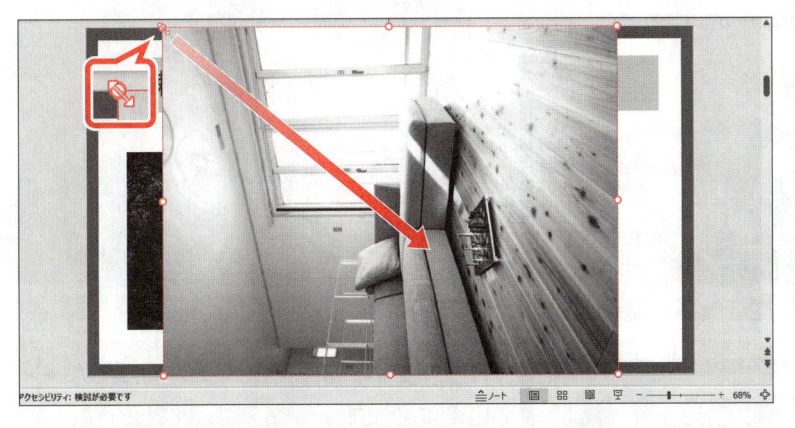

①画像を選択します。
②図のように、画像の○（ハンドル）をドラッグします。

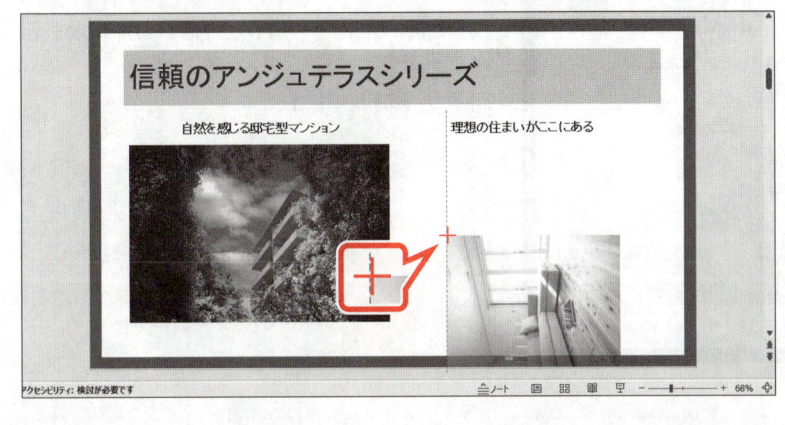

ドラッグ中、マウスポインターの形が ✚ に変わります。

※サイズを変更中、スマートガイドと呼ばれる点線が表示されます。

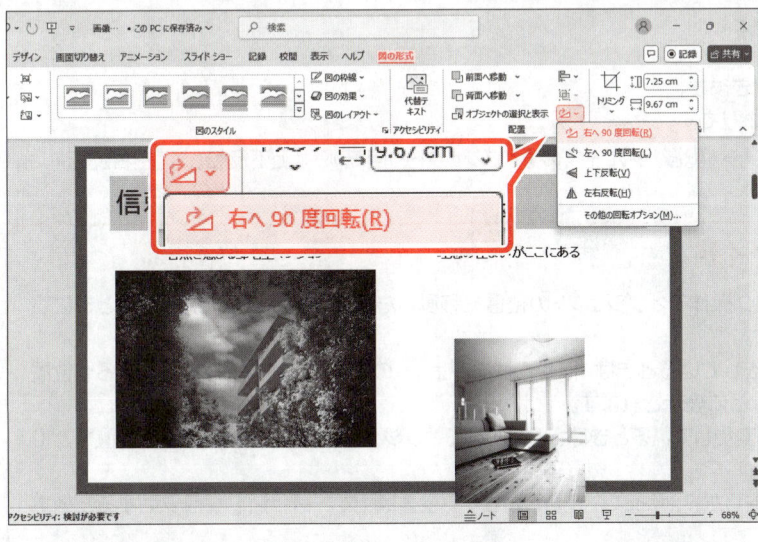

画像のサイズが変更されます。
③《図の形式》タブを選択します。
④《配置》グループの《オブジェクトの回転》をクリックします。
⑤《右へ90度回転》をクリックします。

画像が回転します。

⑥図のようにドラッグします。

ドラッグ中、マウスポインターの形が ↔↕ に変わります。

※移動中、スマートガイドと呼ばれる点線が表示されます。

画像が移動します。

[STEP UP] **画像の反転**

画像を上下または左右に反転できます。
画像を反転する方法は、次のとおりです。

◆ 画像を選択→《図の形式》タブ→《配置》グループの《オブジェクトの回転》→《上下反転》／《左右反転》

[POINT] **スマートガイド**

「スマートガイド」とは、ドラッグ操作でオブジェクトの位置を移動したり、サイズを変更したりするときに表示される赤い点線のことです。

オブジェクトの移動やコピーをしているときは、ほかのオブジェクトの上端や下端、中心などにそろう位置や等間隔に配置される位置などに表示されます。

また、オブジェクトのサイズを変更しているときは、基準となるオブジェクトと高さや幅がそろう位置などに表示されます。

オブジェクトの移動やコピーをしたり、サイズを変更したりするときは、スマートガイドを目安にすると効率よく配置できます。

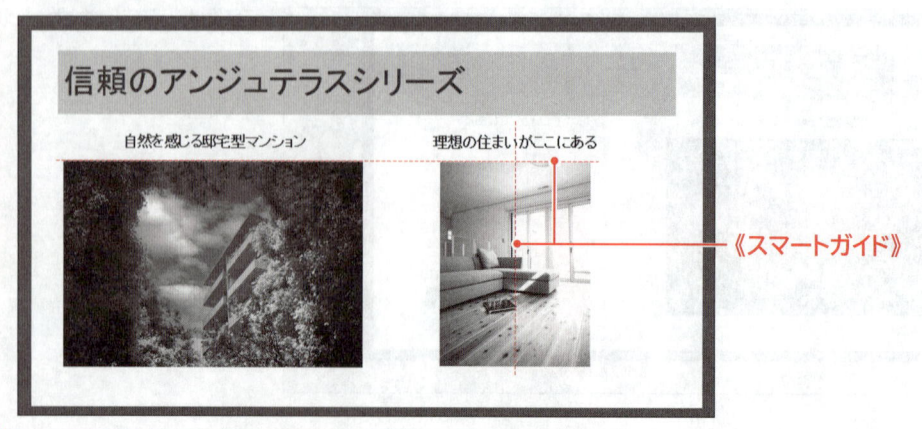

《スマートガイド》

STEP 4 画像をトリミングする

1 作成するスライドの確認

次のようなスライドを作成しましょう。

縦横比を指定して
トリミング

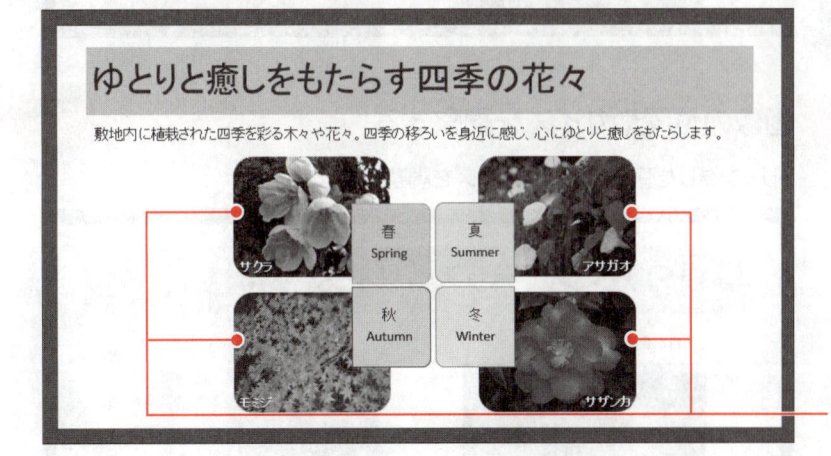

図形に合わせて
トリミング

2 画像のトリミング

画像の上下左右の不要な部分を切り取って、必要な部分だけ残すことを「トリミング」といいます。画像の一部分だけを使いたい場合は、トリミングするとよいでしょう。

画像をトリミングする場合、自由なサイズでトリミングすることもできますが、縦横比を指定してトリミングしたり、四角形や円などの図形の形に合わせてトリミングしたりすることもできます。また、画像の表示位置を変更することもできます。

3 縦横比を指定してトリミング

複数の画像を同じサイズにそろえるときは、縦横比を指定して画像をトリミングすると効率的です。
縦横比を指定して画像のサイズをそろえる手順は、次のとおりです。

1 縦横比を指定して画像をトリミングする

画像を選択し、縦横比を指定してトリミングします。

2 画像の位置やサイズを調整する

トリミングした画像の位置やサイズを調整します。

1 縦横比を指定してトリミング

スライド2の画像を縦横比「1:1」でトリミングし、画像の表示位置を変更しましょう。

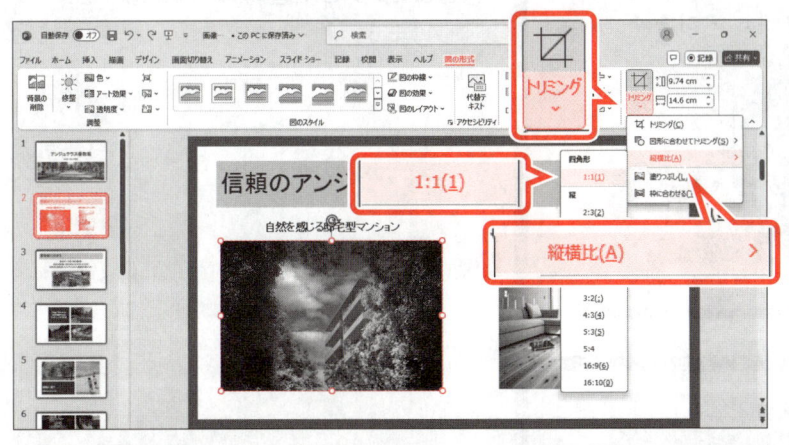

① スライド2を選択します。

② 左側の画像を選択します。

③ 《図の形式》タブを選択します。

④ 《サイズ》グループの《トリミング》の▼
をクリックします。

⑤ 《縦横比》をポイントします。

⑥ 《四角形》の《1:1》をクリックします。

縦横比「1:1」でトリミングされる部分が
表示され、切り取られる部分がグレーに
なります。

画像の周囲に「や━などが表示されます。
トリミングの範囲を変更します。

⑦ 右下の ┛をポイントします。

マウスポインターの形が ┛に変わります。

⑧ [Shift]を押しながら、図のようにド
ラッグします。

※[Shift]を押しながらドラッグすると、縦横比を
固定したままサイズを変更できます。

ドラッグ中、マウスポインターの形が ╋
に変わります。

縦横比が1:1のまま、トリミングの範囲が
変更されます。

画像の表示位置を変更します。

⑨ 画像をポイントします。

※カラーの部分でもグレーの部分でもかまいません。

マウスポインターの形が ✛に変わります。

⑩ 図のように、画像を右側にドラッグし
ます。

※ここでは、ハートマークのような景観が、画像の
中央になるように調整しています。

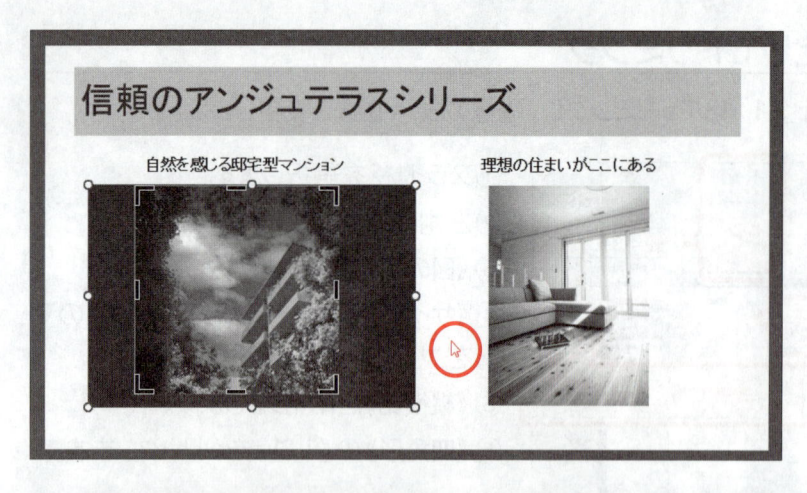

画像の表示位置が変更されます。
トリミングを確定します。
⑪トリミングした画像以外の場所をクリックします。

トリミングが確定します。

STEP UP 写真の縦横比

撮影した写真は、カメラの種類や設定によって縦横比が異なります。例えば、スマートフォンで撮影した写真は16：9や4：3、一眼レフなどのカメラで撮影した写真は3：2などの縦横比になります。
異なる縦横比の写真でも、スライドに挿入したあとで同じ縦横比にトリミングすると、写真のサイズをそろえることができます。

2 画像のサイズ変更と移動

画像のサイズは、ドラッグして変更するだけでなく、数値を指定して変更することもできます。
複数の画像のサイズをそろえる場合は、数値を指定して変更するとよいでしょう。
画像のサイズを高さ「11cm」、幅「11cm」に変更し、位置を調整しましょう。

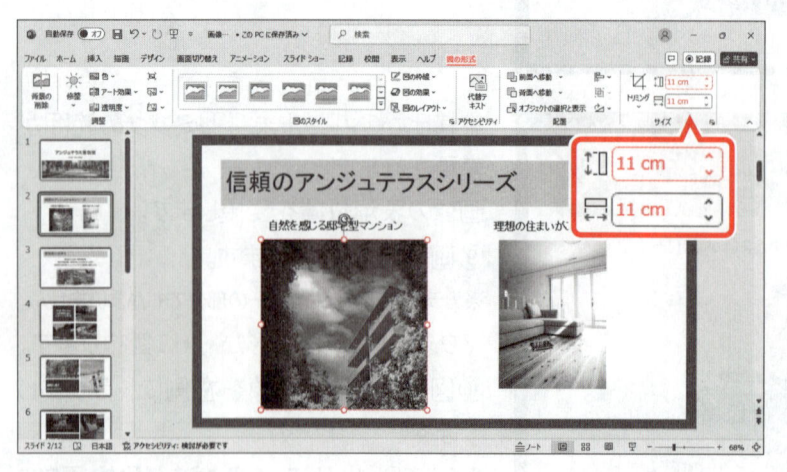

①左側の画像を選択します。
②《図の形式》タブを選択します。
③《サイズ》グループの《図形の高さ》を「11cm」に設定します。
④《サイズ》グループの《図形の幅》が自動的に「11cm」になったことを確認します。

画像のサイズが変更されます。

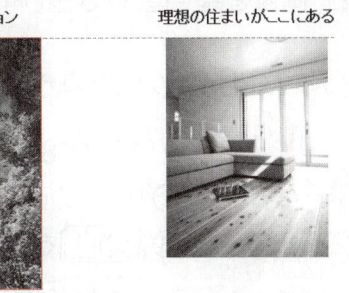

⑤図の位置に、画像をドラッグして移動します。

 **et's Try**

ためしてみよう

次のようにスライドを編集しましょう。

① スライド2の右側の画像を縦横比「1：1」でトリミングしましょう。
② スライド2の右側の画像のサイズを高さ「11cm」、幅「11cm」に変更し、位置を調整しましょう。

Let's Try nswer

①

① スライド2を選択
② 右側の画像を選択
③《図の形式》タブを選択
④《サイズ》グループの《トリミング》の▼をクリック
⑤《縦横比》をポイント
⑥《四角形》の《1：1》をクリック
⑦ Shift を押しながら、画像の右下の ▄ をドラッグして、トリミングの範囲を変更
⑧ 画像以外の場所をクリック

②

① スライド2が表示されていることを確認
② 右側の画像を選択
③《図の形式》タブを選択
④《サイズ》グループの《図形の高さ》を「11cm」に設定
⑤《サイズ》グループの《図形の幅》が「11cm」になっていることを確認
⑥ 画像をドラッグして移動
※中央と上側にスマートガイドが表示される状態で、ドラッグを終了します。

4 図形に合わせてトリミング

「**図形に合わせてトリミング**」を使うと、画像を雲や星、吹き出しなどの図形の形状に切り抜くことができます。
スライド8の画像を、角の丸い四角形の形にトリミングしましょう。

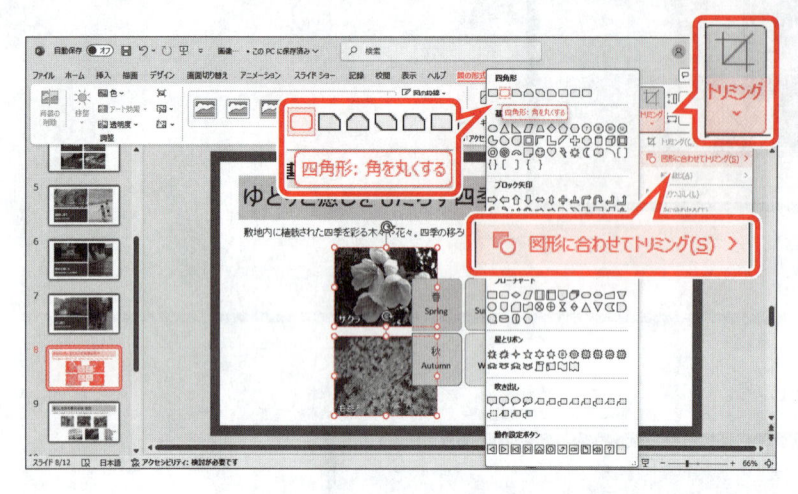

① スライド8を選択します。

② サクラの画像を選択します。

③ [Shift]を押しながら、「**アサガオ**」「**モミジ**」「**サザンカ**」の画像を選択します。

④ 《**図の形式**》タブを選択します。

⑤ 《**サイズ**》グループの《**トリミング**》の▼をクリックします。

⑥ 《**図形に合わせてトリミング**》をポイントします。

⑦ 《**四角形**》の《**四角形：角を丸くする**》をクリックします。

角の丸い四角形にトリミングされます。

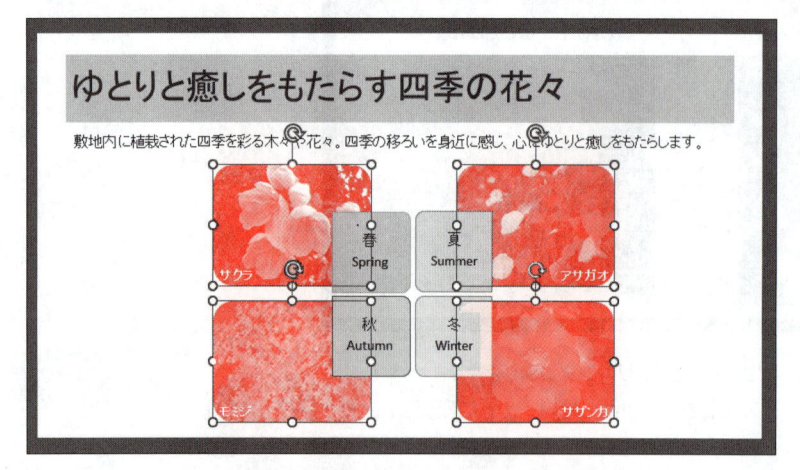

STEP UP 画像の圧縮

挿入した画像の解像度によっては、プレゼンテーションのファイルサイズが大きくなる場合があります。プレゼンテーションをメールで送ったり、サーバー上で共有したりする場合は、スライド内の画像の解像度を変更したり、トリミング部分を削除したりして、画像を圧縮するとよいでしょう。
画像を圧縮するには、《図の形式》タブの《図の圧縮》を使います。

《図の圧縮》

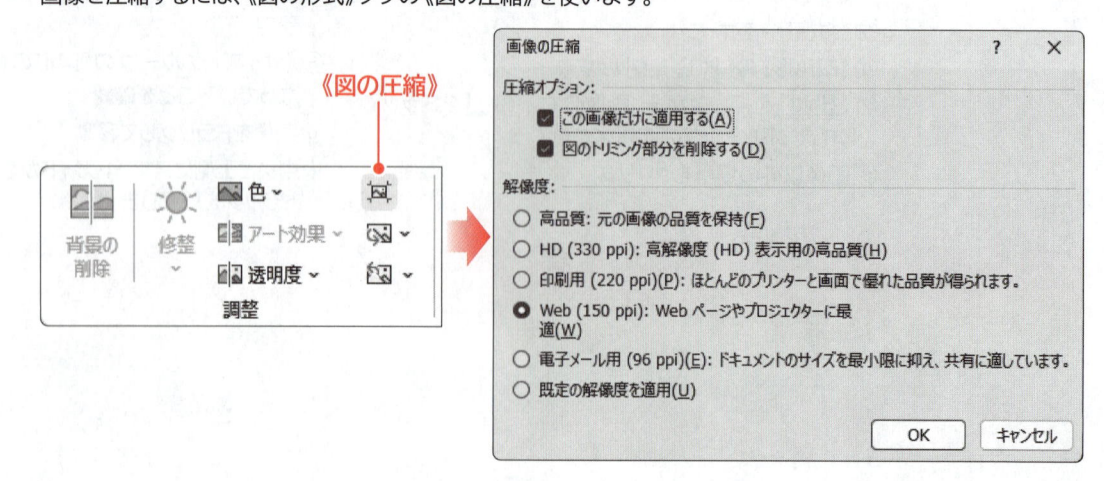

STEP 5 図のスタイルをカスタマイズする

1 作成するスライドの確認

次のようなスライドを作成しましょう。

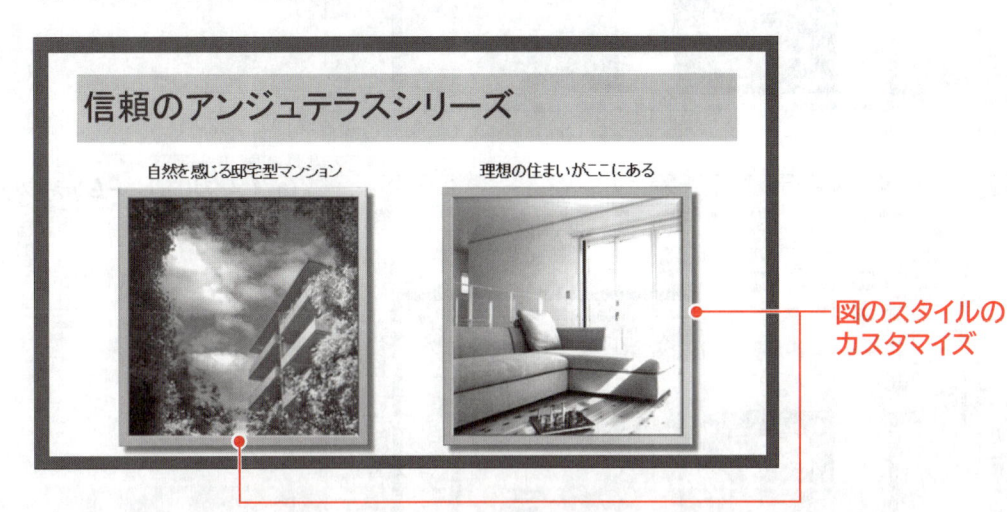

図のスタイルの
カスタマイズ

2 図のスタイルのカスタマイズ

「図のスタイル」とは、画像を装飾するために書式を組み合わせたものです。枠線や影、光彩などの様々な効果を設定できます。

画像にスタイルを適用したあとで、枠線の色や太さを変えたり、ぼかしを追加したりするなど、自由に書式を変更して独自のスタイルにカスタマイズできます。

スタイルをカスタマイズするには、**《図の書式設定》**作業ウィンドウを使います。

スライド2の2つの画像にスタイル**「メタルフレーム」**を適用し、次のようにカスタマイズしましょう。

線の幅	：17pt
影のスタイル	：オフセット：右下
影の距離	：10pt

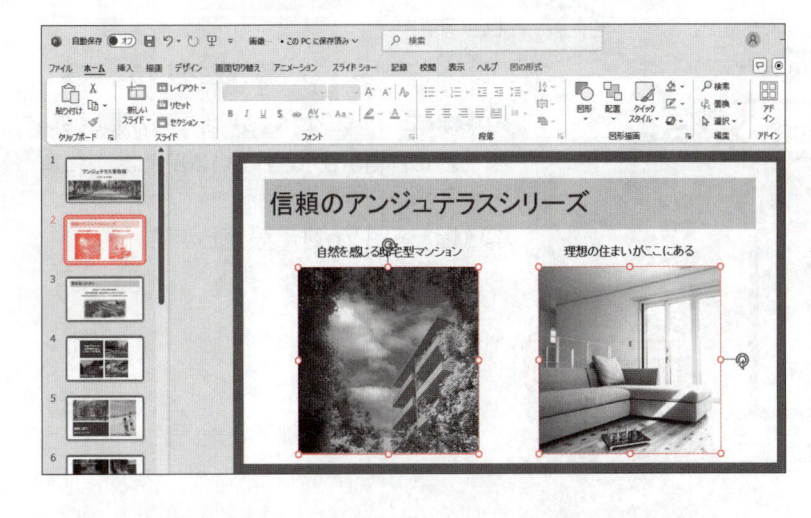

① スライド2を選択します。

② 左側の画像を選択します。

③ **Shift** を押しながら、右側の画像を選択します。

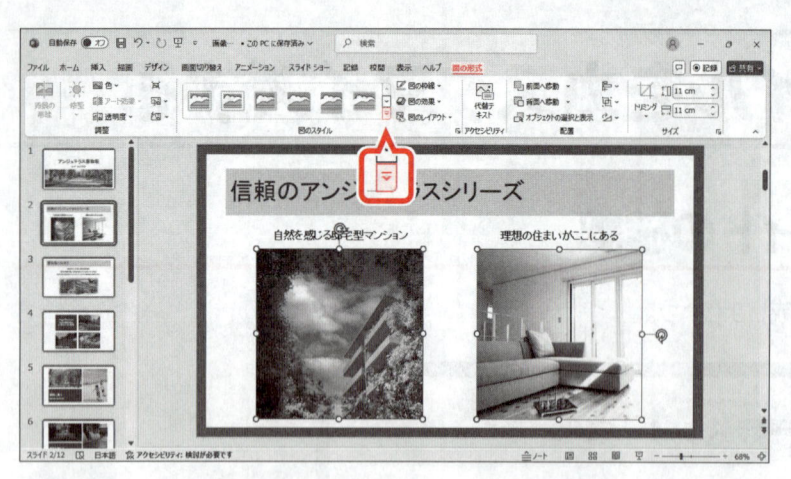

④《図の形式》タブを選択します。

⑤《図のスタイル》グループの <kbd>▾</kbd> をクリックします。

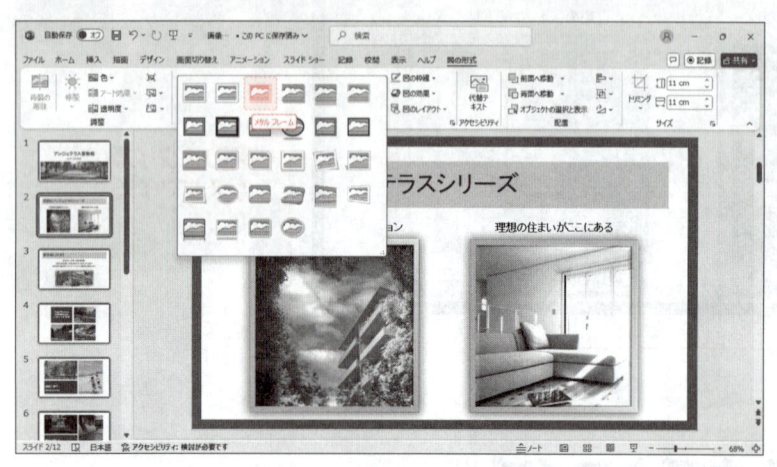

⑥《メタルフレーム》をクリックします。

画像にスタイルが適用されます。

⑦2つの画像が選択されていることを確認します。

⑧画像を右クリックします。

※選択されている画像であれば、どちらでもかまいません。

⑨《オブジェクトの書式設定》をクリックします。

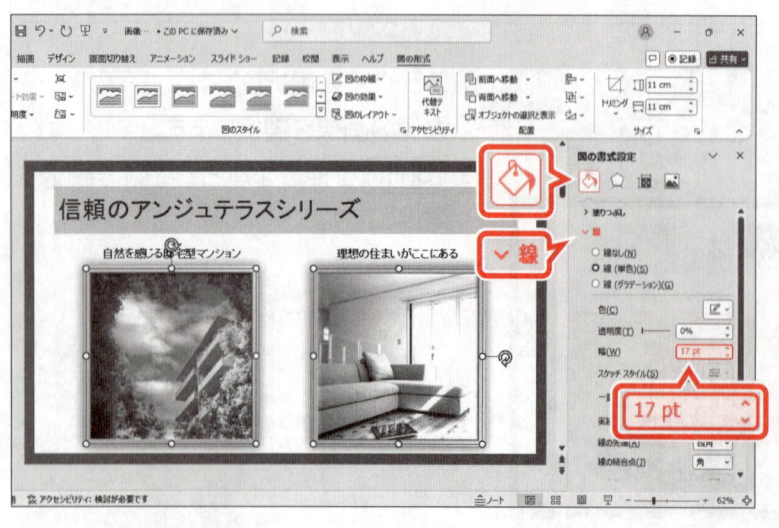

《図の書式設定》作業ウィンドウが表示されます。

⑩ <kbd>◇</kbd>（塗りつぶしと線）をクリックします。

⑪《線》をクリックして、詳細を表示します。

※《線》の詳細が表示されている場合は、⑫に進みます。

⑫《幅》を「17pt」に設定します。

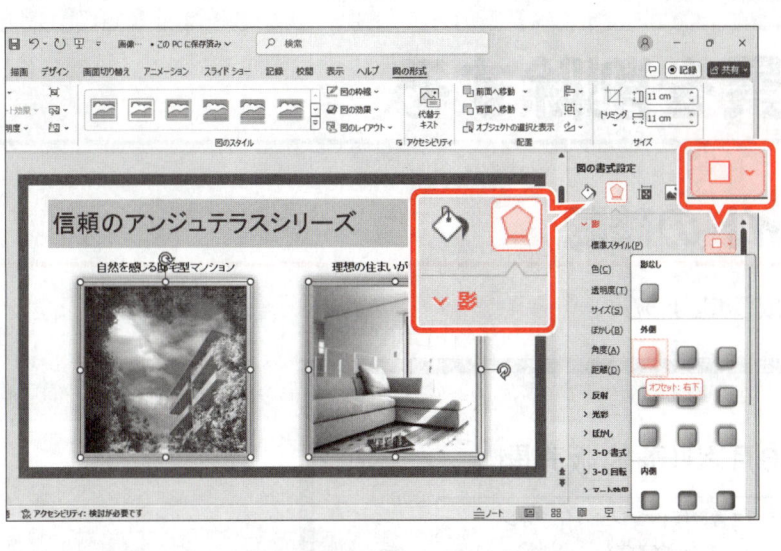

⑬ 🔲 (効果) をクリックします。

⑭ 《影》をクリックして、詳細を表示します。

※《影》の詳細が表示されている場合は、⑮に進みます。

⑮ 《標準スタイル》の 🔲 (影) をクリックします。

⑯ 《外側》の《オフセット：右下》をクリックします。

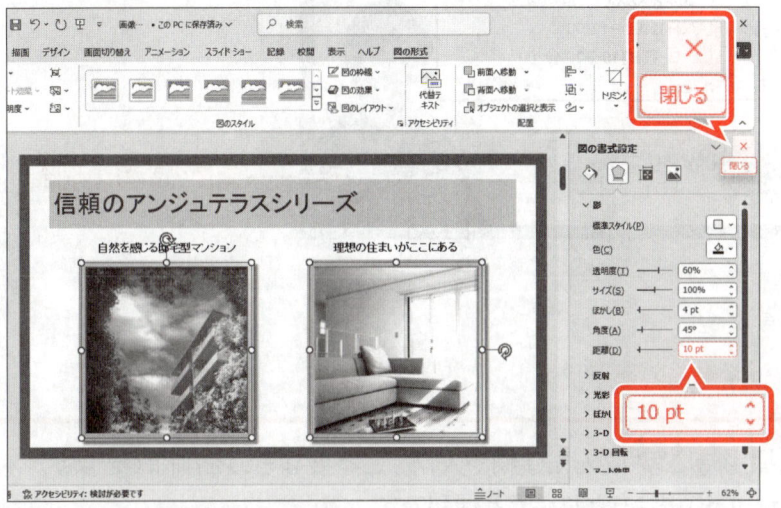

⑰ 《距離》を「10pt」に設定します。

⑱ 《図の書式設定》作業ウィンドウの《閉じる》をクリックします。

スタイルが変更されます。

※画像以外の場所をクリックして、選択を解除しておきましょう。

STEP UP　画像の変更

スライド上の画像を、別の画像に変更するときに《図の形式》タブの《図の変更》を使うと、元の画像に設定したサイズや位置、スタイルを保持したままで画像を変更できます。

画像に設定した書式などは変えずに、画像だけ変更する方法は、次のとおりです。

◆画像を選択→《図の形式》タブ→《調整》グループの《図の変更》

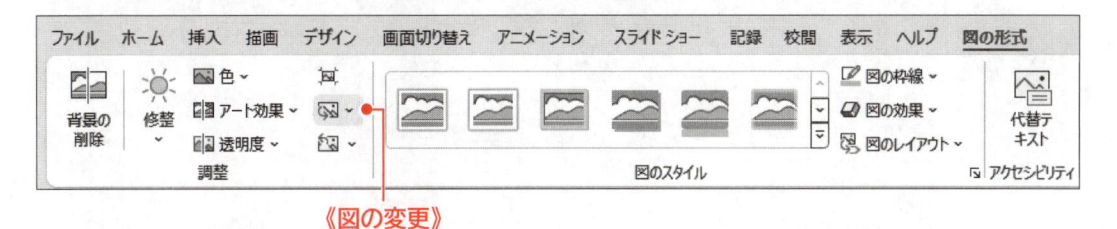

《図の変更》

STEP 6 画像の背景を削除する

1 作成するスライドの確認

次のようなスライドを作成しましょう。

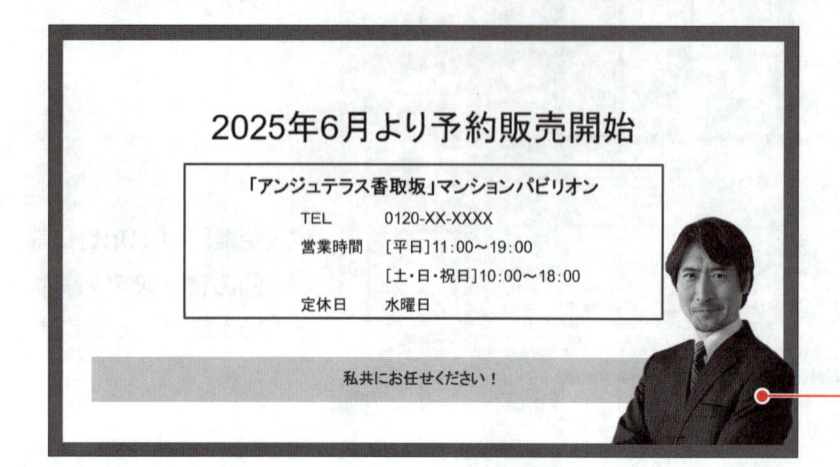

画像の背景の削除

2 背景の削除

「**背景の削除**」を使うと、撮影時に写りこんだ建物や人物など不要なものを削除できます。
画像の一部分だけを表示したい場合などに使うと便利です。
背景を削除する手順は、次のとおりです。

1 背景を削除する画像を選択する

背景を削除する画像を選択し、《図の形式》タブ→《調整》グループの《背景の削除》をクリックします。

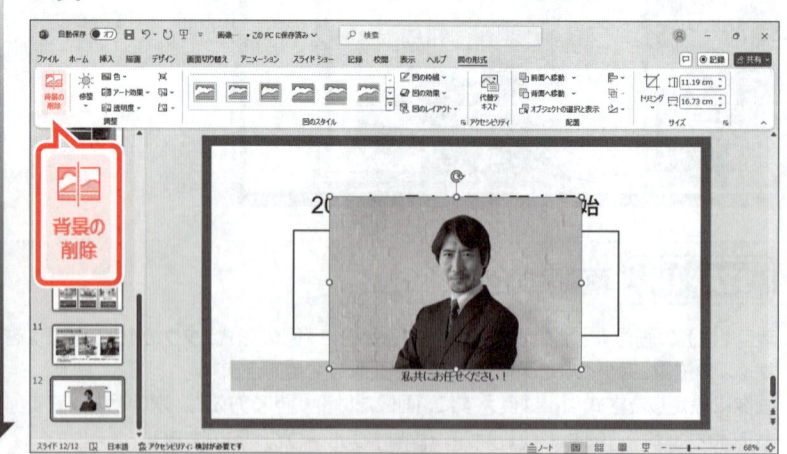

2 削除範囲が自動認識される

削除される範囲が自動的に認識されます。削除される範囲は紫色で表示されます。

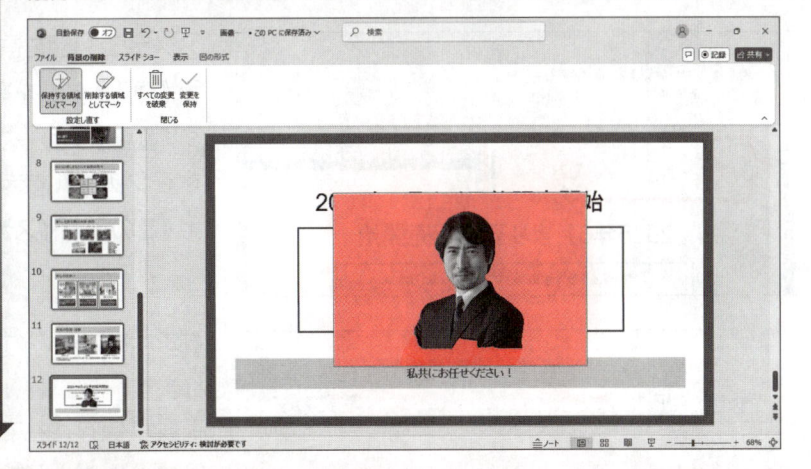

3 削除範囲を調整する

《保持する領域としてマーク》や《削除する領域としてマーク》を使って、クリックまたはドラッグして範囲を調整します。

4 削除範囲を確定する

《背景の削除を終了して、変更を保持する》をクリックして、削除する範囲を確定します。
再度、《背景の削除》をクリックすると、削除する範囲を調整できます。

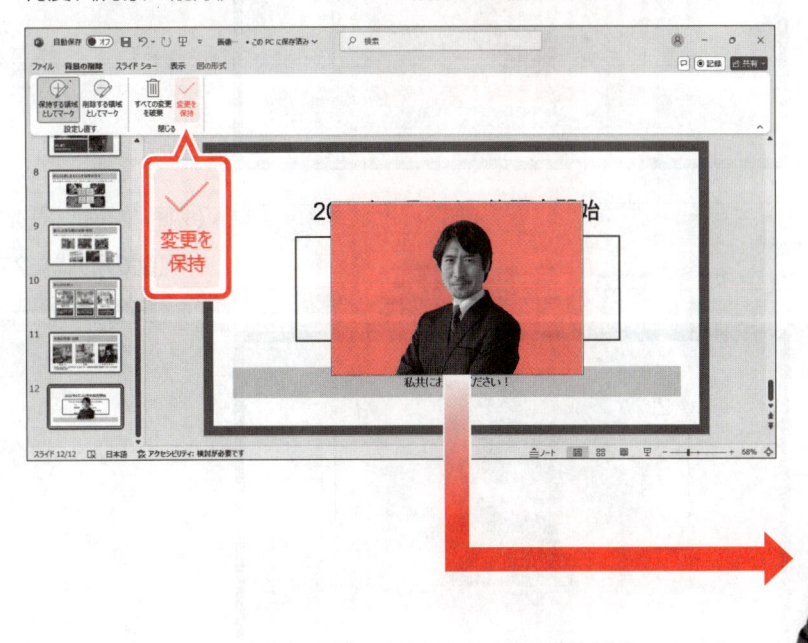

1 背景の削除

スライド12にフォルダー「**第1章**」の画像「**担当者**」を挿入し、画像の背景を削除しましょう。

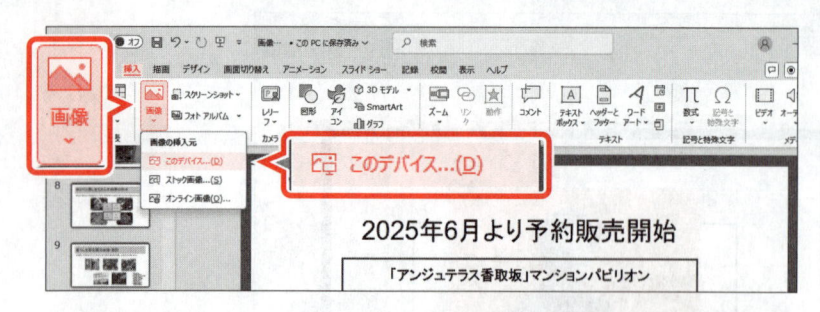

① スライド12を選択します。
② 《**挿入**》タブを選択します。
③ 《**画像**》グループの《**画像を挿入します**》をクリックします。
④ 《**このデバイス**》をクリックします。

《**図の挿入**》ダイアログボックスが表示されます。
画像が保存されている場所を選択します。
⑤ フォルダー「**第1章**」が開かれていることを確認します。

※「第1章」が開かれていない場合は、《ドキュメント》→「PowerPoint2024応用」→「第1章」を選択します。

挿入する画像を選択します。
⑥ 一覧から「**担当者**」を選択します。
⑦ 《**挿入**》をクリックします。

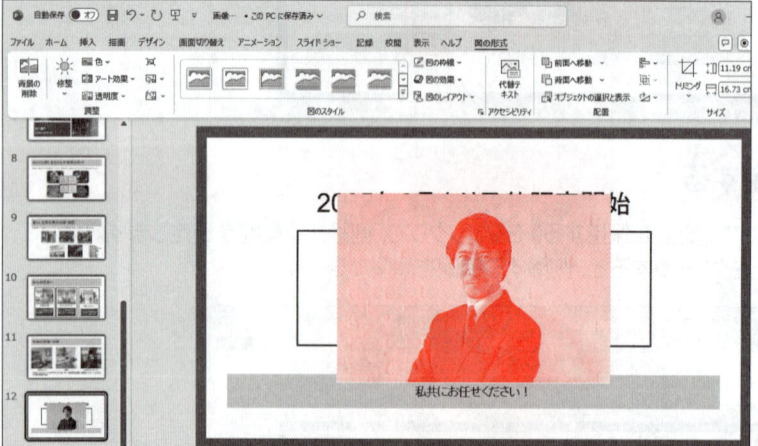
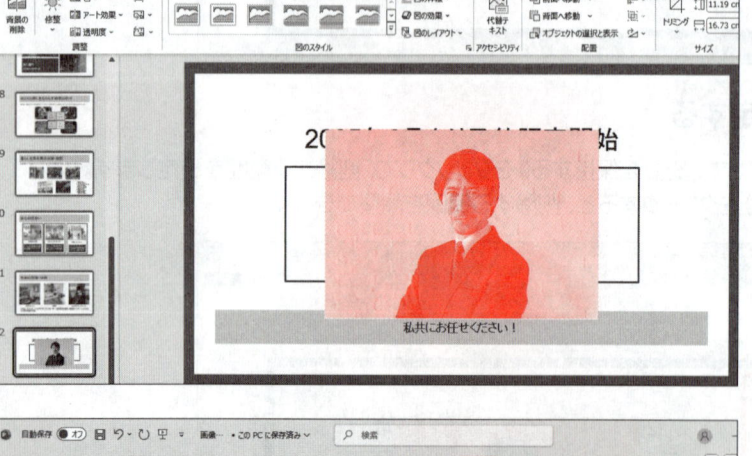

画像が挿入されます。

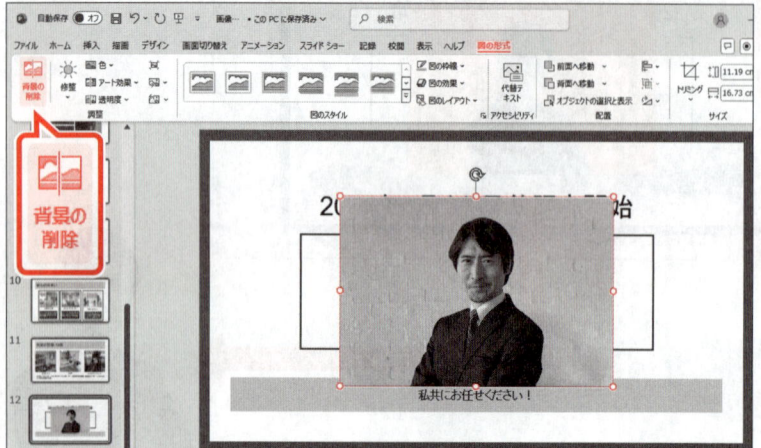

⑧ 画像を選択します。
⑨ 《**図の形式**》タブを選択します。
⑩ 《**調整**》グループの《**背景の削除**》をクリックします。

自動的に背景が認識され、削除する部分が紫色で表示されます。

リボンに**《背景の削除》**タブが表示されます。

保持する範囲を調整します。

⑪ **《背景の削除》**タブを選択します。

⑫ **《設定し直す》**グループの**《保持する領域としてマーク》**をクリックします。

マウスポインターの形が✐に変わります。

⑬ 図の位置をクリックします。

※腕に沿ってドラッグしてもかまいません。

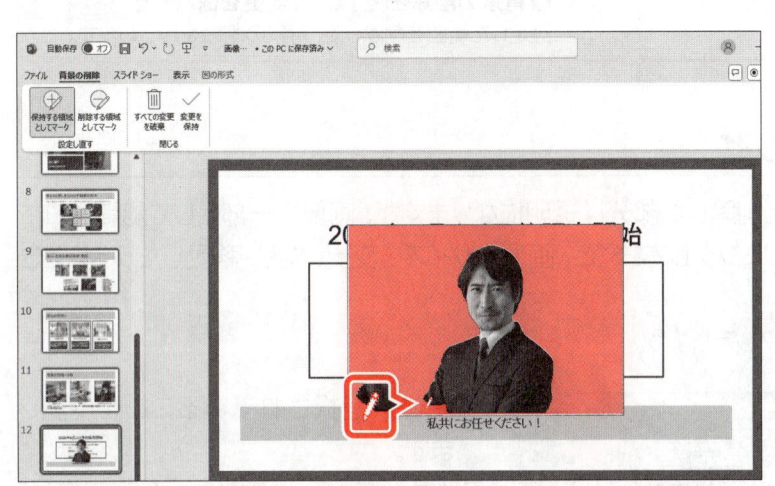

クリックした部分が保持する領域として認識されます。

⑭ 同様に、人物だけが残るようにクリックします。

※削除する領域としてマークする場合は、《削除する領域としてマーク》を使います。

※範囲の指定をやり直す場合は、《背景の削除を終了して、変更を破棄する》を使います。

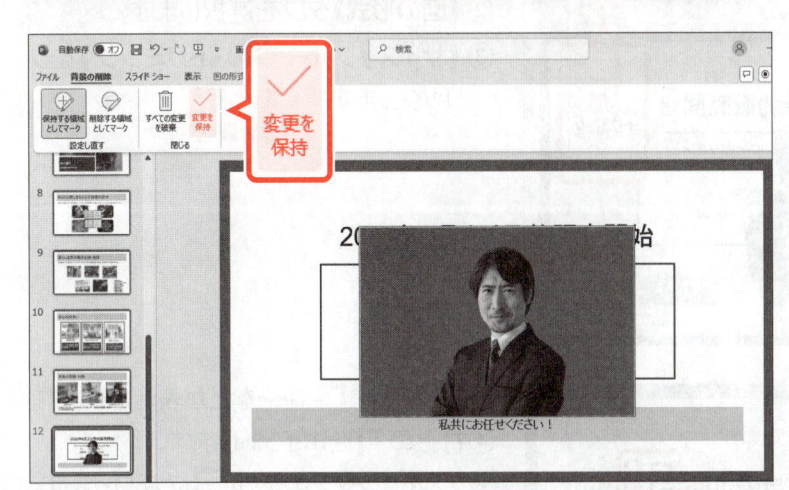

削除する範囲を確定します。

⑮ **《閉じる》**グループの**《背景の削除を終了して、変更を保持する》**をクリックします。

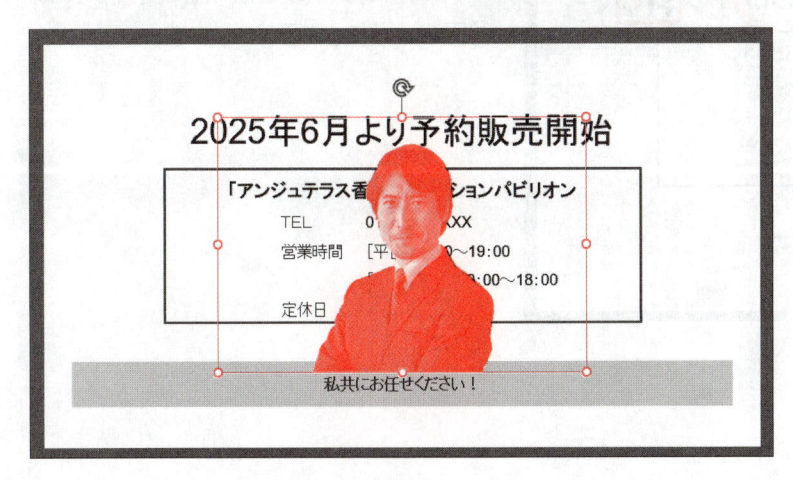

背景が削除され、人物だけが残ります。

《背景の削除》をクリックすると、リボンに《背景の削除》タブが表示され、リボンが切り替わります。
《背景の削除》タブでは、次のようなことができます。

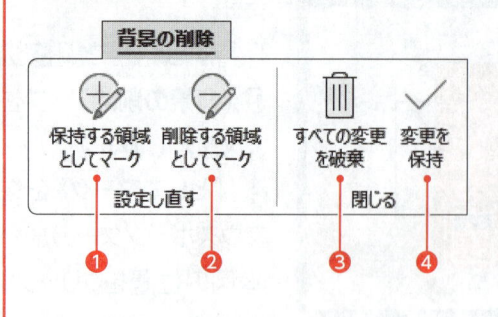

❶ **保持する領域としてマーク**
削除する範囲として認識された部分を、削除しないように手動で設定します。

❷ **削除する領域としてマーク**
削除しない（保持する）範囲として認識された部分を、削除するように手動で設定します。

❸ **背景の削除を終了して、変更を破棄する**
設定した内容を破棄して、背景の削除を終了します。

❹ **背景の削除を終了して、変更を保持する**
設定した範囲を削除して、背景の削除を終了します。

2 画像のトリミング

画像の背景を削除すると削除した部分は透明になりますが、画像の一部として認識されています。不要な部分はトリミングしておくと、画像のサイズを変更したり、移動したりするときに操作しやすくなります。
画像「**担当者**」をトリミングしましょう。

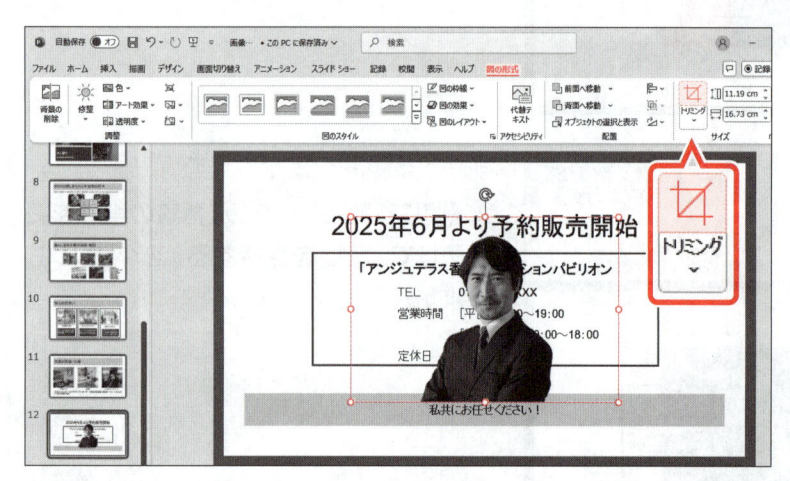

①画像が選択されていることを確認します。
②《**図の形式**》タブを選択します。
③《**サイズ**》グループの《**トリミング**》をクリックします。

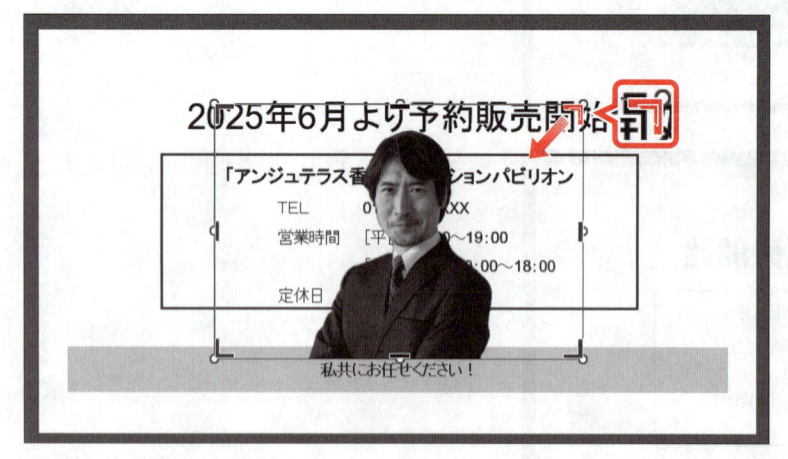

画像の周囲に┏や━などが表示されます。
④右上の┓をポイントします。
マウスポインターの形が┓に変わります。
⑤図のように、ドラッグします。

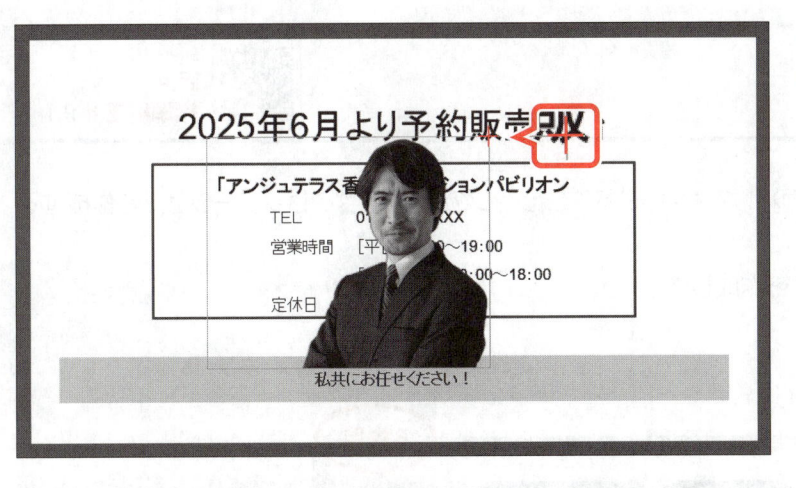

ドラッグ中、マウスポインターの形が＋に変わります。

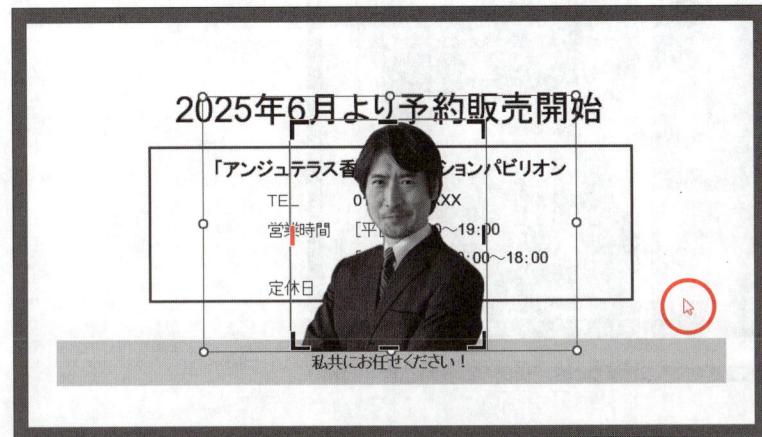

⑥同様に、画像の左の▮をドラッグします。

※ポイントすると、マウスポインターの形が╉に変わります。

⑦画像以外の場所をクリックします。

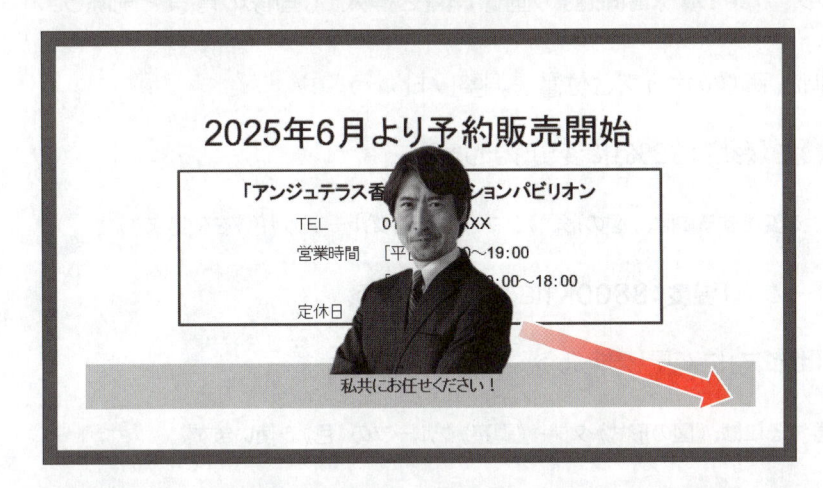

トリミングが確定します。

⑧図のように、画像をドラッグします。

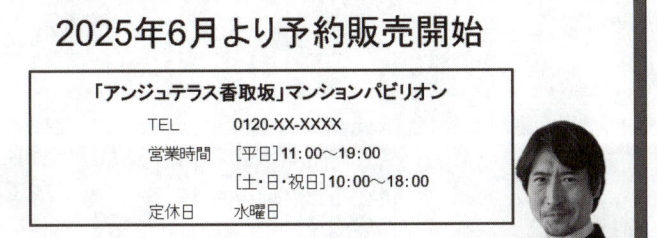

画像が移動します。

※プレゼンテーションに「画像の加工完成」と名前を付けて、フォルダー「第1章」に保存し、閉じておきましょう。

練習問題

PDF
標準解答 ▶ P.1

OPEN
P 第1章練習問題

あなたは、不動産屋に勤務しており、分譲マンションの販促用プレゼンテーションを作成することになりました。
完成図のようなスライドを作成しましょう。

●完成図

6枚目

① スライド6に、フォルダー「**第1章練習問題**」の画像「**本**」を挿入し、画像の背景を削除しましょう。
次に、完成図を参考に、画像のサイズと位置を調整しましょう。

② 画像「**本**」の色の彩度を「**彩度：33%**」に変更しましょう。

HINT 画像の色の彩度を変更するには、《図の形式》タブ→《調整》グループの《色》を使います。

③ 左側の画像の色のトーンを「**温度：8800K**」に変更しましょう。

④ 右側の画像の色を「**セピア**」に変更しましょう。

HINT 画像の色を変更するには、《図の形式》タブ→《調整》グループの《色》を使います。

完成図のようなスライドを作成しましょう。

●完成図

⑤ スライド7に、フォルダー「**第1章練習問題**」の画像「**川**」を挿入しましょう。
次に、画像を左に90度回転し、完成図を参考に、画像のサイズと位置を調整しましょう。

HINT コンテンツのプレースホルダーが配置されているスライドでは、プレースホルダー内の《図》を使います。

完成図のようなスライドを作成しましょう。

●完成図

⑥ スライド8に、フォルダー「**第1章練習問題**」の画像「**サザンカ**」を挿入しましょう。
次に、挿入した画像を縦横比「**4：3**」でトリミングし、次のように書式を設定しましょう。
設定後、完成図を参考に、画像の位置を調整しましょう。

サイズ：高さ 5.3cm　幅 7.07cm
最背面に配置

HINT 画像を最背面に配置するには、《図の形式》タブ→《配置》グループの《背面へ移動》を使います。

⑦ スライド8の4つの画像に、スタイル**「四角形、面取り」**を適用しましょう。

⑧ 4つの画像のスタイルを、次のようにカスタマイズしましょう。

```
影のスタイル ：オフセット：右下
影の透明度　 ：70％
影のぼかし　 ：10pt
影の距離　　 ：10pt
```

⑨ 4つの画像にアート効果**「十字模様：エッチング」**を設定しましょう。

（ HINT ） 操作を繰り返す場合は、 F4 を使うと効率的です。

完成図のようなスライドを作成しましょう。

●**完成図**

⑩ スライド10のSmartArtグラフィック内の3つの画像に、**「オレンジ、アクセント3」**の枠線を設定しましょう。
次に、**「四角形：対角を切り取る」**でトリミングしましょう。

※プレゼンテーションに「第1章練習問題完成」と名前を付けて、フォルダー「第1章練習問題」に保存し、閉じておきましょう。

第 2 章

グラフィックの活用

この章で学ぶこと

学習前に習得すべきポイントを理解しておき、
学習後には確実に習得できたかどうかを振り返りましょう。

- ■ スライドのサイズや向きを変更できる。 → P.42 ☑☑☑
- ■ スライドのレイアウトを変更できる。 → P.45 ☑☑☑
- ■ テーマの配色やフォントを変更できる。 → P.46 ☑☑☑
- ■ 画像を配置できる。 → P.49 ☑☑☑
- ■ グリッド線とガイドを設定できる。 → P.51 ☑☑☑
- ■ 図形に枠線や塗りつぶし、回転などの書式を設定できる。 → P.60 ☑☑☑
- ■ 図形の表示順序を変更できる。 → P.64 ☑☑☑
- ■ 図形をグループ化できる。 → P.66 ☑☑☑
- ■ 図形を整列できる。 → P.67 ☑☑☑
- ■ 図形を結合できる。 → P.73 ☑☑☑
- ■ テキストボックスを作成し、書式を設定できる。 → P.76 ☑☑☑

STEP 1 作成するちらしを確認する

1 作成するちらしの確認

次のようなちらしを作成しましょう。

図形の回転
表示順序の変更
グループ化

図形の整列

画像の配置

テキストボックスの作成
テキストボックスの書式設定

図形の結合

スライドのサイズの変更
スライドのレイアウトの変更
テーマの配色とフォントの変更

STEP2 スライドのサイズを変更する

1 スライドのサイズの変更

OPEN
🅿 新しいプレゼン
テーションを作成

「**スライドのサイズ**」を使うと、スライドの縦横比やサイズを変更できます。

通常のスライドを作成する場合は、スライドの縦横比をモニターの縦横比などに合わせて作成します。ちらしやポスター、はがきなどのように紙に出力して利用する場合は、スライドのサイズを実際の用紙サイズに合わせて変更します。

新しいプレゼンテーションを作成し、スライドのサイズを「**A4**」、スライドの向きを「**縦**」に設定しましょう。

※《Designer（デザイナー）》作業ウィンドウが表示された場合は、閉じておきましょう。
※《ノートペイン》が表示された場合は、非表示にしておきましょう。

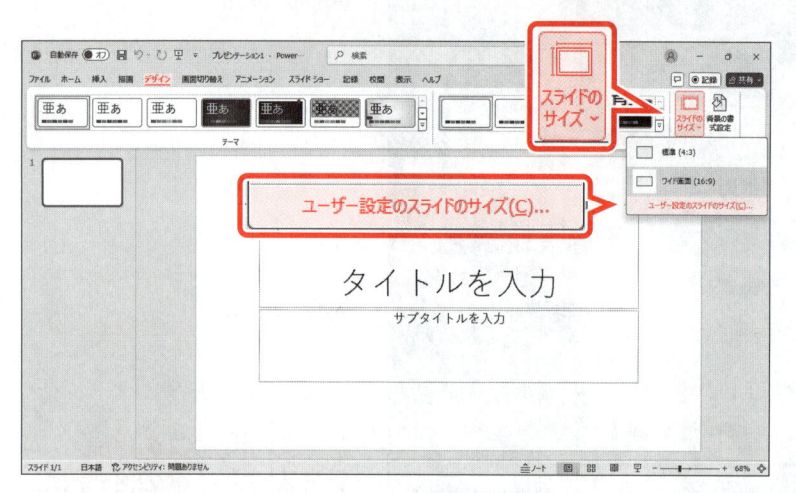

①《**デザイン**》タブを選択します。

②《**ユーザー設定**》グループの《**スライドのサイズ**》をクリックします。

③《**ユーザー設定のスライドのサイズ**》をクリックします。

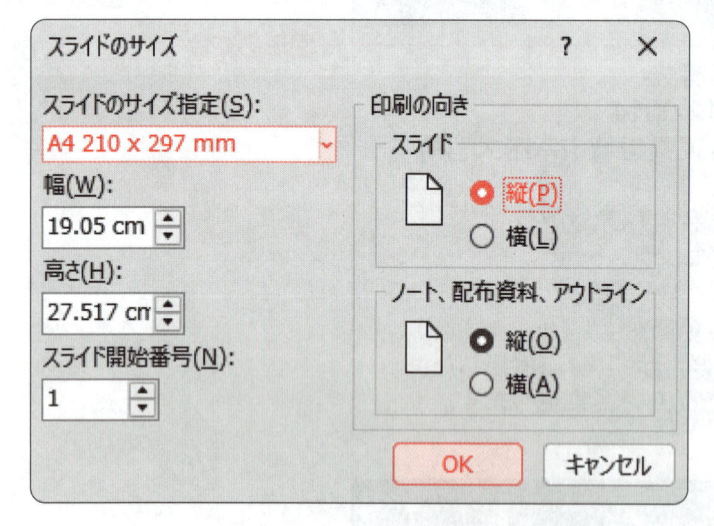

《**スライドのサイズ**》ダイアログボックスが表示されます。

④《**スライドのサイズ指定**》の▼をクリックします。

⑤《**A4**》をクリックします。

⑥《**スライド**》の《**縦**》を◉にします。

⑦《**OK**》をクリックします。

STEP UP Designer（デザイナー）

「Designer（デザイナー）」とは、スライドに挿入された内容に応じて、PowerPointがデザインを提案する機能です。提案されたデザインから選択するだけで、洗練されたスライドを作成できます。Microsoft 365のPowerPointを使うと利用できます。

※本書の学習中に《Designer（デザイナー）》作業ウィンドウが表示された場合は、《閉じる》をクリックして閉じておきましょう。

《Microsoft PowerPoint》ダイアログ
ボックスが表示されます。

⑧《**最大化**》をクリックします。

※現段階では、スライドに何も配置していないの
で、《サイズに合わせて調整》を選択してもかま
いません。

スライドのサイズと向きが変更されます。

POINT **スライドのサイズ変更時のオブジェクトのサイズ調整**

画像や図形などのオブジェクトが挿入されているスライドのサイズを変更する場合は、オブジェクトのサイズの調整方法を選択します。
オブジェクトのサイズの調整方法は、次のとおりです。

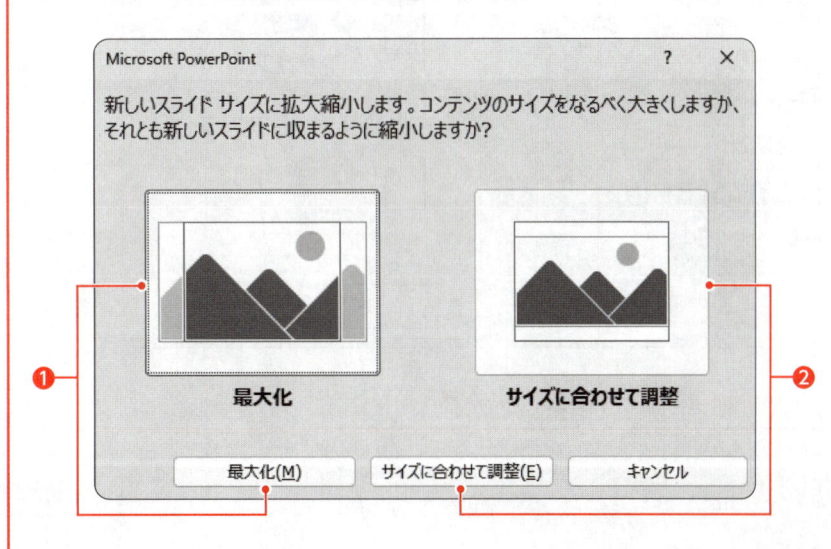

❶最大化
変更したスライドのサイズに合わせて、オブジェクトをできるだけ大きく配置します。オブジェクトがスライドのサイズよりも大きく表示される場合があります。

❷サイズに合わせて調整
変更したスライドのサイズに収まるように、オブジェクトを縮小して表示します。オブジェクト内に追加した文字が、収まらなくなる場合があります。

POINT スライドのサイズ指定

ちらしやポスター、はがきなどを印刷して使う場合には、印刷する用紙サイズに合わせてスライドのサイズを変更します。
用紙の周囲ぎりぎりまで印刷したい場合は、スライドのサイズを指定したあとで、実際の用紙サイズに合わせて、スライドの《幅》と《高さ》を変更する必要があります。
※用紙の周囲ぎりぎりまで印刷するには、フチなし印刷に対応しているプリンターが必要です。

●《スライドのサイズ指定》でA4の用紙サイズを選択した場合

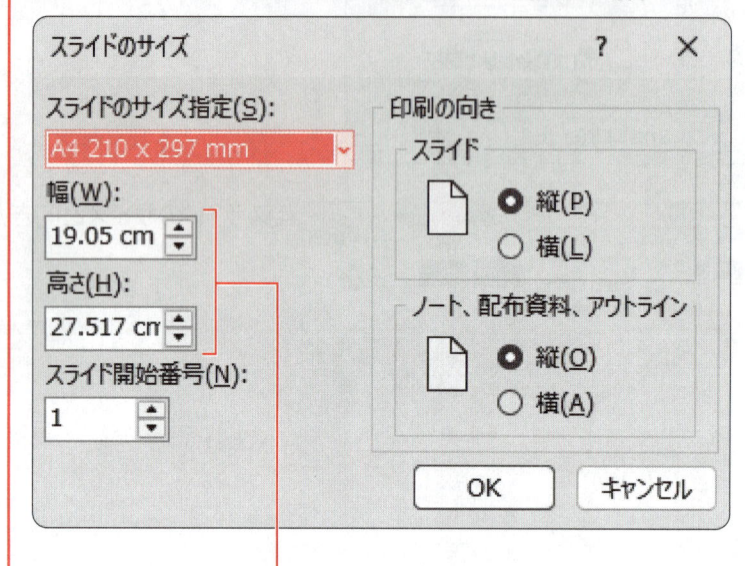

実際の用紙サイズよりやや小さくなる

●実際のA4の用紙サイズに合わせて《幅》と《高さ》を手動で設定した場合

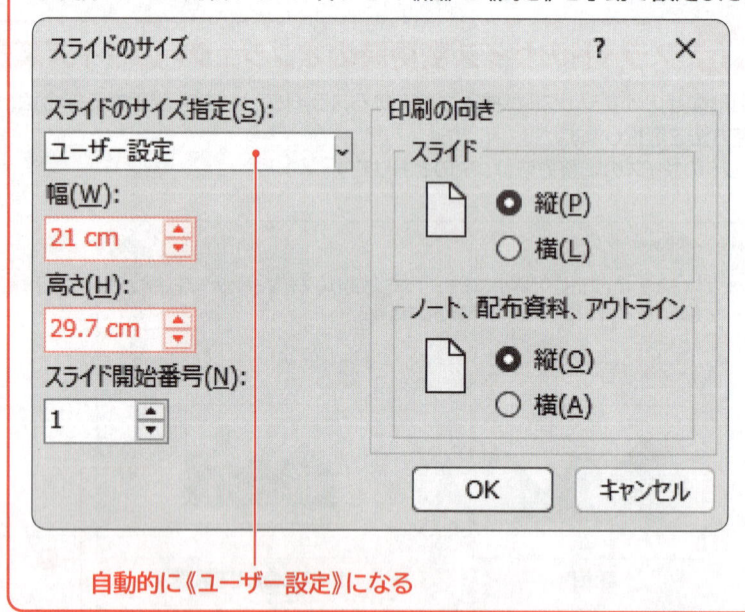

自動的に《ユーザー設定》になる

■2 スライドのレイアウトの変更

新しいプレゼンテーションを作成すると、プレゼンテーションのタイトルを入力するための「**タイトルスライド**」が表示されます。スライドには「**タイトルとコンテンツ**」や「**2つのコンテンツ**」といった様々なレイアウトが用意されています。箇条書きや画像の配置など、仕上がりイメージからレイアウトを選択すると、簡単にスライドを作成できます。

スライドに自由に文字や画像を配置できるように、スライドのレイアウトを「**タイトルスライド**」から「**白紙**」に変更しましょう。

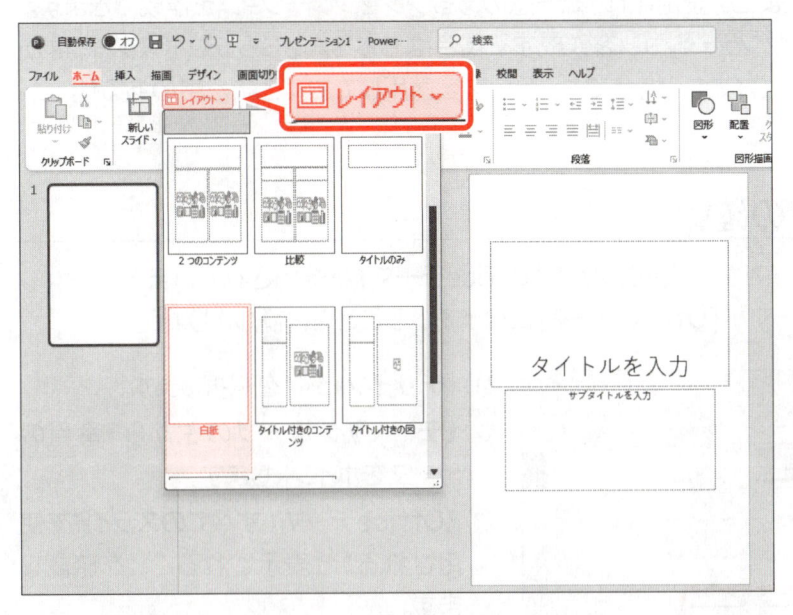

①《**ホーム**》タブを選択します。

②《**スライド**》グループの《**スライドのレイアウト**》をクリックします。

③《**白紙**》をクリックします。

※一覧に表示されていない場合は、スクロールして調整します。

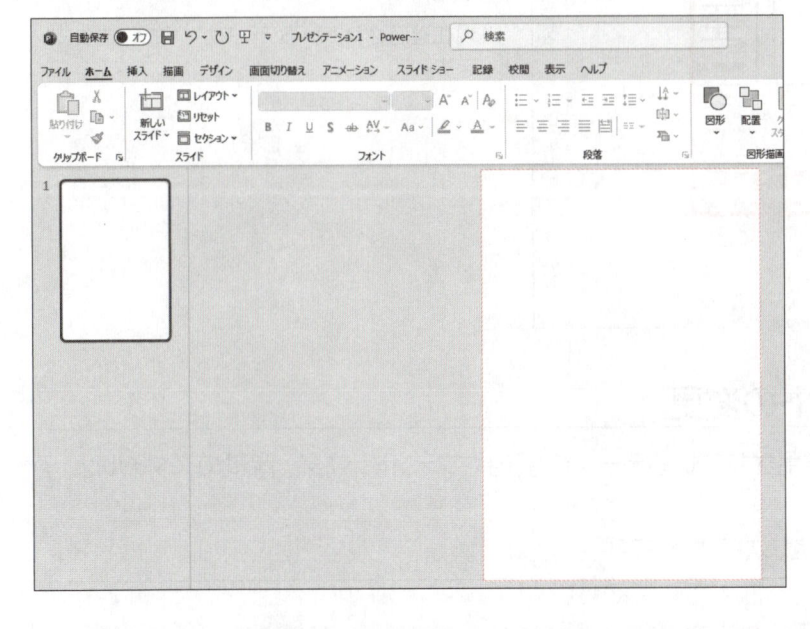

スライドのレイアウトが白紙に変更されます。

··

STEP UP **その他の方法（スライドのレイアウトの変更）**

◆ スライドを右クリック→《レイアウト》

STEP3 スライドのテーマをアレンジする

1 テーマの適用

PowerPointでは、見栄えのするテーマが数多く用意されています。各テーマには、配色やフォント、効果などが登録されています。テーマを適用すると、そのテーマの色の組み合わせやフォント、図形のデザインなどが設定され、統一感のあるプレゼンテーションを作成できます。スライド枚数の多いプレゼンテーションを作成する場合はもちろん、ちらしやポスター、はがきなどスライドを1枚だけ作成する場合でも、テーマを適用しておくと統一感のある仕上がりになります。

1 現在のテーマの確認

プレゼンテーションのテーマは、初期の設定で「Officeテーマ」が適用されています。
プレゼンテーションのテーマが「Officeテーマ」になっていることを確認しましょう。

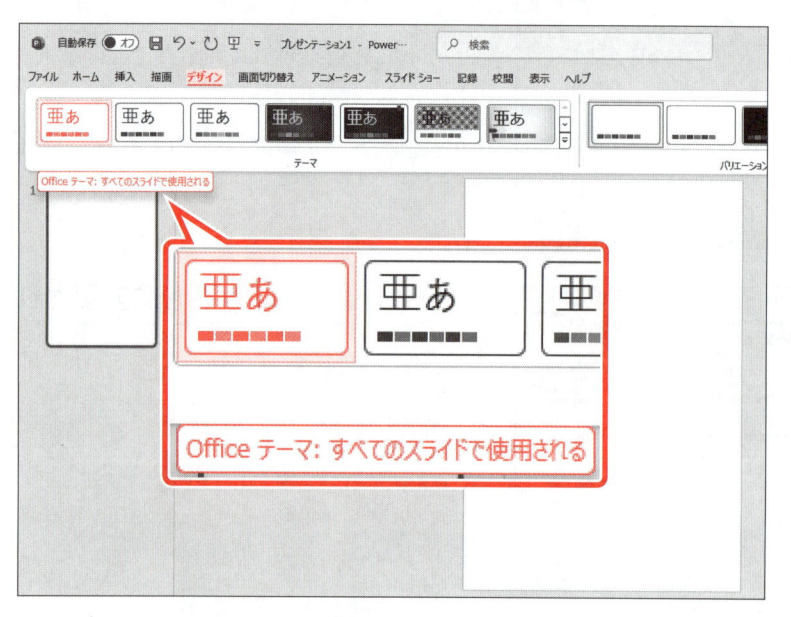

①《デザイン》タブを選択します。

②《テーマ》グループの左から1番目のテーマをポイントします。

③《Officeテーマ：すべてのスライドで使用される》と表示されることを確認します。

※現在適用されているテーマが、枠で囲まれています。

2 配色とフォントの変更

プレゼンテーションに適用されているテーマの配色やフォント、効果、背景のスタイルは、それぞれ変更できます。
テーマの配色とフォントを、次のように変更しましょう。

テーマの配色	：紫II
テーマのフォント	：Arial　MSPゴシック　MSPゴシック

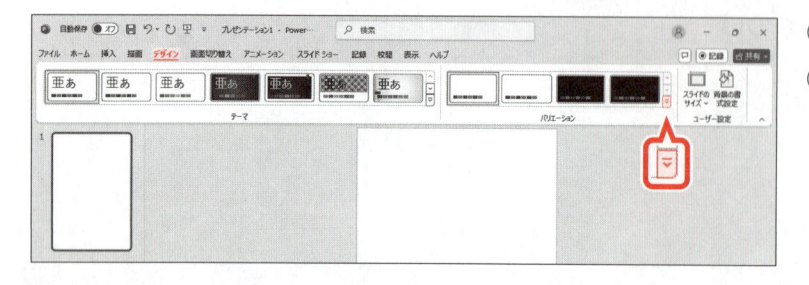

①《デザイン》タブを選択します。

②《バリエーション》グループの ▽ をクリックします。

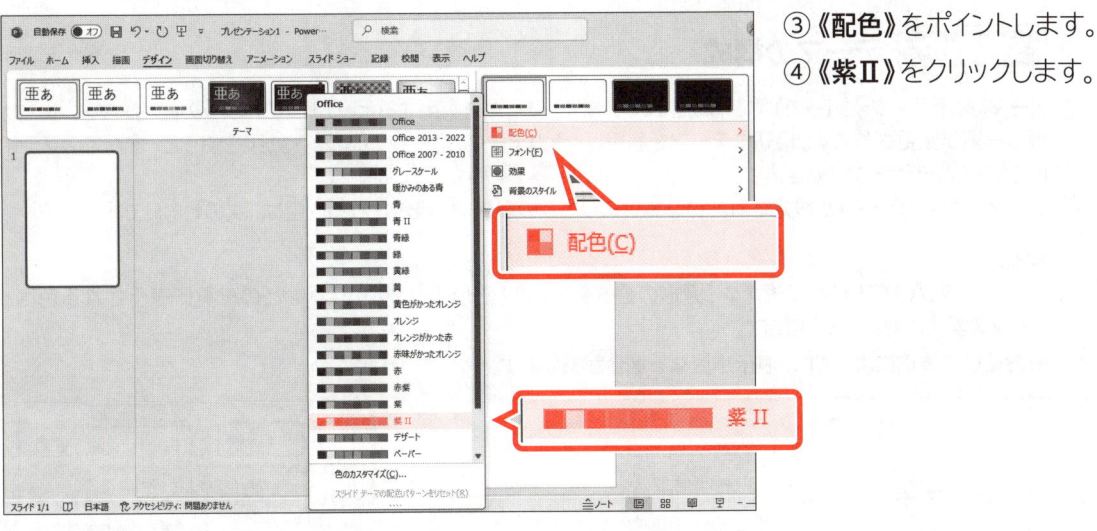

③《配色》をポイントします。

④《紫Ⅱ》をクリックします。

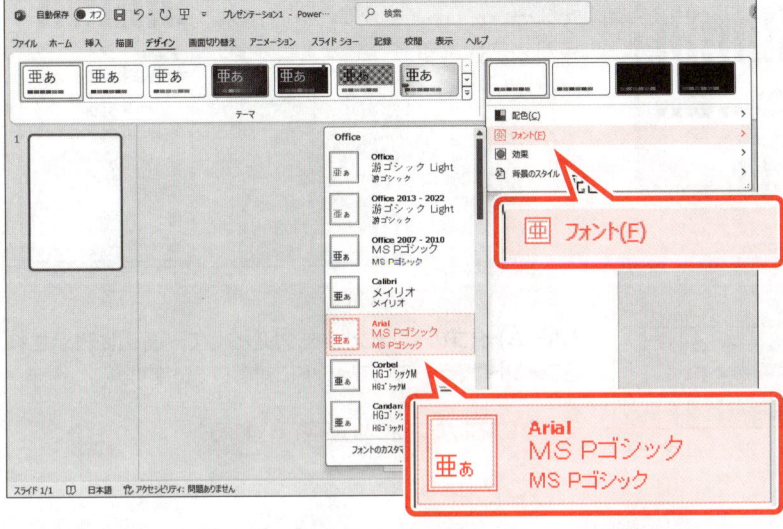

⑤《バリエーション》グループの ⬇ をクリックします。

⑥《フォント》をポイントします。

⑦《Arial　MSPゴシック　MSPゴシック》をクリックします。

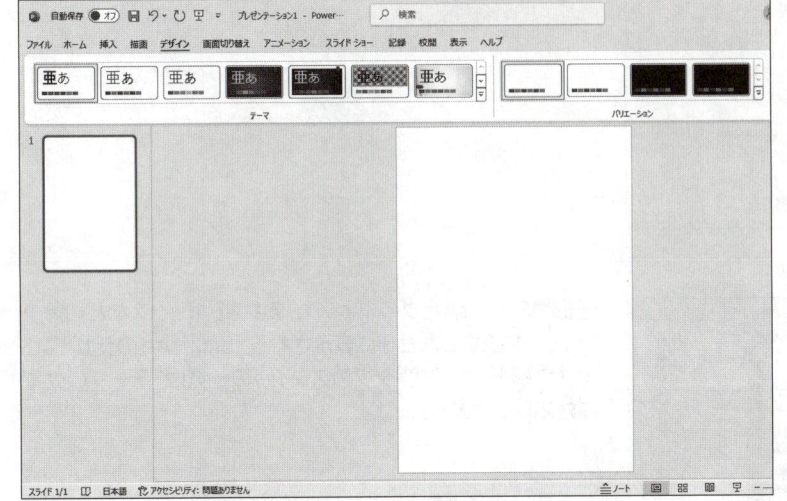

テーマの配色とフォントが変更されます。

※現段階では、スライドに何も入力していないので、適用結果がスライドで確認できません。変更した配色とフォントは、P.55「STEP6 図形を作成する」以降で確認できます。

STEP UP テーマの構成

テーマは、配色・フォント・効果で構成されています。テーマを適用すると、リボンのボタンの配色・フォント・効果の一覧が変更されます。最初にテーマを適用し、そのテーマの配色・フォント・効果を使うと、すべてのスライドを統一したデザインにできます。
テーマ「Officeテーマ」が設定されている場合のリボンのボタンに表示される内容は、次のとおりです。

●配色
《ホーム》タブの《フォントの色》や《図形の書式》タブの《図形の塗りつぶし》などの一覧に表示される色は、テーマの配色に対応しています。
※お使いの環境によっては、表示が異なる場合があります。

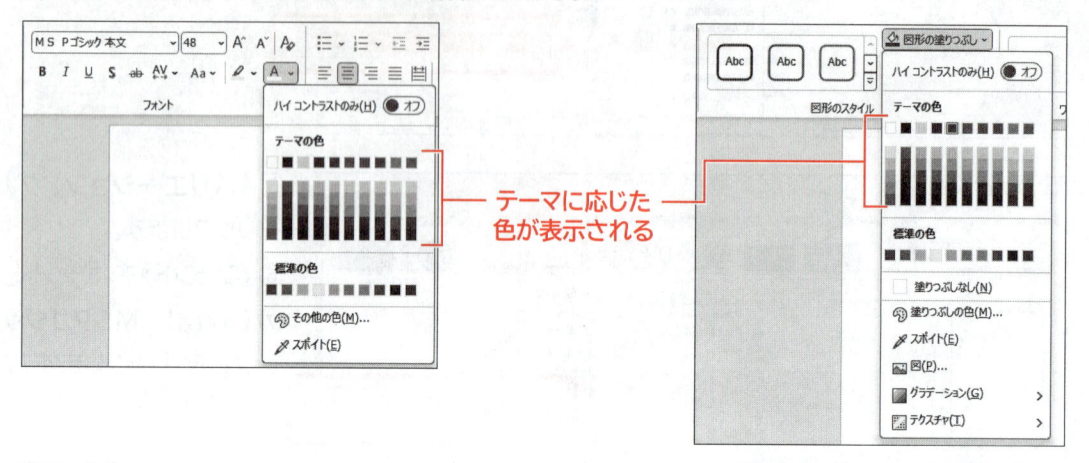

テーマに応じた色が表示される

●フォント

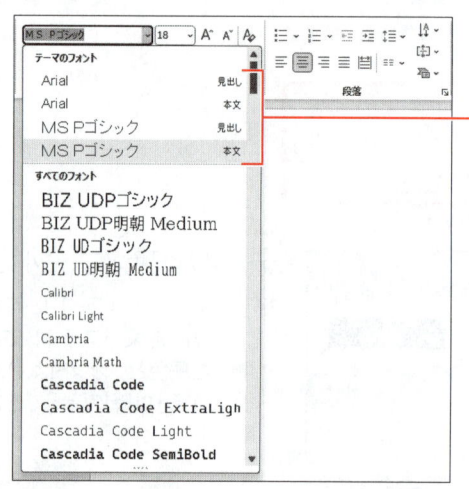

《ホーム》タブの《フォント》をクリックして一番上に表示されるフォントは、テーマのフォントに対応しています。

テーマに応じたフォントが表示される

●効果

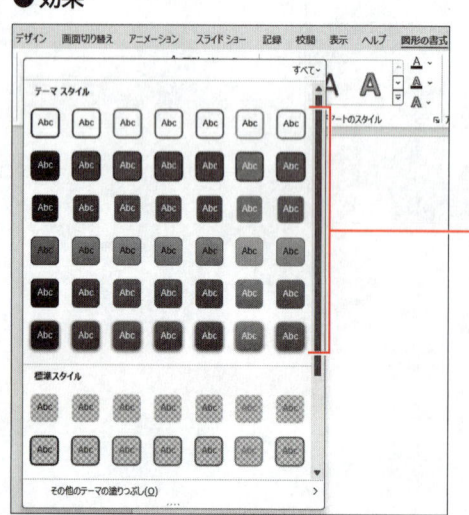

図形やSmartArtグラフィック、テキストボックスなどのオブジェクトを選択したときに表示される《SmartArtのデザイン》タブや《図形の書式》タブのスタイルの一覧は、テーマの効果に対応しています。

テーマに応じた効果が表示される

S TEP 4 画像を配置する

1 画像の配置

ちらしやポスターなどを作成する場合は、イメージに合った画像を挿入するとちらしやポスターなどの目的が見る人に伝わりやすくなります。

フォルダー「**第2章**」の画像「**写真撮影**」を挿入しましょう。

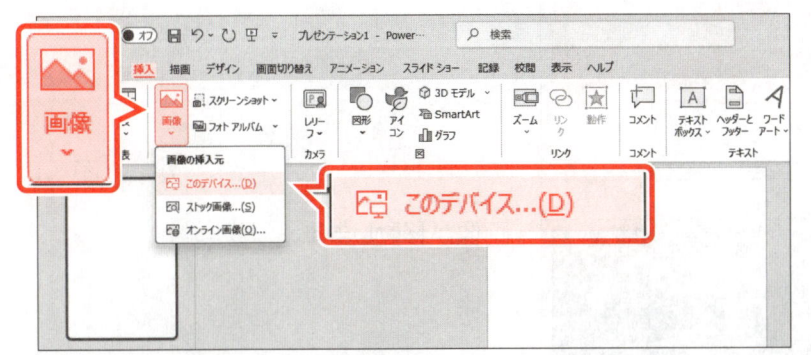

① 《**挿入**》タブを選択します。

② 《**画像**》グループの《**画像を挿入します**》をクリックします。

③ 《**このデバイス**》をクリックします。

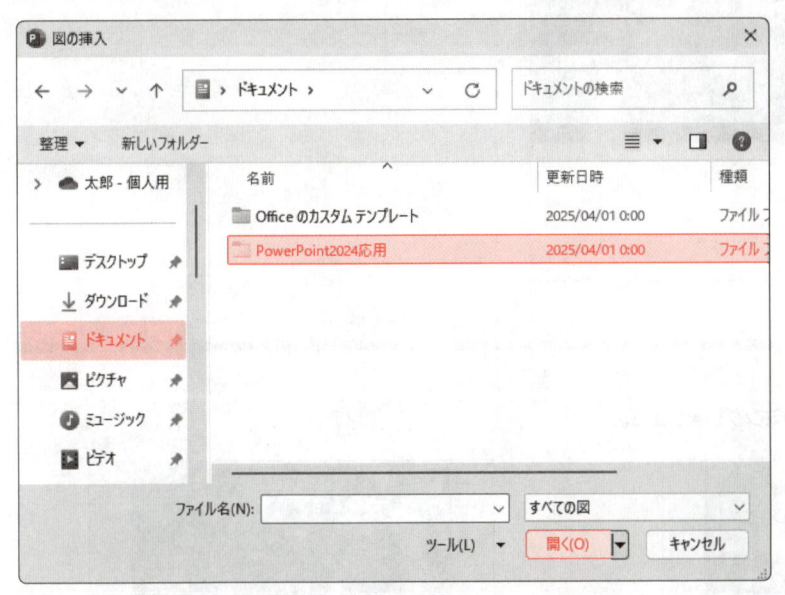

《**図の挿入**》ダイアログボックスが表示されます。

画像が保存されている場所を選択します。

④ 左側の一覧から《**ドキュメント**》を選択します。

⑤ 一覧から「**PowerPoint2024応用**」を選択します。

⑥ 《**開く**》をクリックします。

⑦ 一覧から「**第2章**」を選択します。

⑧ 《**開く**》をクリックします。

挿入する画像を選択します。

⑨ 一覧から「**写真撮影**」を選択します。

⑩ 《**挿入**》をクリックします。

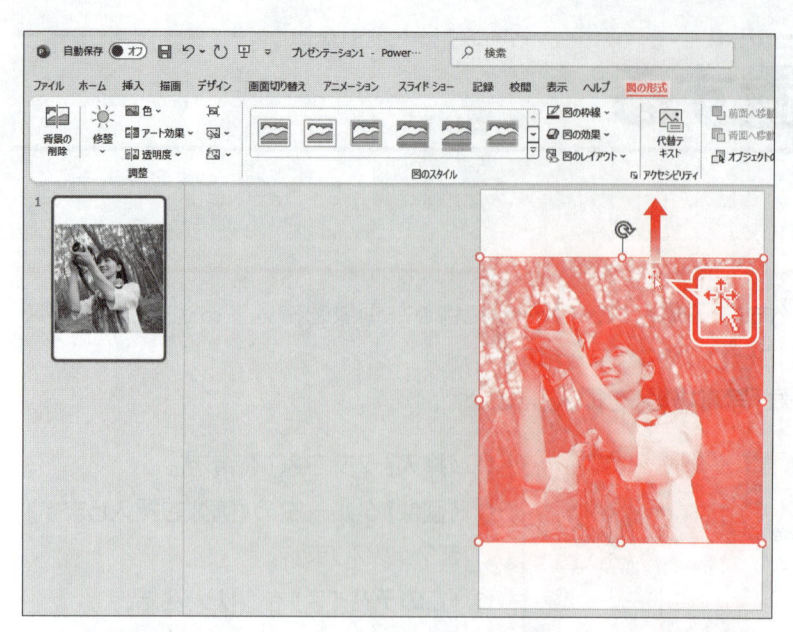

画像が挿入されます。

リボンに《図の形式》タブが表示されます。

⑪図のように、画像を上方向にドラッグします。

※中央と左右、上側にスマートガイドが表示される状態でドラッグを終了します。

画像が移動します。

ためしてみよう

画像の下側を、次のようにトリミングしましょう。

① 画像を選択

②《図の形式》タブを選択

③《サイズ》グループの《トリミング》をクリック

④ 下側の▬を上方向にドラッグして、トリミングの範囲を変更

⑤ 画像以外の場所をクリック

STEP 5 グリッド線とガイドを表示する

1 グリッド線とガイド

テキストボックスや画像、図形などのオブジェクトを同じ高さにそろえて配置したり、同じサイズで作成したりする場合は、スライド上に「**グリッド線**」と「**ガイド**」を表示すると作業がしやすくなります。

スライド上に等間隔で表示される点を「**グリッド**」、その集まりを「**グリッド線**」といいます。グリッドの間隔は変更できます。

スライドを水平方向や垂直方向に分割する線を「**ガイド**」といいます。ガイドはドラッグして移動できます。

グリッド線もガイドも画面上に表示されるだけで印刷はされません。

オブジェクトを配置するときに、グリッド線やガイドを表示してそのラインに沿って配置すると、見た目にも美しく、整然とした印象に仕上げることができます。

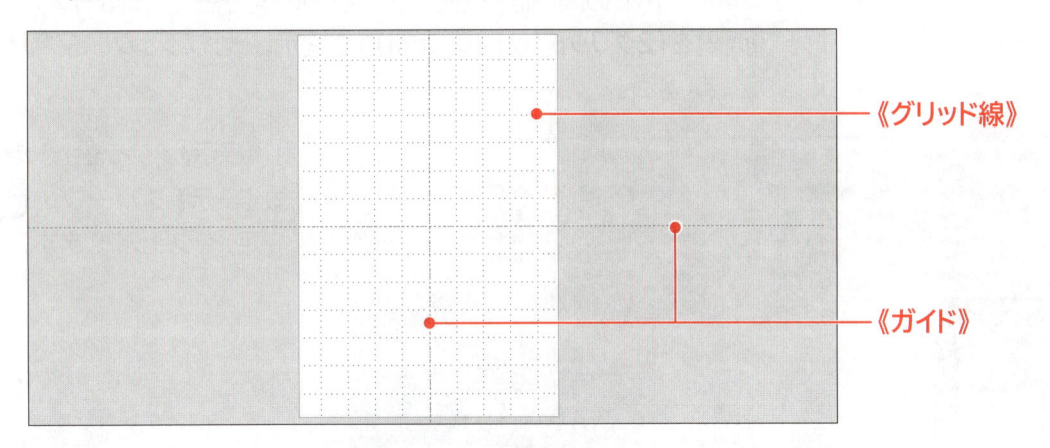

《グリッド線》

《ガイド》

2 グリッド線とガイドの表示

スライドにグリッド線とガイドを表示しましょう。

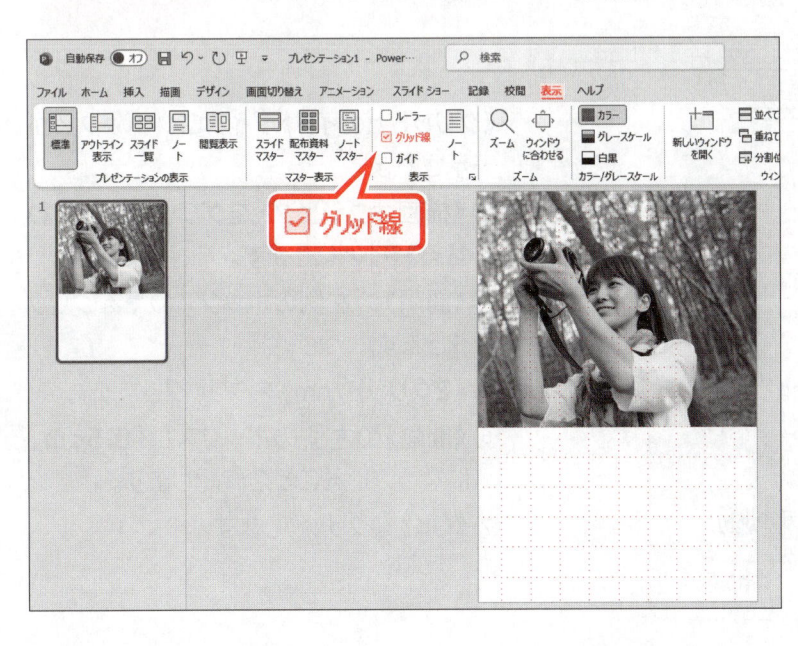

① 《表示》タブを選択します。
② 《表示》グループの《グリッド線》を ☑ にします。

グリッド線が表示されます。

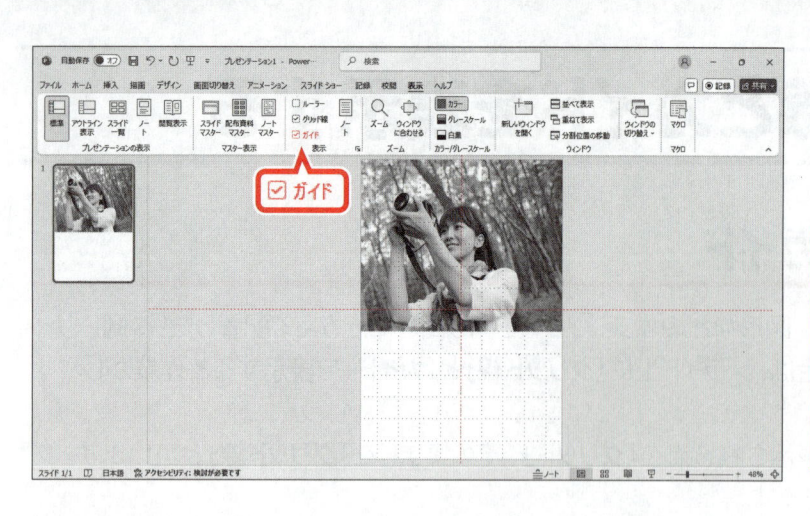

③《**表示**》グループの《**ガイド**》を☑にします。

ガイドが表示されます。

> **POINT　グリッド線とガイドの非表示**
>
> グリッド線やガイドを非表示にする方法は、次のとおりです。
> ◆《**表示**》タブ→《**表示**》グループの《☐グリッド線》／《☐ガイド》

3　グリッドの間隔とオブジェクトの配置

グリッドの間隔を変更したり、オブジェクトの配置をグリッド線に合わせるかどうかを設定したりできます。グリッドの間隔は、約0.1cm〜5cmの間で設定できます。

グリッドの間隔を「**2グリッド/cm（0.5cm）**」に設定し、オブジェクトをグリッド線に合わせるように設定しましょう。

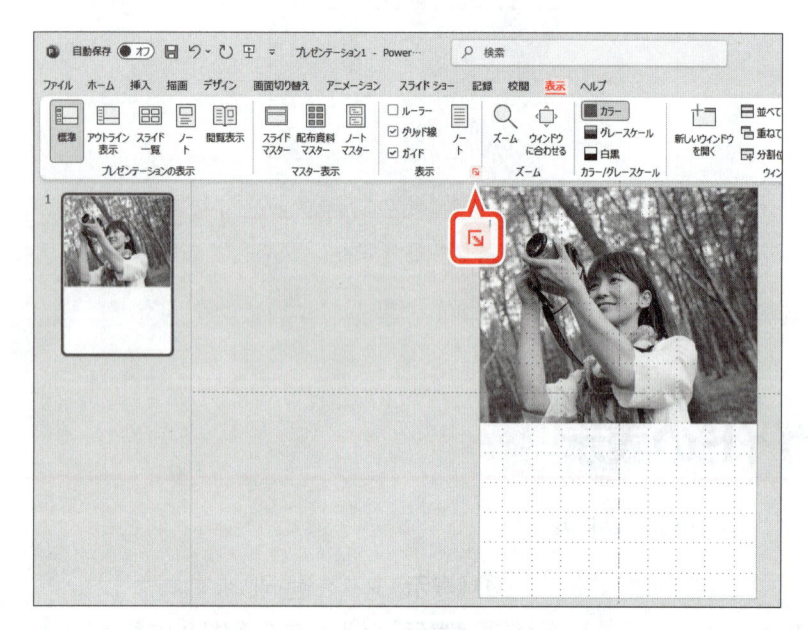

①《**表示**》タブを選択します。
②《**表示**》グループの⬐（グリッドの設定）をクリックします。

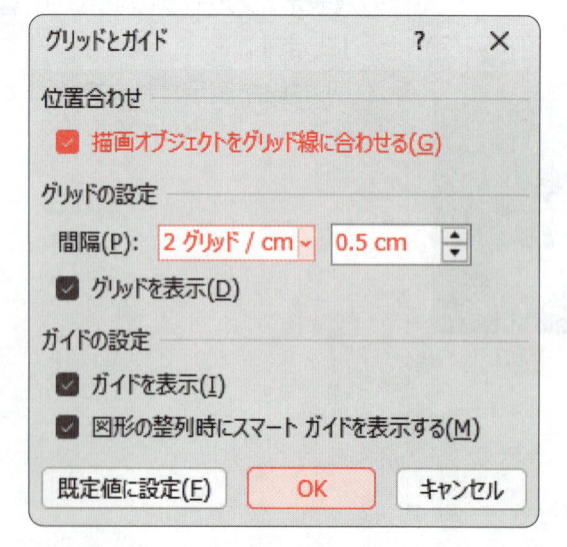

《**グリッドとガイド**》ダイアログボックスが表示されます。

③《**描画オブジェクトをグリッド線に合わせる**》を☑にします。
④《**間隔**》の左側のボックスの▼をクリックします。
⑤《**2グリッド/cm**》をクリックします。
⑥《**間隔**》の右側のボックスが「**0.5cm**」になっていることを確認します。
⑦《**OK**》をクリックします。

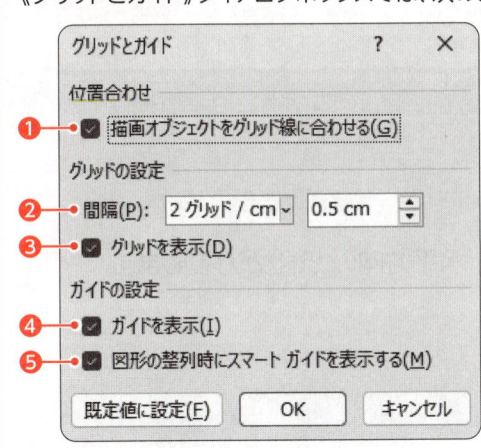

グリッドの設定が変更されます。

STEP UP グリッドの間隔が正しく表示されない場合

画面の表示倍率（ズーム）の状態によっては、グリッドの間隔が正しく表示されない場合があります。その場合は、表示倍率を上げる（拡大する）と正しく表示されます。

POINT 《グリッドとガイド》ダイアログボックス

《グリッドとガイド》ダイアログボックスでは、次のような設定ができます。

| ❶ 描画オブジェクトをグリッド線に合わせる |
| グリッド線に合わせてオブジェクトを配置します。 |

❷ 間隔
グリッドの間隔を設定します。
※「2グリッド/cm」は、1cmの中に2つのグリッドを表示するという意味になり、「0.5cm」単位でグリッドが表示されます。

❸ グリッドを表示
グリッドを表示します。

❹ ガイドを表示
ガイドを表示します。

❺ 図形の整列時にスマートガイドを表示する
オブジェクトを配置するときに、スマートガイドを表示します。
※スマートガイドを使わずにオブジェクトを配置する場合は、□ にします。

---

4 ガイドの移動

オブジェクトを配置する位置に、ガイドの位置を調整します。ガイドはドラッグで移動できます。ガイドをドラッグすると、中心からの距離が表示されます。
水平方向のガイドを、中心から上に「**13.00**」の位置に移動しましょう。

①水平方向のガイドをポイントします。
マウスポインターの形が ÷ に変わります。

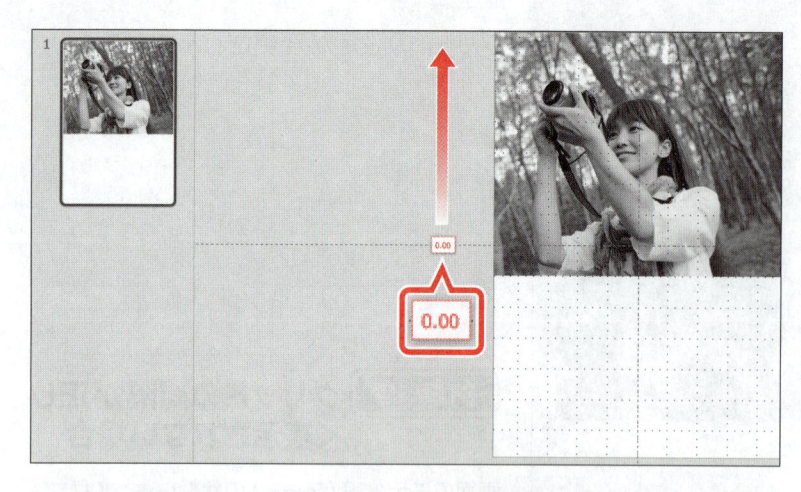

②図のように、ドラッグします。
マウスのボタンを押したままにしている
間、中心からの距離が表示されます。

③「13.00」の位置までドラッグします。

水平方向のガイドが移動します。

POINT　ガイドのコピー

ガイドをコピーして複数表示できます。ガイドをコピーする場合は、[Ctrl]を押しながらドラッグします。

POINT　ガイドの削除

コピーしたガイドを削除する場合は、ガイドをスライドの外にドラッグします。
水平方向のガイドはスライドの上側または下側、垂直方向のガイドはスライドの左側または右側にドラッグします。

STEP6 図形を作成する

1 図形を利用したタイトルの作成

次のように、図形内に1文字ずつ入力してちらしのタイトルを作成します。

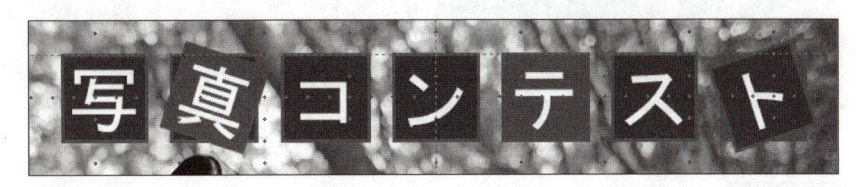

2 図形の作成

ガイドに合わせて正方形を作成しましょう。
表示倍率を変更して、グリッド線とガイドを見やすくしてから操作します。

1 表示倍率の変更

画面の表示倍率を「100%」に変更しましょう。

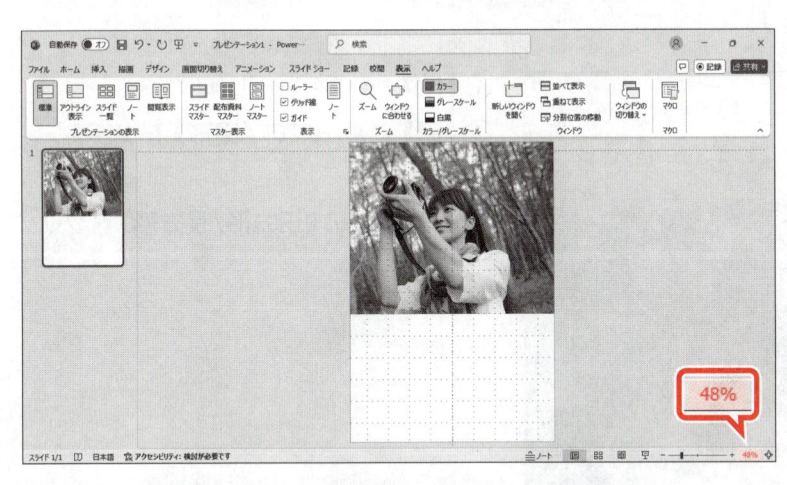

①ステータスバーの《48%》をクリックします。

※お使いの環境によっては、表示されている数値が異なる場合があります。

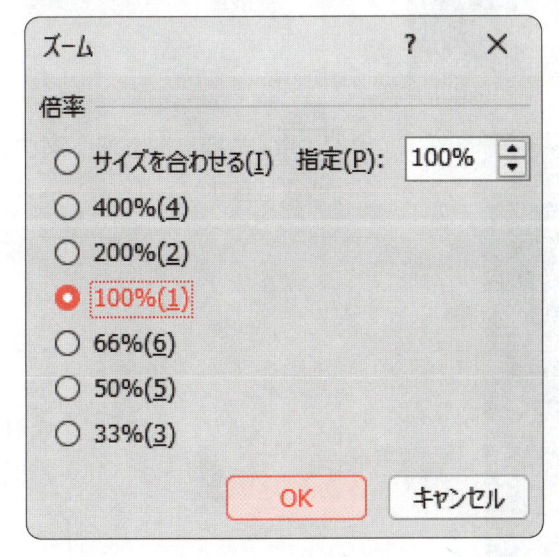

《ズーム》ダイアログボックスが表示されます。

②《倍率》の《100%》を◉にします。

③《OK》をクリックします。

画面の表示倍率が変更されます。

※スクロールして、スライドの上側を表示しておきましょう。

STEP UP その他の方法（表示倍率の変更）

《表示》タブの《ズーム》を使って、表示倍率を変更することもできます。

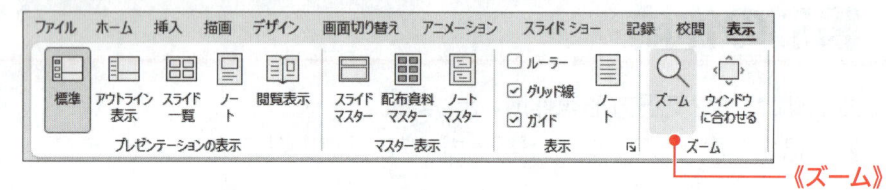

《ズーム》

2 正方形の作成

水平方向のガイドに合わせて、正方形を作成しましょう。正方形を作成する場合は、Shift を押しながらドラッグします。

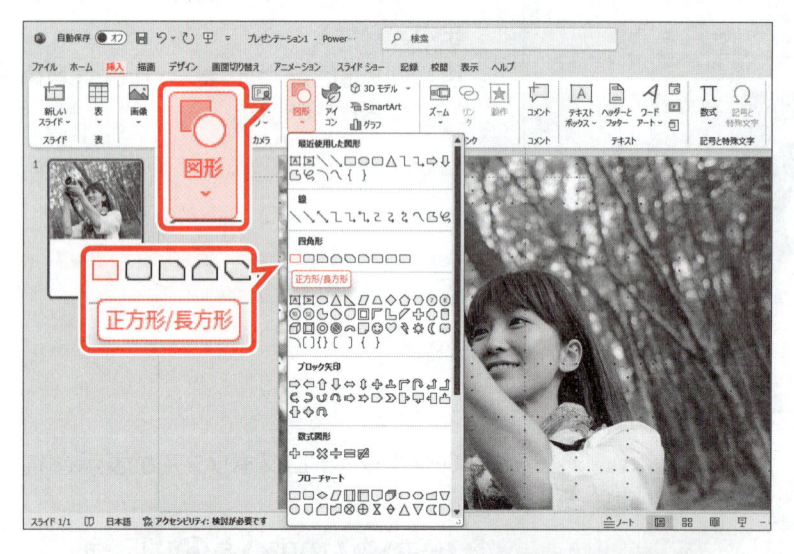

① 《挿入》タブを選択します。

② 《図》グループの《図形》をクリックします。

③ 《四角形》の《正方形/長方形》をクリックします。

④ Shift を押しながら、図のようにドラッグします。

正方形が作成されます。
※図形にはスタイルが適用されています。
リボンに**《図形の書式》**タブが表示されます。

❸ 図形への文字の追加

作成した図形に文字を追加できます。
図形に**「写」**と文字を追加しましょう。

①図形が選択されていることを確認します。
②**「写」**と入力します。

③図形以外の場所をクリックします。
図形に入力した文字が確定されます。

Let's Try　**ためしてみよう**
図形の文字のフォントサイズを「48」に変更しましょう。

Let's Try
Answer

① 図形を選択
②《ホーム》タブを選択
③《フォント》グループの《フォントサイズ》の▼をクリック
④《48》をクリック

3 図形のコピーと文字の修正

同じサイズの図形を複数作成する場合は、最初に作成した図形をコピーすると効率よく作業できます。
図形をコピーして、文字を修正しましょう。

1 図形のコピー

図形をコピーしましょう。

①図形を選択します。
②　Ctrl　を押しながら、図のようにドラッグします。

※水平方向のガイドに合わせてドラッグします。
※ドラッグ中、マウスポインターの形が🔉に変わります。

図形がコピーされます。

2 文字の修正

コピーした図形内の文字を「**真**」に修正しましょう。

①コピーした図形が選択されていることを確認します。
②「**写**」を選択します。
③　Delete　を押します。

④「真」と入力します。

⑤図形以外の場所をクリックします。
図形に入力した文字が確定されます。

Let's Try ためしてみよう

次のように図形をコピーし、文字を修正しましょう。

Answer Let's Try

① 「真」の図形を選択
② [Ctrl] を押しながら、右側にドラッグしてコピー
③ 「真」を「コ」に修正
④ 同様に、図形をコピーして、文字をそれぞれ「ン」「テ」「ス」「ト」に修正

STEP **7** 図形に書式を設定する

1 図形の枠線

「写」の図形の枠線の色と太さを、次のように変更しましょう。

枠線の色 ：白、背景1、黒+基本色50%

枠線の太さ：2.25pt

① 「写」の図形を選択します。

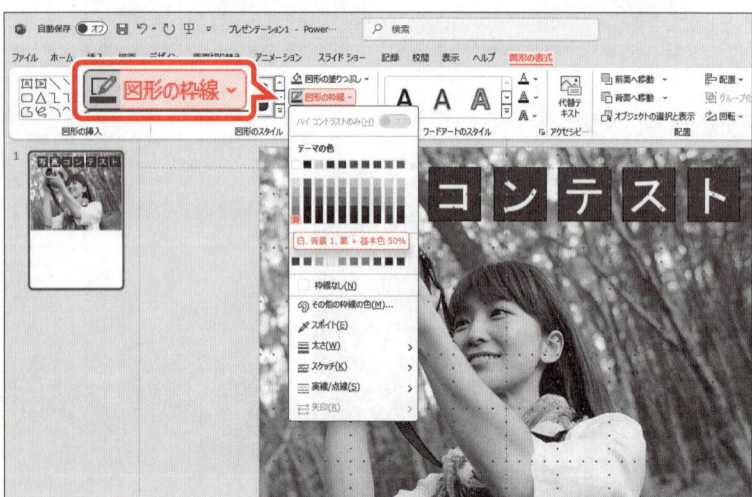

② 《図形の書式》タブを選択します。

③ 《図形のスタイル》グループの《図形の枠線》の▼をクリックします。

④ 《テーマの色》の《白、背景1、黒+基本色50%》をクリックします。

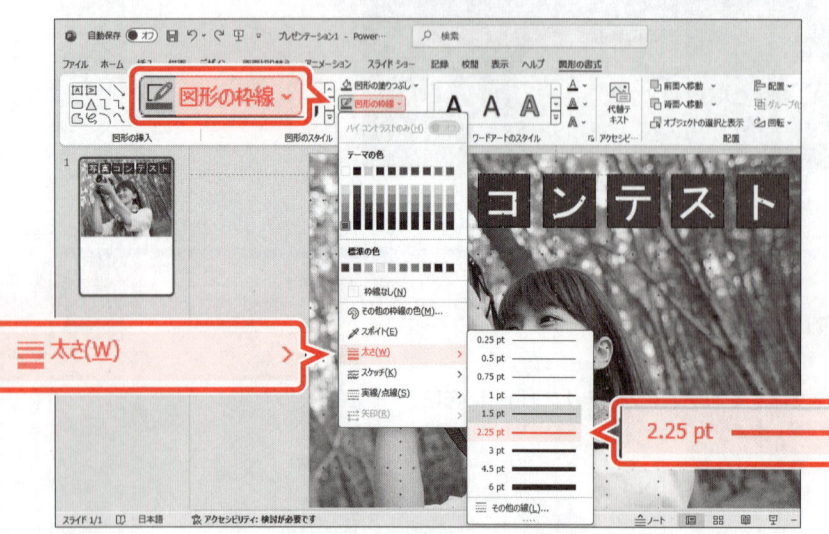

⑤ 《図形のスタイル》グループの《図形の枠線》の▼をクリックします。

⑥ 《太さ》をポイントします。

⑦ 《2.25pt》をクリックします。

図形の枠線の色と太さが変更されます。

※図形以外の場所をクリックして、選択を解除しておきましょう。

Let's Try

ためしてみよう

「写」の図形に設定した枠線の色と太さを、「真」「コ」「ン」「テ」「ス」「ト」の図形にそれぞれコピーしましょう。

Answer Let's Try

① 「写」の図形を選択

②《ホーム》タブを選択

③《クリップボード》グループの《書式のコピー/貼り付け》をダブルクリック

④ 「真」の図形をクリック

⑤ 同様に、「コ」「ン」「テ」「ス」「ト」の図形をクリック

⑥ [Esc]を押す

2 図形の塗りつぶし

「真」の図形の塗りつぶしの色を「青、アクセント5、黒+基本色25%」に変更しましょう。

①「**真**」の図形を選択します。

②《**図形の書式**》タブを選択します。

③《**図形のスタイル**》グループの《**図形の塗りつぶし**》の▼をクリックします。

④《**テーマの色**》の《**青、アクセント5、黒+基本色25%**》をクリックします。

図形の塗りつぶしの色が変更されます。

ためしてみよう

「テ」の図形の塗りつぶしの色を「青、アクセント5、黒+基本色25%」に変更しましょう。

Answer

①「テ」の図形を選択
②《図形の書式》タブを選択
③《図形のスタイル》グループの《図形の塗りつぶし》の▼をクリック
④《テーマの色》の《青、アクセント5、黒+基本色25%》(左から9番目、上から5番目)をクリック

STEP UP **スポイトを使った色の指定**

「スポイト」を使うと、スライド上にあるほかの図形や画像などをクリックするだけで、その色を簡単にコピーできます。色名がわからなくても、ほかの図形や画像などと色を合わせることができます。
スポイトは、文字やワードアート、図形、グラフなど、色を設定できるオブジェクトで使えます。
スポイトを使って別のオブジェクトに色を設定する方法は、次のとおりです。

◆色を設定するオブジェクトを選択→《図形の書式》タブ→《図形のスタイル》グループの《図形の塗りつぶし》の▼→《スポイト》→マウスポインターの形が 🖋 に変わったら、コピーするオブジェクトの色をクリック

3 　図形の回転

図形は自由に回転できます。図形を回転すると、図形内の文字も一緒に回転されます。
「真」の図形と「ト」の図形を回転しましょう。

①「真」の図形を選択します。
②図形の上側に表示される をポイントします。
マウスポインターの形が に変わります。

③図のように、ドラッグします。
ドラッグ中、マウスポインターの形が に変わります。

図形が回転されます。
④同様に、「ト」の図形を図のように回転します。

※図形以外の場所をクリックして、選択を解除しておきましょう。

STEP UP　角度を指定した図形の回転

角度を指定して図形を回転することもできます。
角度を指定して図形を回転する方法は、次のとおりです。

◆ 図形を選択→《図形の書式》タブ→《配置》グループの《オブジェクトの回転》→《その他の回転オプション》→
　《図形のオプション》→ 📊 （サイズとプロパティ）→《サイズ》→《回転》で角度を設定

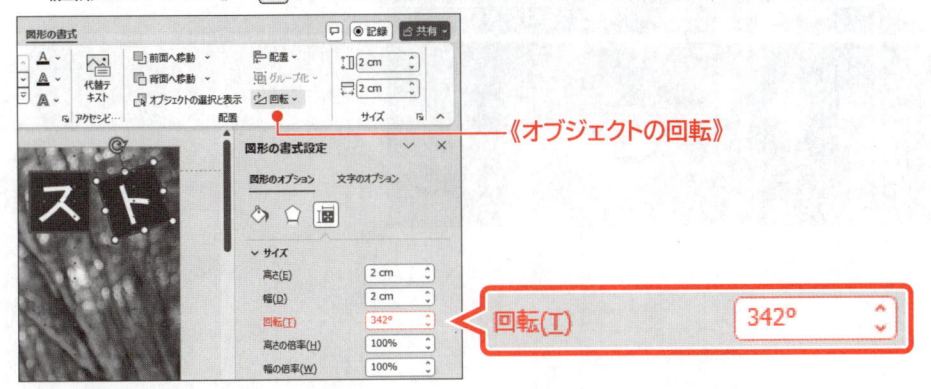

STEP8 オブジェクトの配置を調整する

1 図形の表示順序

複数の図形を重ねて作成すると、あとから作成した図形が前面に表示されます。
図形の重なりの順序は自由に変更することができます。

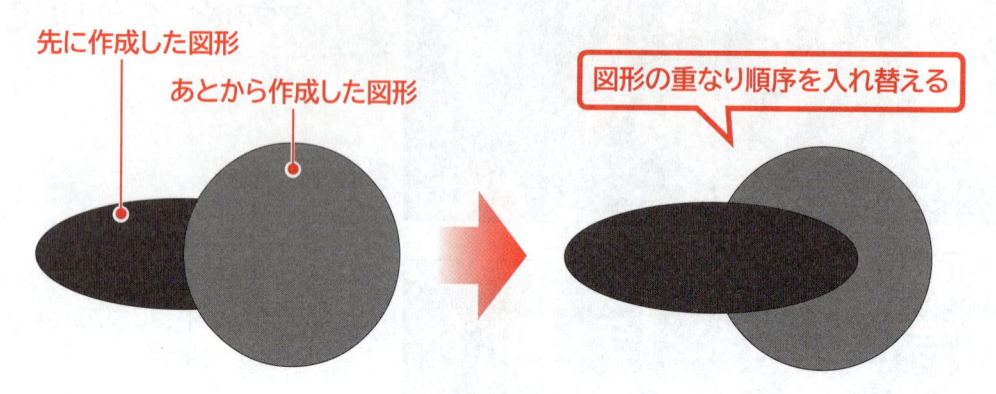

先に作成した図形
あとから作成した図形
図形の重なり順序を入れ替える

「真」の図形の前面に正方形を作成し、表示順序を変更しましょう。

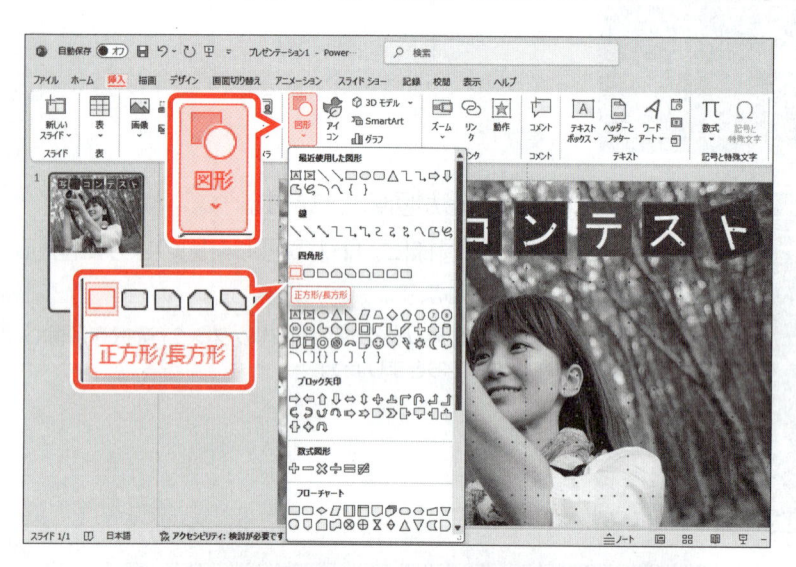

① 《挿入》タブを選択します。
② 《図》グループの《図形》をクリックします。
③ 《四角形》の《正方形/長方形》をクリックします。

④ Shift を押しながら、図のようにドラッグします。

「真」の図形の前面に正方形が作成され
ます。
表示順序を変更します。

⑤「真」の図形を選択します。

⑥《図形の書式》タブを選択します。

⑦《配置》グループの《前面へ移動》の▼
をクリックします。

⑧《最前面へ移動》をクリックします。

図形の表示順序が変更されます。

 **ためしてみよう**

次のようにスライドを編集しましょう。

①「ト」の図形の背面に正方形を作成しましょう。正方形の塗りつぶしの色は「青、アクセント5、黒+基本色
25%」にします。

②「写」の図形に設定した枠線の色と太さを、「真」の図形の背面にある図形にコピーしましょう。

③「真」の図形に設定した枠線の色と太さを、「ト」の図形の背面にある図形にコピーしましょう。

 nswer

①

①《挿入》タブを選択

②《図》グループの《図形》をクリック

③《四角形》の《正方形/長方形》をクリック

④[Shift]を押しながら、始点から終点までドラッグ
して、正方形を作成

⑤④で作成した図形が選択されていることを確認

⑥《図形の書式》タブを選択

⑦《図形のスタイル》グループの《図形の塗りつぶし》
の▼をクリック

⑧《テーマの色》の《青、アクセント5、黒+基本色
25%》(左から9番目、上から5番目)をクリック

⑨「ト」の図形を選択

⑩《配置》グループの《前面へ移動》の▼をクリック

⑪《最前面へ移動》をクリック

②

①「写」の図形を選択

②《ホーム》タブを選択

③《クリップボード》グループの《書式のコピー/貼り
付け》をクリック

④「真」の図形の背面にある図形をクリック

③

①「真」の図形を選択

②《ホーム》タブを選択

③《クリップボード》グループの《書式のコピー/貼り
付け》をクリック

④「ト」の図形の背面にある図形をクリック

2 図形のグループ化

「**グループ化**」とは、複数の図形を1つの図形として扱えるようにまとめることです。グループ化すると、複数の図形の位置関係（重なり具合や間隔など）を保持したまま移動したり、サイズを変更したりできます。

「**真**」の図形とその背面の図形をグループ化しましょう。

① 「**真**」の図形を選択します。
② [Shift] を押しながら、背面の図形を選択します。

※どちらを先に選択してもかまいません。

③ 《**図形の書式**》タブを選択します。
④ 《**配置**》グループの《**オブジェクトのグループ化**》をクリックします。
⑤ 《**グループ化**》をクリックします。

2つの図形がグループ化されます。

STEP UP その他の方法（グループ化）

◆ グループ化する図形をすべて選択→選択した図形を右クリック→《グループ化》→《グループ化》

POINT グループ化の解除

グループ化した図形を解除する方法は、次のとおりです。

◆ グループ化した図形を選択→《図形の書式》タブ→《配置》グループの《オブジェクトのグループ化》→《グループ解除》

Let's Try ためしてみよう

「ト」の図形とその背面の図形をグループ化しましょう。

Answer Let's Try

①「ト」の図形を選択
② Shift を押しながら、背面の図形を選択
※どちらを先に選択してもかまいません。
③《図形の書式》タブを選択
④《配置》グループの《オブジェクトのグループ化》をクリック
⑤《グループ化》をクリック

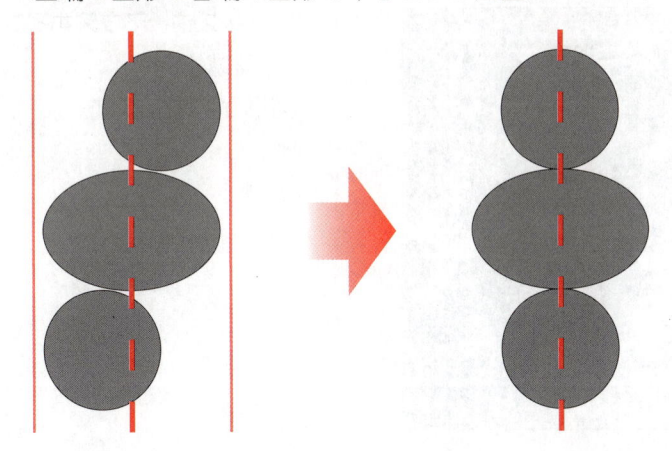

3 図形の整列

複数の図形を並べて配置する場合は、間隔を均等にしたり、図形の上側や中心をそろえて整列したりすると、整った印象を与えます。

● 左右中央揃え

左端の図形と右端の図形の中心となる位置に、それぞれの図形の中心をそろえて配置します。

● 下揃え

複数の図形の下側の位置をそろえて配置します。

● 左右に整列

左右の両端のオブジェクト内で、左右の間隔をそろえて配置します。左右に整列する前に、両端のオブジェクトの位置を決めておきます。

4　配置の調整

「写」から「ト」までの7つの図形を等間隔で配置しましょう。

1　両端の図形の移動

「写」と「ト」の図形の位置を調整しましょう。

①「写」の図形を選択します。

②図のように、ドラッグします。

※水平方向のガイドに合わせてドラッグします。

ドラッグ中、マウスポインターの形が ✥
に変わります。
図形が移動します。

③同様に、「ト」の図形を移動します。

※用紙の端からの位置を同じにするため、「写」の
　図形の左と「ト」の図形の右に、同時にスマートガ
　イドが表示される状態でドラッグを終了します。

POINT オブジェクトを自由な位置に配置する

オブジェクトをグリッド線やガイド、スマートガイドに合わせずに、自由な位置に配置したい場合は、[Alt]を押しながらドラッグします。

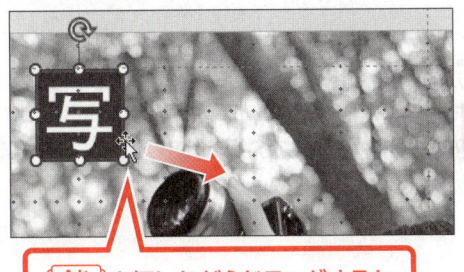

[Alt]を押しながらドラッグすると

自由な位置に配置できる

2 左右に整列

「写」から「ト」までの7つの図形が、等間隔に配置されるように左右に整列しましょう。

① 「ト」の図形が選択されていることを確認します。
② [Shift]を押しながら、その他の図形をすべて選択します。

③ 《図形の書式》タブを選択します。
④ 《配置》グループの《オブジェクトの配置》をクリックします。
⑤ 《左右に整列》をクリックします。

左右に整列(H)

7つの図形が左右に整列し、等間隔に配置されます。

※図形以外の場所をクリックして、選択を解除しておきましょう。

STEP 9 図形を組み合わせてオブジェクトを作成する

1 図形を組み合わせたオブジェクトの作成

次のように、「正方形/長方形」「四角形：上の2つの角を切り取る」「円：塗りつぶしなし」の図形を組み合わせて、カメラのイラストを作成します。

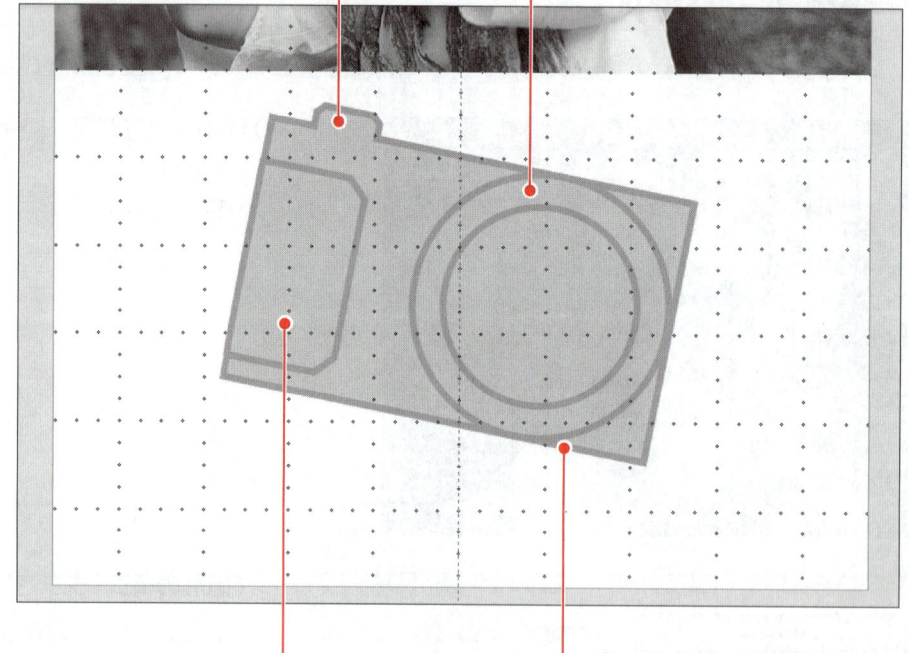

シャッターボタン　図形「四角形：上の2つの角を切り取る」で作成

レンズ　図形「円：塗りつぶしなし」で作成

カメラの枠　図形「正方形/長方形」で作成

持ち手　図形「四角形：上の2つの角を切り取る」で作成

　図形の作成

カメラの枠となる長方形を作成しましょう。

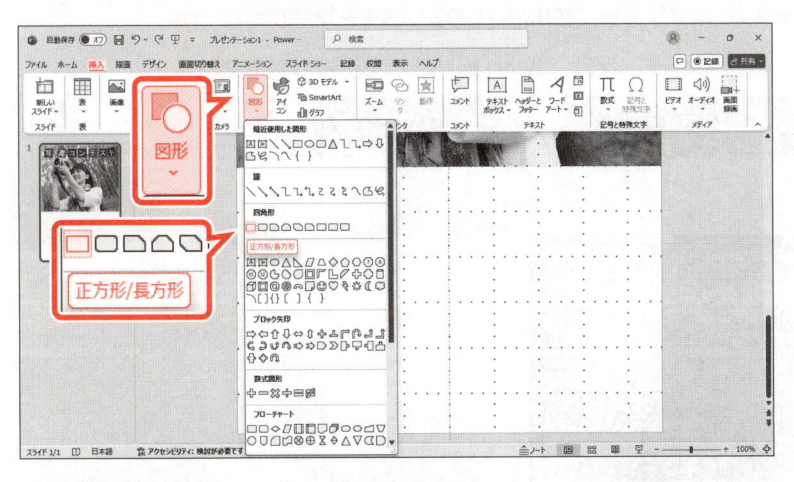

①カメラのイラストを作成する位置を表示します。

②《挿入》タブを選択します。

③《図》グループの《図形》をクリックします。

④《四角形》の《正方形/長方形》をクリックします。

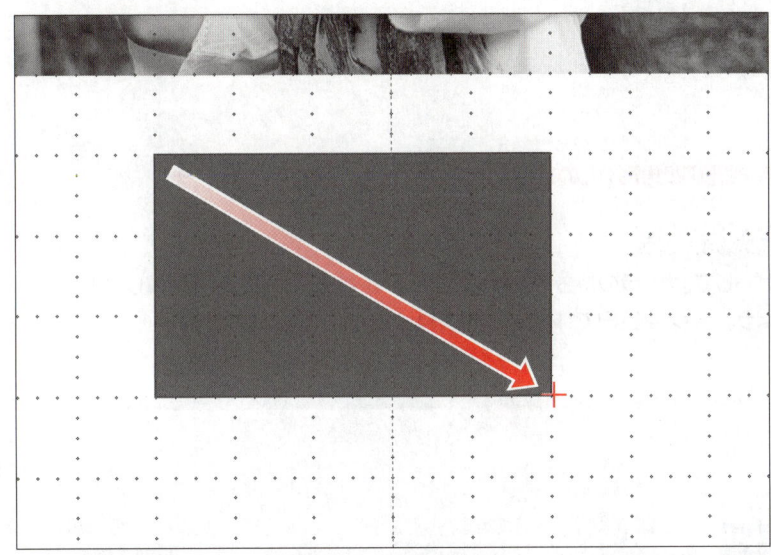

⑤図のようにドラッグします。

カメラの枠が作成されます。

ためしてみよう

完成図を参考に、次のように図形を作成しましょう。

┌── シャッターボタン 図形「四角形：上の2つの角を切り取る」で作成

┌── レンズ 図形「円：塗りつぶしなし」で作成

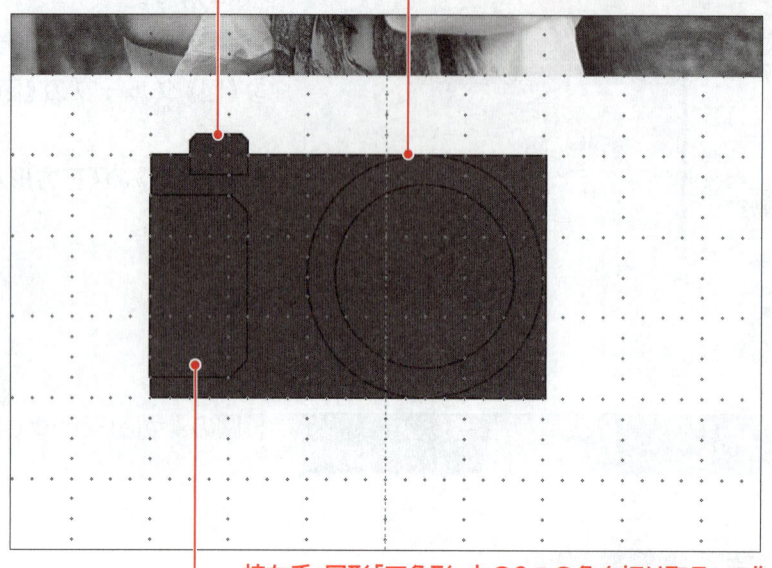

持ち手 図形「四角形：上の2つの角を切り取る」で作成

① カメラのシャッターボタンを作成しましょう。

② シャッターボタンの図形をコピーして、カメラの持ち手を作成しましょう。持ち手は回転して配置します。

③ カメラのレンズを作成しましょう。レンズは真円で作成し、レンズ枠は細くします。

①

①《挿入》タブを選択

②《図》グループの《図形》をクリック

③《四角形》の《四角形：上の2つの角を切り取る》（左から4番目）をクリック

④ 始点から終点までドラッグして、シャッターボタンを作成

⑤ シャッターボタンをドラッグして位置を調整

②

① シャッターボタンを選択

② Ctrl を押しながら、下側にドラッグしてコピー

③《図形の書式》タブを選択

④《配置》グループの《オブジェクトの回転》をクリック

⑤《右へ90度回転》をクリック

⑥ 持ち手をドラッグして移動

⑦ 持ち手の〇（ハンドル）をドラッグしてサイズ変更

③

①《挿入》タブを選択

②《図》グループの《図形》をクリック

③《基本図形》の《円：塗りつぶしなし》（左から3番目、上から3番目）をクリック

④ Shift を押しながら、始点から終点までドラッグして、レンズを作成

⑤ 黄色の〇（ハンドル）を左側にドラッグして、レンズ枠の太さを調整

3 図形の結合

「図形の結合」を使うと、図形と図形をつなぎ合わせたり、図形と図形が重なりあった部分だけを抽出したりして、新しい図形を作成できます。

●接合
図形と図形をつなぎ合わせて、1つの図形に結合します。

●型抜き/合成
図形と図形をつなぎ合わせて1つの図形にし、重なりあった部分を型抜きします。

●切り出し
図形と図形を重ね合わせたときに、重なりあった部分を別々の図形にします。

●重なり抽出
図形と図形を重ね合わせたときに、重なりあった部分を図形として取り出します。

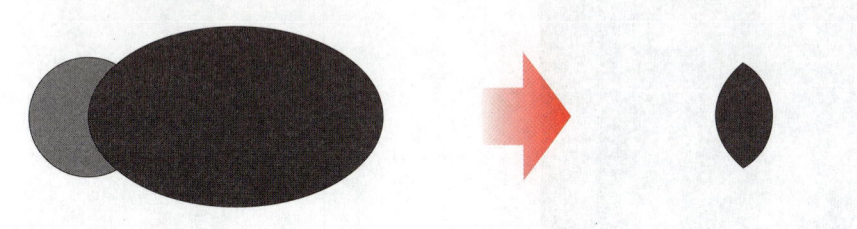

●単純型抜き
図形と図形を重ね合わせたときに、重なりあった部分を型抜きします。型抜きしたときに残る図形は最初に選択した図形です。

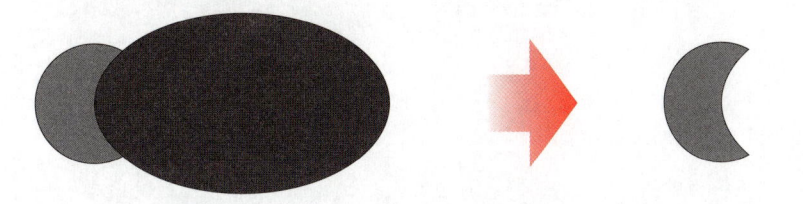

カメラの枠（正方形/長方形）とシャッターボタン（四角形：上の2つの角を切り取る）を結合して、カメラの外枠を作成しましょう。

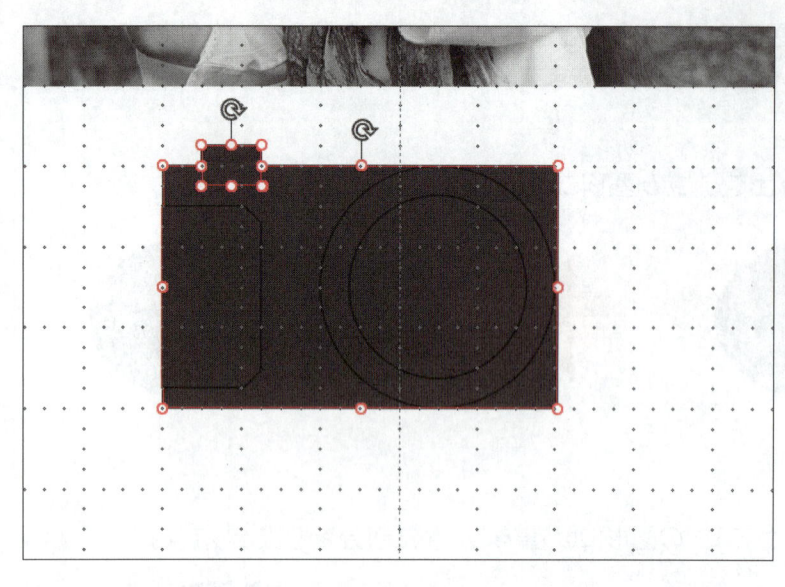

①カメラの枠を選択します。
②[Shift]を押しながら、シャッターボタンを選択します。
※どちらを先に選択してもかまいません。

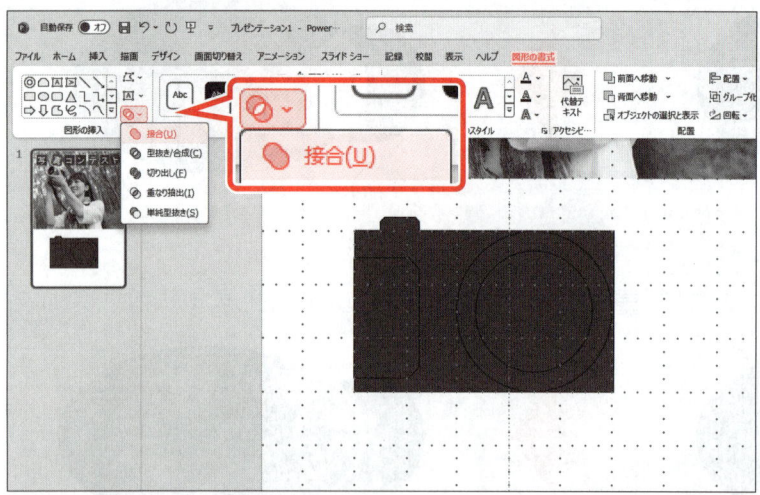

③《図形の書式》タブを選択します。
④《図形の挿入》グループの《図形の結合》をクリックします。
⑤《接合》をクリックします。

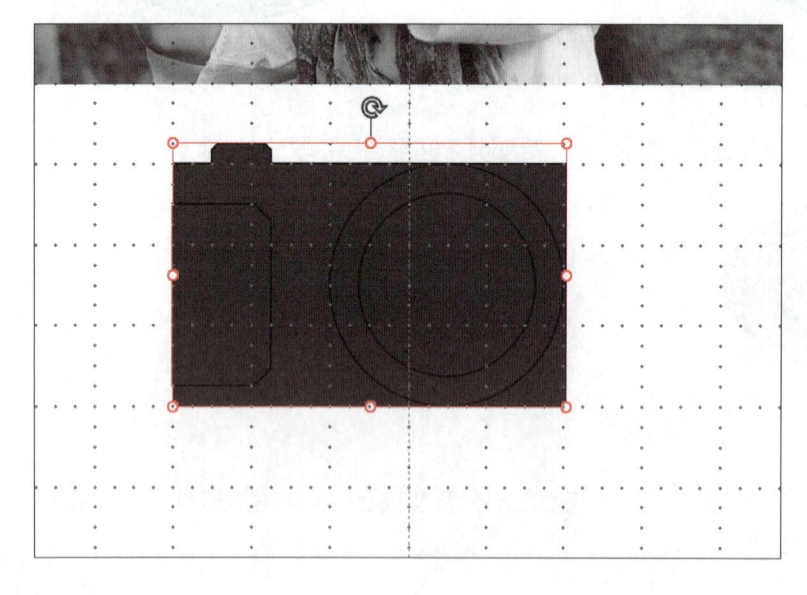

2つの図形が結合され、カメラの外枠が作成されます。

ためしてみよう

次のように図形を編集しましょう。

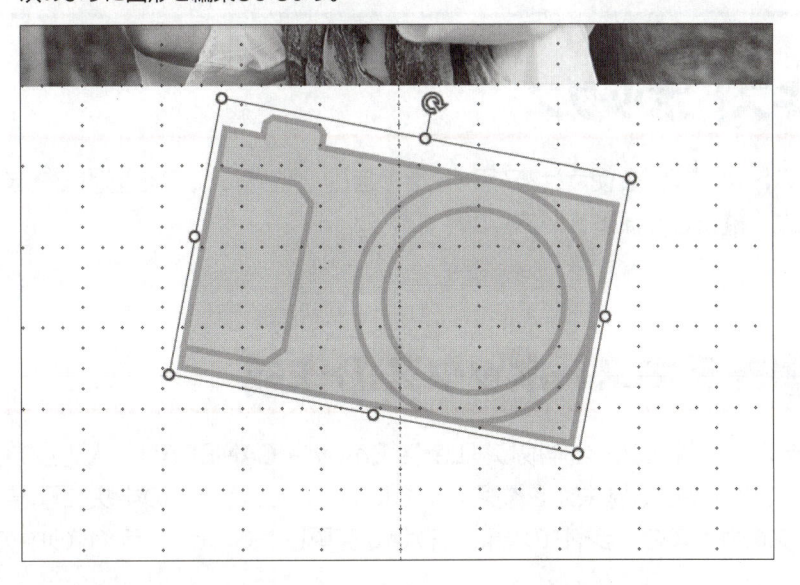

① カメラの外枠と持ち手、レンズをグループ化しましょう。
② ①でグループ化したカメラのイラストの塗りつぶしの色を「紫、アクセント2、白+基本色80%」に設定しましょう。
③ カメラのイラストの枠線の色を「紫、アクセント2、白+基本色60%」、枠線の太さを「4.5pt」に設定しましょう。
④ 完成図を参考に、カメラのイラストを回転して、位置を調整しましょう。

①

① カメラの外枠を選択
② Shift を押しながら、持ち手とレンズを選択
※どれを先に選択してもかまいません。
③《図形の書式》タブを選択
④《配置》グループの《オブジェクトのグループ化》をクリック
⑤《グループ化》をクリック

②

① グループ化したカメラのイラストを選択
②《図形の書式》タブを選択
③《図形のスタイル》グループの《図形の塗りつぶし》の▼をクリック
④《テーマの色》の《紫、アクセント2、白+基本色80%》(左から6番目、上から2番目)をクリック

③

① カメラのイラストを選択
②《図形の書式》タブを選択
③《図形のスタイル》グループの《図形の枠線》の▼をクリック
④《テーマの色》の《紫、アクセント2、白+基本色60%》(左から6番目、上から3番目)をクリック
⑤《図形のスタイル》グループの《図形の枠線》の▼をクリック
⑥《太さ》をポイント
⑦《4.5pt》をクリック

④

① カメラのイラストを選択
② をドラッグして回転
③ カメラのイラストをドラッグして移動
※図形や画像以外の場所をクリックして、選択を解除しておきましょう。

STEP 10 テキストボックスを配置する

1 テキストボックス

「**テキストボックス**」を使うと、スライド上の自由な位置に文字を配置できます。テキストボックスには、縦書きと横書きがあります。

2 横書きテキストボックスの作成

横書きテキストボックスを作成し、「**Let's Enjoy a CAMERA!**」と入力しましょう。
入力した文字列は、見栄えを整えるためにあとからスライドの中央に配置します。テキストボックスのサイズをスライドの幅に合わせて変更しておくと、スライドの中央に配置しやすくなります。

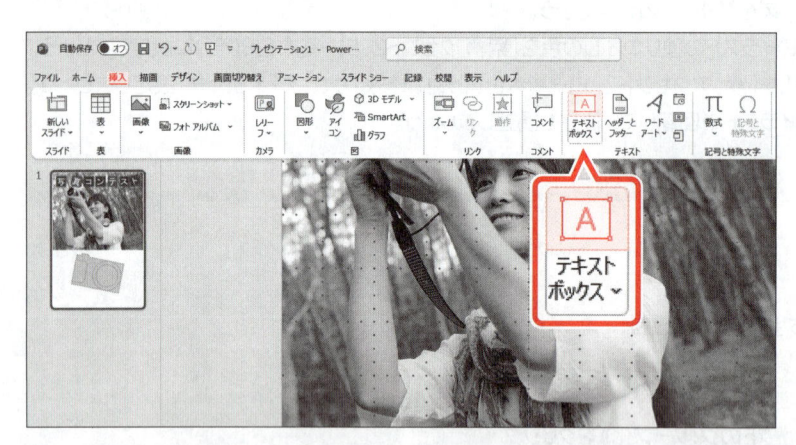

①テキストボックスを作成する位置を表示します。
②《**挿入**》タブを選択します。
③《**テキスト**》グループの《**横書きテキストボックスの描画**》をクリックします。

マウスポインターの形が↓に変わります。
④図の位置をクリックします。

横書きテキストボックスが作成されます。
リボンに《**図形の書式**》タブが表示されます。

⑤「Let's Enjoy a CAMERA!」と入力
　します。
※半角で入力します。

テキストボックスのサイズを変更します。
⑥図のように、左中央の○（ハンドル）を
　ドラッグします。

⑦図のように、右中央の○（ハンドル）を
　ドラッグします。

テキストボックスのサイズが変更されます。

STEP UP 　縦書きテキストボックスの作成

縦書きテキストボックスを作成する方法は、次のとおりです。

◆《挿入》タブ→《テキスト》グループの《横書きテキストボックスの描画》の▼→《縦書きテキストボックス》

※縦書きテキストボックスを作成すると、ボタンの表示が、《横書きテキストボックスの描画》から《縦書きテキストボックスの描画》に替わります。

Let's Try 　　**ためしてみよう**

次のように、テキストボックスを作成しましょう。

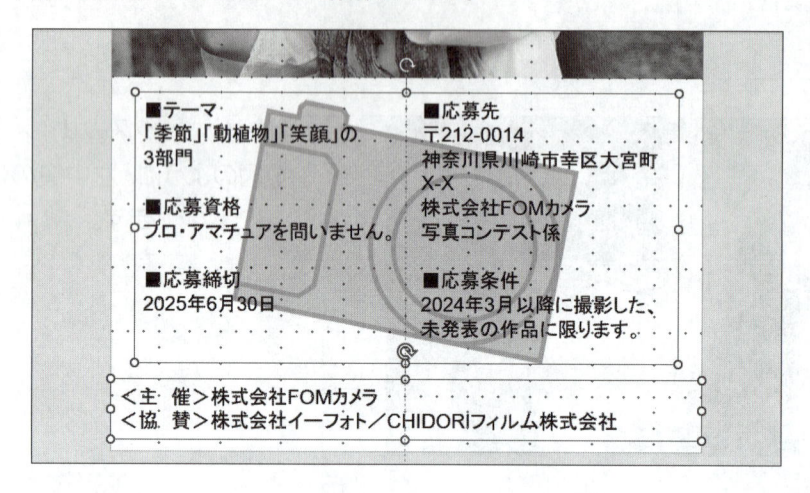

① 横書きテキストボックスを作成して、次のように入力しましょう。

■テーマ Enter

「季節」「動植物」「笑顔」の Enter

3部門 Enter

Enter

■応募資格 Enter

プロ・アマチュアを問いません。 Enter

Enter

■応募締切 Enter

2025年6月30日 Enter

Enter

■応募先 Enter

〒212-0014 Enter

神奈川県川崎市幸区大宮町X-X Enter

株式会社FOMカメラ Enter

写真コンテスト係 Enter

Enter

■応募条件 Enter

2024年3月以降に撮影した、未発表の作品に限ります。

※「■」は「しかく」と入力して変換します。

※「〒」は「ゆうびん」と入力して変換します。

※英数字と「-（ハイフン）」は半角で入力します。

※ Enter で改行します。

② ①で作成したテキストボックスを2段組みにし、段の間隔を「1cm」に設定しましょう。

次に、テキストボックスのサイズを調整しましょう。テキストボックスのサイズは、フォントサイズが自動で調整されないように《自動調整なし》に設定してから調整します。

HINT ●テキストボックスを2段組みにするには、《ホーム》タブ→《段落》グループの《段の追加または削除》を使います。

●テキストボックスのサイズを《自動調整なし》に設定するには、《図形の書式設定》作業ウィンドウの《図形のオプション》→📐（サイズとプロパティ）→《テキストボックス》を使います。

③ 横書きテキストボックスを作成し、次のように入力しましょう。

<主□催>株式会社FOMカメラ Enter
<協□賛>株式会社イーフォト／CHIDORIフィルム株式会社

※□は全角空白を表します。
※英字は半角で入力します。

④ ③で作成したテキストボックスのサイズを、スライドの幅と同じになるように調整しましょう。テキストボックスのサイズは、フォントサイズが自動で調整されないように《自動調整なし》に設定してから調整します。

①

① 《挿入》タブを選択
② 《テキスト》グループの《横書きテキストボックスの描画》をクリック
③ 始点でクリック
④ 文字を入力

②

① テキストボックスを選択
② 《ホーム》タブを選択
③ 《段落》グループの《段の追加または削除》をクリック
④ 《段組みの詳細設定》をクリック
⑤ 《数》を「2」に設定
⑥ 《間隔》を「1cm」に設定
⑦ 《OK》をクリック
⑧ テキストボックスを右クリック
⑨ 《図形の書式設定》をクリック
⑩ 《図形のオプション》をクリック
⑪ 📐（サイズとプロパティ）をクリック
⑫ 《図形の書式設定》作業ウィンドウの《テキストボックス》をクリックして、詳細を表示
※《テキストボックス》の詳細が表示されている場合は、⑬に進みます。
⑬ 《自動調整なし》を◉にする
⑭ 《図形の書式設定》作業ウィンドウの《閉じる》をクリック
⑮ テキストボックスの〇（ハンドル）をドラッグしてサイズ変更

③

① 《挿入》タブを選択
② 《テキスト》グループの《横書きテキストボックスの描画》をクリック
③ 始点でクリック
④ 文字を入力

④

① テキストボックスを右クリック
② 《図形の書式設定》をクリック
③ 《図形のオプション》をクリック
④ 📐（サイズとプロパティ）をクリック
⑤ 《テキストボックス》の詳細が表示されていることを確認
⑥ 《自動調整なし》を◉にする
⑦ 《図形の書式設定》作業ウィンドウの《閉じる》をクリック
⑧ テキストボックスの〇（ハンドル）をドラッグしてサイズ変更

3 テキストボックスの書式設定

テキストボックスやテキストボックスに入力された文字の書式を設定できます。
テキストボックス全体を選択して操作を行うと、テキストボックスや入力されているすべての
文字に対して書式が設定されます。また、テキストボックス内の一部の文字を選択して操作
を行うと、選択された文字だけに書式が設定されます。

1 テキストボックス全体の書式設定

テキストボックス内の文字「**Let's Enjoy a CAMERA!**」に、次のように書式を設定しましょう。

フォント	：Arial Black
フォントサイズ	：40
フォントの色	：青、アクセント5、黒+基本色25%
中央揃え	

①テキストボックスを選択します。

②《**ホーム**》タブを選択します。

③《**フォント**》グループの《**フォント**》の▼
をクリックします。

④《**Arial Black**》をクリックします。

※一覧に表示されていない場合は、スクロールし
て調整します。

⑤《フォント》グループの《フォントサイズ》の▼をクリックします。

⑥《40》をクリックします。

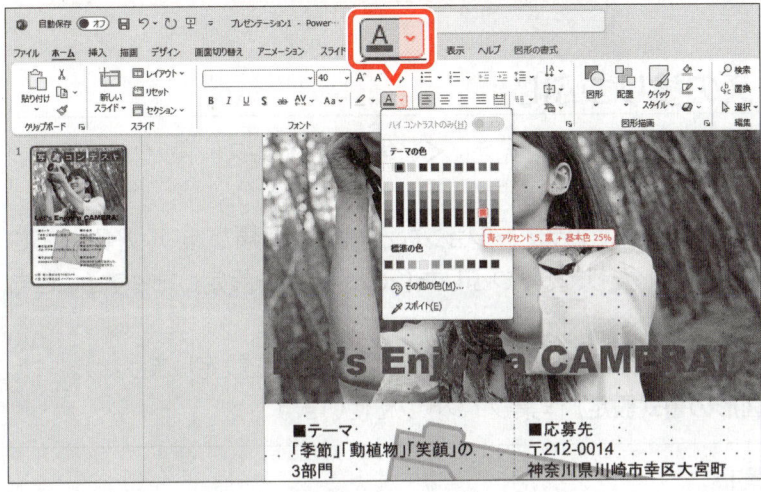

⑦《フォント》グループの《フォントの色》の▼をクリックします。

⑧《テーマの色》の《青、アクセント5、黒＋基本色25%》をクリックします。

⑨《段落》グループの《中央揃え》をクリックします。

テキストボックス内のすべての文字に、書式が設定されます。

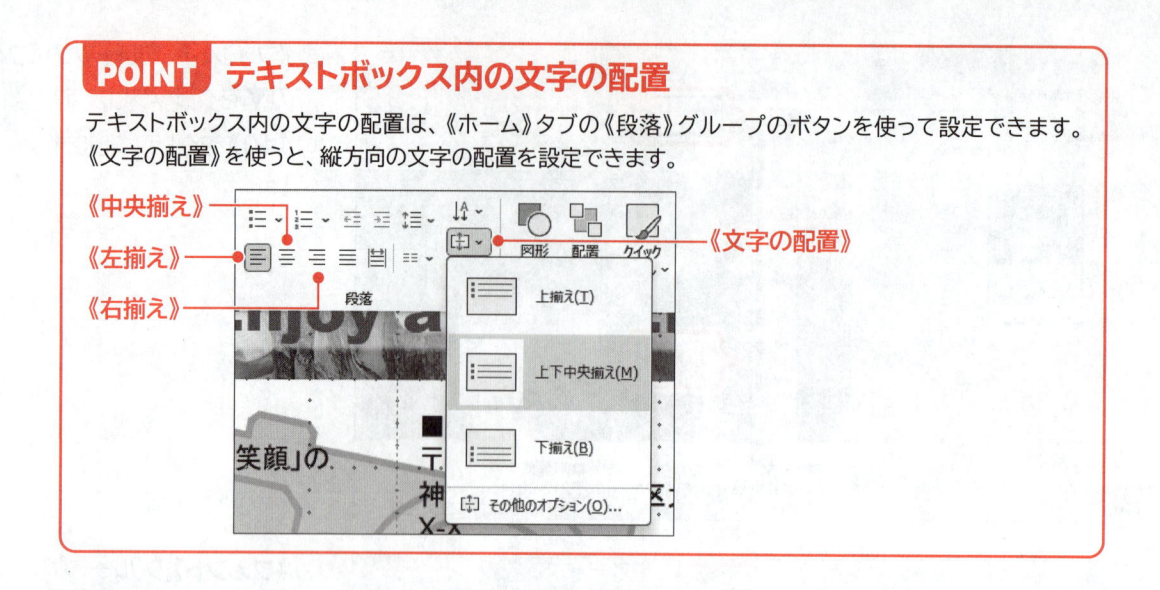

POINT　テキストボックス内の文字の配置

テキストボックス内の文字の配置は、《ホーム》タブの《段落》グループのボタンを使って設定できます。《文字の配置》を使うと、縦方向の文字の配置を設定できます。

- 《中央揃え》
- 《左揃え》
- 《右揃え》
- 《文字の配置》
- 上揃え(T)
- 上下中央揃え(M)
- 下揃え(B)
- その他のオプション(O)...

2 テキストボックスの塗りつぶし

テキストボックスの文字と画像の色が重なって見えにくい場合は、テキストボックスに塗りつぶしを設定すると文字を目立たせることができます。

塗りつぶしには、単色での塗りつぶしやグラデーションなど様々な種類があり、好みに応じて設定できます。また、画像を挿入したり、塗りつぶした色の透過性を設定したりすることもできます。

「Let's Enjoy a CAMERA!」のテキストボックスに、次のように書式を設定しましょう。

詳細な設定をするため、**《図形の書式設定》**作業ウィンドウを使います。

塗りつぶしの色：白、背景1 透明度　　　　：35% ぼかし　　　　：3pt

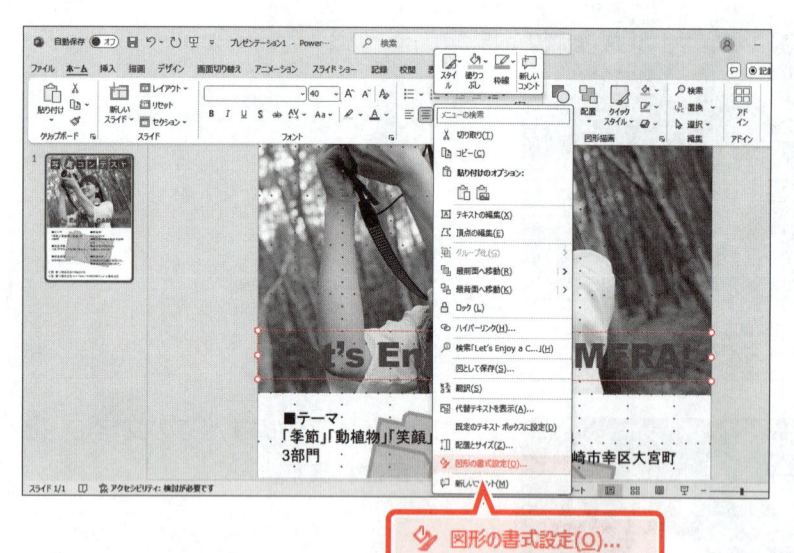

①テキストボックスが選択されていることを確認します。

②テキストボックスを右クリックします。

③**《図形の書式設定》**をクリックします。

※一覧に表示されていない場合は、スクロールして調整します。

図形の書式設定(O)...

《図形の書式設定》作業ウィンドウが表示されます。

④《図形のオプション》をクリックします。

⑤ （塗りつぶしと線）をクリックします。

⑥《塗りつぶし》をクリックして、詳細を表示します。

※《塗りつぶし》の詳細が表示されている場合は、⑦に進みます。

⑦《塗りつぶし（単色）》を◉にします。

⑧《色》の（塗りつぶしの色）をクリックします。

⑨《テーマの色》の《白、背景1》をクリックします。

⑩《透明度》を「35%」に設定します。

テキストボックスに塗りつぶしが設定されます。

⑪ （効果）をクリックします。

⑫《ぼかし》をクリックして、詳細を表示します。

※《ぼかし》の詳細が表示されている場合は、⑬に進みます。

⑬《サイズ》を「3pt」に設定します。

⑭《図形の書式設定》作業ウィンドウの《閉じる》をクリックします。

テキストボックスにぼかしが設定されます。

ためしてみよう

主催と協賛のテキストボックスに、次のように書式を設定しましょう。

塗りつぶしの色	：青、アクセント5、黒＋基本色50%
フォントの色	：白、背景1
文字の配置	：上下中央揃え

HINT 縦方向の文字の配置を変更するには、《ホーム》タブ→《段落》グループの《文字の配置》を使います。

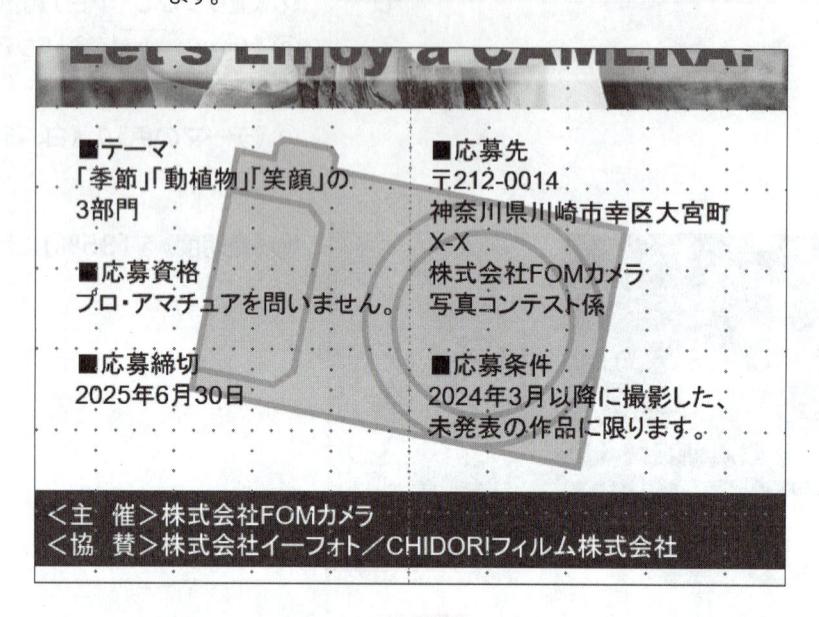

① 主催と協賛のテキストボックスを選択

②《図形の書式》タブを選択

③《図形のスタイル》グループの《図形の塗りつぶし》の▼をクリック

④《テーマの色》の《青、アクセント5、黒＋基本色50%》（左から9番目、上から6番目）をクリック

⑤《ホーム》タブを選択

⑥《フォント》グループの《フォントの色》の▼をクリック

⑦《テーマの色》の《白、背景1》（左から1番目、上から1番目）をクリック

⑧《段落》グループの《文字の配置》をクリック

⑨《上下中央揃え》をクリック

※グリッド線とガイドを非表示にしておきましょう。

※ちらしに「グラフィックの活用完成」と名前を付けて、フォルダー「第2章」に保存し、閉じておきましょう。

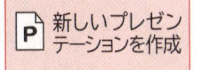
練習問題

あなたは、レストランのリニューアルオープンをPRするためのちらしを、PowerPointで作成することになりました。
新しいプレゼンテーションを作成し、完成図のようなちらしを作成しましょう。

OPEN
P 新しいプレゼンテーションを作成

●完成図

① スライドのサイズを「A4」、スライドの向きを「縦」に設定しましょう。

② スライドのレイアウトを「白紙」に変更しましょう。

③ プレゼンテーションのテーマの配色とフォントを、次のように変更しましょう。

テーマの配色	：赤
テーマのフォント	：Calibri　メイリオ　メイリオ

④ グリッド線とガイドを表示し、次のように設定しましょう。

描画オブジェクトをグリッド線に合わせる	
グリッドの間隔	：5グリッド/cm（0.2cm）
水平方向のガイドの位置	：中心から上側に8.00
	中心から下側に10.00

HINT ガイドは2本作成します。2本目のガイドは、1本目をコピーします。

⑤ 完成図を参考に、長方形を作成し、次のように文字を追加しましょう。長方形の高さは水平方向上側のガイド「8.00」の位置に合わせます。

2025.4.5 (Sat) [Enter]
Renewal Open!

※半角で入力します。
※画面の表示倍率を上げると操作しやすくなります。

⑥ 長方形に、次のように書式を設定しましょう。

図形の枠線	：枠線なし
フォント	：Consolas
フォントサイズ	：54
右揃え	

⑦ 次のように図形を組み合わせて、木のイラストを作成しましょう。
　　葉（二等辺三角形）と幹（正方形/長方形）の配置を左右中央揃えに設定します。
　　次に、図形のスタイル「**枠線-淡色1、塗りつぶし-茶、アクセント4**」を適用しましょう。

葉 図形「二等辺三角形」

幹 図形「正方形/長方形」

⑧ 葉と幹の図形をつなぎ合わせて、1つの図形に結合しましょう。
次に、結合した木のイラストを右にコピーし、完成図を参考に、位置を調整しましょう。

⑨ フォルダー**「第2章練習問題」**の画像**「レストラン」**を挿入しましょう。
次に、完成図を参考に、位置を調整しましょう。

⑩ 完成図を参考に、画像の下に横書きテキストボックスを作成し、次のように入力しましょう。

> LOHASキッチン「アルコイリスの森」 Enter
> 〒107-0062□東京都港区南青山X-X-X Enter
> Enter
> ご予約・お問い合わせ：03-XXXX-XXXX Enter
> 営業時間：11時～23時

※英数字と「-（ハイフン）」は半角で入力します。
※□は全角空白を表します。
※「～」は「から」と入力して変換します。

⑪ テキストボックスに、次のように書式を設定しましょう。

> フォントサイズ ：20
> フォントの色 ：茶、アクセント5、黒+基本色50%

⑫ テキストボックスの**「LOHASキッチン「アルコイリスの森」」**に、次のように書式を設定しましょう。
次に、完成図を参考に、テキストボックスの位置を調整しましょう。

> フォントサイズ ：28
> 文字の影

(HINT) 文字に影を設定するには、《ホーム》タブ→《フォント》グループの《文字の影》を使います。

⑬ 完成図を参考に、縦書きテキストボックスを作成し、次のように入力しましょう。

> 身も心も癒される Enter
> 食材にこだわった Enter
> オーガニック料理

⑭ ⑬で作成したテキストボックスに、次のように書式を設定しましょう。
次に、完成図を参考に、テキストボックスの位置を調整しましょう。

> フォントサイズ ：28
> フォントの色 ：白、背景1
> 塗りつぶしの色：黒、テキスト1、白+基本色5%
> 透明度 ：50%
> ぼかし ：5pt

⑮　完成図を参考に、左下に長方形を作成し、次のように文字を追加しましょう。長方形の高さは水平方向下側のガイド「**10.00**」の位置に、幅は垂直方向中央のガイドに合わせます。

```
SERVICE  TICKET Enter
 Enter
ドリンク1杯無料
```

※英数字は半角で入力します。

⑯　⑮で作成した長方形に、次のように書式を設定しましょう。

```
フォント　　　　　：Consolas
フォントの色　　　：黒、テキスト1
左揃え
図形の塗りつぶし：オレンジ、アクセント3
```

⑰　次のように、図形を組み合わせてコーヒーカップのイラストを作成しましょう。
　　次に、光（星：4pt）の塗りつぶしの色を「**白、背景1**」に設定し、4つの図形をグループ化しましょう。

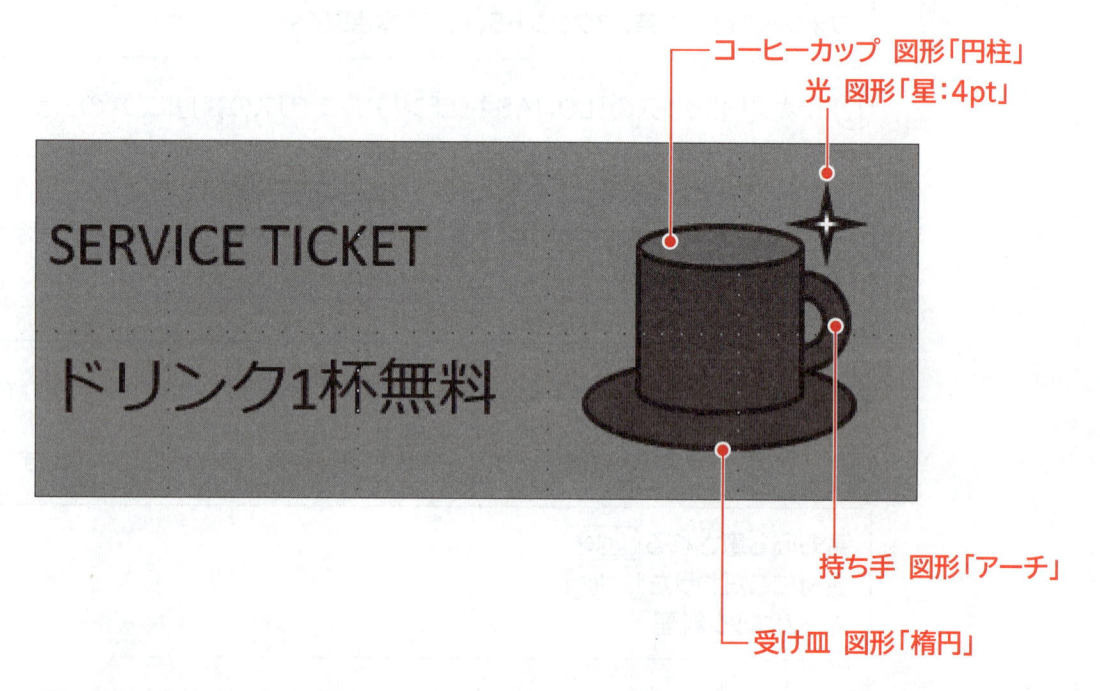

コーヒーカップ　図形「円柱」

光　図形「星：4pt」

持ち手　図形「アーチ」

受け皿　図形「楕円」

⑱　完成図を参考に、⑮で作成した長方形と⑰で作成したコーヒーカップのイラストをグループ化し、右側にコピーしましょう。

⑲　グリッド線とガイドを非表示にしましょう。

※ちらしに「第2章練習問題完成」と名前を付けて、フォルダー「第2章練習問題」に保存し、閉じておきましょう。

第3章

動画と音声の活用

この章で学ぶこと

学習前に習得すべきポイントを理解しておき、
学習後には確実に習得できたかどうかを振り返りましょう。

■ ビデオを挿入できる。　　　→ P.92 ☑☑☑

■ スライド上でビデオを再生できる。　　　→ P.94 ☑☑☑

■ ビデオのサイズ変更と移動ができる。　　　→ P.95 ☑☑☑

■ ビデオの明るさとコントラストを調整できる。　　　→ P.97 ☑☑☑

■ ビデオにスタイルを適用できる。　　　→ P.97 ☑☑☑

■ ビデオをトリミングできる。　　　→ P.98 ☑☑☑

■ ビデオの再生のタイミングを設定できる。　　　→ P.101 ☑☑☑

■ オーディオを挿入できる。　　　→ P.104 ☑☑☑

■ スライド上でオーディオを再生できる。　　　→ P.105 ☑☑☑

■ オーディオのアイコンの移動ができる。　　　→ P.106 ☑☑☑

■ オーディオの再生のタイミングを設定できる。　　　→ P.109 ☑☑☑

■ オーディオとビデオの再生順序を変更できる。　　　→ P.111 ☑☑☑

■ プレゼンテーションのビデオを作成できる。　　　→ P.112 ☑☑☑

1 作成するプレゼンテーションの確認

次のようなプレゼンテーションを作成しましょう。

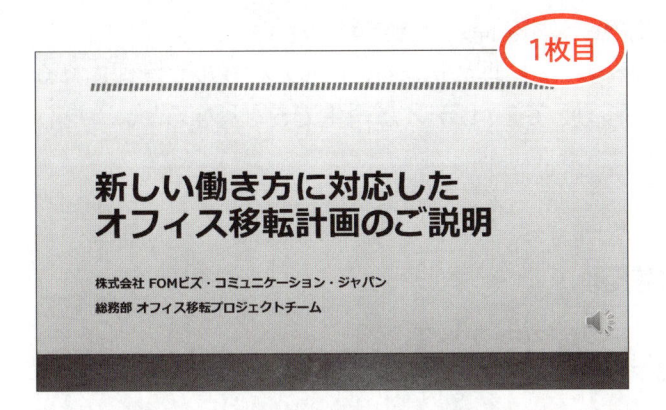

1枚目

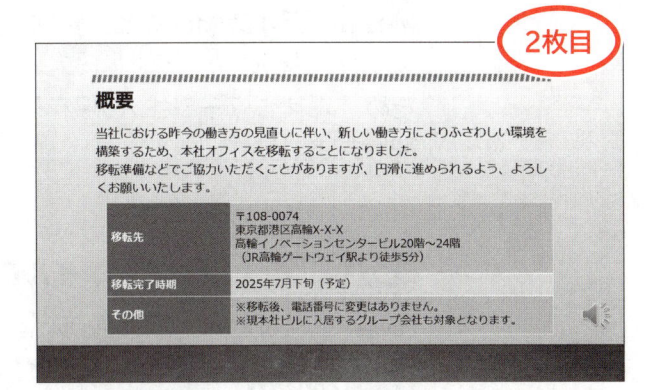

2枚目

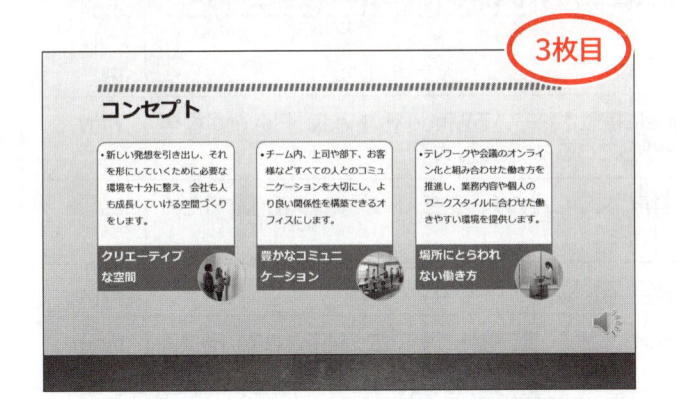

3枚目

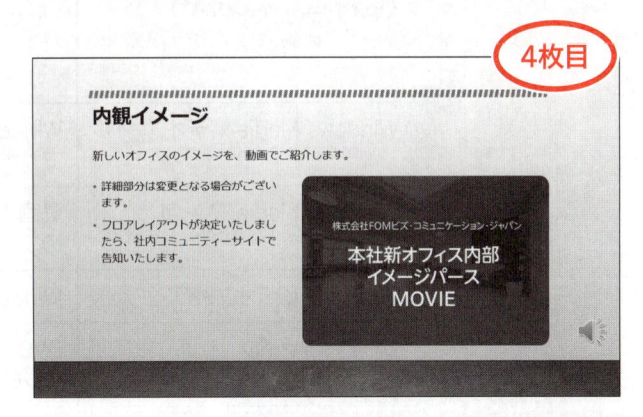

4枚目

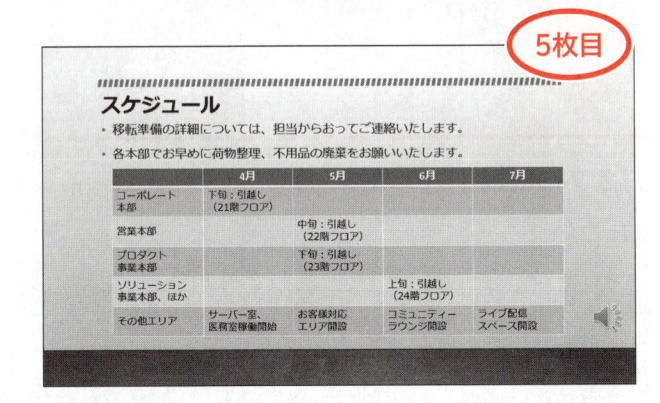

5枚目

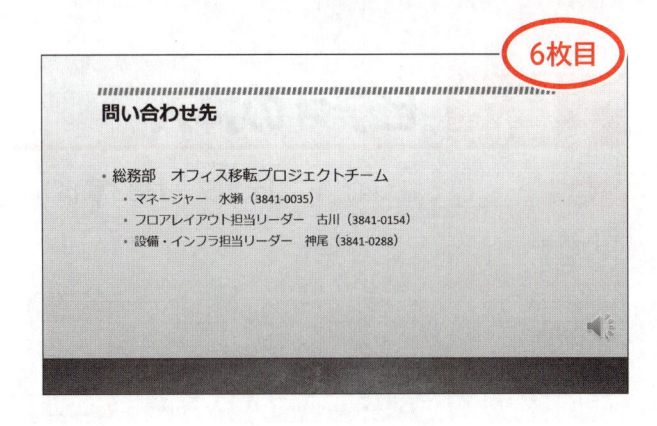

6枚目

STEP 2 ビデオを挿入する

1 ビデオ

デジタルビデオカメラやスマートフォンなどで撮影した動画をスライドに挿入できます。PowerPointでは、動画のことを**「ビデオ」**といいます。MP4 ビデオファイル、Windows Media ビデオファイルなど、様々な形式のビデオを挿入できます。
スライドに挿入したビデオは、プレゼンテーションに埋め込まれ、1つのファイルで管理されるため、プレゼンテーションの保存場所を移動しても、ビデオが再生できなくなるといった心配はありません。

STEP UP ビデオのファイルの種類

PowerPointで扱えるビデオのファイルには、次のようなものがあります。

ファイルの種類	説明	拡張子
MP4 ビデオファイル	WindowsやmacOSなどで広く利用されているファイル形式	.mp4 .m4v .mov
Windows Media ビデオファイル	Windowsに搭載されているWindows Media Playerが標準でサポートしているファイル形式	.wmv
Windows Media ファイル	動画や音声、文字などのデータをストリーミング配信するためのファイル形式	.asf
Windows ビデオファイル	Windowsで広く利用されているファイル形式	.avi
ムービーファイル	DVD、デジタル放送、携帯端末などで広く利用されているファイル形式	.mpg .mpeg

2 ビデオの挿入

OPEN

P 動画と音声の活用

スライド4にフォルダー**「第3章」**のビデオ**「オフィス内観」**を挿入しましょう。

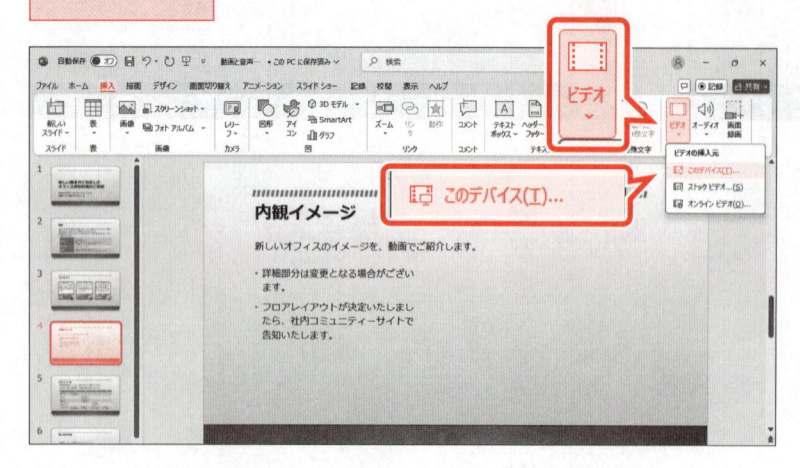

① スライド4を選択します。

② 《挿入》タブを選択します。

③ 《メディア》グループの《ビデオの挿入》をクリックします。

④ 《このデバイス》をクリックします。

《ビデオの挿入》ダイアログボックスが表示されます。

ビデオが保存されている場所を選択します。

⑤左側の一覧から《ドキュメント》を選択します。

⑥一覧から「PowerPoint2024応用」を選択します。

⑦《挿入》をクリックします。

⑧一覧から「第3章」を選択します。

⑨《挿入》をクリックします。

挿入するビデオを選択します。

⑩一覧から「オフィス内観」を選択します。

⑪《挿入》をクリックします。

ビデオが挿入されます。

リボンに《ビデオ形式》タブと《再生》タブが表示されます。

ビデオの周囲に〇（ハンドル）とビデオを操作するためのツールバーが表示されます。

POINT ストックビデオとオンラインビデオ

パソコンに保存されているビデオ以外に、インターネットからビデオを挿入することもできます。

●ストックビデオ
著作権がフリーのビデオを挿入できます。ストックビデオは自由に使えるため、出典元や著作権を確認する手間を省くことができます。

●オンラインビデオ
インターネット上にあるビデオのアドレスを入力すると、ビデオを挿入できます。
ただし、ほとんどのビデオには著作権が存在するので、安易にスライドに転用するのは禁物です。ビデオを転用する際には、ビデオの提供元に利用可否を確認する必要があります。

STEP UP プレースホルダーのアイコンを使ったビデオの挿入

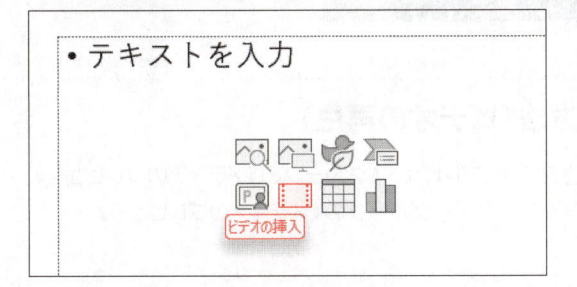

コンテンツのプレースホルダーが配置されているスライドでは、プレースホルダー内の《ビデオの挿入》をクリックして、ビデオを挿入することができます。

3　ビデオの再生

挿入したビデオは、スライド上で再生できます。
ビデオを再生しましょう。

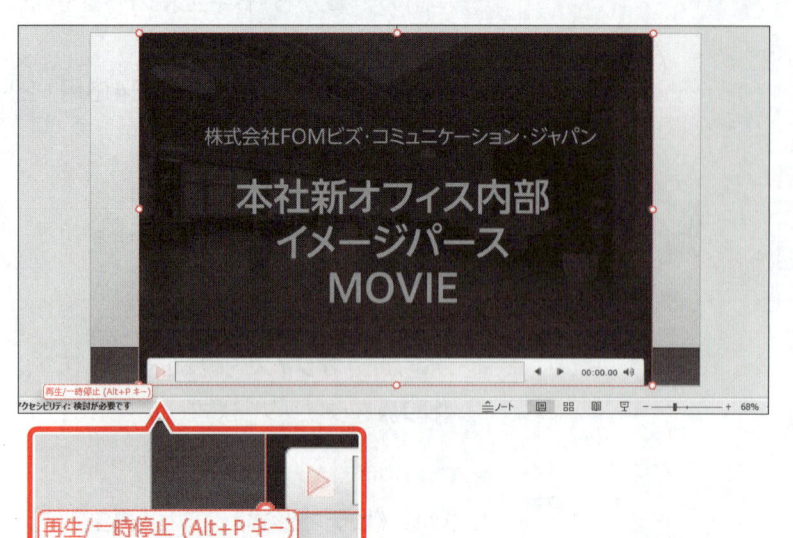

①ビデオが選択されていることを確認します。

②▶（再生/一時停止）をクリックします。

ビデオが再生されます。

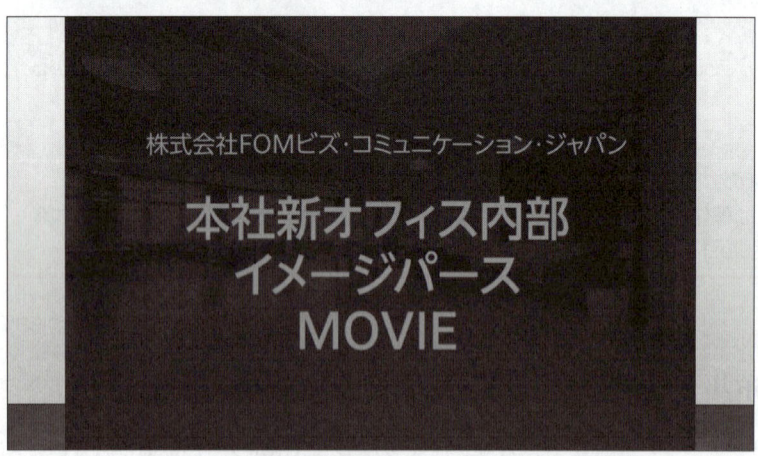

③ビデオ以外の場所をクリックします。

ビデオの再生が停止し、選択が解除されます。

※最後まで再生した場合は、画面が黒くなります。

⋯⋯⋯

STEP UP　その他の方法（ビデオの再生）

◆ビデオを選択→《ビデオ形式》タブ→《プレビュー》グループの《メディアのプレビュー》

◆ビデオを選択→《再生》タブ→《プレビュー》グループの《メディアのプレビュー》

ビデオを操作するためのツールバーは、ビデオを選択したり、ポイントしたりしたときに表示されます。
各部の名称と役割は、次のとおりです。

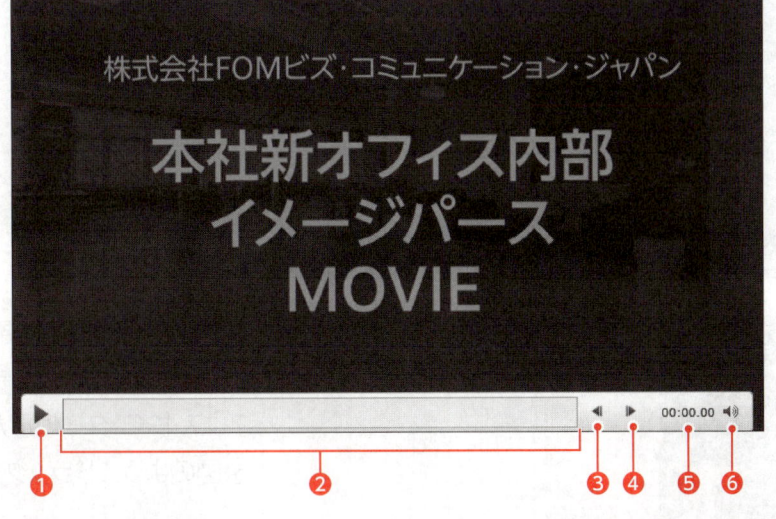

❶再生/一時停止
クリックすると、ビデオが再生します。再生中は一時停止に変わります。

❷タイムライン
再生時間を帯状のグラフで表示します。タイムラインにマウスポインターを合わせると、その位置の再生時間がポップヒントで表示されます。タイムラインをクリックすると、再生を開始する位置を指定できます。

❸0.25秒間戻ります
0.25秒前を表示します。

❹0.25秒間先に進みます
0.25秒後を表示します。

❺再生時間
現在の再生時間が表示されます。

❻ミュート/ミュート解除
クリックすると、音量がミュート（消音）になります。
再度クリックすると、ミュートが解除されます。
ポイントして表示される音量スライダーの●をドラッグすると、音量を調整できます。

---

4 ビデオのサイズ変更と移動

ビデオはスライド内でサイズを変更したり、移動したりできます。
ビデオのサイズを変更するには、周囲の枠線上にある○（ハンドル）をドラッグします。
また、ビデオを移動するにはドラッグします。
ビデオのサイズと位置を調整しましょう。

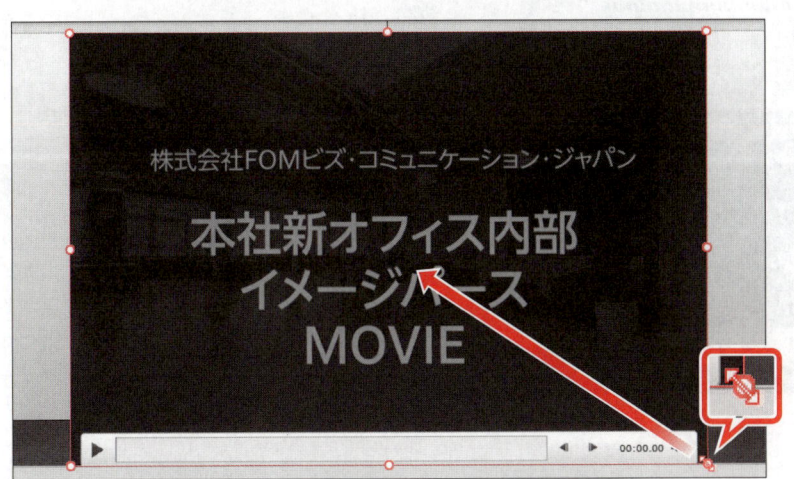

①ビデオを選択します。
②ビデオの右下の○（ハンドル）をポイントします。
マウスポインターの形が ↖ に変わります。
③図のようにドラッグします。

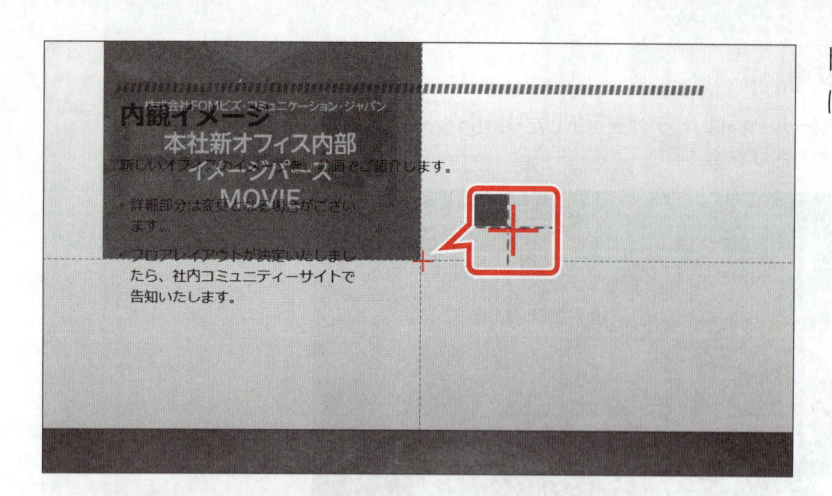

ドラッグ中、マウスポインターの形が╋に変わります。

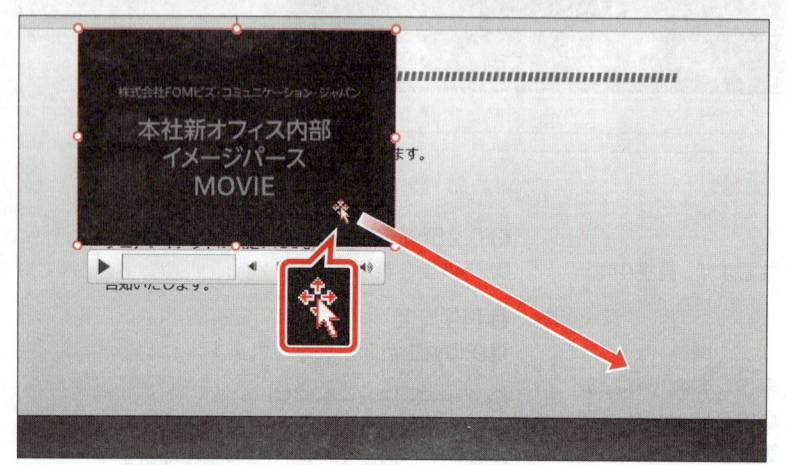

ビデオのサイズが変更されます。
④ビデオをポイントします。
マウスポインターの形が に変わります。
⑤図のようにドラッグします。

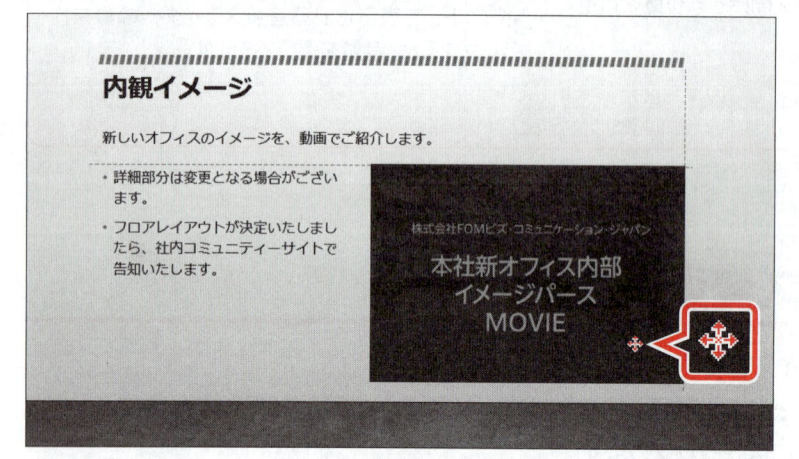

ドラッグ中、マウスポインターの形が✛に変わります。

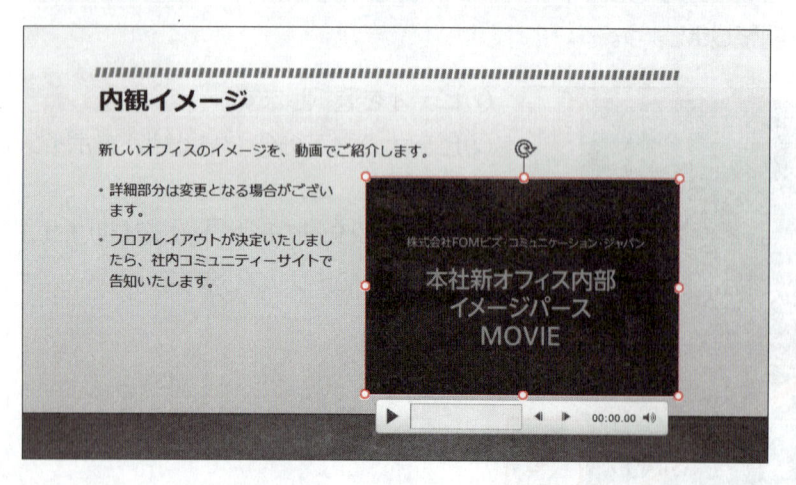

ビデオが移動します。

Step 3 ビデオを編集する

1 明るさとコントラストの調整

挿入したビデオが明るすぎたり、暗すぎたりする場合は、明るさやコントラスト（明暗の差）を調整できます。
ビデオの明るさとコントラストを、それぞれ「+20%」にしましょう。

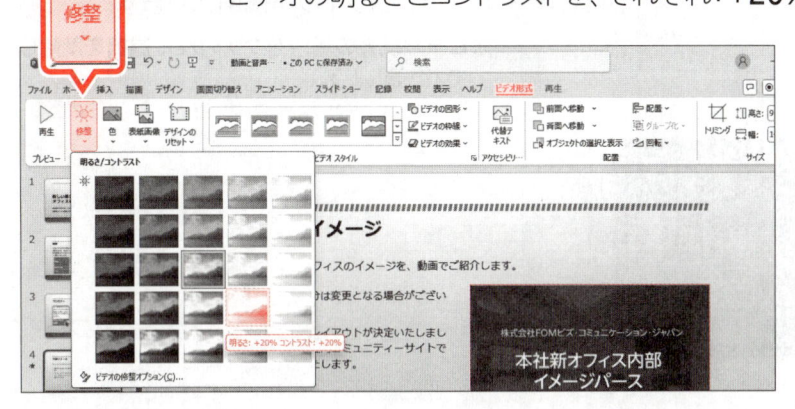

① ビデオを選択します。
② 《ビデオ形式》タブを選択します。
③ 《調整》グループの《修整》をクリックします。
④ 《明るさ/コントラスト》の《明るさ：+20% コントラスト：+20%》をクリックします。

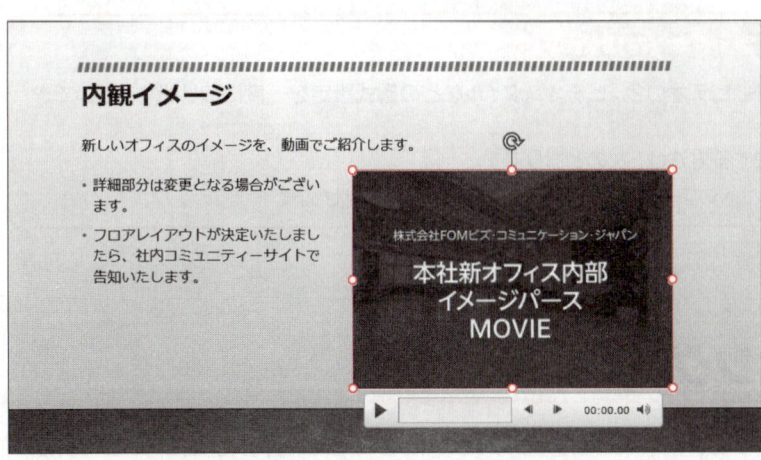

ビデオの明るさとコントラストが調整されます。

※ビデオを再生し、ビデオ全体の明るさとコントラストが調整されていることを確認しておきましょう。

STEP UP ビデオの色の変更

《ビデオ形式》タブの《色》を使うと、ビデオ全体の色をグレースケールやセピア、テーマの色などに変更できます。

2 ビデオスタイルの適用

「ビデオスタイル」とは、ビデオを装飾する書式を組み合わせたものです。影や光彩を付けてビデオを立体的にしたり、フレームを付けて装飾したりすることもできます。
ビデオにスタイル「角丸四角形、光彩」を適用しましょう。

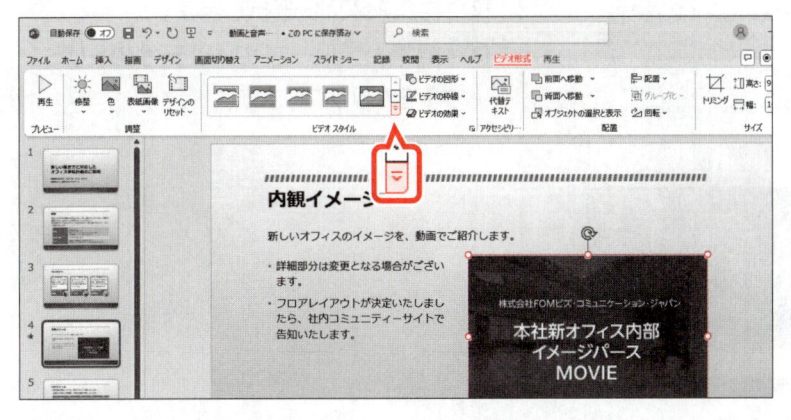

① ビデオが選択されていることを確認します。
② 《ビデオ形式》タブを選択します。
③ 《ビデオスタイル》グループの ▽ をクリックします。

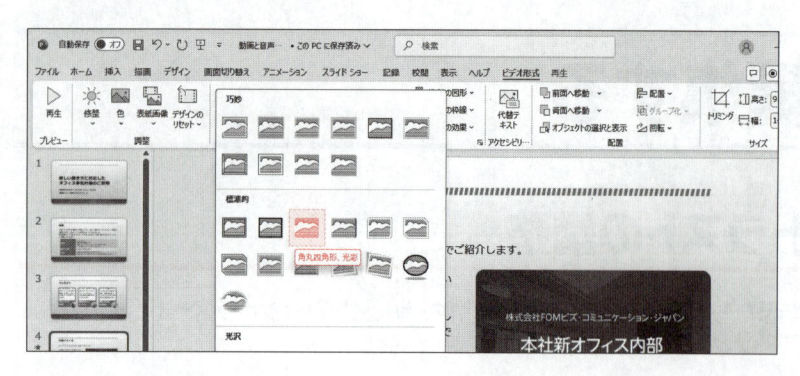

④《標準的》の《角丸四角形、光彩》をクリックします。

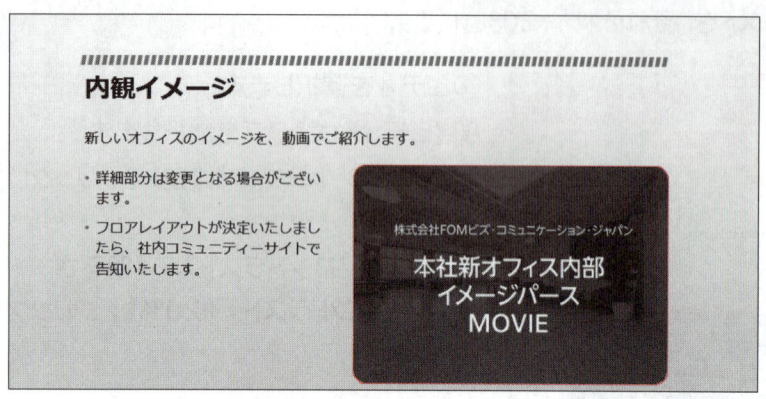

ビデオにスタイルが適用されます。

※ビデオ以外の場所をクリックし、選択を解除しておきましょう。

POINT　ビデオのデザインのリセット

ビデオの明るさやコントラスト、ビデオの色、ビデオスタイルなどの書式設定を一度に取り消すことができます。

ビデオのデザインをリセットをする方法は、次のとおりです。

◆ビデオを選択→《ビデオ形式》タブ→《調整》グループの《デザインのリセット》

3　ビデオのトリミング

「ビデオのトリミング」を使うと、動画編集用ソフトを使わなくても、挿入したビデオの先頭、または末尾の不要な映像を取り除き、必要な部分だけにトリミングできます。

ビデオの開始時間と終了時間が次の時間になるように、トリミングしましょう。

開始時間：3.663秒
終了時間：41.346秒

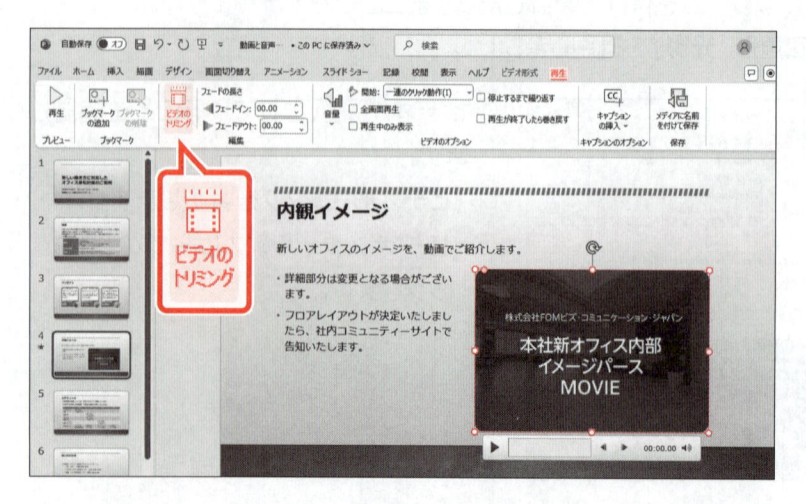

①ビデオを選択します。

②《再生》タブを選択します。

③《編集》グループの《ビデオのトリミング》をクリックします。

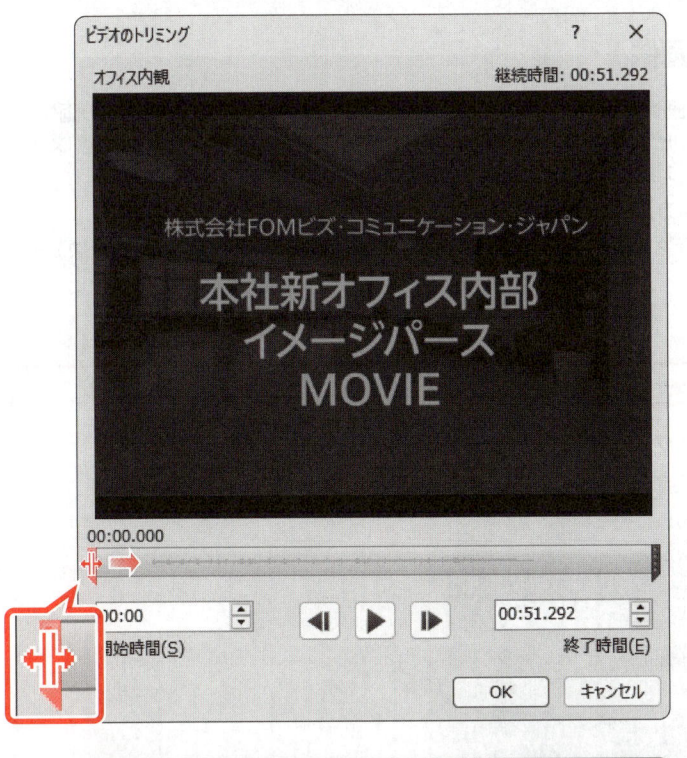

《ビデオのトリミング》ダイアログボックス
が表示されます。

映像の先頭をトリミングします。

④ ▌ をポイントします。

マウスポインターの形が ↔ に変わります。

⑤図のようにドラッグします。

　（目安：「**00：03.663**」）

※《開始時間》に「00：03.663」と入力してもか
　まいません。
※ ▌ をドラッグすると、上側に表示されているビデオ
　もコマ送りされます。

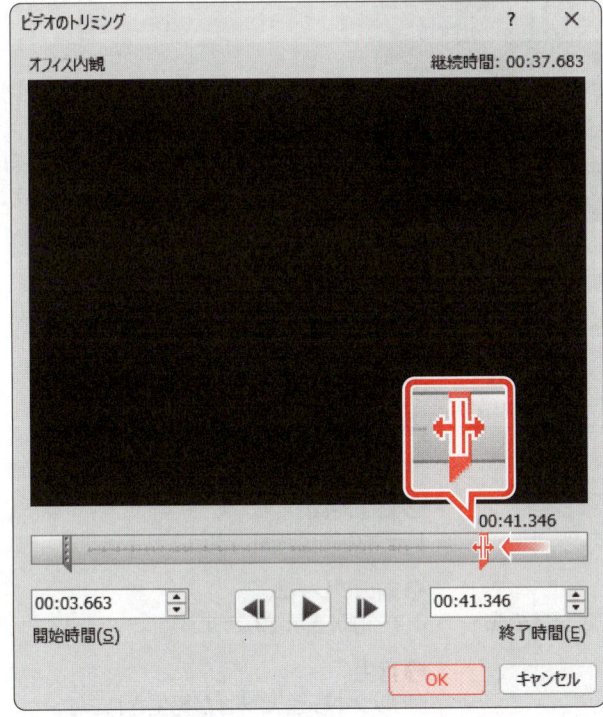

映像の末尾をトリミングします。

⑥ ▌ をポイントします。

マウスポインターの形が ↔ に変わります。

⑦図のようにドラッグします。

　（目安：「**00：41.346**」）

※《終了時間》に「00：41.346」と入力してもか
　まいません。

⑧《**OK**》をクリックします。

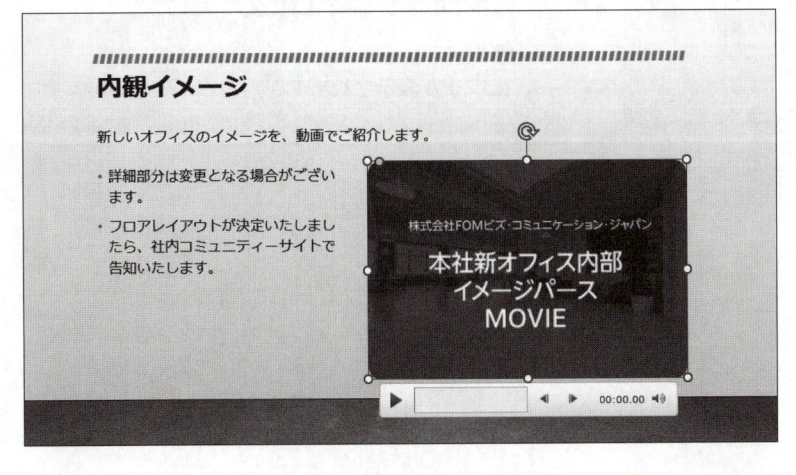

ビデオがトリミングされます。

※ビデオを再生して、先頭と末尾の映像が取り除
　かれていることを確認しておきましょう。

STEP UP ビデオの表紙画像

ビデオを挿入すると、ビデオの最初の画像がビデオの表紙としてスライドに表示されます。ビデオ内の画像を表紙画像として設定することもできます。ビデオの内容を表す適切な1場面を表紙画像に設定しておくと、スライドをひと目見ただけでビデオの内容を伝えることができ、配布資料としても効果的なものになります。
ビデオ内の画像を表紙画像に設定する方法は、次のとおりです。

◆表紙画像に設定したい位置までビデオを再生→《ビデオ形式》タブ→《調整》グループの《表紙画像》→《現在の画像》

POINT 《ビデオのトリミング》ダイアログボックス

《ビデオのトリミング》ダイアログボックスの各部の名称と役割は、次のとおりです。

❶ **継続時間**
ビデオ全体の再生時間が表示されます。

❷ **開始点**
目的の開始位置までドラッグすると、ビデオの先頭をトリミングできます。

❸ **終了点**
目的の終了位置までドラッグすると、ビデオの末尾をトリミングできます。

❹ **開始時間**
ビデオの開始時間が表示されます。

❺ **終了時間**
ビデオの終了時間が表示されます。

❻ **前のフレーム**
1コマ前が表示されます。

❼ **再生**
クリックすると、ビデオが再生されます。
※再生中は《一時停止》に変わります。

❽ **次のフレーム**
1コマ後が表示されます。

4 スライドショーでのビデオの再生

挿入したビデオは、スライドショーで再生されます。
スライドショーでのビデオの再生には、次の3つのタイミングがあります。

●一連のクリック動作
アニメーションの再生と同じ感覚で、スライドのクリックや Enter を押すなどの操作で再生ができます。
スライド上のビデオをクリックする必要はありません。
再生の順番は、スライドに設定されているアニメーションの順番に従って再生されます。

●自動
スライドが表示されたタイミングや前のアニメーションが終わったタイミングで、自動的に再生されます。

●クリック時
スライド上のビデオをクリックしたタイミングで再生されます。

スライドが表示されるとビデオが自動で再生されるように設定し、スライドショーでビデオを再生しましょう。

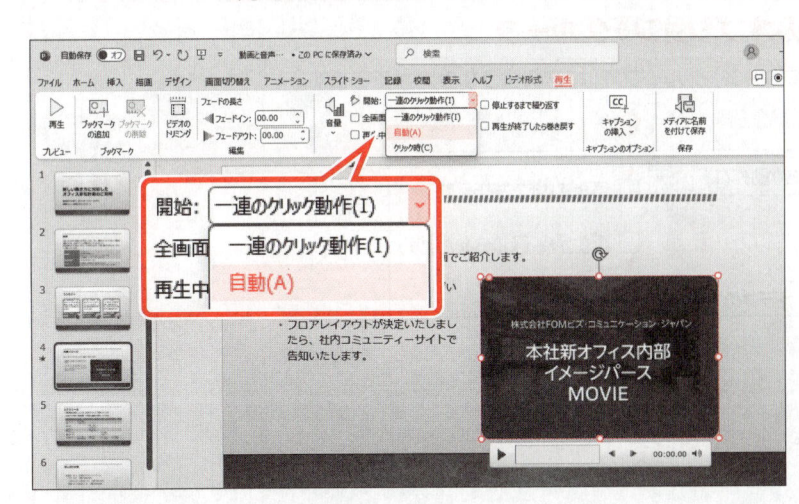

①ビデオが選択されていることを確認します。

②《再生》タブを選択します。

③《ビデオのオプション》グループの《開始》の▼をクリックします。

④《自動》をクリックします。

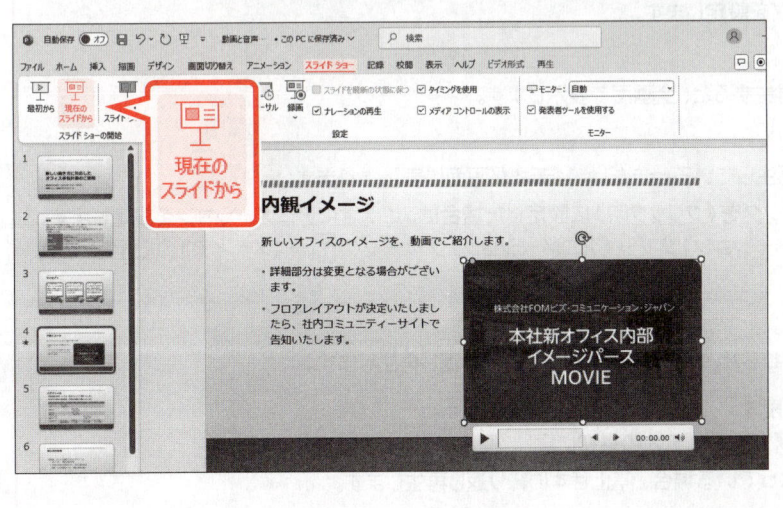

⑤《スライドショー》タブを選択します。

⑥《スライドショーの開始》グループの《このスライドから開始》をクリックします。

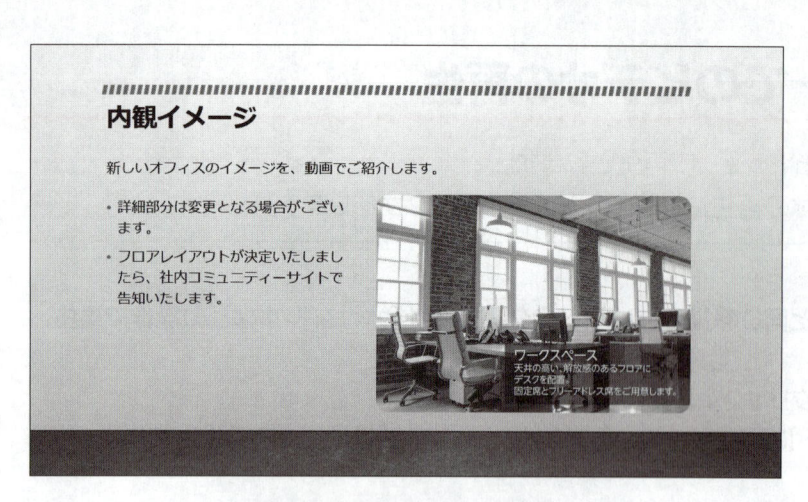

スライドショーが実行され、ビデオが自動的に再生されます。

※ビデオにマウスポインターを合わせると、ビデオを操作するためのツールバーが表示されます。

※Esc または ▮▮ を押して、ビデオを一時停止しましょう。

※Esc を押して、スライドショーを終了しておきましょう。

STEP UP　クリッカーを使ったスライドショーの実行

パソコンから離れてスクリーンの前などで発表を行う場合は、クリッカーを使うと便利です。
ビデオの再生のタイミングを《一連のクリック動作》に設定しておくと、専用リモコンのようにスライドにマウスポインターを合わせなくても、発表者がクリックしたタイミングで順番にスライドを切り替えることができるので、スマートなプレゼンテーションを行えます。

POINT　《ビデオのオプション》グループ

《再生》タブの《ビデオのオプション》グループでは、次のような設定ができます。

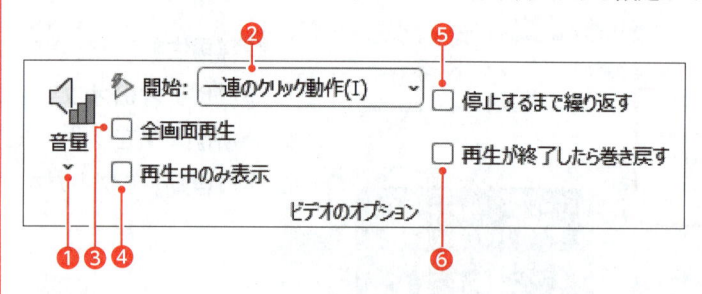

❶音量
ビデオの音量を調整します。

❷開始
ビデオを再生するタイミングを設定します。

❸全画面再生
スライドショーでビデオを再生すると、全画面で表示します。

❹再生中のみ表示
スライドショーでビデオを再生しているときだけ、ビデオが画面に表示されます。

※ビデオを再生するタイミングを《クリック時》に設定した場合は、ビデオにアニメーションを設定します。
ビデオを選択し、《アニメーション》タブ→《アニメーション》グループの ▽ →《メディア》の《再生》を選択します。

❺停止するまで繰り返す
ビデオを最後まで再生し終わると、ビデオの最初に戻り、繰り返し再生します。

❻再生が終了したら巻き戻す
ビデオを最後まで再生し終わると、ビデオの最初に戻り、停止します。

※❺と❻の両方が ☑ になっている場合、停止せずに繰り返し再生します。

STEP UP キャプションの挿入

ビデオには、キャプション（字幕）を挿入することができます。挿入したキャプションは、PowerPoint上でビデオを再生する際に表示されます。
キャプションを挿入する方法は、次のとおりです。

◆ ビデオを選択→《再生》タブ→《キャプションのオプション》グループの《キャプションの挿入》→挿入するファイルを選択→《挿入》

ミーティングボックス ← 《キャプション》

STEP UP キャプションファイルの作成

キャプションファイルは、Windowsに標準で搭載されているアプリ「メモ帳」を使って作成できます。
キャプションを表示する時間（hh:mm:ss.ttt）とキャプションの内容を入力します。キャプションを表示する時間は、開始時間と終了時間を「-->」でつないで入力します。「-->」の前後には半角空白を入力します。
ファイルは、環境によって文字化けが生じないように、エンコードを「UTF-8」に設定し、テキストドキュメントとして保存します。その後、ファイルの拡張子を「.vtt」に変更します。
キャプションファイルは、次のように入力します。

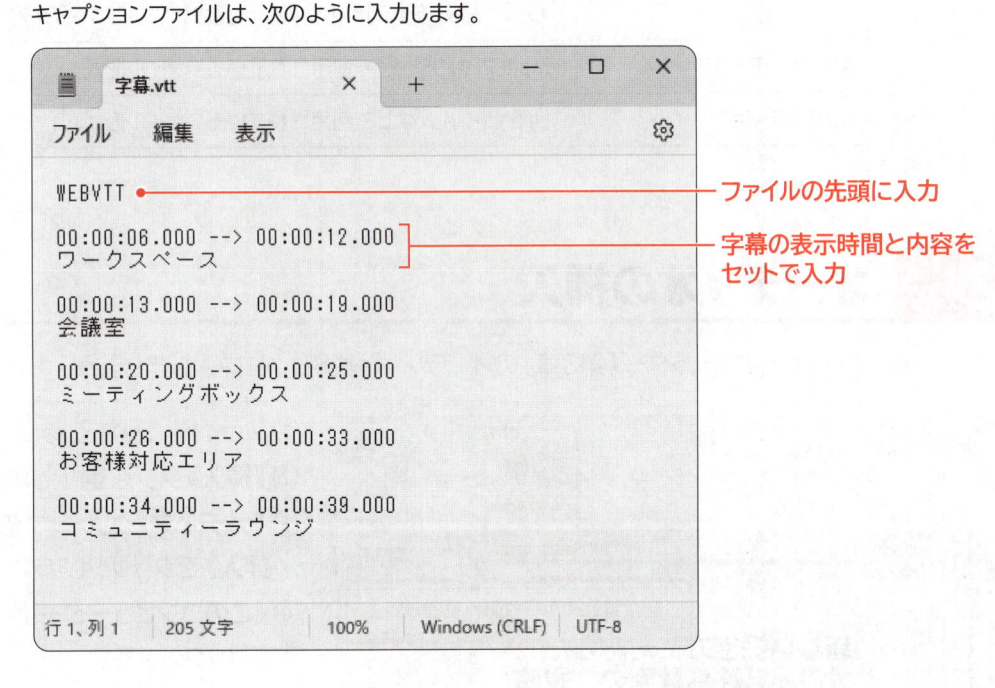

ファイルの先頭に入力

字幕の表示時間と内容を
セットで入力

STEP4 オーディオを挿入する

1 オーディオ

録音した音声や音楽などをスライドに挿入できます。PowerPointでは、音声や音楽のことを**「オーディオ」**といいます。録音した音声や音楽などを挿入すると、プレゼンテーションの効果をより高めることができます。

スライドに挿入したオーディオは、プレゼンテーションに埋め込まれ、1つのファイルで管理されるため、プレゼンテーションの保存場所を移動しても、オーディオが再生できなくなるといった心配はありません。

STEP UP　オーディオのファイルの種類

PowerPointで扱えるオーディオのファイルには、次のようなものがあります。

ファイルの種類	説明	拡張子
Advanced Audio Coding MPEG-4 オーディオファイル	Windows 11に搭載されているサウンドレコーダーなどで利用されているファイル形式	.m4a .mp4
Windows Media オーディオファイル	Windows VistaからWindows 8.1に搭載されているサウンドレコーダーのファイル形式	.wma
Windows オーディオファイル	Windowsで広く利用されているファイル形式	.wav
MP3オーディオファイル	携帯音楽プレーヤーやインターネットの音楽配信に広く利用されているファイル形式	.mp3
MIDIファイル	電子楽器やパソコンで入力した演奏データを送受信する際に使われており、音楽制作の分野で利用されているファイル形式	.mid .midi
AIFFオーディオファイル	macOSやiOSなどで利用されているファイル形式	.aiff
AUオーディオファイル	UNIXやLinuxなどで利用されているファイル形式	.au

---

2 オーディオの挿入

スライド1にフォルダー**「第3章」**のオーディオ**「説明1」**を挿入しましょう。

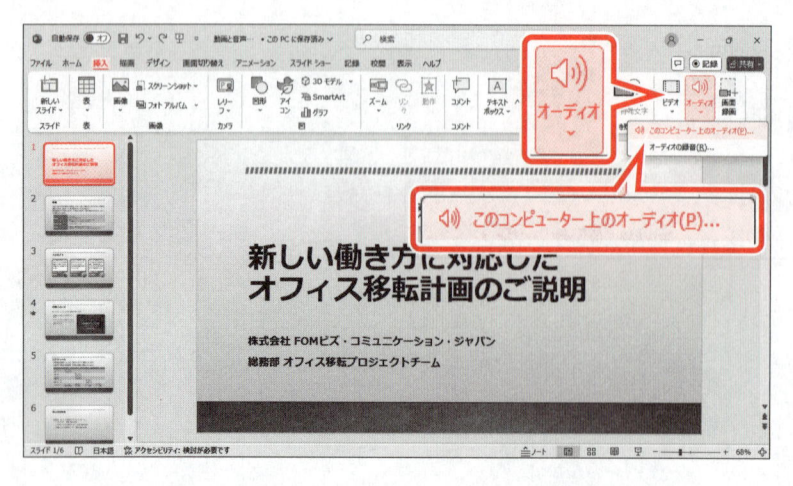

①スライド1を選択します。

②《挿入》タブを選択します。

③《メディア》グループの《オーディオの挿入》をクリックします。

④《このコンピューター上のオーディオ》をクリックします。

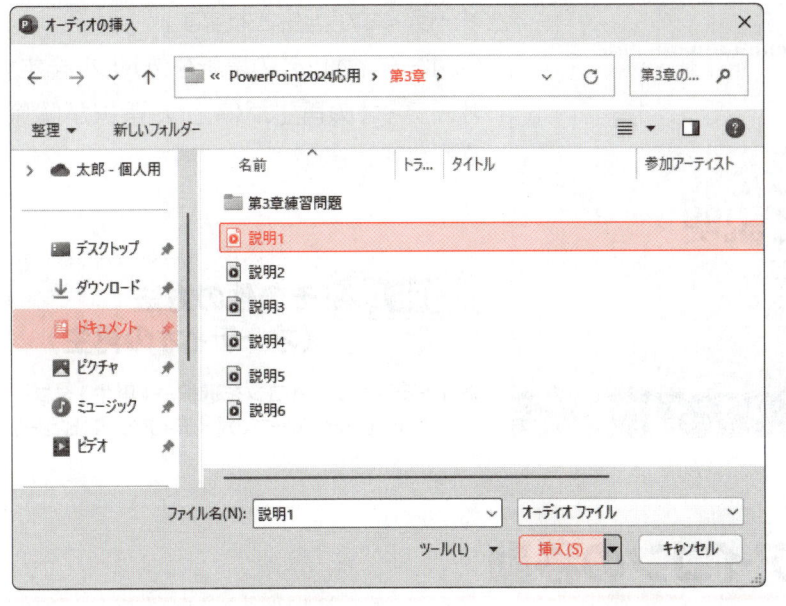

《オーディオの挿入》ダイアログボックスが表示されます。

オーディオが保存されている場所を選択します。

⑤左側の一覧から《ドキュメント》を選択します。

⑥一覧から「PowerPoint2024応用」を選択します。

⑦《挿入》をクリックします。

⑧一覧から「第3章」を選択します。

⑨《挿入》をクリックします。

挿入するオーディオを選択します。

⑩一覧から「説明1」を選択します。

⑪《挿入》をクリックします。

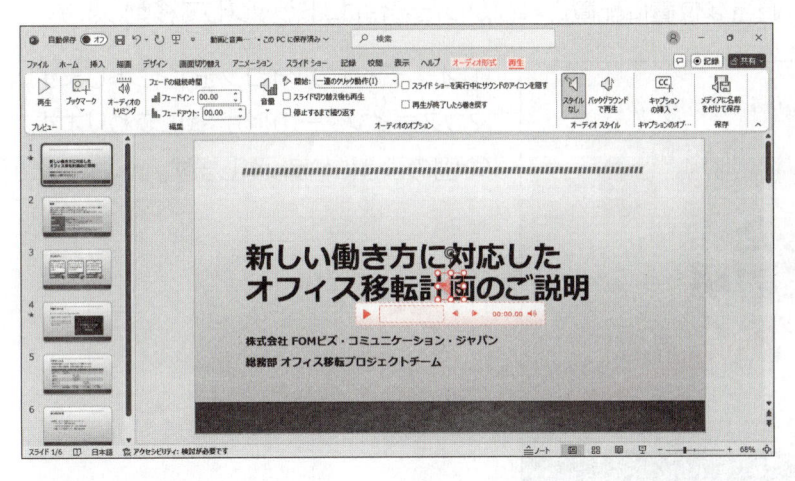

オーディオが挿入され、オーディオのアイコンが表示されます。

リボンに《オーディオ形式》タブと《再生》タブが表示されます。

オーディオのアイコンの周囲に〇（ハンドル）とオーディオを操作するためのツールバーが表示されます。

3 オーディオの再生

挿入したオーディオは、スライド上で再生できます。
オーディオを再生しましょう。

※オーディオを再生するには、パソコンに内蔵されたスピーカーや接続されたヘッドホンなど、サウンドを再生する環境が必要です。

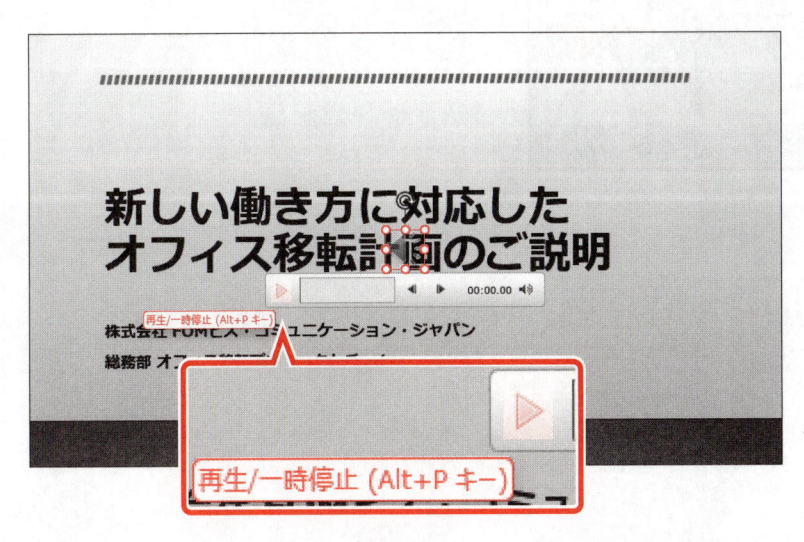

①オーディオのアイコンが選択されていることを確認します。

②▶ (再生/一時停止) をクリックします。

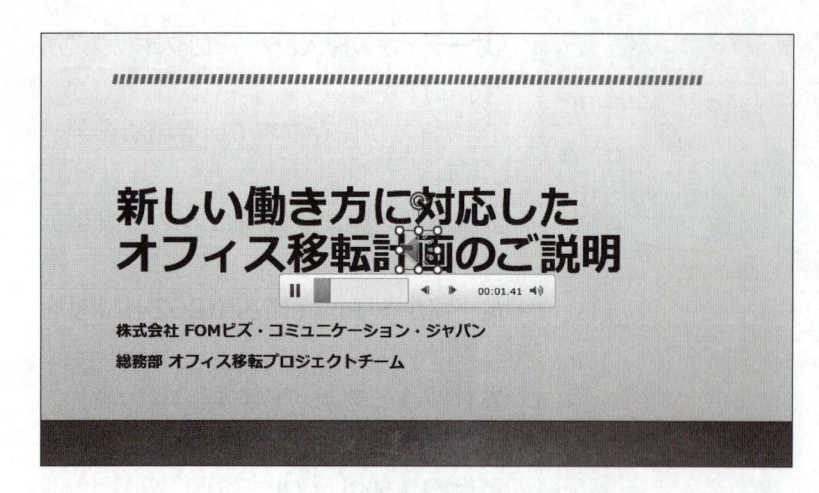

オーディオが再生されます。

③オーディオ以外の場所をクリックします。

オーディオの再生が停止し、選択が解除されます。

STEP UP その他の方法
（オーディオの再生）

◆オーディオのアイコンを選択→《再生》タブ→《プレビュー》グループの《メディアのプレビュー》

4 オーディオのアイコンの移動

オーディオのアイコンが、適当な位置に配置されなかった場合は、ドラッグして移動します。

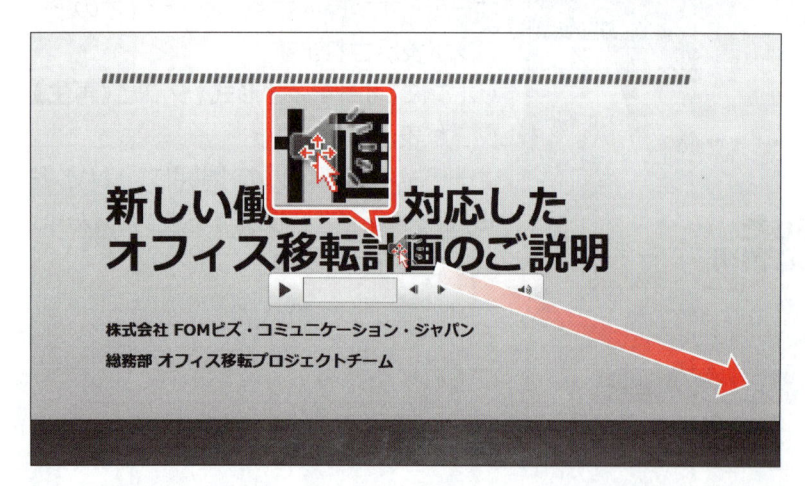

①オーディオのアイコンをポイントします。
マウスポインターの形が に変わります。

②図のようにドラッグします。

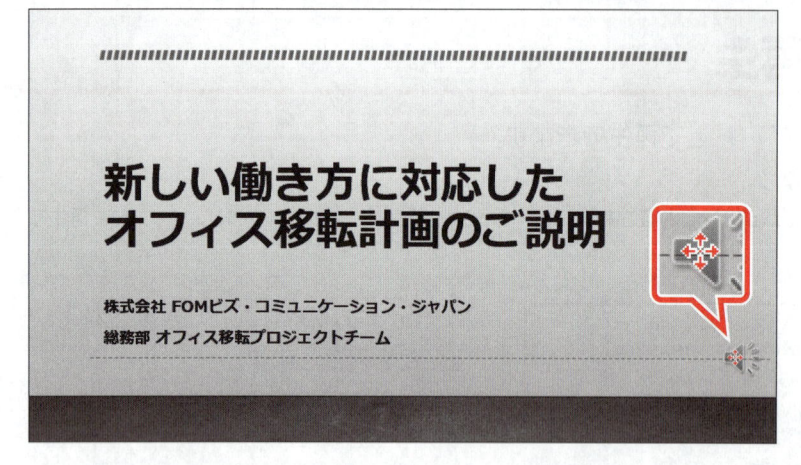

ドラッグ中、マウスポインターの形が に変わります。

オーディオのアイコンが移動します。

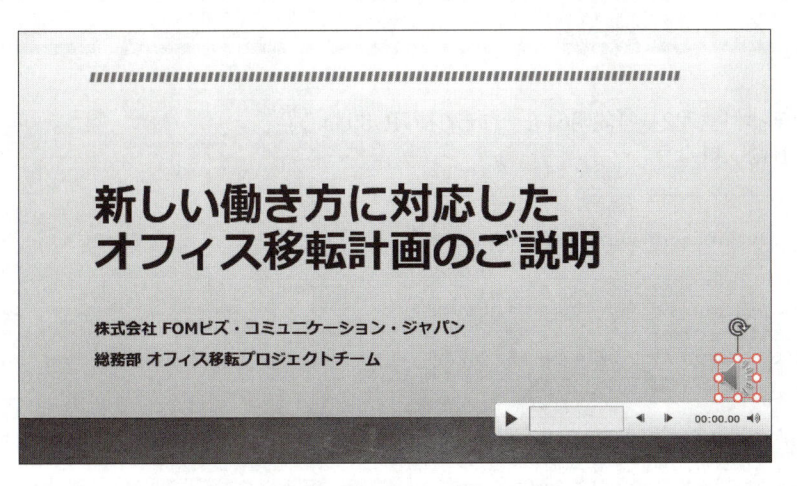

STEP UP **オーディオのアイコンのサイズ変更**

オーディオのアイコンは、図形などのオブジェクトと同様に、周囲の○（ハンドル）をドラッグするとサイズを変更できます。

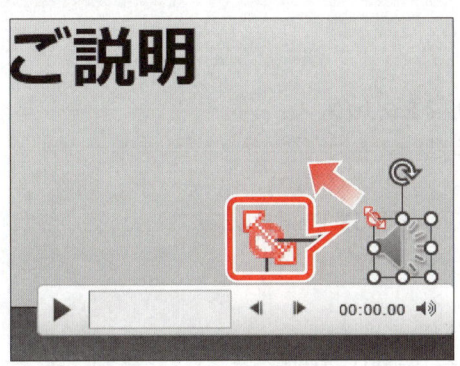 

STEP UP **オーディオのトリミング**

《再生》タブの《オーディオのトリミング》を使うと、ビデオと同じように、オーディオの先頭または末尾の不要な部分をトリミングできます。
オーディオをトリミングする方法は、次のとおりです。

◆オーディオのアイコンを選択→《再生》タブ→《編集》グループの《オーディオのトリミング》

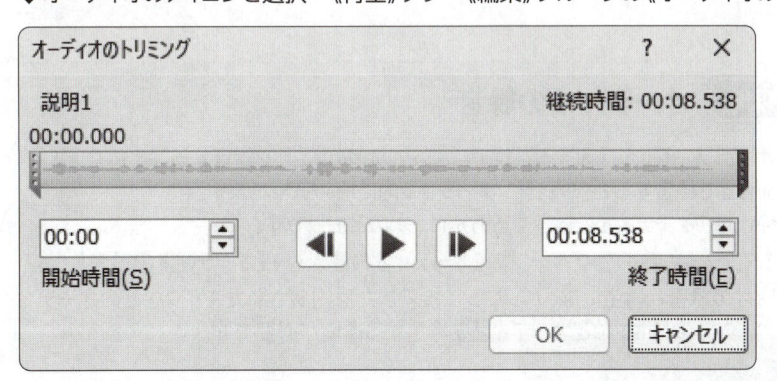

ためしてみよう

スライド2〜スライド6に、オーディオ「説明2」〜「説明6」をそれぞれ挿入しましょう。
次に、オーディオのアイコンを移動しましょう。

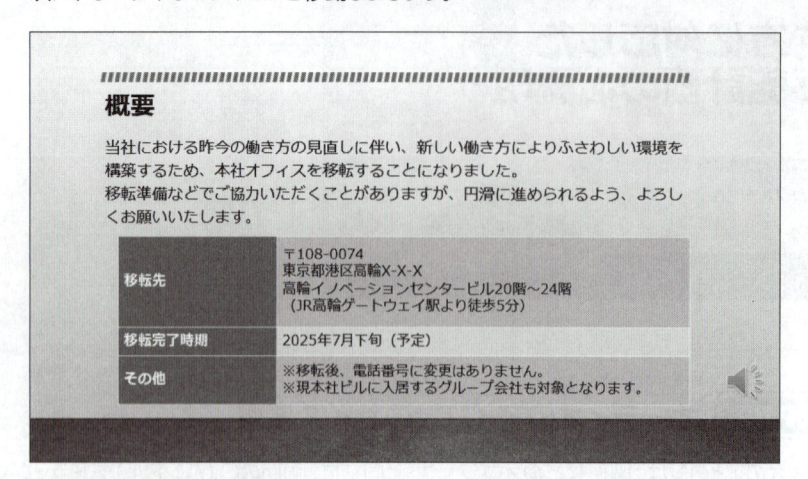

① スライド2を選択
② 《挿入》タブを選択
③ 《メディア》グループの《オーディオの挿入》をクリック
④ 《このコンピューター上のオーディオ》をクリック
⑤ フォルダー「第3章」を開く
※ 《ドキュメント》→「PowerPoint2024応用」→「第3章」を選択します。
⑥ 一覧から「説明2」を選択
⑦ 《挿入》をクリック
⑧ オーディオのアイコンをドラッグして移動
⑨ 同様に、スライド3〜スライド6にオーディオ「説明3」〜「説明6」をそれぞれ挿入し、オーディオのアイコンを移動

POINT **wav形式のオーディオファイルの作成**

実習で使用しているオーディオ「説明1」〜「説明6」は、wav形式のファイルです。
Windows 11に標準で搭載されているアプリ「サウンドレコーダー」でレコーディング形式を《WAV》に設定すると作成できます。

STEP UP **オーディオの録音**

オーディオは別ファイルを挿入するだけでなく、PowerPoint上で録音することもできます。
PowerPoint上で録音すると、プレゼンテーション内に埋め込まれます。
PowerPoint上でオーディオを録音する方法は、次のとおりです。

◆《挿入》タブ→《メディア》グループの《オーディオの挿入》→《オーディオの録音》

※ オーディオの録音と再生には、パソコンに接続または内蔵されたマイクなどのオーディオを録音する環境と、スピーカーやヘッドホンなどオーディオを再生する環境が必要です。

5　スライドショーでのオーディオの再生

挿入したオーディオは、スライドショーで再生されます。
スライドショーでのオーディオの再生には、次の3つのタイミングがあります。

●一連のクリック動作

アニメーションの再生と同じ感覚で、スライドのクリックや Enter を押すなどの操作で再生ができます。
スライド上のオーディオのアイコンをクリックする必要はありません。
再生の順番は、スライドに設定されているアニメーションの順番に従って再生されます。

●自動

スライドが表示されたタイミングや前のアニメーションが終わったタイミングで、自動的に再生されます。

●クリック時

スライド上のオーディオのアイコンをクリックしたタイミングで再生されます。

スライドが表示されるとオーディオが自動で再生されるように設定し、スライドショーでオーディオを再生しましょう。

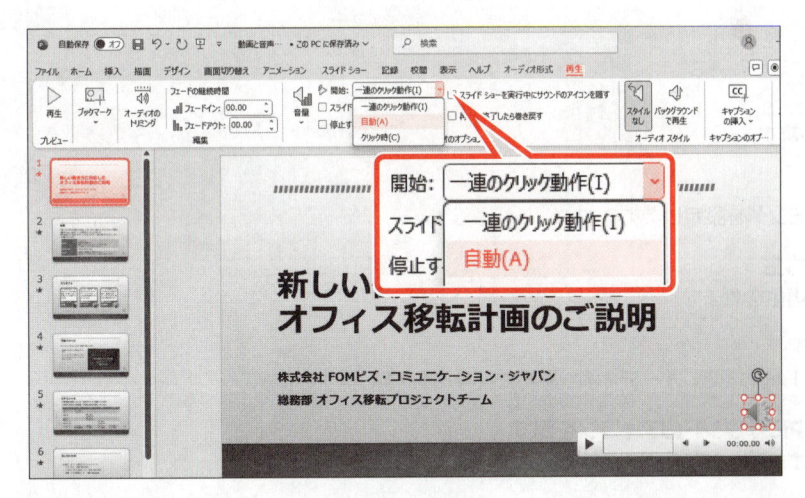

①スライド1を選択します。

②オーディオのアイコンを選択します。

③《再生》タブを選択します。

④《オーディオのオプション》グループの《開始》の▼をクリックします。

⑤《自動》をクリックします。

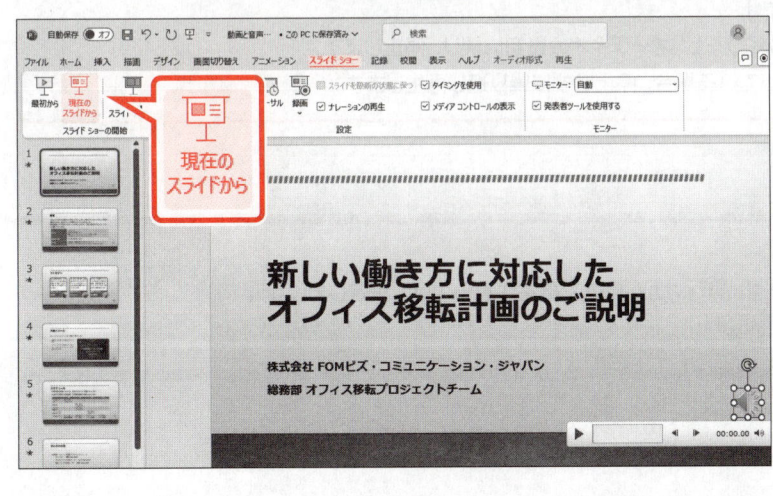

⑥《スライドショー》タブを選択します。

⑦《スライドショーの開始》グループの《このスライドから開始》をクリックします。

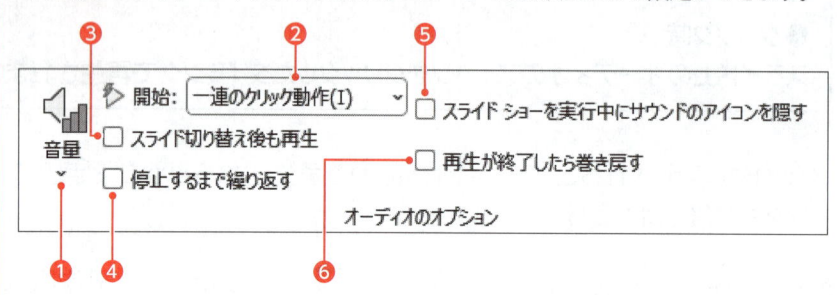

スライドショーが実行され、オーディオが
自動的に再生されます。

※オーディオのアイコンにマウスポインターを合わ
　せると、オーディオを操作するためのツール
　バーが表示されます。
※ Esc を押して、スライドショーを終了しておき
　ましょう。

POINT 《オーディオのオプション》グループ

《再生》タブの《オーディオのオプション》グループでは、次のような設定ができます。

❶音量
オーディオの音量を調整します。

❷開始
オーディオを再生するタイミングを設定します。

❸スライド切り替え後も再生
スライドが切り替わっても再生されます。

❹停止するまで繰り返す
オーディオを最後まで再生し終わると、オーディオの最初に戻り、繰り返し再生します。

❺スライドショーを実行中にサウンドのアイコンを隠す
スライドショーを実行中にオーディオのアイコンを非表示にします。

❻再生が終了したら巻き戻す
オーディオを最後まで再生し終わると、オーディオの最初に戻り、停止します。
※❹と❻の両方が ☑ になっている場合、停止せずに繰り返し再生します。

Let's Try ためしてみよう

スライド2〜スライド6に挿入したオーディオが、自動で再生されるように設定しましょう。

Let's Try Answer

① スライド2を選択
② オーディオのアイコンを選択
③ 《再生》タブを選択
④ 《オーディオのオプション》グループの《開始》の▼をクリック
⑤ 《自動》をクリック
⑥ 同様に、スライド3〜スライド6のオーディオを《自動》に設定

6 再生順序の変更

同じスライドにビデオとオーディオを挿入すると、挿入した順番に再生されます。
スライド4のオーディオがビデオよりも先に再生されるように、再生順序を変更しましょう。
ビデオやオーディオの再生順序は、「**アニメーションウィンドウ**」を使って確認することができ
ます。

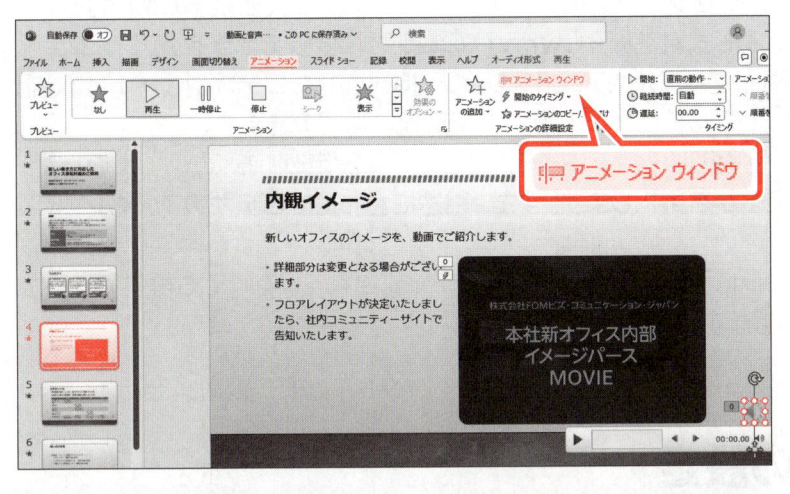

①スライド4を選択します。

②オーディオのアイコンを選択します。

③《アニメーション》タブを選択します。

④《アニメーションの詳細設定》グループ
の《アニメーションウィンドウ》をクリッ
クします。

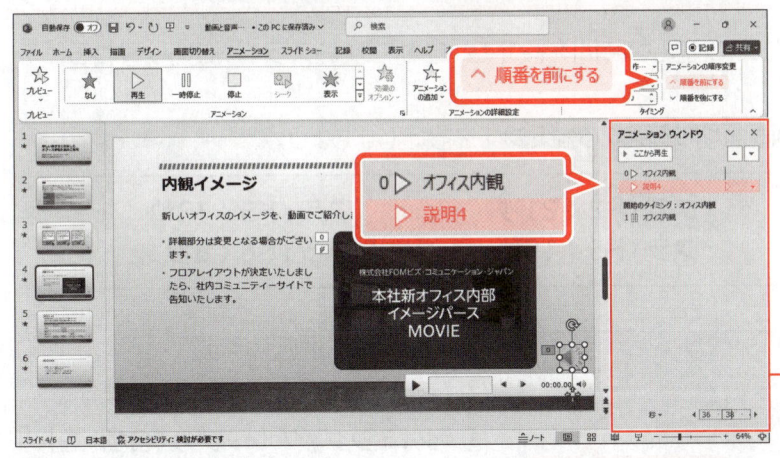

《アニメーションウィンドウ》が表示され
ます。

⑤「説明4」が「オフィス内観」の下に表示
されていることを確認します。

※《アニメーションウィンドウ》のリストの上に表示
されているものから再生されます。

⑥《タイミング》グループの《順番を前に
する》をクリックします。

——《アニメーションウィンドウ》

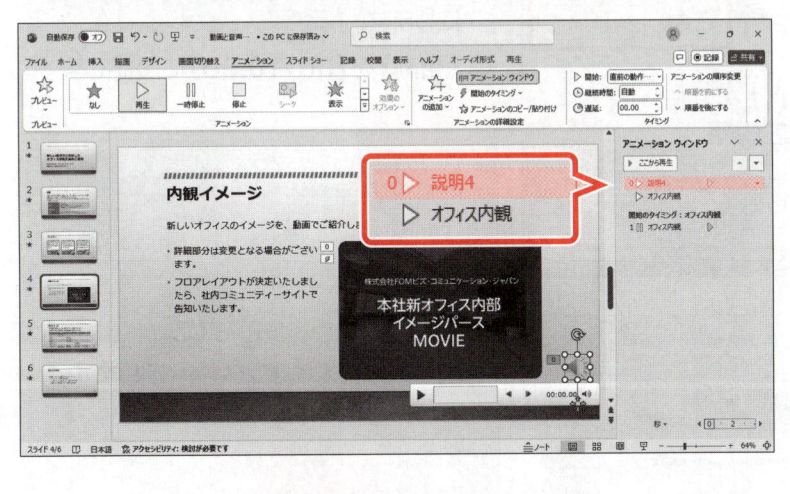

再生順序が変更されます。

⑦「説明4」が1番上に表示されているこ
とを確認します。

※《閉じる》をクリックして《アニメーションウィン
ドウ》を閉じておきましょう。

POINT **再生順序を後にする**

ビデオやオーディオの再生順序を後にする方法は、次のとおりです。

◆ビデオまたはオーディオのアイコンを選択→《アニメーション》タブ→《タイミング》グループの《順番を後
にする》

STEP 5　プレゼンテーションのビデオを作成する

1　プレゼンテーションのビデオ

「ビデオの作成」を使うと、プレゼンテーションをMPEG-4ビデオ形式（拡張子「.mp4」）またはWindows Mediaビデオ形式（拡張子「.wmv」）のビデオに変換できます。プレゼンテーションに設定されている画面切り替えやアニメーション、挿入されたビデオやオーディオ、記録されたナレーションやレーザーポインターの動きもそのまま再現できます。
ビデオに変換する場合は、画面切り替えのタイミングを事前に設定しておくか、すべてのスライドを同じ秒数で切り替えるかを選択します。また、用途に合わせてビデオのファイルサイズや画質も選択できます。
ビデオに変換するとパソコンにPowerPointがセットアップされていなくても再生できるため、プレゼンテーションを配布するのに便利です。

2　画面切り替えの設定

スライドの内容を伝えるために必要な時間を設定し、自動で次のスライドに切り替わるビデオを作成します。
次のように、各スライドの画面切り替えのタイミングを設定しましょう。

| スライド1：10秒 | スライド2：21秒 | スライド3：13秒 |
| スライド4：57秒 | スライド5：15秒 | スライド6：8秒 |

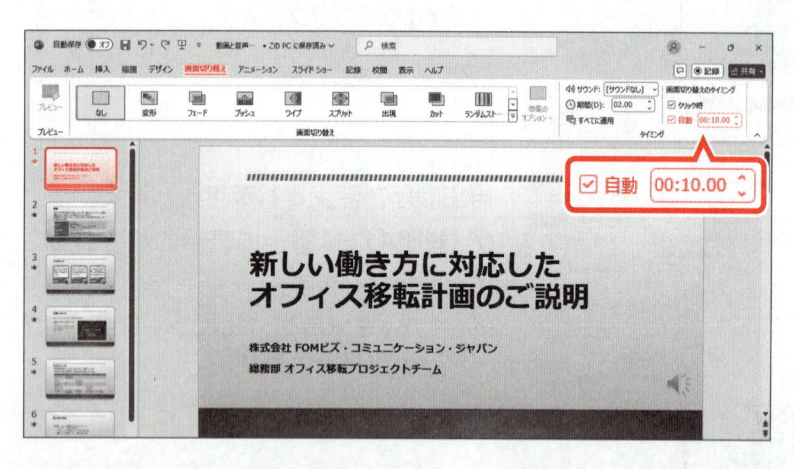

①スライド1を選択します。
②《画面切り替え》タブを選択します。
③《タイミング》グループの《自動》を☑にします。
④《自動》を「00：10.00」に設定します。

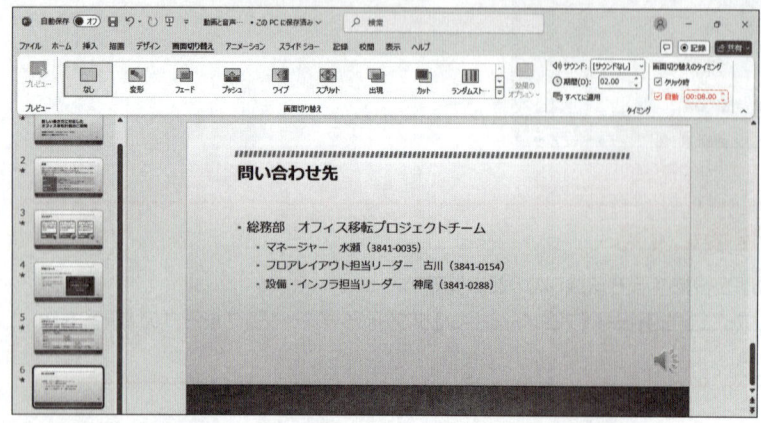

⑤同様に、スライド2～スライド6に画面切り替えのタイミングを設定します。

3 ビデオの作成

次のように設定し、プレゼンテーションをもとにビデオ「**オフィス移転計画**」を作成しましょう。

> HD（720p）
> 記録されたタイミングとナレーションを使用する
> ビデオのファイル形式：Windows Mediaビデオ形式（拡張子「.wmv」）

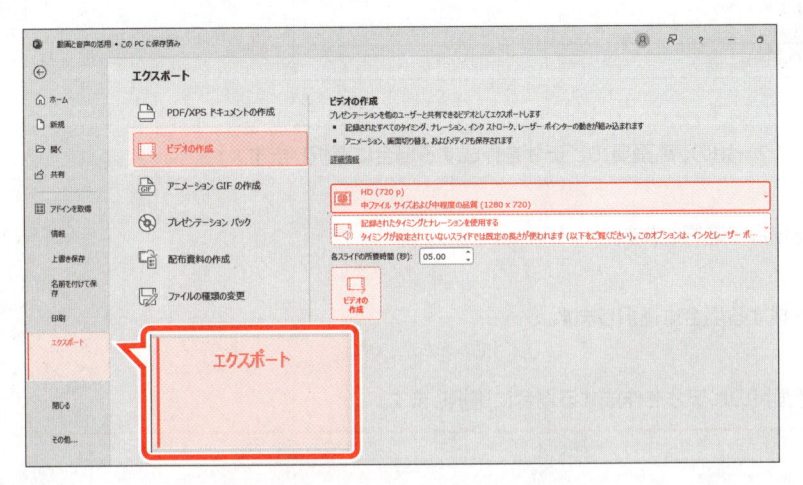

① 《**ファイル**》タブを選択します。
② 《**エクスポート**》をクリックします。
③ 《**ビデオの作成**》をクリックします。
④ 《**フルHD（1080p）**》の▼をクリックします。
⑤ 《**HD（720p）**》をクリックします。
⑥ 《**記録されたタイミングとナレーションを使用する**》になっていることを確認します。
⑦ 《**ビデオの作成**》をクリックします。

《**ビデオのエクスポート**》ダイアログボックスが表示されます。
ビデオを保存する場所を選択します。

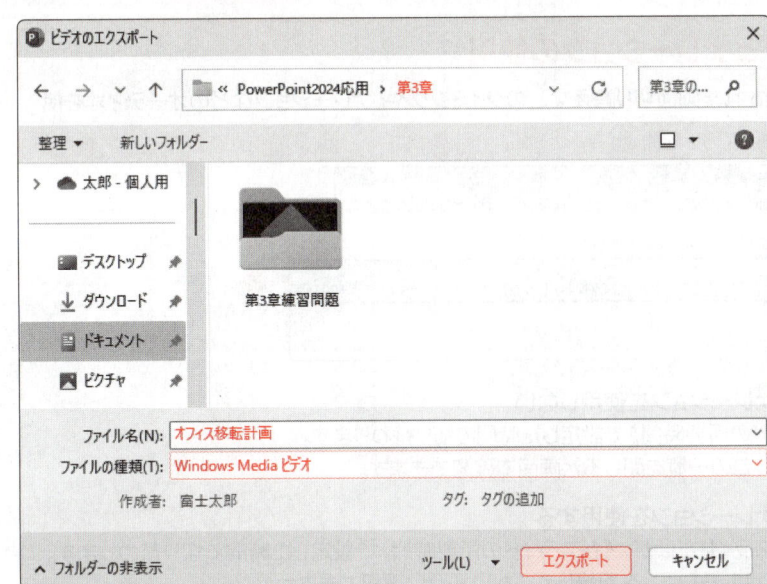

⑧ フォルダー「**第3章**」が開かれていることを確認します。

※「第3章」が開かれていない場合は、《ドキュメント》→「PowerPoint2024応用」→「第3章」を選択します。

⑨ 《**ファイル名**》に「**オフィス移転計画**」と入力します。
⑩ 《**ファイルの種類**》の▼をクリックします。
⑪ 《**Windows Mediaビデオ**》をクリックします。
⑫ 《**エクスポート**》をクリックします。

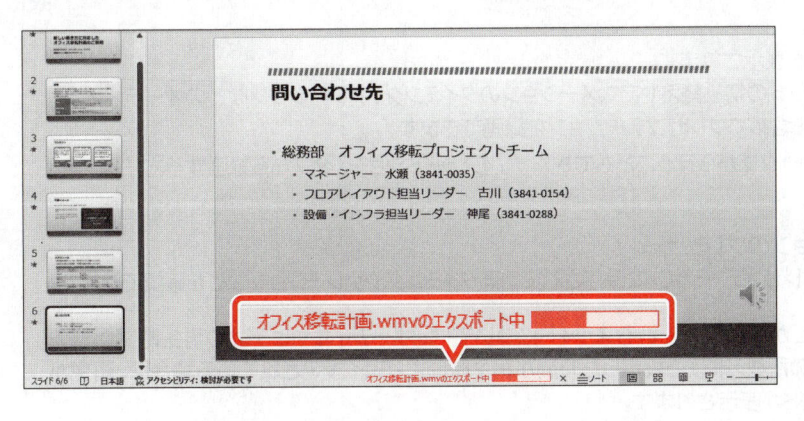

ビデオの作成が開始され、ステータスバーに「**エクスポート中**」と表示されます。
ビデオの作成が終了すると、ステータスバーに「**エクスポートされました**」と表示されます。

※プレゼンテーションのファイルサイズによって、ビデオの作成時間は異なります。

※プレゼンテーションに「動画と音声の活用完成」と名前を付けて、フォルダー「第3章」に保存し、閉じておきましょう。

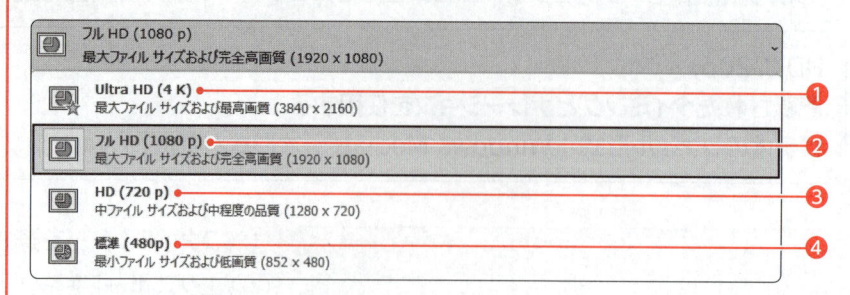

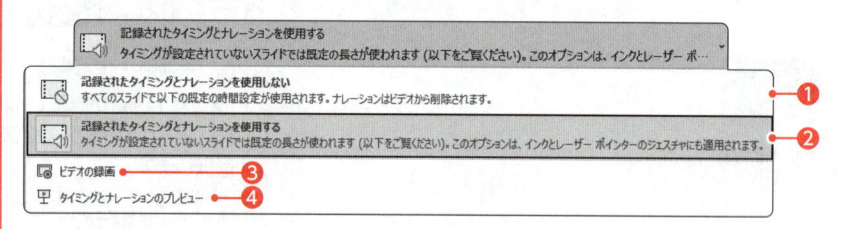

POINT　ビデオのファイルサイズと画質

ビデオを作成する場合、用途に応じてファイルサイズや画質を選択します。
高画質になるほど、ファイルサイズは大きくなります。

❶Ultra HD（4K）

大型モニターや高解像度モニター用の、高画質のビデオを作成する場合に選択します。

❷フルHD（1080p）

高画質のビデオを作成する場合に選択します。

❸HD（720p）

画質が中程度のビデオを作成する場合に選択します。

❹標準（480p）

ファイルサイズが小さく、低画質のビデオを作成する場合に選択します。

POINT　タイミングとナレーションの使用

ビデオを作成する場合、記録された画面切り替えなどのタイミングや、ナレーションなどのオーディオを使用するかどうかを選択します。

❶記録されたタイミングとナレーションを使用しない

すべてのスライドが《各スライドの所要時間》で設定した時間で切り替わります。
※《各スライドの所要時間》は、この一覧を閉じると画面で確認できます。

❷記録されたタイミングとナレーションを使用する

タイミングを設定していないスライドだけが、《各スライドの所要時間》で設定した時間で切り替わります。
※画面切り替えのタイミングやナレーションを記録していない場合は選択できません。

❸ビデオの録画

クリックすると、録画画面が表示されます。
プレゼンテーションのスライドの切り替えやアニメーションのタイミング、ナレーションなどのオーディオ、ペンを使った書き込みなどを含めてプレゼンテーションを録画できます。
※録画は、《スライドショー》タブから行うこともできます。《スライドショー》タブから録画する方法は、第8章で学習します。

❹タイミングとナレーションのプレビュー

ビデオを作成する前に、プレゼンテーションに保存されているタイミングやナレーションなどを確認できます。

※オーディオやビデオなどが挿入されているスライドについては、オーディオやビデオの再生時間が優先されます。《各スライドの所要時間》で設定した時間が再生時間より短く設定されている場合は、再生が終わり次第、次のスライドが表示されます。

ビデオの再生

作成したビデオを再生しましょう。

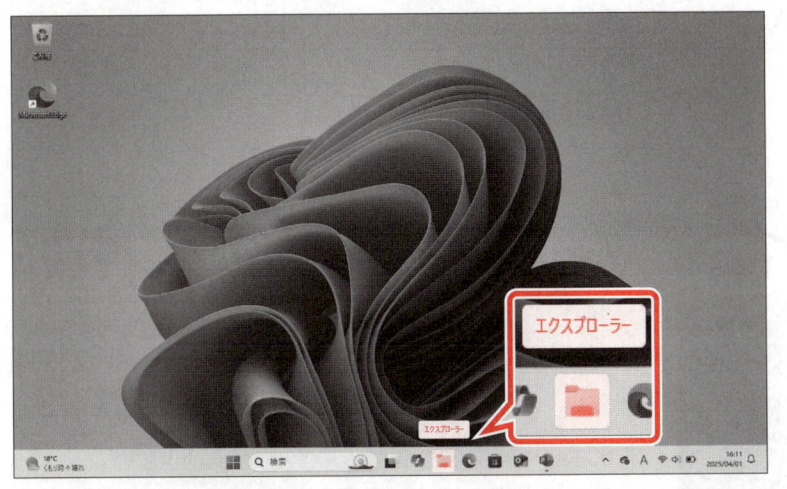

ビデオが保存されている場所を開きます。

① デスクトップが表示されていることを確認します。

② タスクバーの《**エクスプローラー**》をクリックします。

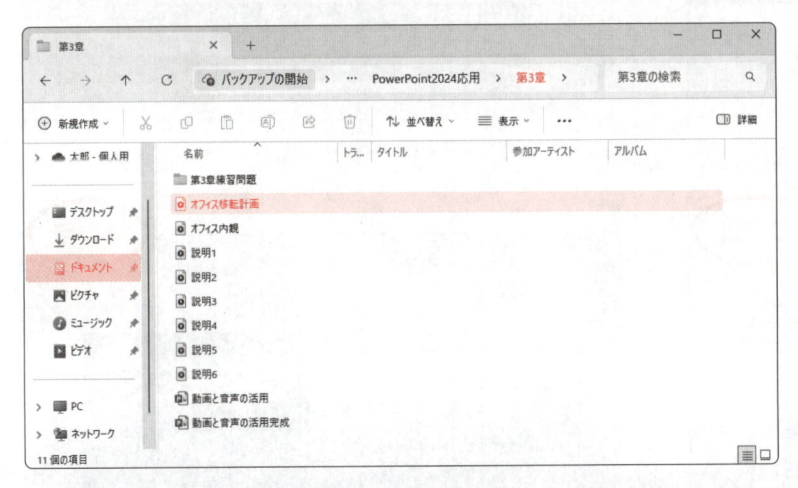

エクスプローラーが表示されます。

③ 左側の一覧から《**ドキュメント**》を選択します。

④ 一覧からフォルダー「**PowerPoint2024応用**」をダブルクリックします。

⑤ 一覧からフォルダー「**第3章**」をダブルクリックします。

⑥ 一覧からファイル「**オフィス移転計画**」をダブルクリックします。

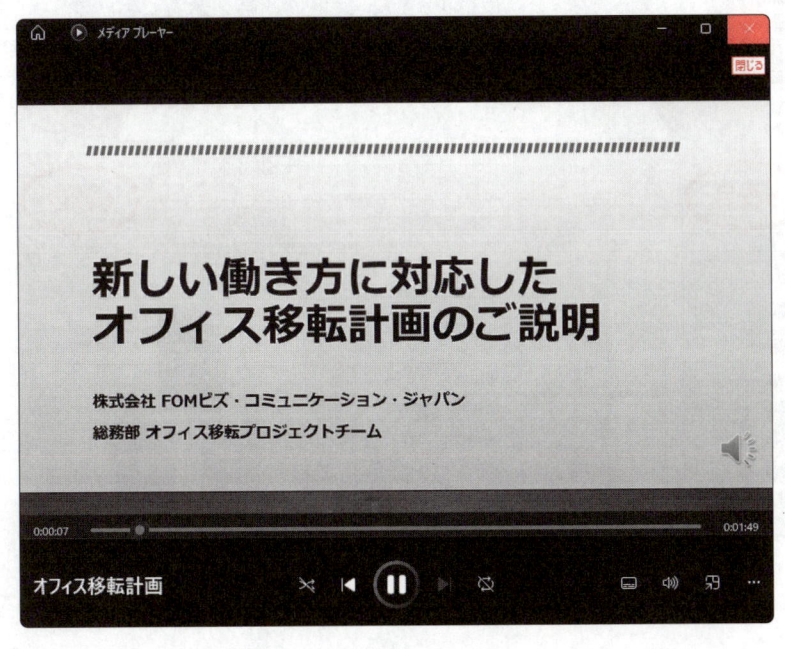

ビデオを再生するためのアプリが起動し、設定した画面切り替えのタイミングでビデオが再生されます。

※アプリを選択する画面が表示された場合は、任意のアプリを選択します。

ビデオを終了します。

⑦ 《**閉じる**》をクリックします。

※開いているウィンドウを閉じておきましょう。

1

2

3

4

5

6

7

8

総合問題

実践問題

索引

練習問題

PDF
標準解答 ▶ P.9

OPEN
P 第3章練習問題

あなたは、日本文化体験教室をPRし、参加者を募集するためのプレゼンテーション資料を作成しています。
完成図のようなプレゼンテーションを作成しましょう。

● 完成図

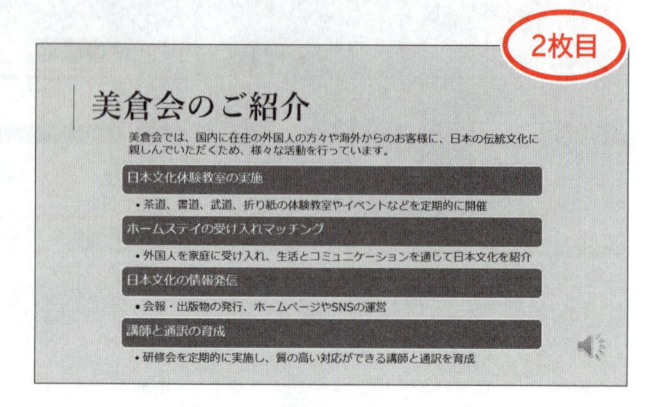

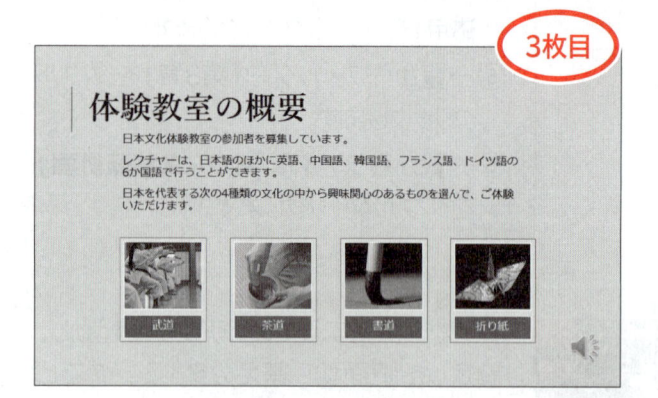

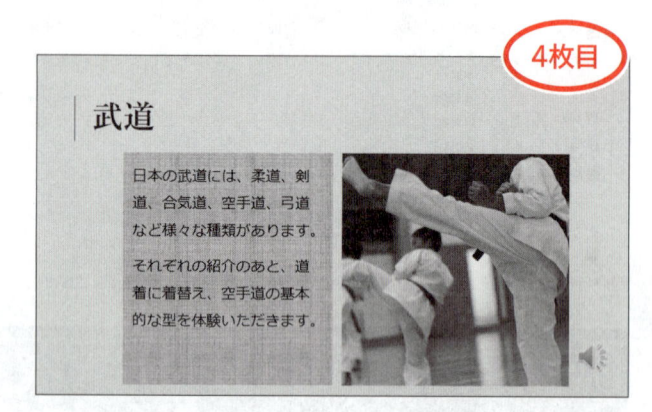

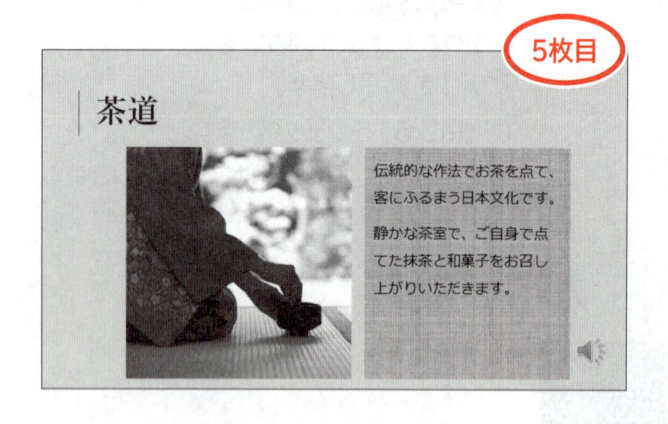

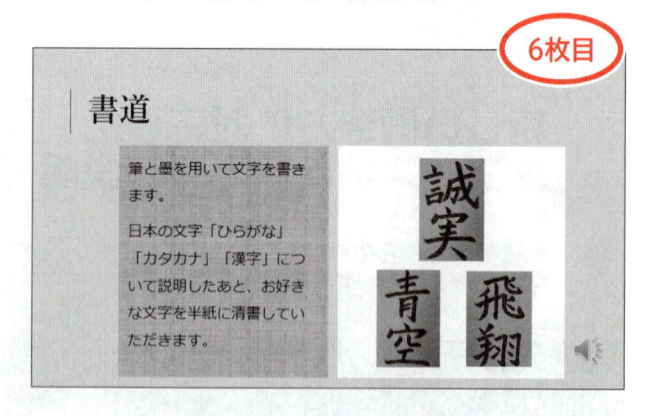

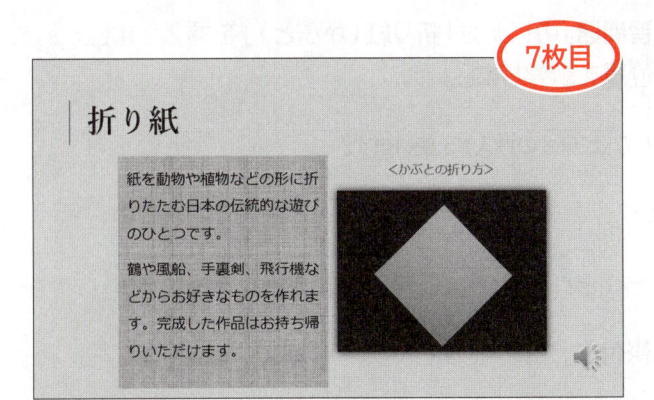

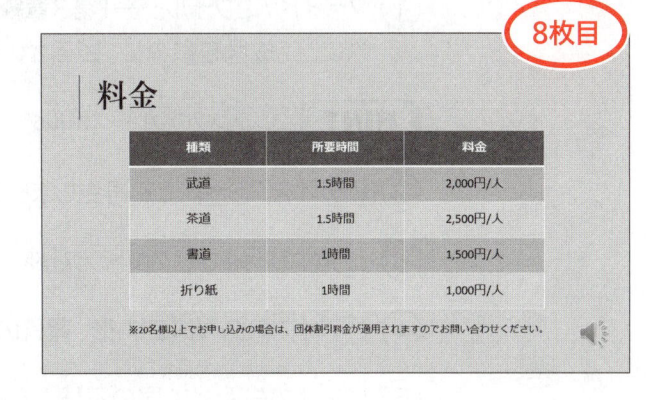

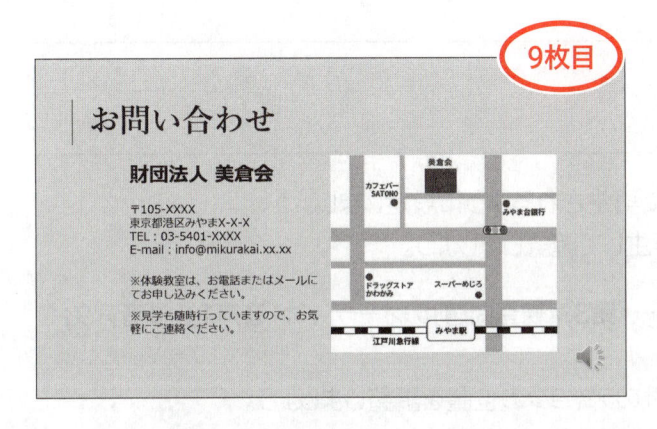

① スライド7にフォルダー**「第3章練習問題」**のビデオ**「折り紙（かぶと）」**を挿入しましょう。
　次に、完成図を参考に、ビデオの位置を調整しましょう。

(HINT) コンテンツのプレースホルダー内の《ビデオの挿入》を使います。

② ビデオをスライド上で再生しましょう。

③ ビデオの明るさとコントラストを、それぞれ**「＋20％」**に設定しましょう。

④ ビデオにスタイル**「四角形、背景の影付き」**を適用しましょう。

⑤ ビデオの先頭と末尾の不要な映像を取り除き、開始時間と終了時間が次の時間になる
　ようにトリミングしましょう。

> 開始時間：2.513秒
> 終了時間：1分37.508秒

⑥ ビデオがスライドショーで自動的に再生されるように設定しましょう。
　次に、スライドショーでビデオを再生して確認しましょう。

⑦ スライド1～スライド9に、フォルダー**「第3章練習問題」**のオーディオ**「音声1」**～**「音声9」**を
　それぞれ挿入しましょう。
　次に、完成図を参考に、オーディオのアイコンの位置を調整しましょう。

⑧ スライド1～スライド9のオーディオが、スライドショーで自動的に再生されるように設定し
　ましょう。

⑨ スライド7のオーディオがビデオよりも先に再生されるように、再生順序を変更しましょう。

⑩ スライド1からスライドショーを実行し、すべてのスライドを確認しましょう。

⑪ 次のような設定で、プレゼンテーションをもとにビデオを作成し、**「体験教室のご紹介」**と
　名前を付けてフォルダー**「第3章練習問題」**に保存しましょう。

> HD（720p）
> 記録されたタイミングとナレーションを使用しない
> 各スライドの所要時間：5秒
> ビデオのファイル形式：MPEG-4ビデオ形式（拡張子「.mp4」）

⑫ ビデオ**「体験教室のご紹介」**を再生しましょう。

※ プレゼンテーションに「第3章練習問題完成」と名前を付けて、フォルダー「第3章練習問題」に保存し、閉じて
　おきましょう。

第4章

スライドのカスタマイズ

この章で学ぶこと

学習前に習得すべきポイントを理解しておき、
学習後には確実に習得できたかどうかを振り返りましょう。

■ スライドマスターが何かを説明できる。　→ P.123 ☑☑☑

■ スライドマスターの種類を理解し、編集する内容に応じて
　スライドマスターを選択できる。　→ P.123 ☑☑☑

■ スライドマスター表示に切り替えることができる。　→ P.125 ☑☑☑

■ スライドマスターを編集できる。　→ P.126 ☑☑☑

■ タイトルスライドレイアウトのスライドマスターを編集できる。　→ P.135 ☑☑☑

■ スライドマスターで編集したデザインをテーマとして保存できる。　→ P.139 ☑☑☑

■ ヘッダーとフッターを挿入できる。　→ P.142 ☑☑☑

■ ヘッダーとフッターを編集できる。　→ P.143 ☑☑☑

■ オブジェクトに動作を設定できる。　→ P.146 ☑☑☑

■ オブジェクトの動作を確認できる。　→ P.148 ☑☑☑

■ スライドに動作設定ボタンを作成できる。　→ P.149 ☑☑☑

■ 動作設定ボタンを使ってスライドを移動できる。　→ P.151 ☑☑☑

作成するプレゼンテーションを確認する

1 作成するプレゼンテーションの確認

次のようなプレゼンテーションを作成しましょう。

1枚目

2枚目

3枚目

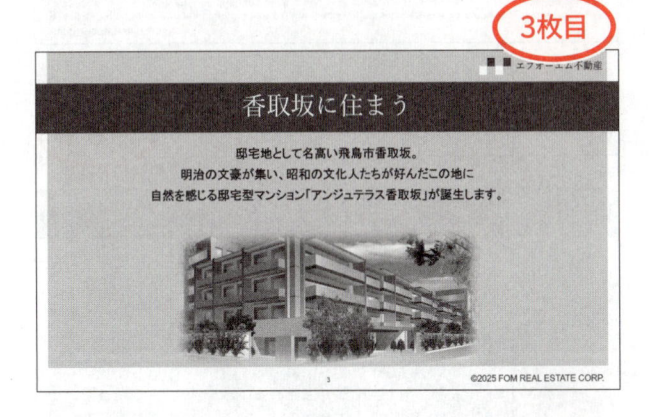

4枚目

5枚目

6枚目

7枚目

8枚目

9枚目

10枚目

11枚目

12枚目

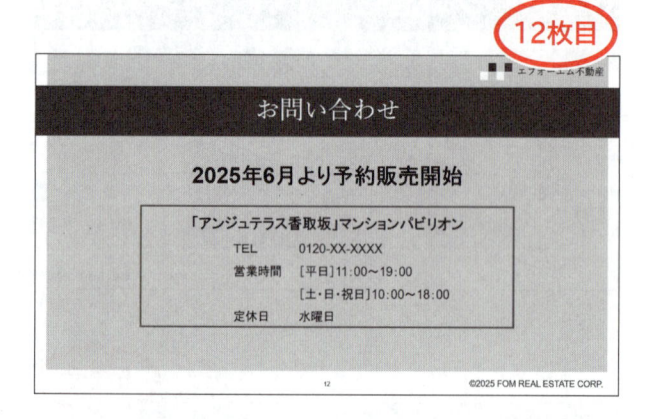

STEP 2 スライドマスターの概要

1 スライドマスター

「スライドマスター」とは、プレゼンテーション内のすべてのスライドのもとになるデザインです。スライドマスターには、タイトルや箇条書きなどの文字の書式、プレースホルダーの位置やサイズ、背景のデザインなどが含まれます。
スライドマスターを編集すると、すべてのスライドのデザインを一括して変更できます。

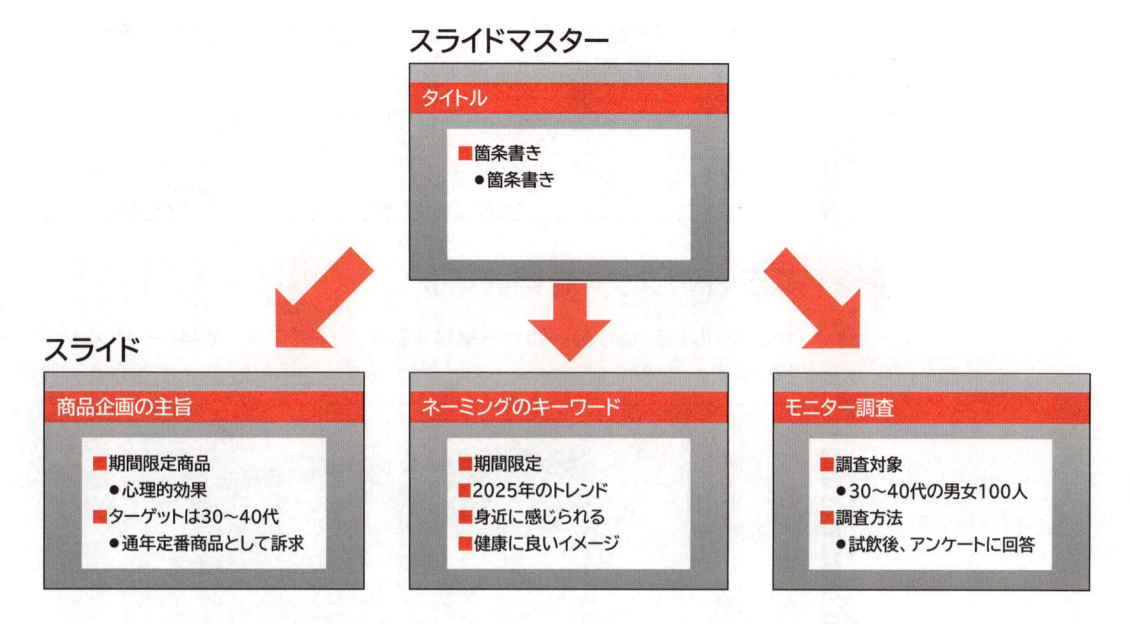

2 スライドマスターの種類

スライドマスターは、すべてのスライドを管理するマスターと、レイアウトごとに管理するマスターがあります。

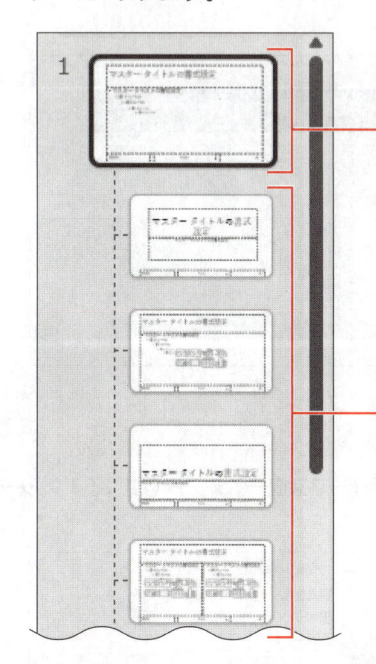

●全スライド共通のスライドマスター

すべてのスライドのデザインを管理します。これを編集すると、基本的にプレゼンテーション内のすべてのスライドに変更が反映されます。
「スライドマスター」ともいいます。

●各レイアウトのスライドマスター

スライドのレイアウトごとにデザインを管理します。これを編集すると、そのレイアウトが適用されているスライドだけに変更が反映されます。
「レイアウトマスター」ともいいます。

3　スライドマスターの編集手順

すべてのスライドに共通するタイトルのフォントサイズを変更したい場合や、すべてのスライドに会社のロゴを挿入したい場合に、スライドを1枚ずつ修正していると時間がかかるだけでなく、配置がずれたり、設定を忘れるなどしてしまうこともあります。そのようなときは、スライドマスターを編集します。同じレイアウトを使うすべてのスライドのデザインを一括して変更できるので効率的です。
スライドマスターを編集する手順は、次のとおりです。

1　スライドマスター表示に切り替える

スライドマスター表示に切り替えるには、《表示》タブ→《マスター表示》グループの《スライドマスター表示》をクリックします。

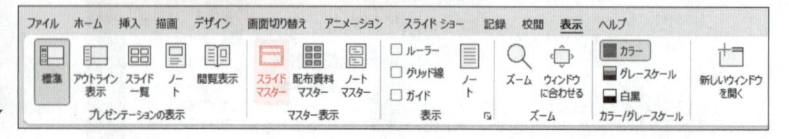

2　スライドマスターを選択する

サムネイル（縮小版）の一覧から編集するスライドマスターや各レイアウトのスライドマスターを選択します。

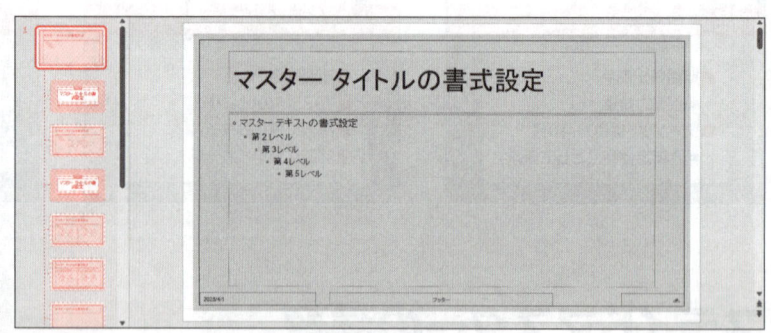

3　スライドマスターを編集する

スライドマスターのタイトルや箇条書きなどの文字の書式、プレースホルダーの位置やサイズ、背景のデザインなどを編集します。

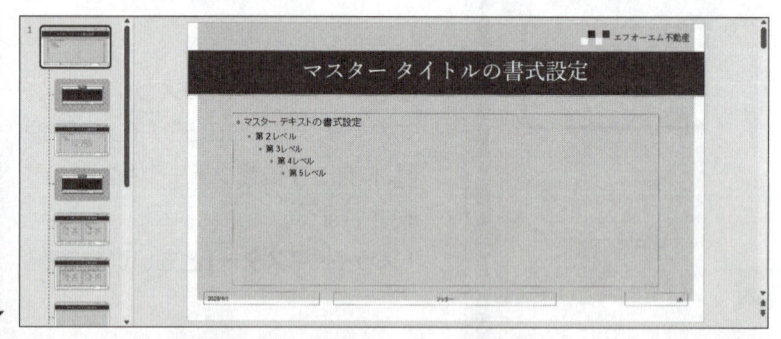

4　スライドマスター表示を閉じる

スライドマスター表示を閉じるには、《スライドマスター》タブ→《閉じる》グループの《マスター表示を閉じる》をクリックします。

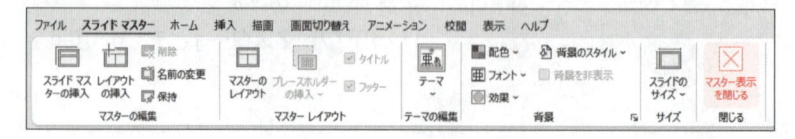

STEP3 スライドマスターを編集する

1 スライドマスターの編集

スライドマスターを編集すると、基本的にプレゼンテーション内のすべてのスライドのデザインをまとめて変更できます。
スライドマスターを、次のように編集しましょう。

黒い枠線の削除
ベージュ色の図形の移動

ワードアートの挿入
画像の挿入

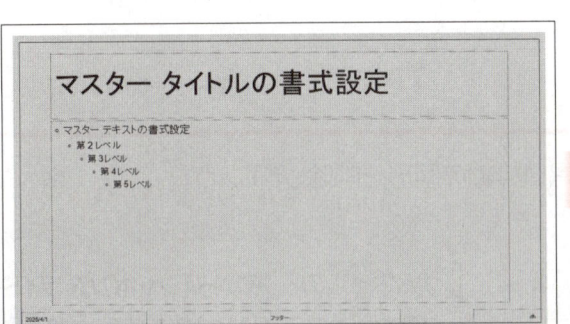

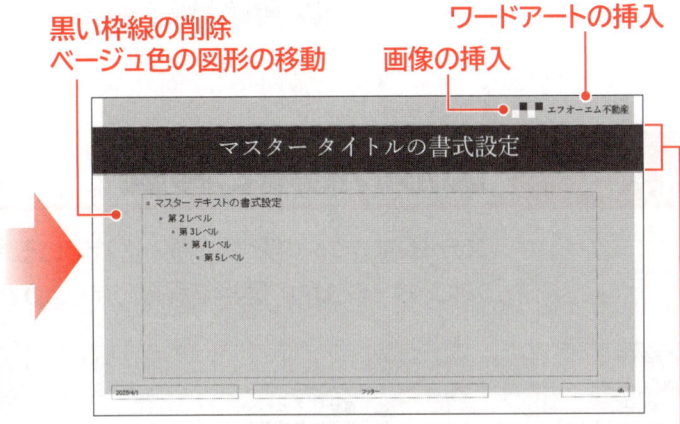

タイトルのプレースホルダーのフォント、フォントサイズ、フォントの色、
配置、塗りつぶしの色の変更
タイトルのプレースホルダーのサイズ変更

2 スライドマスター表示

OPEN
P スライドのカスタマイズ

スライドマスターを編集する場合は、スライドマスター表示に切り替えます。
スライドマスター表示に切り替えましょう。

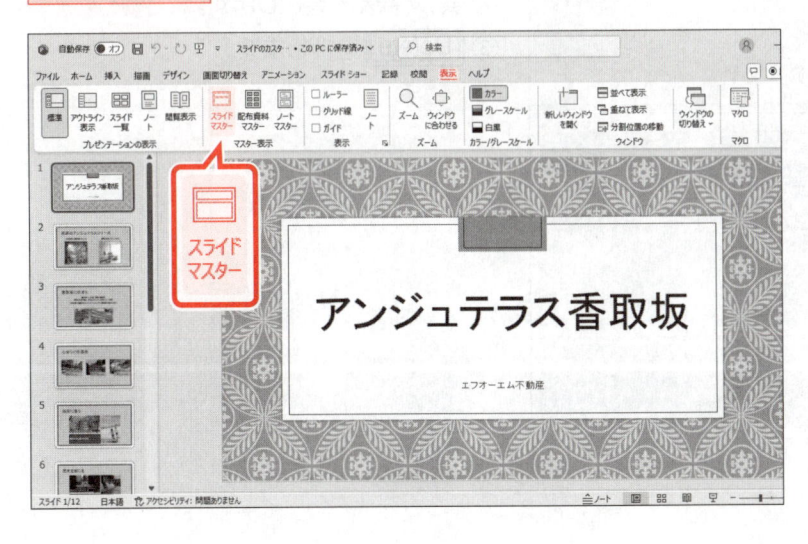

① 《表示》タブを選択します。
② 《マスター表示》グループの《スライドマスター表示》をクリックします。

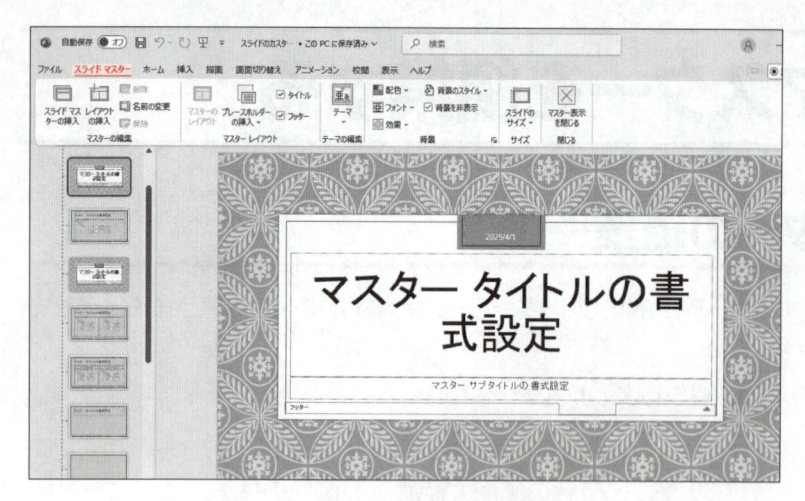

スライドマスター表示に切り替わります。
リボンに《**スライドマスター**》タブが表示されます。

3 図形の削除と移動

スライドマスターの背景に挿入されている黒い枠線の図形を削除しましょう。
次に、ベージュ色の図形を移動しましょう。

① サムネイルの一覧から《**シャボンスライドマスター：スライド1-12で使用される**》を選択します。

※《シャボンスライドマスター：スライド1-12で使用される》は、サムネイルの一覧の1番目に表示されます。一覧に表示されていない場合は、上にスクロールして調整します。

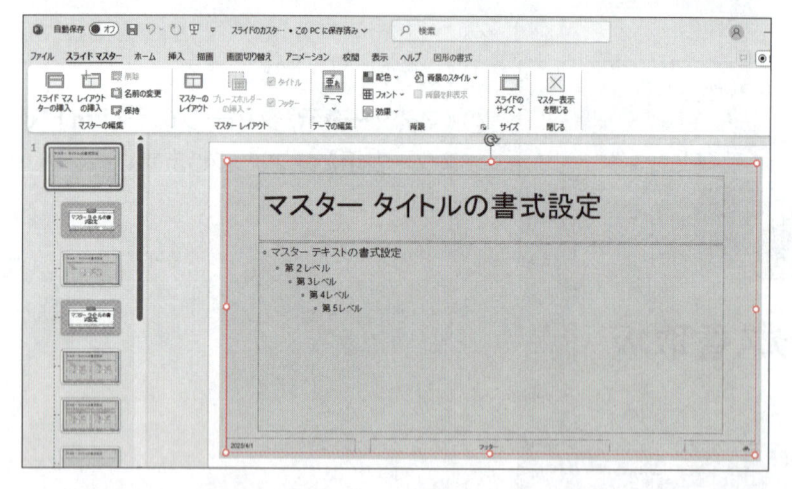

② 黒い枠線を選択します。
③ [Delete] を押します。

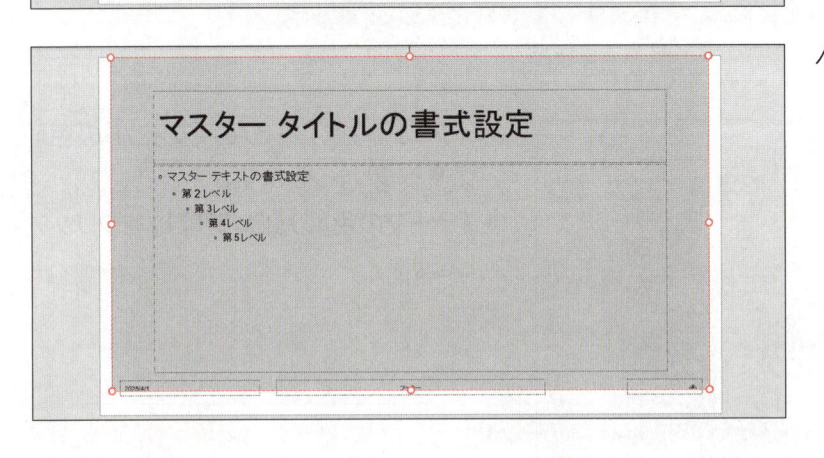

黒い枠線が削除されます。

ベージュ色の図形を上側に移動します。

④ベージュ色の図形を選択します。

⑤図のように、上側にドラッグします。

※スライドの上辺に接するように移動します。

ベージュ色の図形が移動します。

4 タイトルの書式設定

スライドマスターのタイトルのプレースホルダーに、次のような書式を設定しましょう。

フォント	：游明朝
フォントサイズ	：40
フォントの色	：白、背景1
中央揃え	
塗りつぶしの色	：茶、テキスト2、黒+基本色25%

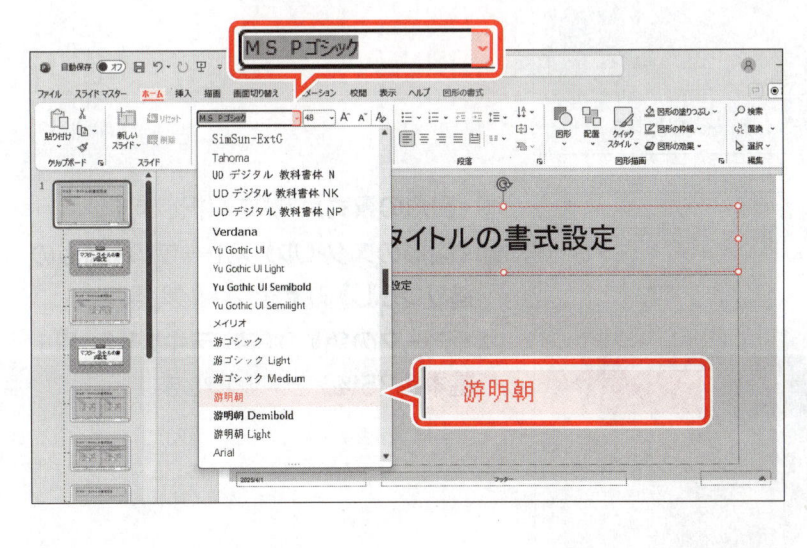

①タイトルのプレースホルダーを選択します。

②《ホーム》タブを選択します。

③《フォント》グループの《フォント》の▼をクリックします。

④《游明朝》をクリックします。

※一覧に表示されていない場合は、スクロールして調整します。

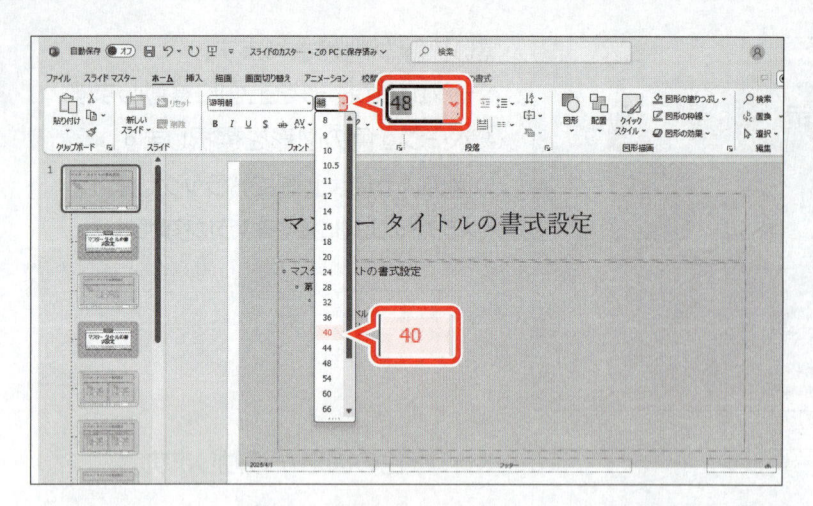

⑤《フォント》グループの《フォントサイズ》
の▼をクリックします。

⑥《40》をクリックします。

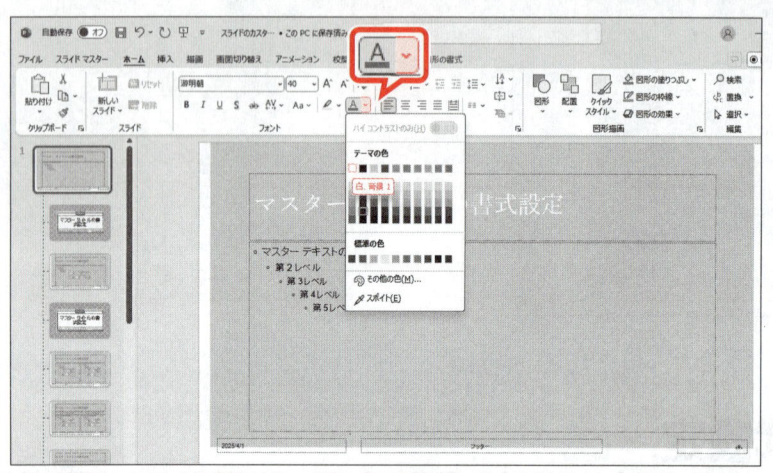

⑦《フォント》グループの《フォントの色》
の▼をクリックします。

⑧《テーマの色》の《白、背景1》をクリック
します。

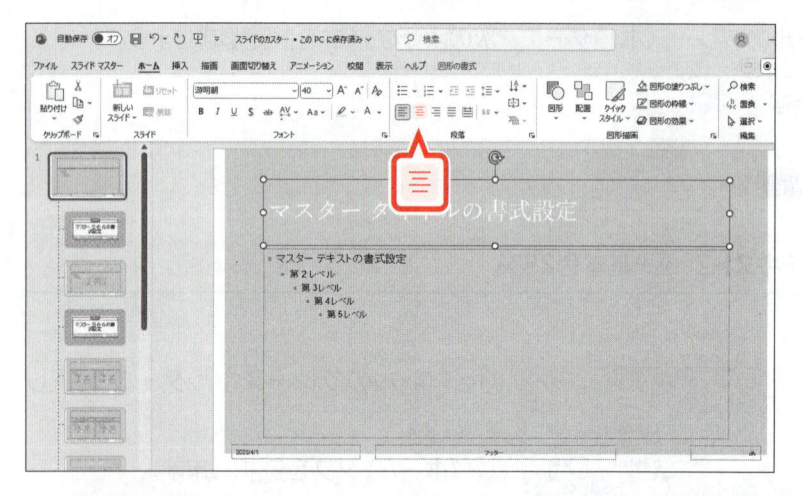

⑨《段落》グループの《中央揃え》をクリッ
クします。

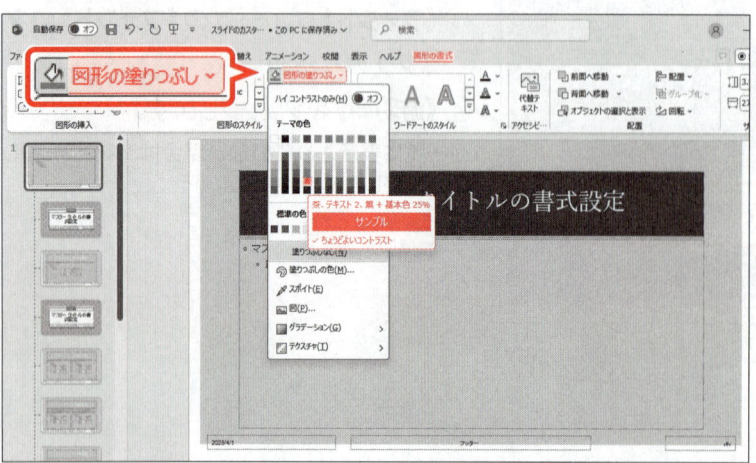

⑩《図形の書式》タブを選択します。

⑪《図形のスタイル》グループの《図形の
塗りつぶし》の▼をクリックします。

⑫《テーマの色》の《茶、テキスト2、黒+
基本色25%》をクリックします。

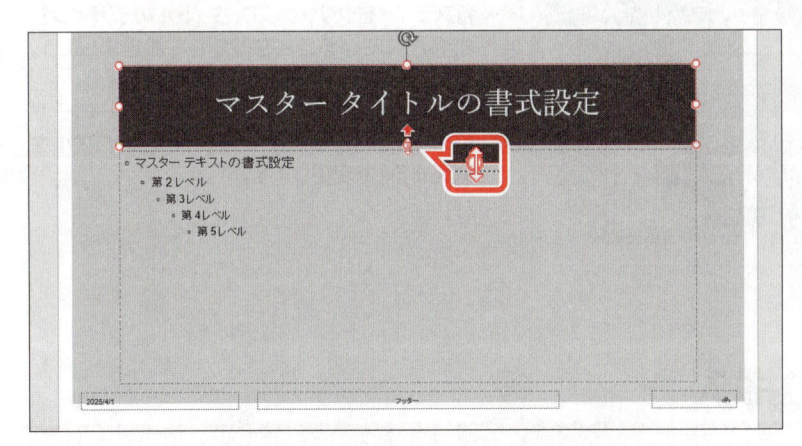

タイトルのプレースホルダーに書式が設定されます。

5 プレースホルダーのサイズ変更

スライドマスターのタイトルのプレースホルダーのサイズを調整しましょう。

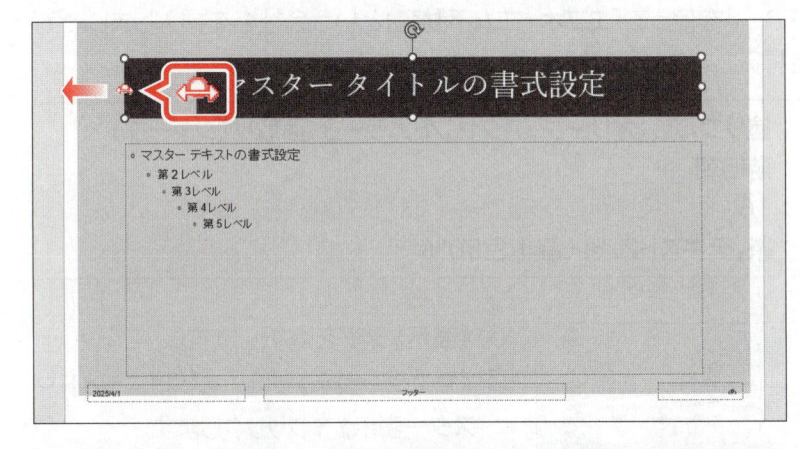

①タイトルのプレースホルダーが選択されていることを確認します。

②図のように、下中央の〇（ハンドル）をドラッグします。

③図のように、左中央の〇（ハンドル）をドラッグします。

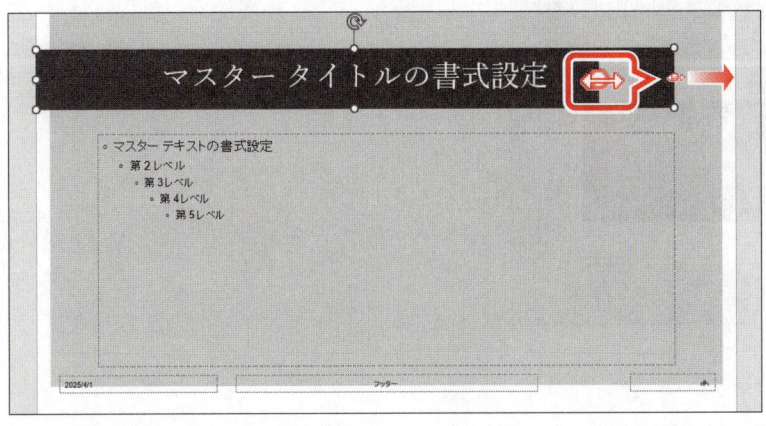

④図のように、右中央の〇（ハンドル）をドラッグします。

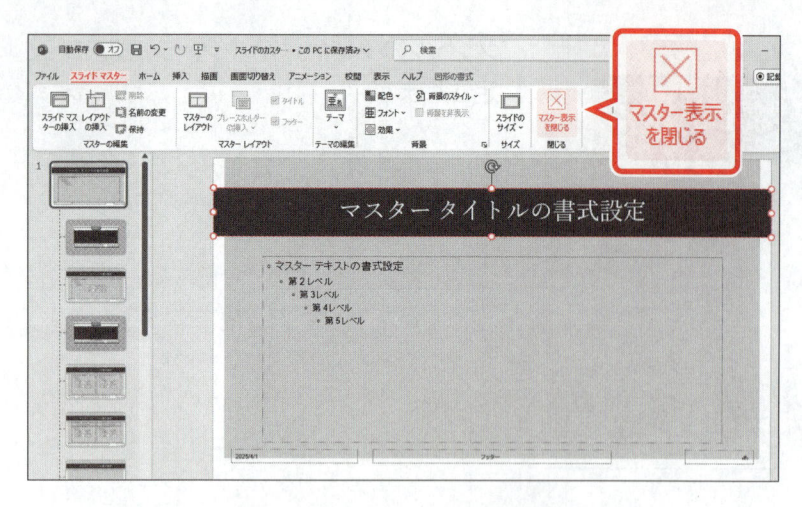

プレースホルダーのサイズが変更されます。

スライドマスター表示を閉じます。

⑤《スライドマスター》タブを選択します。

⑥《閉じる》グループの《マスター表示を閉じる》をクリックします。

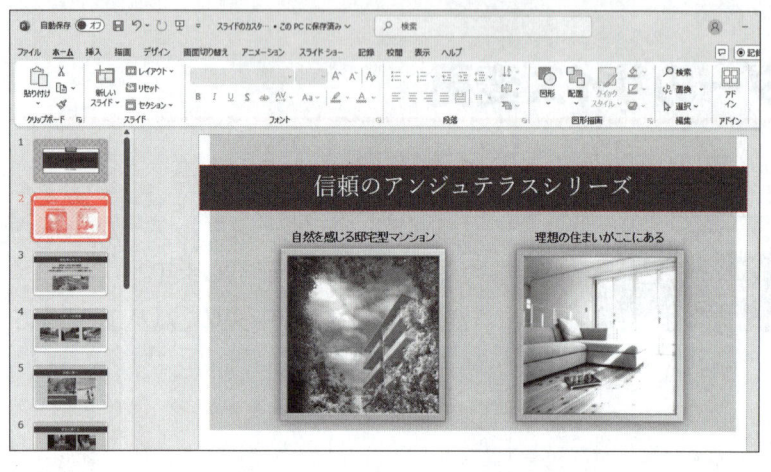

標準表示に戻ります。

スライド2以降のスライドのタイトルのデザインが変更されていることを確認します。

⑦スライド2を選択します。

※各スライドをクリックして、タイトルのデザインが変更されていることを確認しておきましょう。確認後、スライド1を選択しておきましょう。

※スライド1のタイトルのプレースホルダーのデザインは、P.135「STEP4　スライドのレイアウトを編集する」で変更します。

6　ワードアートの挿入

スライドマスターに、ワードアートを使って「**エフオーエム不動産**」という会社名を挿入しましょう。
次のようなワードアートを挿入しましょう。

ワードアートのスタイル	：塗りつぶし：オリーブ、アクセントカラー3；面取り（シャープ）
フォント	：游明朝
フォントサイズ	：16
フォントの色	：茶、テキスト2、黒+基本色50%

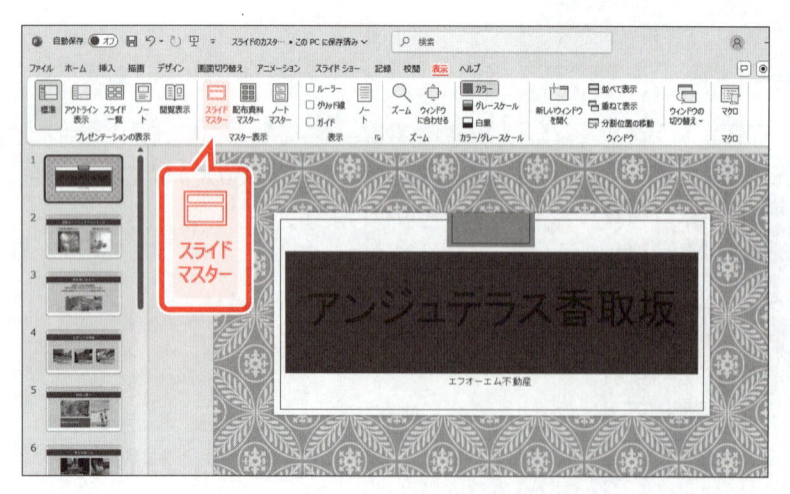

①《表示》タブを選択します。

②《マスター表示》グループの《スライドマスター表示》をクリックします。

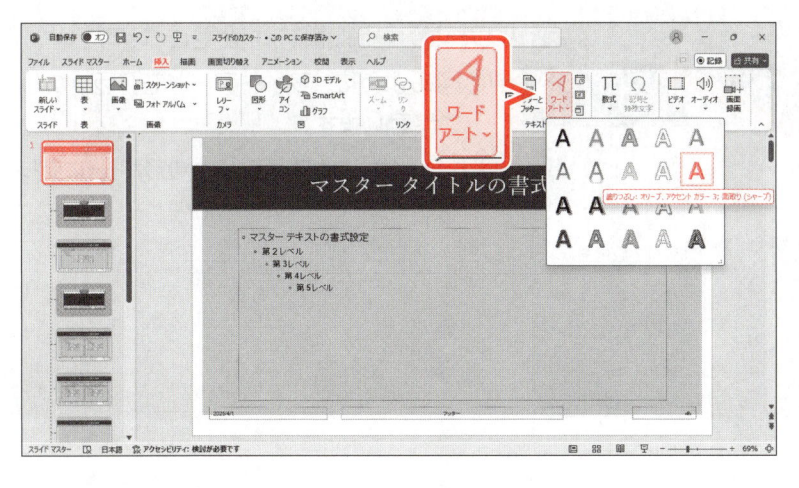

スライドマスター表示に切り替わります。

③サムネイルの一覧から《シャボンスライドマスター：スライド1-12で使用される》を選択します。

※《シャボンスライドマスター：スライド1-12で使用される》は、サムネイルの一覧の1番目に表示されます。一覧に表示されていない場合は、上にスクロールして調整します。

④《挿入》タブを選択します。

⑤《テキスト》グループの《ワードアートの挿入》をクリックします。

⑥《塗りつぶし：オリーブ、アクセントカラー3；面取り（シャープ）》をクリックします。

⑦《ここに文字を入力》が選択されていることを確認します。

⑧「エフオーエム不動産」と入力します。

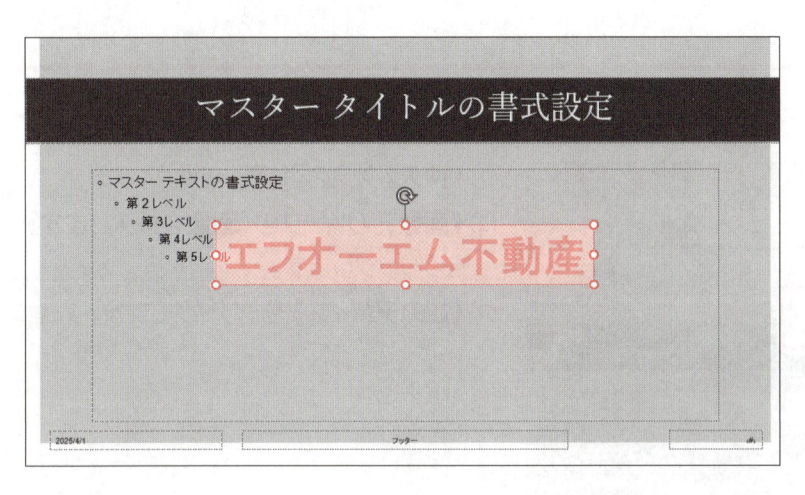

⑨ワードアートを選択します。

⑩《ホーム》タブを選択します。

⑪《フォント》グループの《フォント》の▼をクリックします。

⑫《游明朝》をクリックします。

⑬《フォント》グループの《フォントサイズ》の▼をクリックします。

⑭《16》をクリックします。

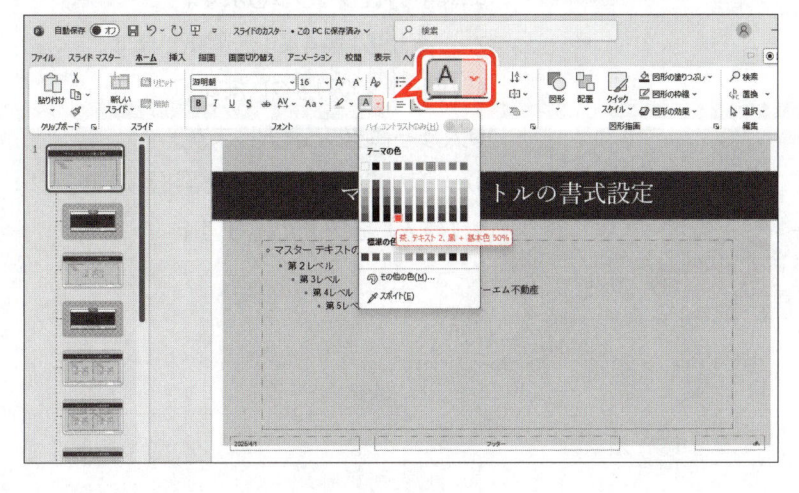

⑮《フォント》グループの《フォントの色》の▼をクリックします。

⑯《テーマの色》の《茶、テキスト2、黒＋基本色50%》をクリックします。

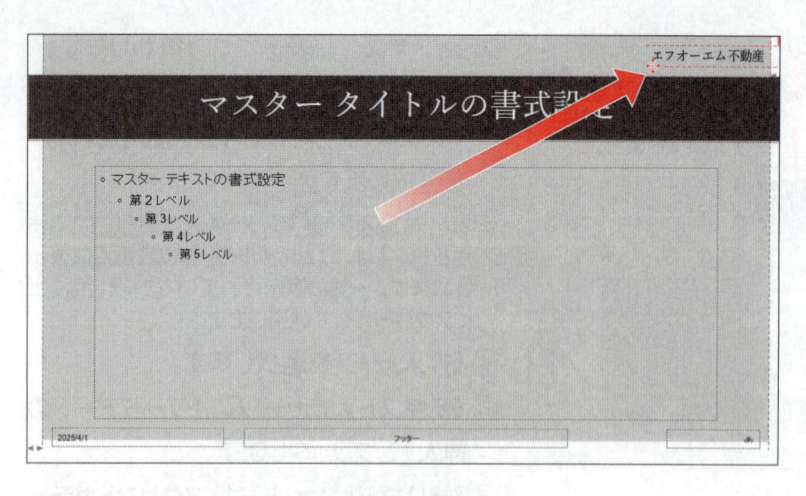

ワードアートに書式が設定されます。

⑰図のように、ワードアートをドラッグして移動します。

※ドラッグ中、マウスポインターの形が ✛ に変わります。

7 画像の挿入

スライドマスターにフォルダー「**第4章**」の画像「**会社ロゴ**」を挿入しましょう。

①《**挿入**》タブを選択します。

②《**画像**》グループの《**画像を挿入します**》をクリックします。

③《**このデバイス**》をクリックします。

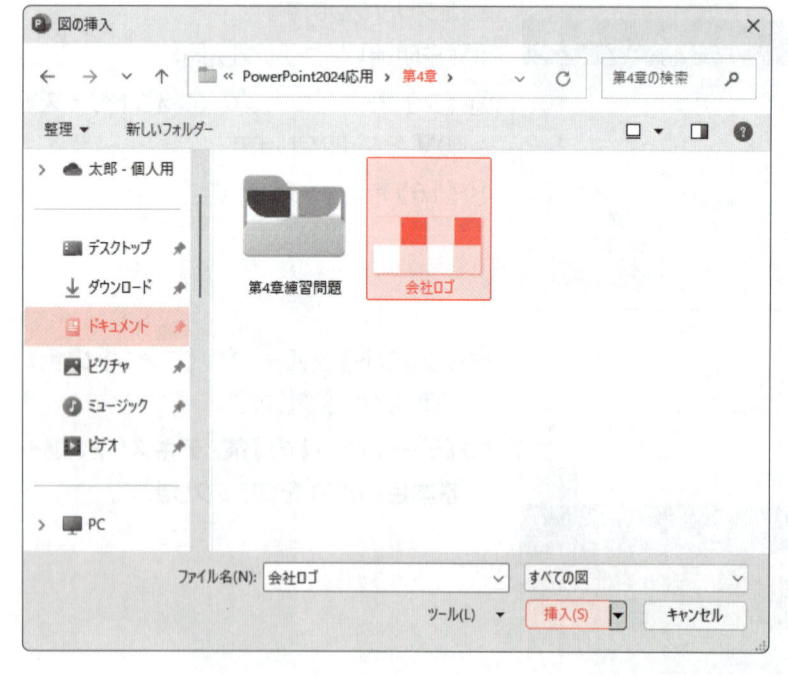

《**図の挿入**》ダイアログボックスが表示されます。

画像が保存されている場所を選択します。

④左側の一覧から《**ドキュメント**》を選択します。

⑤一覧から「**PowerPoint2024応用**」を選択します。

⑥《**開く**》をクリックします。

⑦一覧から「**第4章**」を選択します。

⑧《**開く**》をクリックします。

挿入する画像を選択します。

⑨一覧から「**会社ロゴ**」を選択します。

⑩《**挿入**》をクリックします。

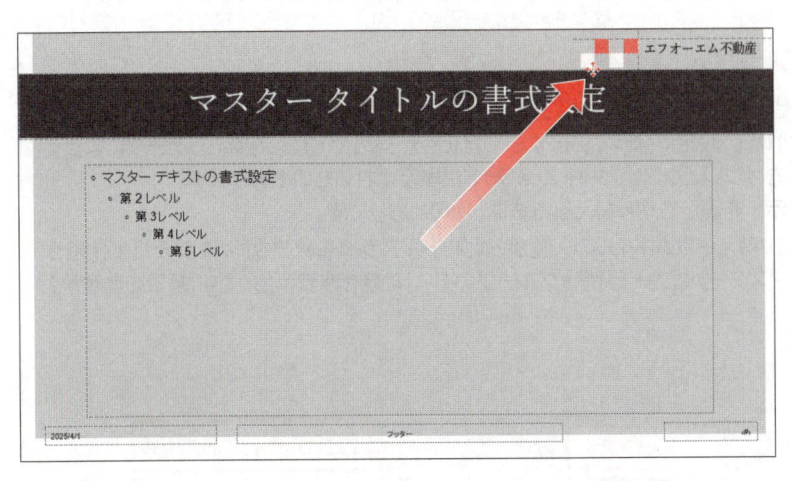

画像が挿入されます。

⑪図のように、画像をドラッグして移動します。

※ドラッグ中、マウスポインターの形が✛に変わります。

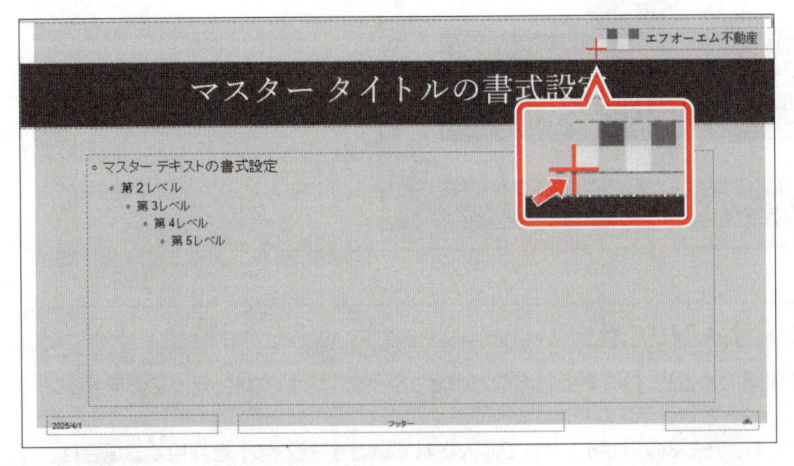

⑫図のように、画像の左下の○（ハンドル）をドラッグしてサイズを変更します。

※ドラッグ中、マウスポインターの形が✛に変わります。

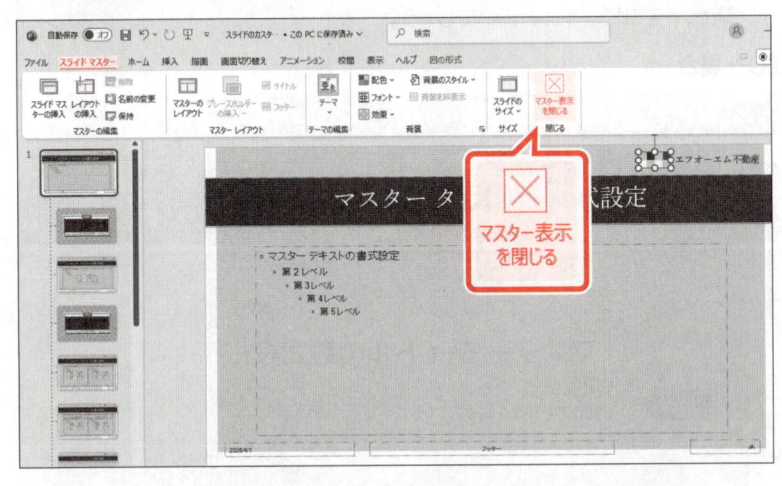

スライドマスター表示を閉じます。

⑬《スライドマスター》タブを選択します。

⑭《閉じる》グループの《マスター表示を閉じる》をクリックします。

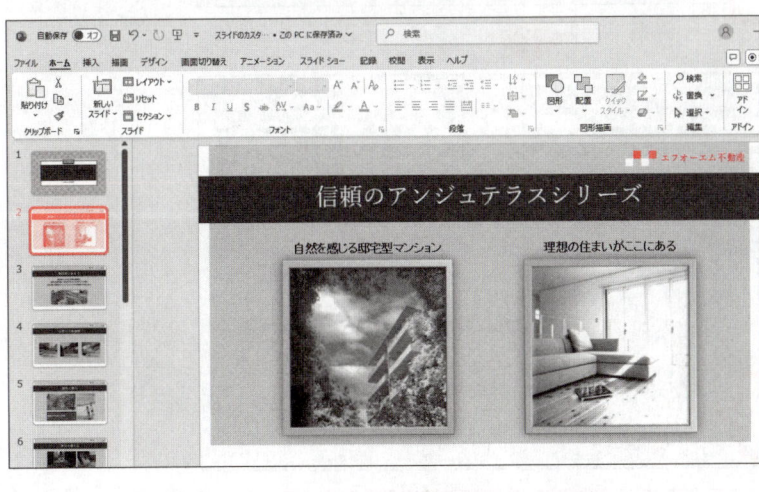

標準表示に戻ります。

スライド2以降のスライドのデザインが変更されていることを確認します。

⑮スライド2を選択します。

※各スライドをクリックして、ロゴが挿入されていることを確認しておきましょう。

POINT **タイトルスライドの背景の表示・非表示**

第4章で使用しているプレゼンテーションのテーマ「シャボン」は、スライドマスターに挿入したオブジェクトがタイトルスライドに表示されない設定になっています。「Officeテーマ」や「イオン」など、テーマによってはスライドマスターに挿入したオブジェクトが、タイトルスライドに表示されるものもあります。
タイトルスライドの背景の表示・非表示を切り替える方法は、次のとおりです。

◆ スライドマスター表示に切り替え→サムネイルの一覧から《タイトルスライドレイアウト：スライド1で使用される》を選択→《スライドマスター》タブ→《背景》グループの《☐背景を非表示》／《☑背景を非表示》

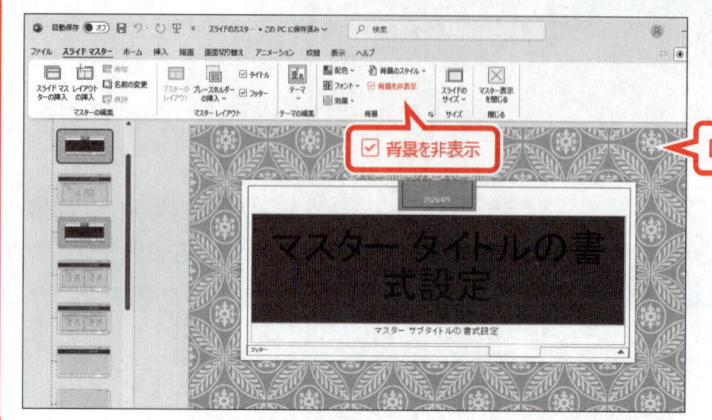

POINT **テーマのデザインのコピー**

タイトルスライドの背景を非表示にすると、ロゴや会社名などのオブジェクトだけでなく、テーマのデザインとして挿入されているオブジェクトも非表示になります。
背景を非表示に設定していても、テーマのデザインとして挿入されているオブジェクトを利用する場合は、スライドマスターから対象のオブジェクトをコピーするとよいでしょう。

●テーマ「ウィスプ」を設定した場合

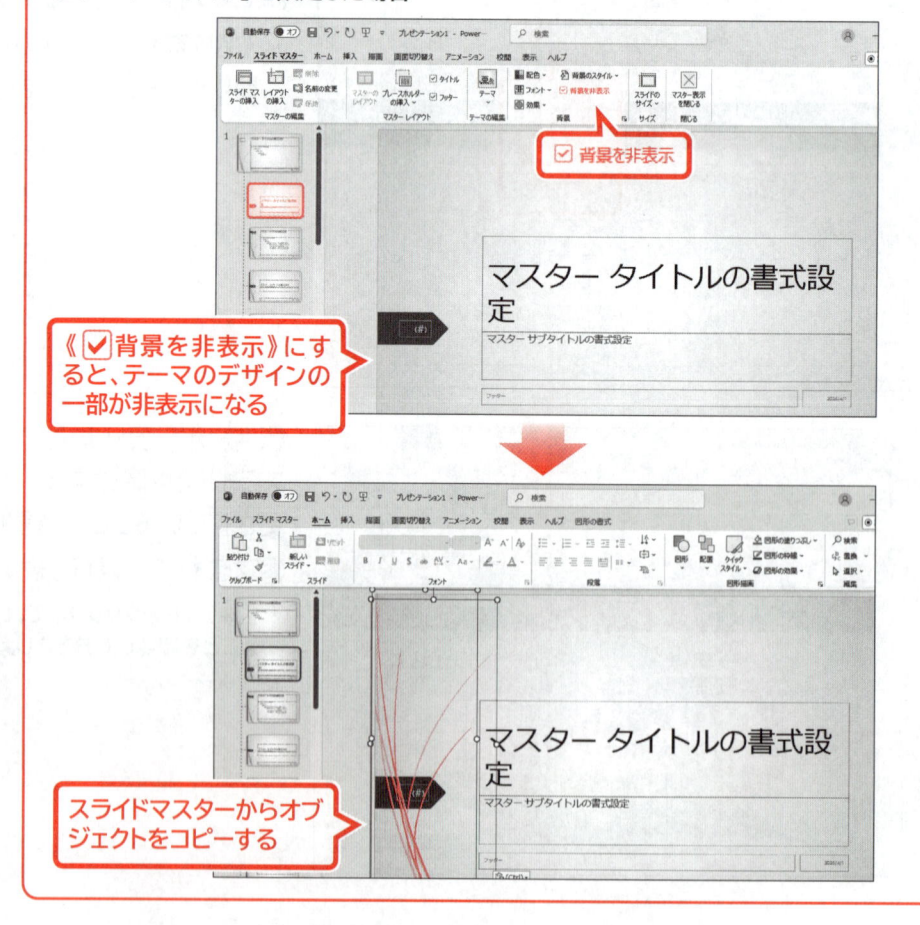

STEP4 スライドのレイアウトを編集する

1 スライドのレイアウトの編集

スライドマスターのレイアウトごとに、スライドのデザインを変更できます。各レイアウトに配置されているプレースホルダーや図形、背景などの書式を変更すると、同じレイアウトを使っているスライドの書式をまとめて変更できます。
「**タイトルスライド**」レイアウトのスライドマスターを、次のように編集しましょう。

水色の図形と黒い枠線の削除

タイトルのプレースホルダーの塗りつぶしの色、フォント、フォントサイズの変更
サブタイトルのプレースホルダーのフォントサイズの変更

2 タイトルの書式設定

タイトルのプレースホルダーとサブタイトルのプレースホルダーに、次のような書式を設定しましょう。

●タイトルのプレースホルダー

塗りつぶしの色：塗りつぶしなし フォント　　　　：游明朝 フォントサイズ：66

●サブタイトルのプレースホルダー

フォントサイズ　：24

①スライド1を選択します。

②《表示》タブを選択します。

③《マスター表示》グループの《スライドマスター表示》をクリックします。

スライドマスター表示に切り替わります。

④サムネイルの一覧から《タイトルスライドレイアウト：スライド1で使用される》が選択されていることを確認します。

※マスター表示に切り替える前に選択していたスライドに適用されているレイアウトが表示されます。

※《タイトルスライドレイアウト：スライド1で使用される》は、サムネイルの一覧の上から2番目に表示されます。

⑤タイトルのプレースホルダーを選択します。

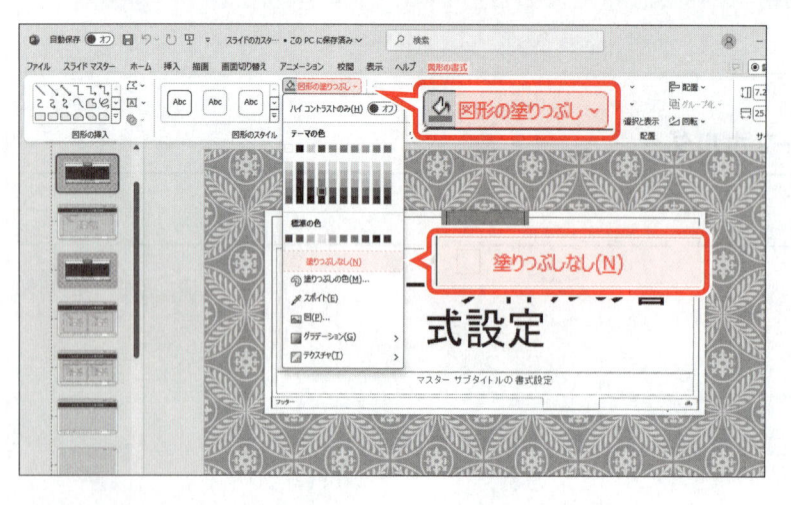

⑥《図形の書式》タブを選択します。

⑦《図形のスタイル》グループの《図形の塗りつぶし》の▼をクリックします。

⑧《塗りつぶしなし》をクリックします。

⑨《ホーム》タブを選択します。

⑩《フォント》グループの《フォント》の▼をクリックします。

⑪《游明朝》をクリックします。

⑫《フォント》グループの《フォントサイズ》の▼をクリックします。

⑬《66》をクリックします。

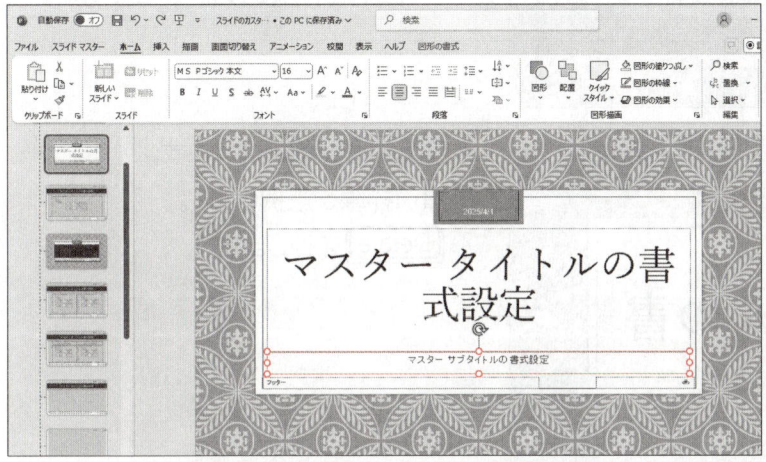

タイトルのプレースホルダーに書式が設定されます。

⑭サブタイトルのプレースホルダーを選択します。

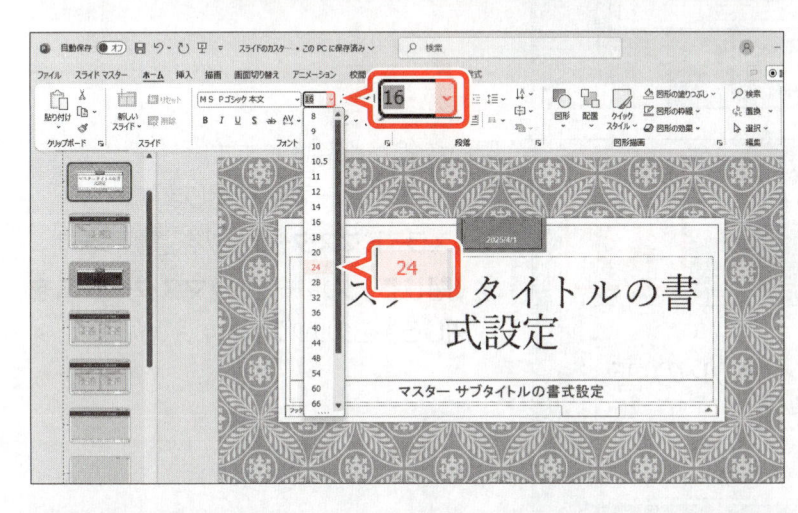

⑮《フォント》グループの《フォントサイズ》の▼をクリックします。

⑯《24》をクリックします。

サブタイトルのプレースホルダーに書式が設定されます。

3 図形の削除

タイトルのプレースホルダーの上にある水色の図形と黒い枠線を削除しましょう。

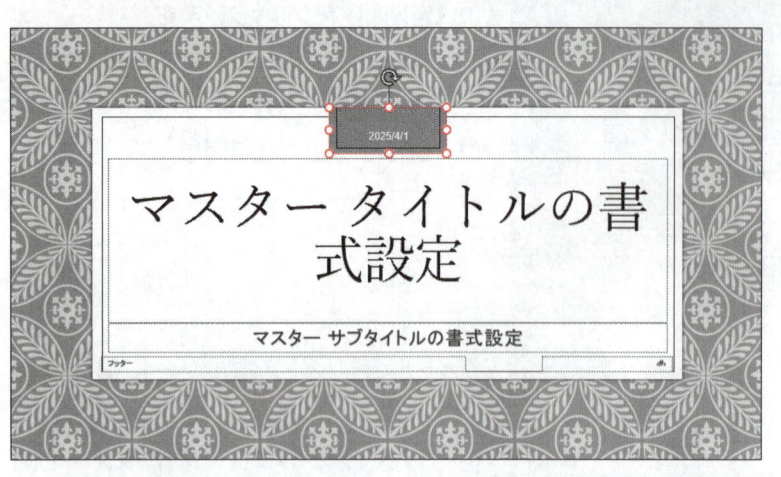

①水色の図形を選択します。
②Deleteを押します。

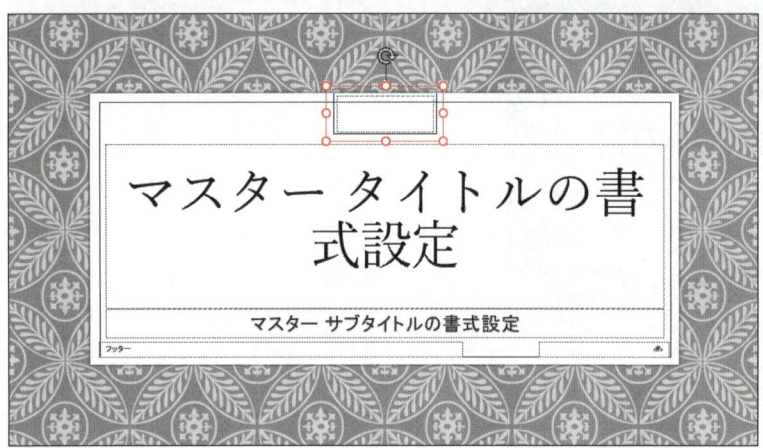

水色の図形が削除されます。
③黒い枠線を選択します。
④Deleteを押します。

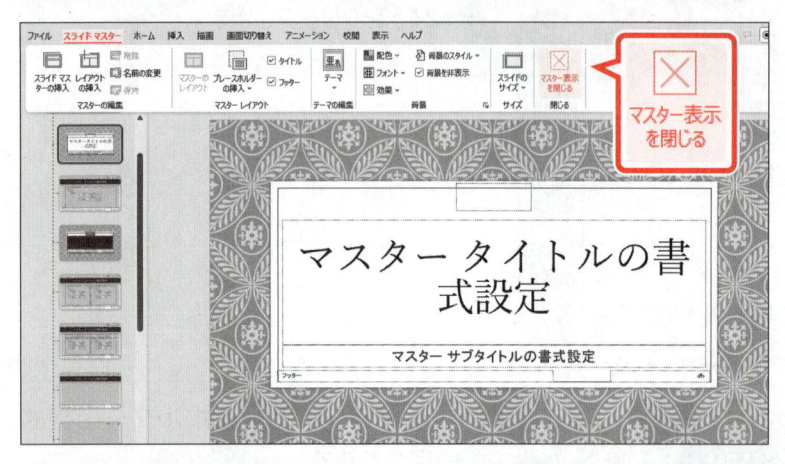

黒い枠線が削除されます。
スライドマスター表示を閉じます。
⑤《スライドマスター》タブを選択します。
⑥《閉じる》グループの《マスター表示を閉じる》をクリックします。

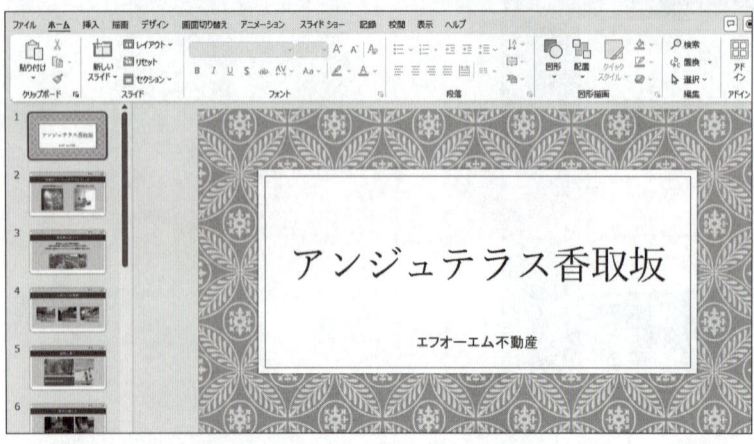

標準表示に戻ります。
⑦スライド1のデザインが変更されていることを確認します。

4 テーマとして保存

スライドマスターで編集したデザインを、オリジナルのテーマとして保存できます。テーマに名前を付けて保存しておくと、ほかのプレゼンテーションに適用できます。
スライドマスターで編集したデザインを、テーマ**「アンジュテラスシリーズ」**として、既定のフォルダーに保存しましょう。

① 《**デザイン**》タブを選択します。
② 《**テーマ**》グループの 下 をクリックします。

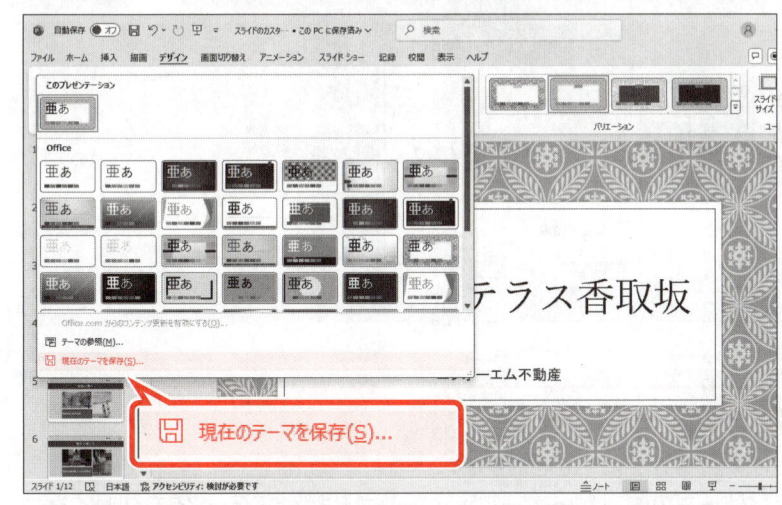

③ 《**現在のテーマを保存**》をクリックします。

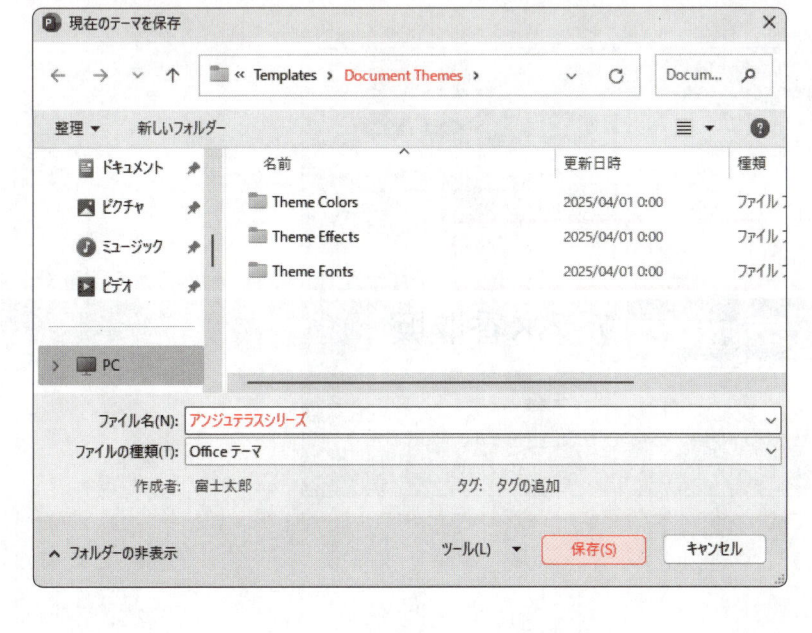

《**現在のテーマを保存**》ダイアログボックスが表示されます。
④ 保存先が《**Document Themes**》になっていることを確認します。
⑤ 《**ファイル名**》に「アンジュテラスシリーズ」と入力します。
⑥ 《**保存**》をクリックします。

テーマが保存されます。

STEP UP ユーザー定義のテーマの適用

保存したオリジナルのテーマをプレゼンテーションに適用する方法は、次のとおりです。

◆《デザイン》タブ→《テーマ》グループの▽→《ユーザー定義》の一覧から選択

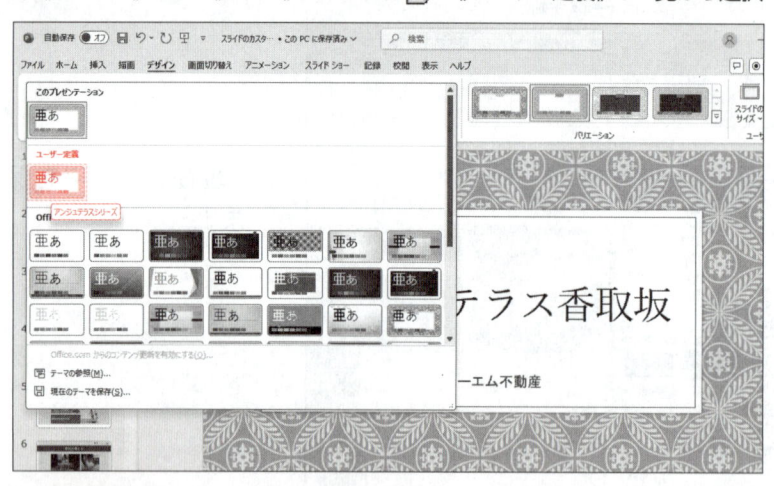

POINT ユーザー定義のテーマの削除

保存したオリジナルのテーマを削除する方法は、次のとおりです。

◆《デザイン》タブ→《テーマ》グループの▽→《ユーザー定義》の一覧から削除するテーマを右クリック→
《削除》

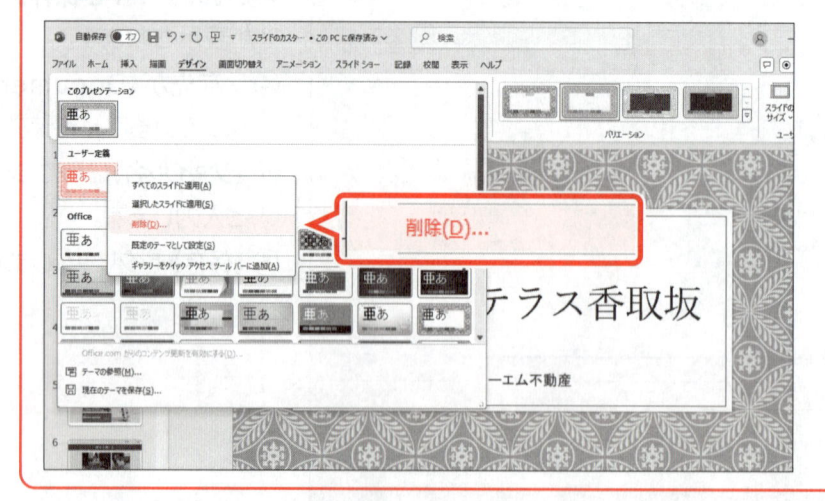

削除(D)...

POINT その他のマスター

プレゼンテーション全体の書式を管理するマスターには、スライドマスター表示以外に「配布資料マスター表示」と「ノートマスター表示」があります。

● **配布資料マスター表示**

配布資料として印刷するときのデザインを管理するマスターです。ページの向きやヘッダー／フッター、背景などを設定できます。

配布資料マスター表示に切り替える方法は、次のとおりです。

◆《表示》タブ→《マスター表示》グループの《配布資料マスター表示》

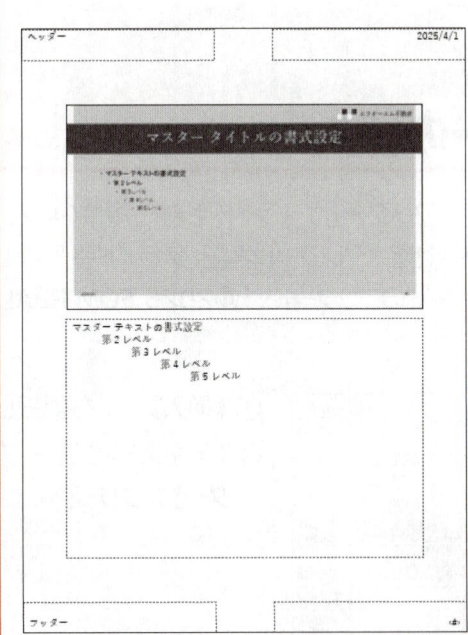

● **ノートマスター表示**

ノートとして印刷するときのデザインを管理するマスターです。ページの向きやヘッダー／フッター、背景などを設定できます。

ノートマスター表示に切り替える方法は、次のとおりです。

◆《表示》タブ→《マスター表示》グループの《ノートマスター表示》

STEP5 ヘッダーとフッターを挿入する

1 作成するスライドの確認

次のようなスライドを作成しましょう。

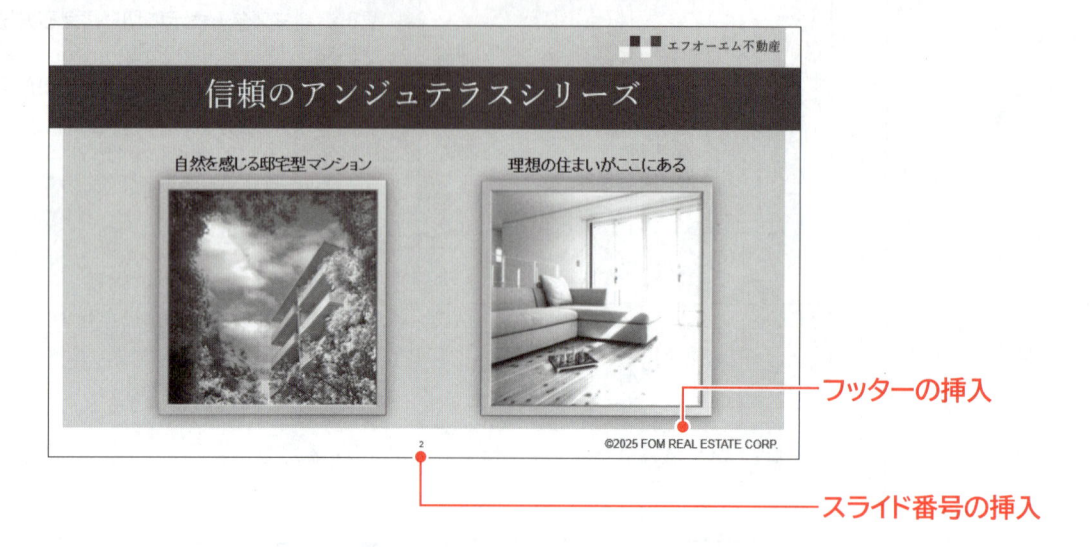

フッターの挿入

スライド番号の挿入

2 ヘッダーとフッターの挿入

「**ヘッダー**」はスライド上部の領域、「**フッター**」はスライド下部の領域のことです。すべてのスライドに共通して表示したい日付や会社名、クレジット表記、スライド番号などを設定できます。タイトルスライド以外のすべてのスライドのフッターに、「**©2025 FOM REAL ESTATE CORP.**」とスライド番号を挿入しましょう。

①《**挿入**》タブを選択します。
②《**テキスト**》グループの《**ヘッダーとフッター**》をクリックします。

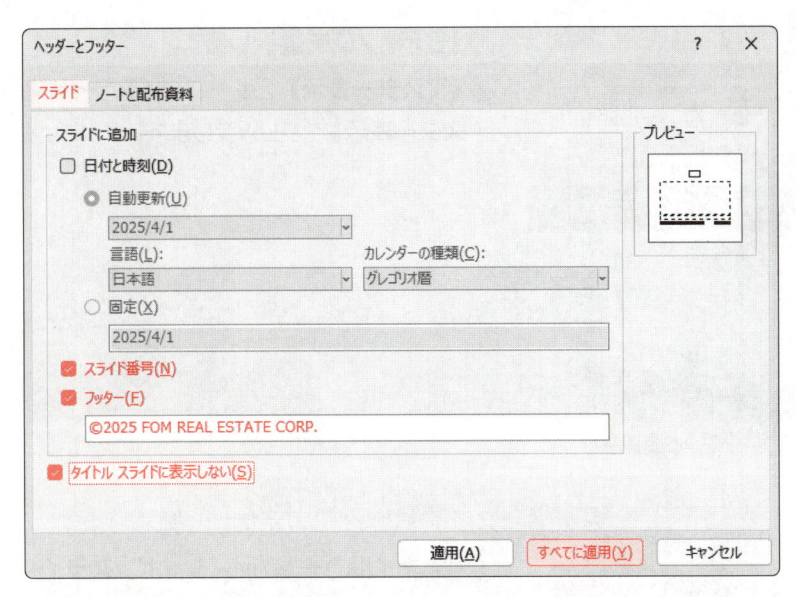

《ヘッダーとフッター》ダイアログボックスが表示されます。

③《スライド》タブを選択します。

④《スライド番号》を☑にします。

⑤《フッター》を☑にします。

⑥《フッター》に「©2025 FOM REAL ESTATE CORP.」と入力します。

※「©」は、「c」と入力して変換します。
※英数字は半角で入力します。

⑦《タイトルスライドに表示しない》を☑にします。

⑧《すべてに適用》をクリックします。

⑨タイトルスライド以外のすべてのスライドに、スライド番号とフッターが挿入されていることを確認します。

<table>
<tr><td>**3**</td><td>**ヘッダーとフッターの編集**</td></tr>
</table>

ヘッダーとフッターに挿入した文字やスライド番号は、各スライド上で直接編集できます。すべてのスライドのヘッダーやフッターを編集する場合は、スライドマスターを使うとまとめて編集できます。

スライドマスターのフッターとスライド番号のプレースホルダーに、次のような書式を設定し、表示位置を調整しましょう。

●フッター「©2025 FOM REAL ESTATE CORP.」のプレースホルダー

> **右揃え**
> フォントサイズ：14

●スライド番号のプレースホルダー

> **中央揃え**
> フォントサイズ：16

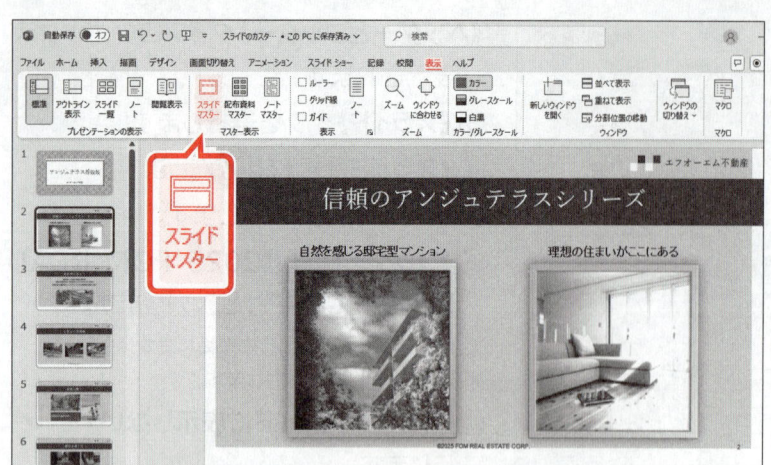

① 《**表示**》タブを選択します。

② 《**マスター表示**》グループの《**スライドマスター表示**》をクリックします。

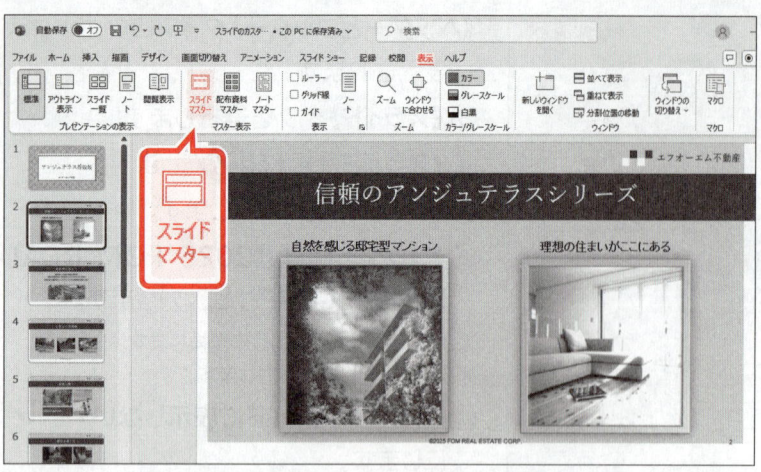

スライドマスター表示に切り替わります。

③ サムネイルの一覧から《**シャボンスライドマスター：スライド1-12で使用される**》を選択します。

※ 《シャボンスライドマスター：スライド1-12で使用される》は、サムネイルの一覧の1番目に表示されます。一覧に表示されていない場合は、上にスクロールして調整します。

④ 「©2025 FOM REAL ESTATE CORP.」のプレースホルダーを選択します。

⑤ 《**ホーム**》タブを選択します。

⑥ 《**段落**》グループの《**右揃え**》をクリックします。

⑦ 《**フォント**》グループの《**フォントサイズ**》の▼をクリックします。

⑧ 《**14**》をクリックします。

⑨ 図のように、「©2025 FOM REAL ESTATE CORP.」のプレースホルダーをドラッグします。

プレースホルダーが移動します。

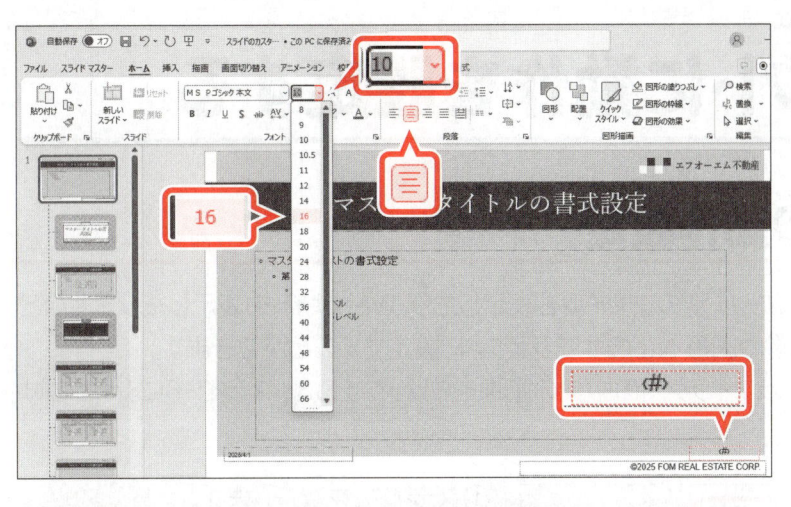

⑩「〈#〉」のプレースホルダーを選択します。

※スライド番号のプレースホルダーには、「〈#〉」が表示されます。

⑪《段落》グループの《中央揃え》をクリックします。

⑫《フォント》グループの《フォントサイズ》の▼をクリックします。

⑬《16》をクリックします。

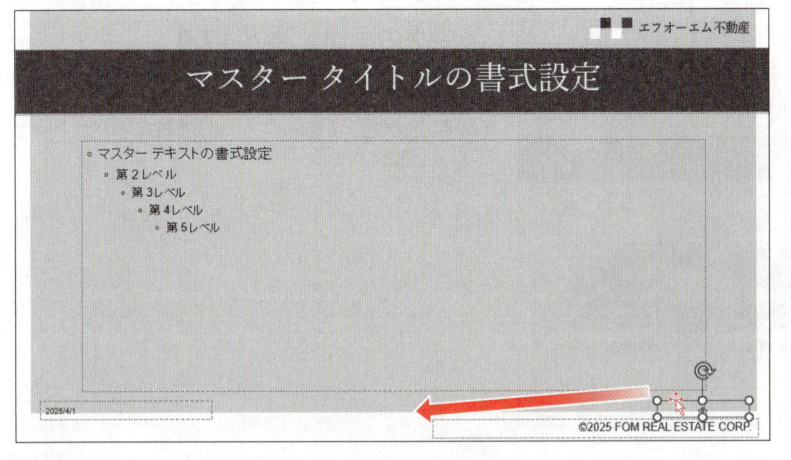

⑭図のようにドラッグします。

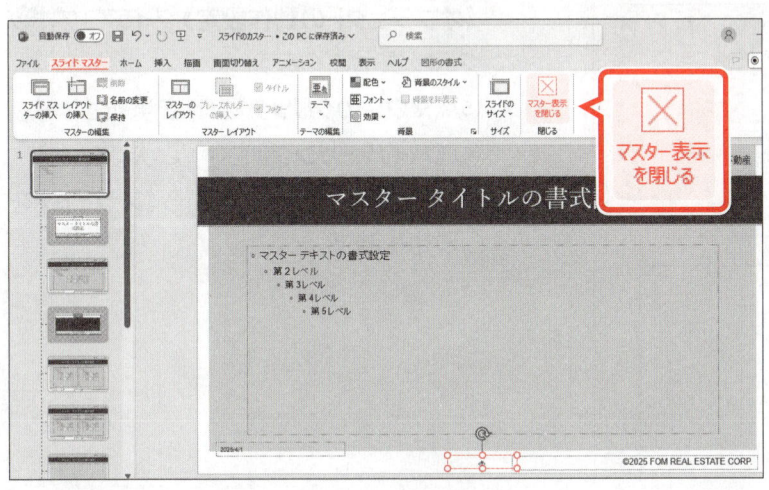

プレースホルダーが移動します。
スライドマスター表示を閉じます。

⑮《スライドマスター》タブを選択します。

⑯《閉じる》グループの《マスター表示を閉じる》をクリックします。

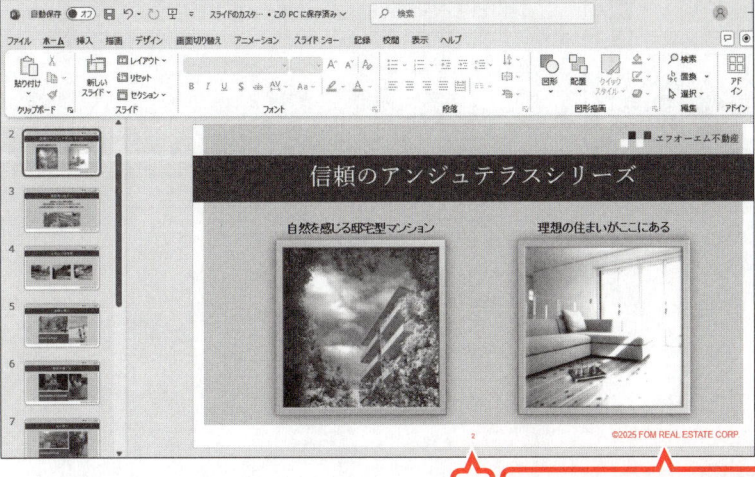

標準表示に戻ります。

⑰タイトルスライド以外のすべてのスライドのスライド番号とフッターが変更されていることを確認します。

STEP6 オブジェクトに動作を設定する

1 オブジェクトの動作設定

別のスライドにジャンプしたり、別のファイルを表示したり、Webサイトを表示したりするなどの動作をスライド上の画像や図形などのオブジェクトに設定することができます。
スライド4のSmartArtグラフィック内の中央の画像をクリックすると、スライド6にジャンプするように設定しましょう。

①スライド4を選択します。

②中央の画像を選択します。

③《挿入》タブを選択します。

④《リンク》グループの《動作》をクリックします。

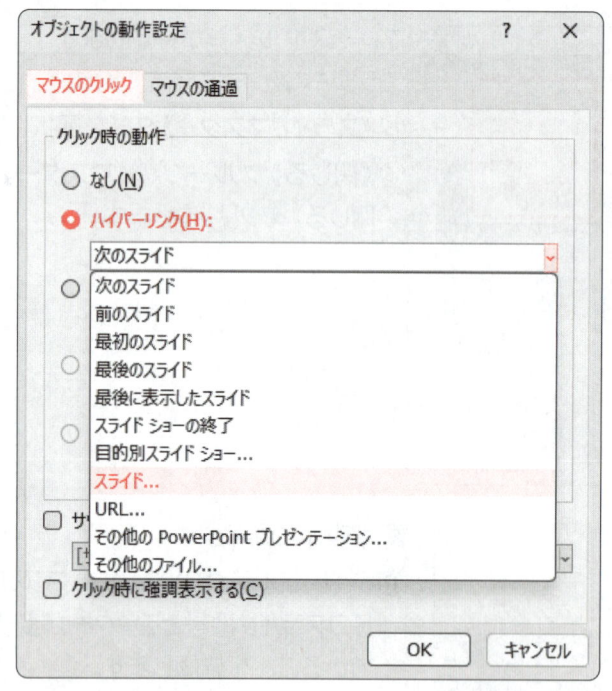

《オブジェクトの動作設定》ダイアログボックスが表示されます。

⑤《マウスのクリック》タブを選択します。

⑥《ハイパーリンク》を◉にします。

⑦▼をクリックし、一覧から《スライド》を選択します。

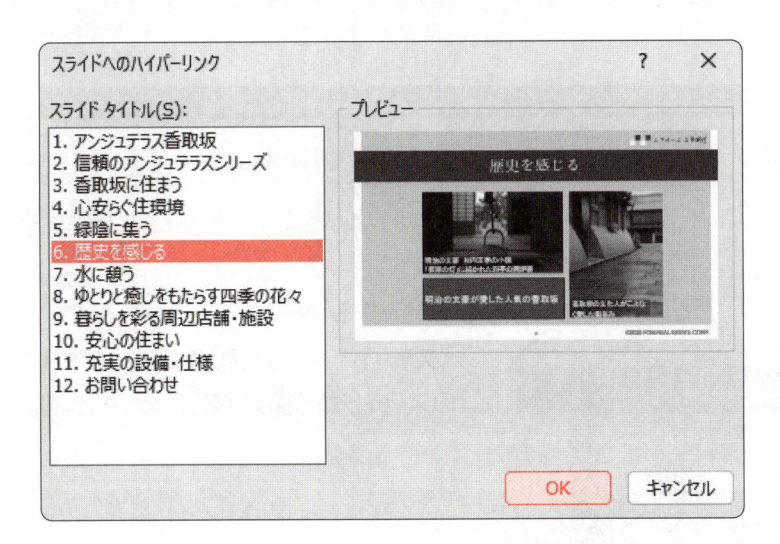

《スライドへのハイパーリンク》ダイアログボックスが表示されます。

⑧《スライドタイトル》の一覧から「6.歴史を感じる」を選択します。

⑨《OK》をクリックします。

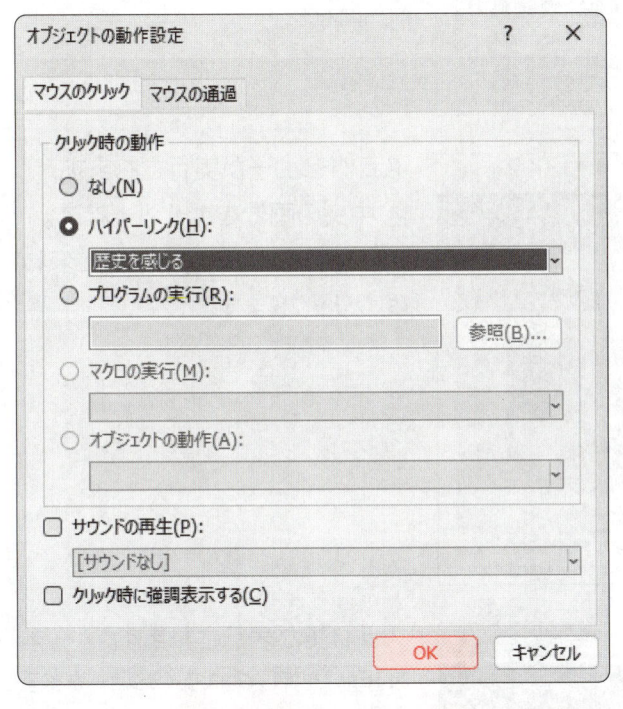

《オブジェクトの動作設定》ダイアログボックスに戻ります。

⑩《OK》をクリックします。

STEP UP その他の方法（オブジェクトの動作設定）

◆《挿入》タブ→《リンク》グループの《ハイパーリンクの追加》→《このドキュメント内》→《ドキュメント内の場所》の一覧からスライドを選択

※お使いの環境によっては、《ハイパーリンクの追加》が《リンク》と表示されている場合があります。

POINT 《オブジェクトの動作設定》ダイアログボックス

《オブジェクトの動作設定》ダイアログボックスの《マウスのクリック》タブでは、次のような設定ができます。

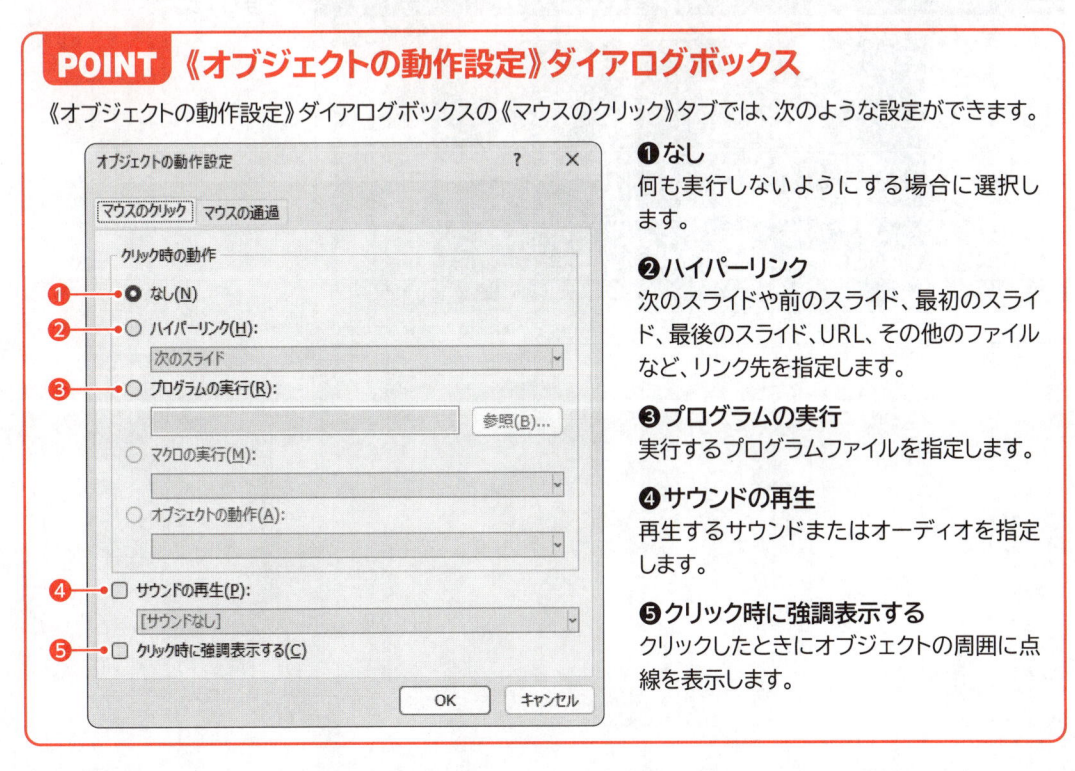

❶ なし
何も実行しないようにする場合に選択します。

❷ ハイパーリンク
次のスライドや前のスライド、最初のスライド、最後のスライド、URL、その他のファイルなど、リンク先を指定します。

❸ プログラムの実行
実行するプログラムファイルを指定します。

❹ サウンドの再生
再生するサウンドまたはオーディオを指定します。

❺ クリック時に強調表示する
クリックしたときにオブジェクトの周囲に点線を表示します。

2 動作の確認

スライドショーを実行し、スライド4の画像に設定したリンクを確認しましょう。

① スライド4が選択されていることを確認します。
② 《スライドショー》タブを選択します。
③ 《スライドショーの開始》グループの《このスライドから開始》をクリックします。

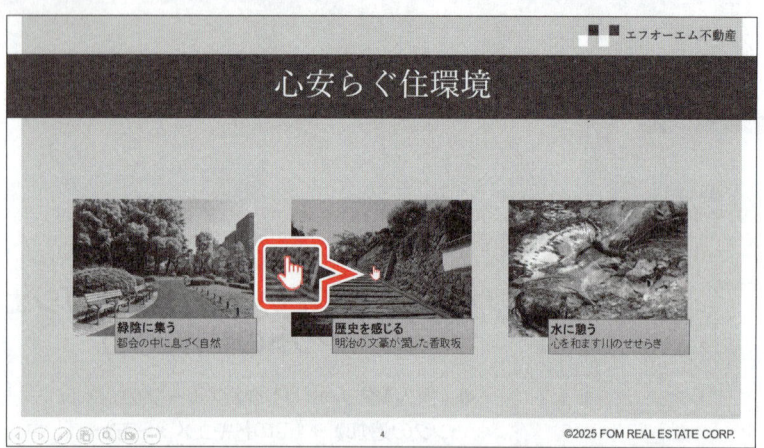

スライドショーが実行されます。
④ 中央の画像をポイントします。
マウスポインターの形が🖑に変わります。
⑤ クリックします。

スライド6が表示されます。
※ Esc を押して、スライドショーを終了しておきましょう。

動作設定ボタンを作成する

1 動作設定ボタン

「動作設定ボタン」とは、プレゼンテーション内の別のスライドにジャンプしたり、別のファイルを開いたりすることができるボタンのことです。◀（戻る/前へ）や▶（進む/次へ）、🏠（ホームへ移動）などのボタンを作成することができます。

●動作設定ボタン

2 動作設定ボタンの作成

スライド6に、スライド4へ戻る動作設定ボタンを作成しましょう。

①スライド6を選択します。

②《挿入》タブを選択します。

③《図》グループの《図形》をクリックします。

④《動作設定ボタン》の《動作設定ボタン：戻る》をクリックします。

※一覧に表示されていない場合は、スクロールして調整します。

⑤図のようにドラッグします。

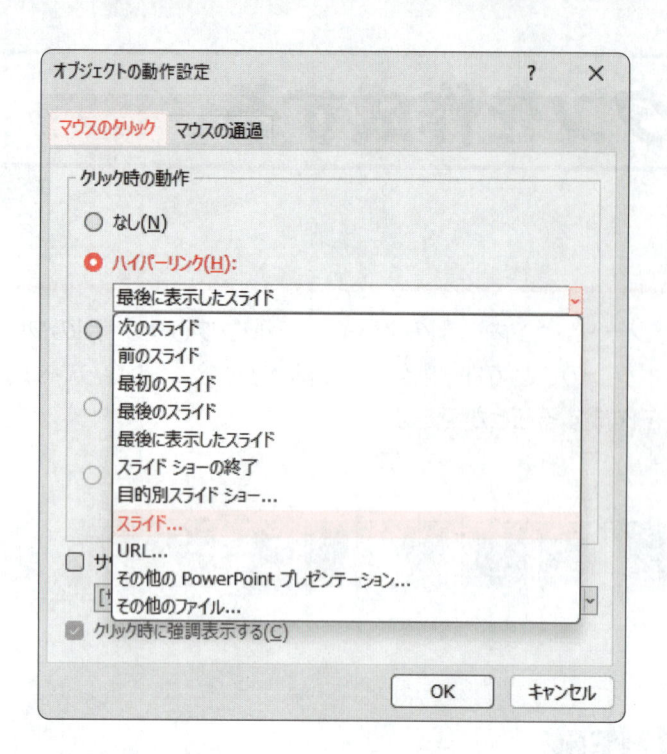

動作設定ボタンが作成され、《オブジェクトの動作設定》ダイアログボックスが表示されます。

⑥《マウスのクリック》タブを選択します。

⑦《ハイパーリンク》を◉にします。

⑧▼をクリックし、一覧から《スライド》を選択します。

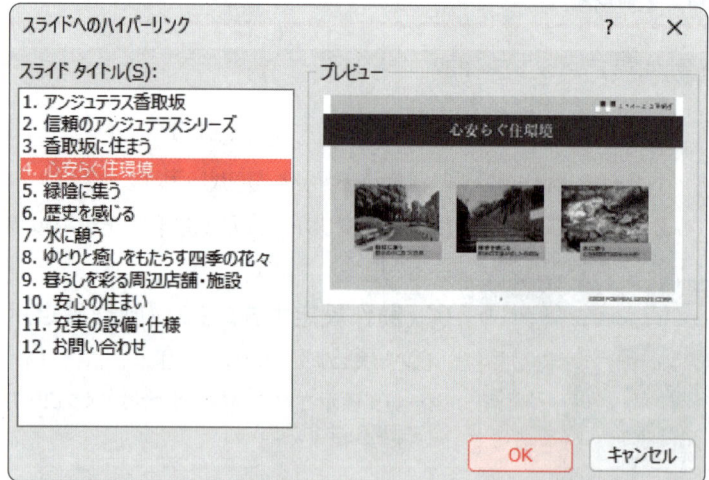

《スライドへのハイパーリンク》ダイアログボックスが表示されます。

⑨《スライドタイトル》の一覧から「4.心安らぐ住環境」を選択します。

⑩《OK》をクリックします。

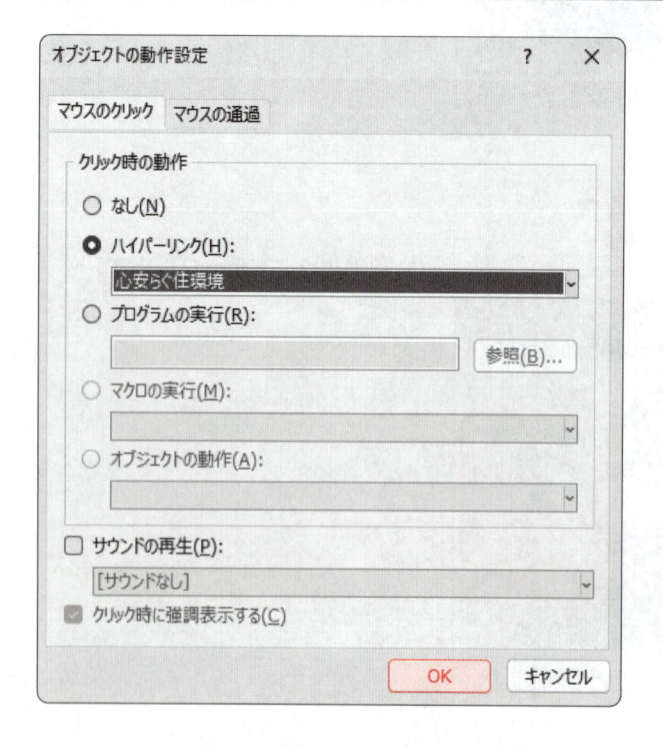

《オブジェクトの動作設定》ダイアログボックスに戻ります。

⑪《OK》をクリックします。

動作設定ボタンが作成されます。

1
2
3
4
5
6
7
8
総合問題
実践問題
索引

STEP UP **動作設定ボタンの編集**

動作設定ボタンに設定された内容は、あとから変更できます。
設定内容を変更する方法は、次のとおりです。
◆動作設定ボタンを右クリック→《リンクの編集》

3 動作の確認

スライドショーを実行し、スライド6に作成した動作設定ボタンのリンクを確認しましょう。

①スライド6が選択されていることを確認します。
②《スライドショー》タブを選択します。
③《スライドショーの開始》グループの《このスライドから開始》をクリックします。

スライドショーが実行されます。
④動作設定ボタンをポイントします。
マウスポインターの形が🖑に変わります。
⑤クリックします。

スライド4が表示されます。

※ Esc を押して、スライドショーを終了しておきましょう。

et's Try

ためしてみよう

次のように、スライドを編集しましょう。

① スライド4のSmartArtグラフィック内の残りの2つの画像に、クリックするとそれぞれリンク先にジャンプするように設定しましょう。

画像の位置	リンク先
左側	スライド5「緑陰に集う」
右側	スライド7「水に憩う」

② スライド6に作成した動作設定ボタンを、スライド5とスライド7にコピーしましょう。

③ スライドショーを実行し、①と②で設定したリンクを確認しましょう。

Let's Try Answer

①

① スライド4を選択
② 左側の画像を選択
③《挿入》タブを選択
④《リンク》グループの《動作》をクリック
⑤《マウスのクリック》タブを選択
⑥《ハイパーリンク》を⦿にする
⑦ ▼をクリックし、一覧から《スライド》を選択
⑧《スライドタイトル》の一覧から「5.緑陰に集う」を選択
⑨《OK》をクリック
⑩《OK》をクリック
⑪ 同様に、右側の画像にスライド7「水に憩う」へのリンクを設定

②

① スライド6を選択
② 動作設定ボタンを選択
③《ホーム》タブを選択
④《クリップボード》グループの《コピー》をクリック
⑤ スライド5を選択
⑥《クリップボード》グループの《貼り付け》をクリック
⑦ スライド7を選択
⑧《クリップボード》グループの《貼り付け》をクリック

③

① スライド4を選択
②《スライドショー》タブを選択
③《スライドショーの開始》グループの《このスライドから開始》をクリック
④ 左側の画像をクリック
⑤ スライド5の動作設定ボタンをクリック
⑥ スライド4の右側の画像をクリック
⑦ スライド7の動作設定ボタンをクリック

※ Esc を押して、スライドショーを終了しておきましょう。

※ プレゼンテーションに「スライドのカスタマイズ完成」と名前を付けて、フォルダー「第4章」に保存し、閉じておきましょう。

練習問題

PDF 標準解答 ▶ P.11

OPEN
P 第4章練習問題

あなたは、日本文化体験教室をPRし、参加者を募集するためのプレゼンテーション資料を作成しています。
完成図のようなプレゼンテーションを作成しましょう。

● 完成図

1枚目

2枚目

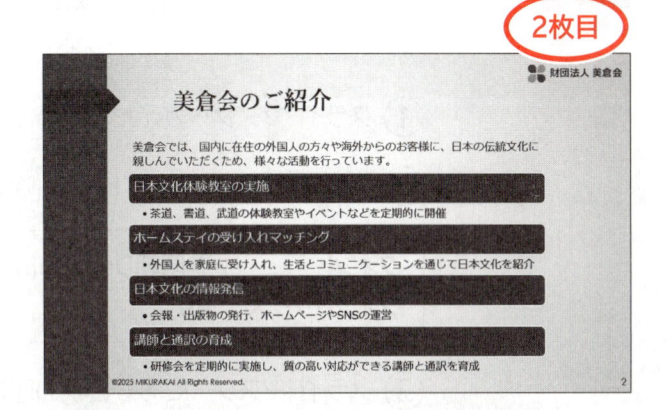

3枚目

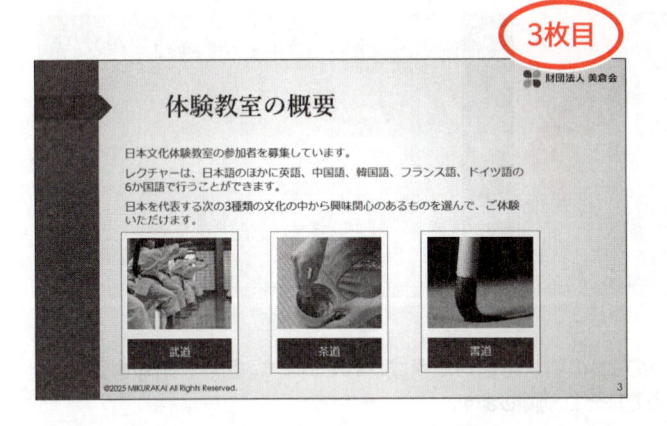

4枚目

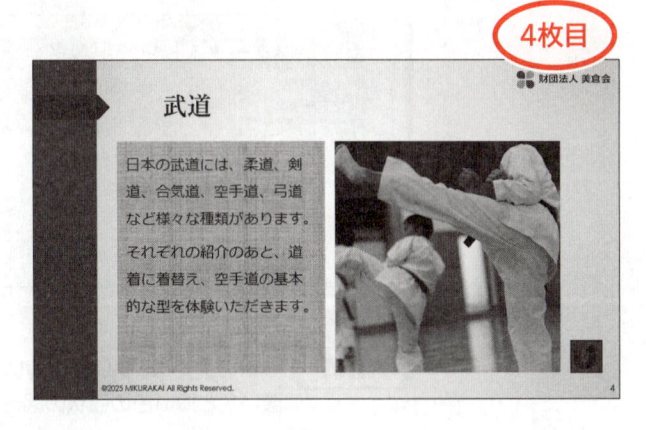

5枚目

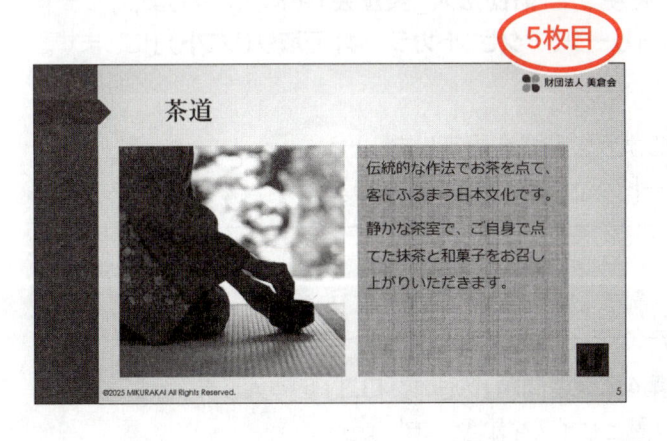

6枚目

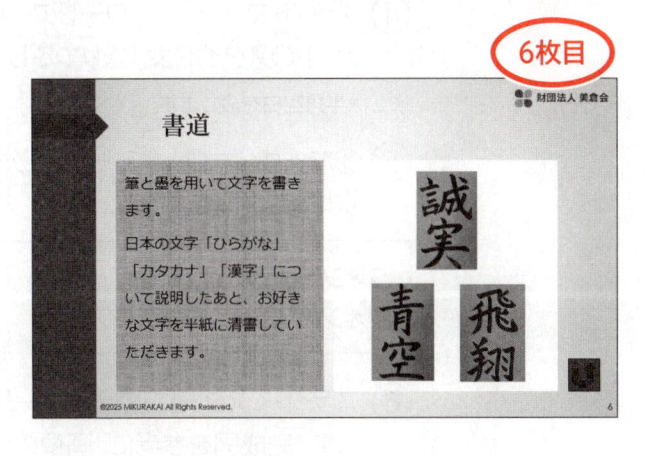

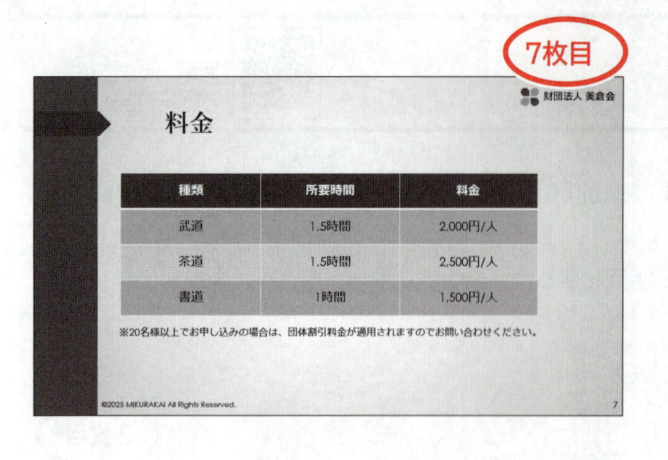

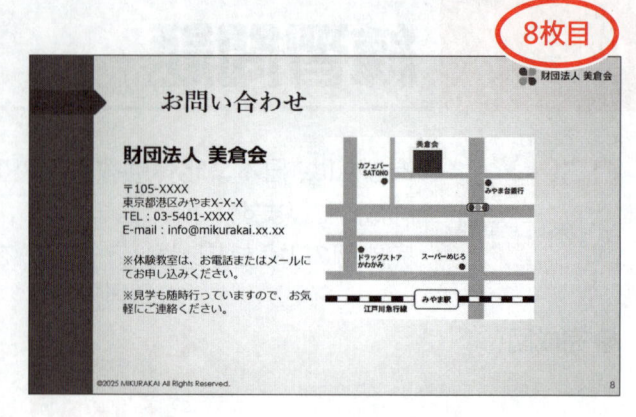

① スライドマスター表示に切り替えましょう。

② スライドマスターのタイトルに、次のような書式を設定しましょう。

フォント	：游明朝Demibold
フォントサイズ	：40

③ スライドマスターにある弧状の図形を削除しましょう。
次に、長方形のサイズを変更しましょう。

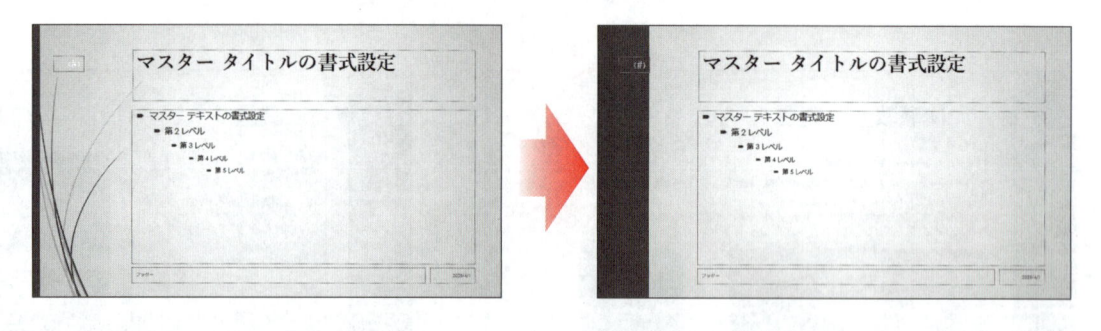

HINT 弧状の図形は、濃い色と薄い色の2つの弧状の図形で構成されています。図形を削除するには、濃い色と薄い色の弧状の図形をそれぞれ削除します。

④ スライドマスターに、ワードアートを使って「**財団法人␣美倉会**」を挿入しましょう。ワードアートのスタイルは、「**塗りつぶし：オリーブ、アクセントカラー4；面取り（ソフト）**」にします。
※␣は半角空白を表します。

⑤ ④で作成したワードアートに、次のような書式を設定しましょう。
次に、完成図を参考に、ワードアートの位置を調整しましょう。

フォントサイズ	：16
フォントの色	：黒、テキスト1

⑥ スライドマスターに、フォルダー「**第4章練習問題**」の画像「**ロゴ**」を挿入しましょう。
次に、完成図を参考に、画像の位置とサイズを調整しましょう。

⑦ 「**タイトルスライド**」レイアウトのスライドマスターにあるタイトルのフォントサイズを「**60**」に変更しましょう。

⑧ **「タイトルスライド」**レイアウトのスライドマスターにあるサブタイトルのフォントサイズを**「24」**に変更し、右揃えにしましょう。

⑨ **「タイトルスライド」**レイアウトのスライドマスターにあるワードアートとロゴがタイトルスライドに表示されないようにしましょう。

(HINT) ワードアートとロゴがタイトルスライドに表示されないようにするには、《スライドマスター》タブ→《背景》グループ→《背景を非表示》を使います。

⑩ **「タイトルスライド」**レイアウトのスライドマスターに、スライドマスターにある長方形をコピーしましょう。次に、コピーした長方形を最背面に移動しましょう。

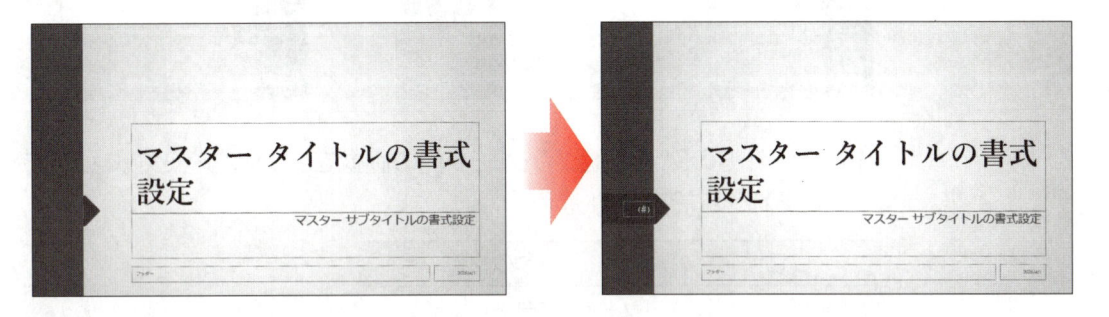

⑪ スライドマスター表示を閉じましょう。

⑫ スライドマスターで編集したデザインを、テーマ**「美倉会」**として、既定のフォルダーに保存しましょう。

⑬ タイトルスライド以外のすべてのスライドのフッターに、「**©2025 MIKURAKAI All Rights Reserved.**」とスライド番号を挿入しましょう。

※「©」は、「c」と入力して変換します。
※英数字は半角で入力します。

⑭ スライドマスター表示に切り替え、スライドマスターにあるフッターに、次のような書式を設定しましょう。
次に、フッターの位置を調整しましょう。

フォントの色　　：黒、テキスト1
フォントサイズ：12

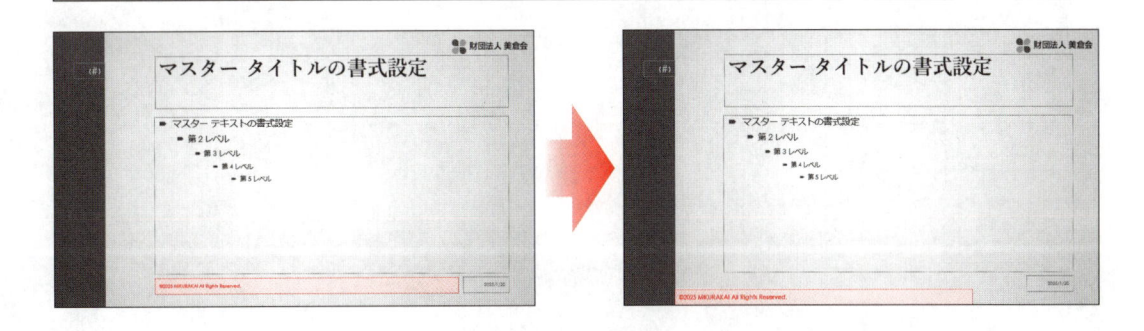

⑮ スライドマスターにあるスライド番号に、次のような書式を設定しましょう。
　 次に、スライド番号の位置を調整し、スライドマスター表示を閉じましょう。

フォントの色　：黒、テキスト1
フォントサイズ：16

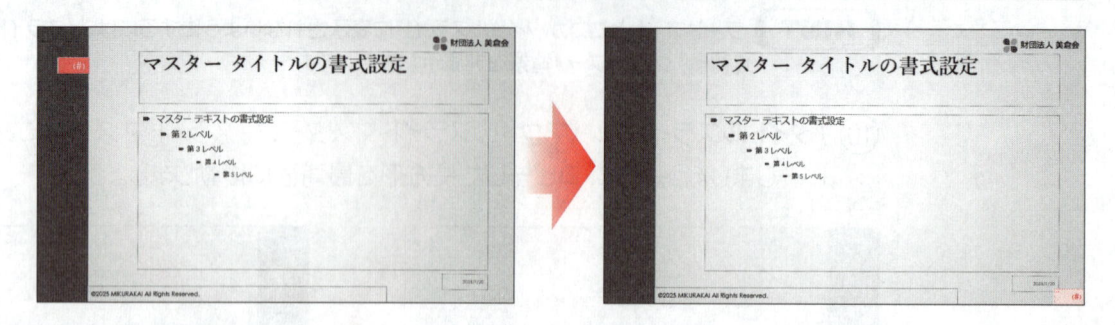

⑯ スライド3のSmartArtグラフィック内の画像をクリックすると、リンク先にジャンプするようにそれぞれ設定しましょう。

画像	リンク先
武道	スライド4「武道」
茶道	スライド5「茶道」
書道	スライド6「書道」

⑰ 完成図を参考に、スライド4〜スライド6に、スライド3に戻る動作設定ボタンを作成しましょう。

⑱ スライドショーを実行し、スライド3〜スライド6に設定したリンクを確認しましょう。

※プレゼンテーションに「第4章練習問題完成」と名前を付けて、フォルダー「第4章練習問題」に保存し、閉じておきましょう。

第 5 章

ほかのアプリとの連携

この章で学ぶこと

学習前に習得すべきポイントを理解しておき、
学習後には確実に習得できたかどうかを振り返りましょう。

■ Word文書を挿入する手順を理解し、スライドに挿入できる。 → P.162 ☑☑☑

■ スライドをリセットできる。 → P.164 ☑☑☑

■ Excelのグラフの貼り付け方法を理解し、必要に応じて
　使い分けられる。 → P.169 ☑☑☑

■ Excelのグラフをスライドにリンク貼り付けできる。 → P.170 ☑☑☑

■ リンク貼り付けしたグラフを更新できる。 → P.173 ☑☑☑

■ Excelのグラフをスライドに図として貼り付けられる。 → P.176 ☑☑☑

■ Excelの表の貼り付け方法を理解し、必要に応じて使い分けられる。 → P.178 ☑☑☑

■ Excelの表をスライドに貼り付けられる。 → P.178 ☑☑☑

■ ほかのプレゼンテーションのスライドを再利用できる。 → P.182 ☑☑☑

■ スクリーンショットを使ってスライドに画像を挿入できる。 → P.185 ☑☑☑

1 作成するプレゼンテーションの確認

次のようなプレゼンテーションを作成しましょう。

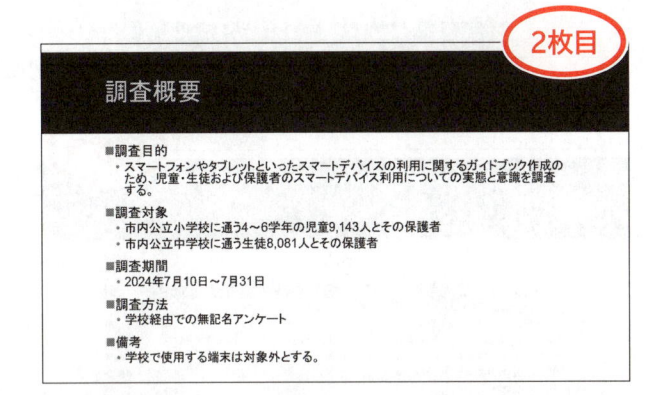

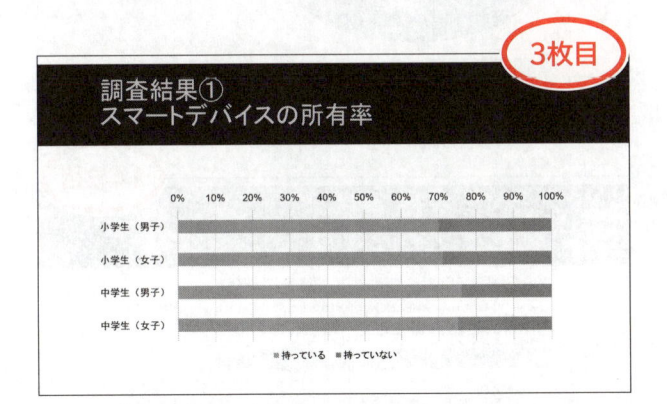

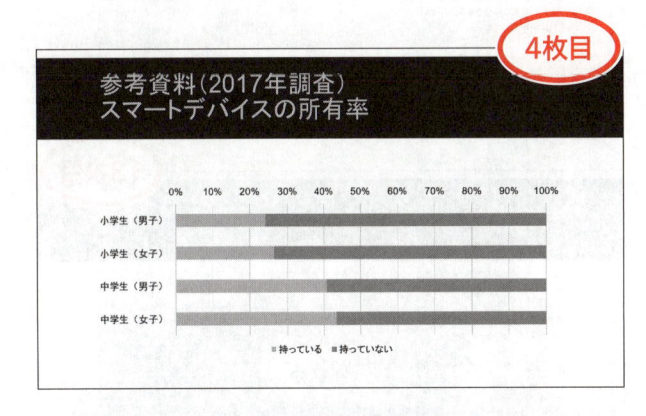

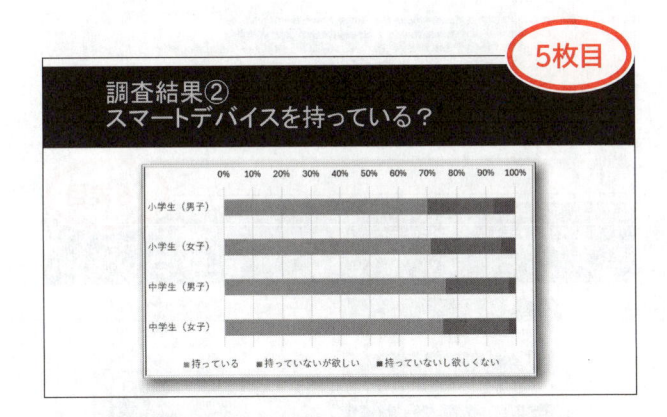

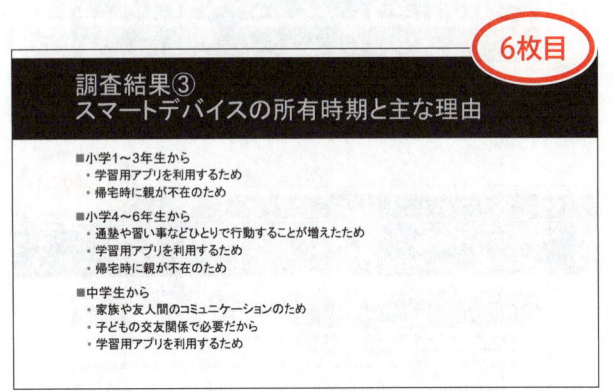

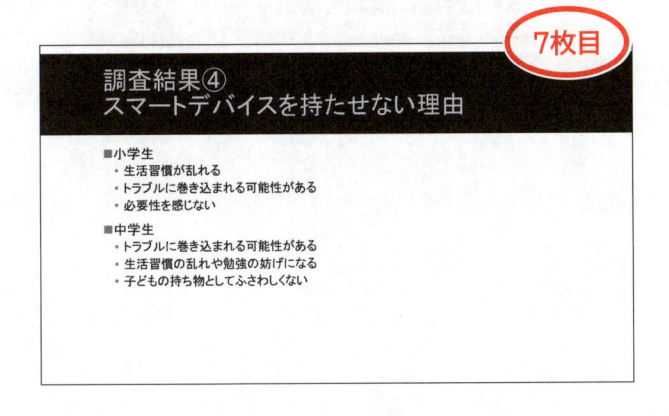

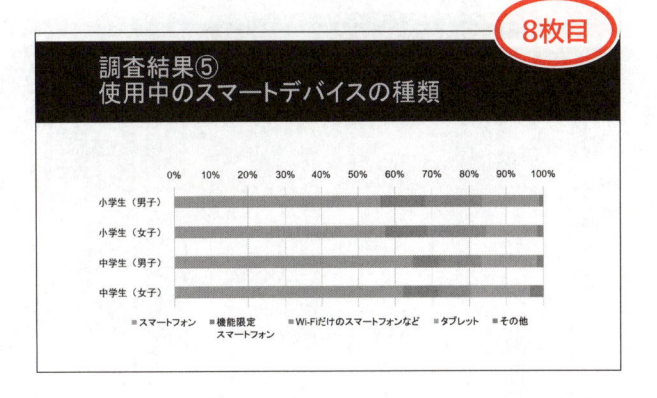

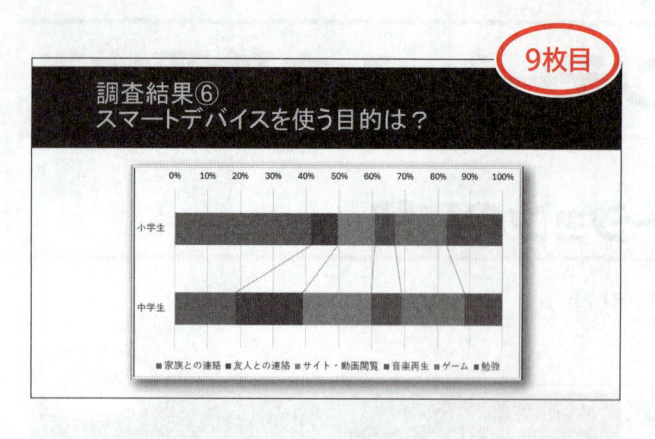

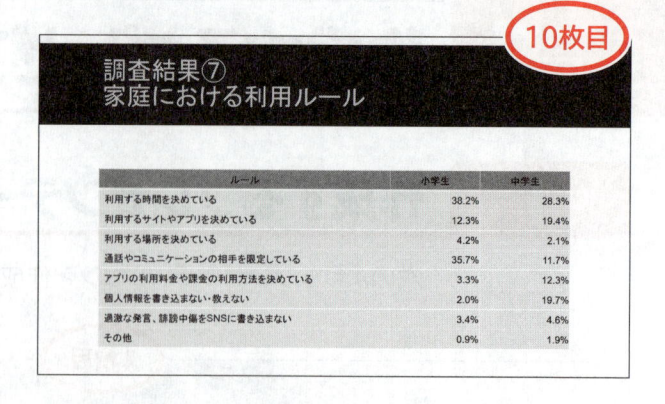

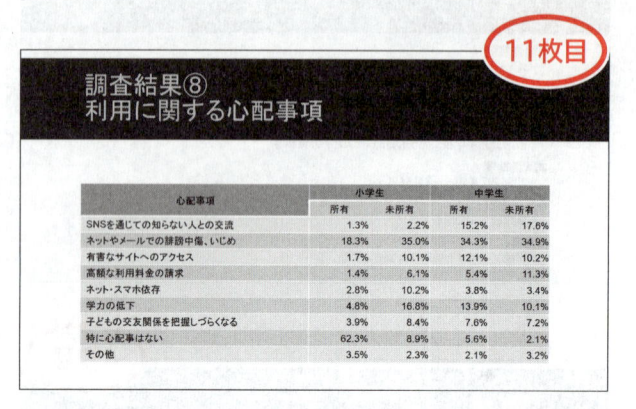

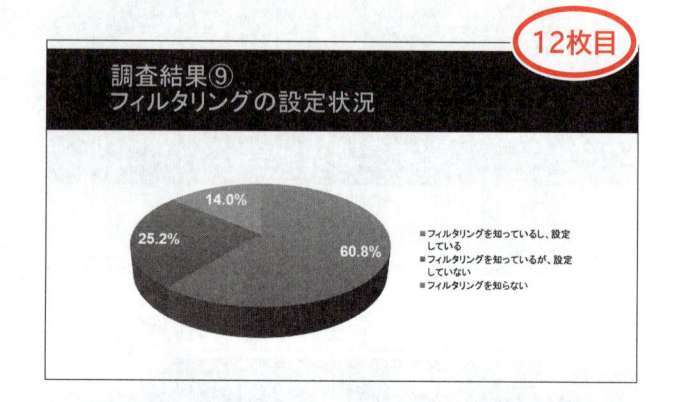

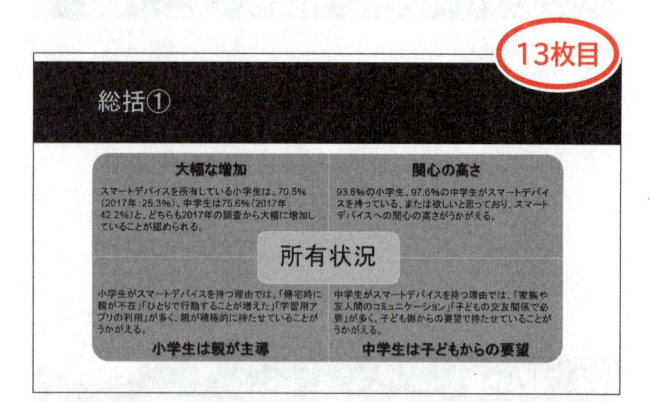

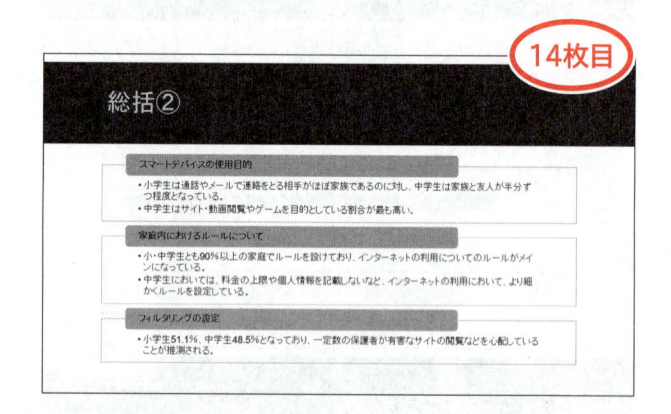

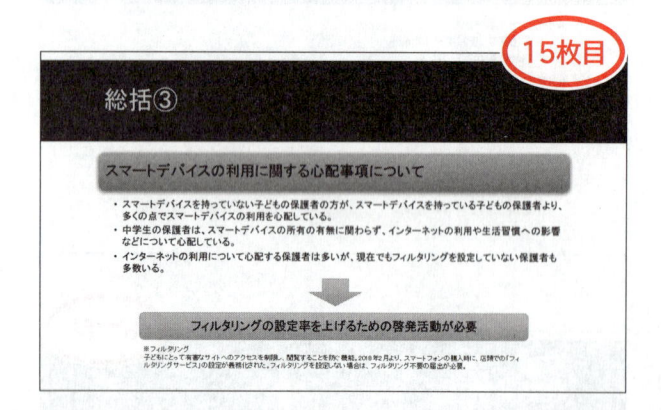

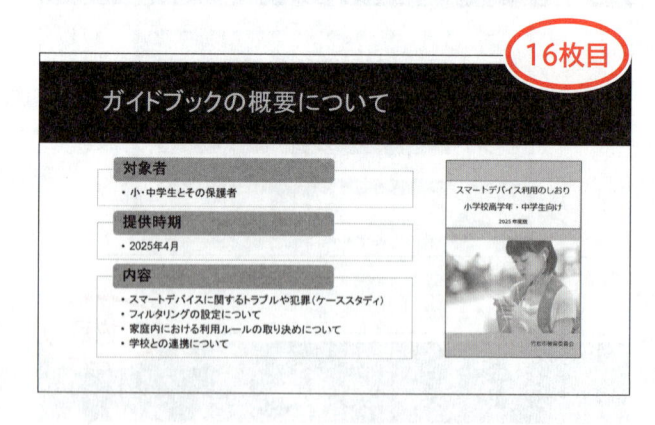

STEP 2 Wordのデータを利用する

1 作成するスライドの確認

Word文書を利用して、次のようなスライドを作成しましょう。

●Word文書「調査結果」

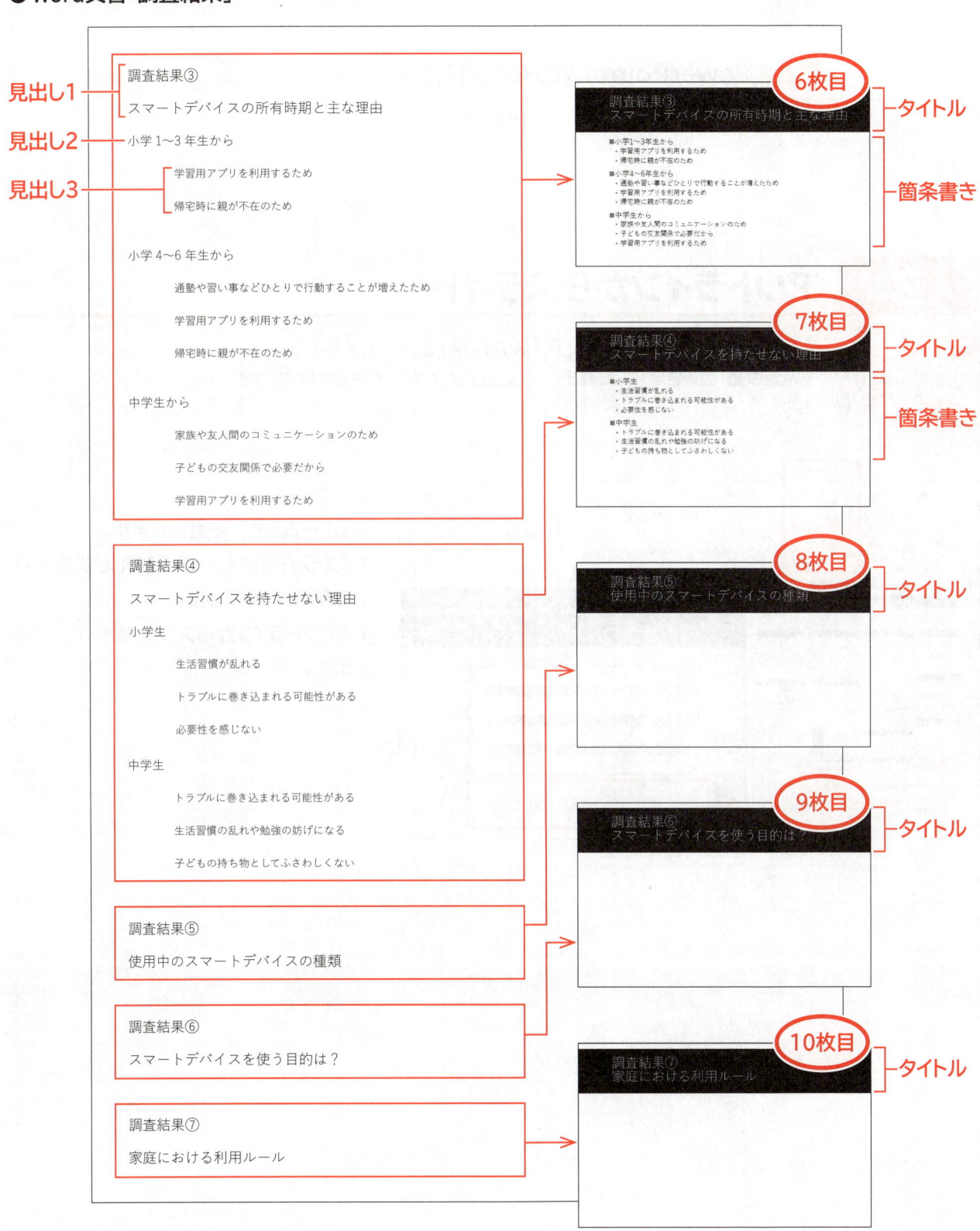

2 Word文書の挿入

Wordで作成した文書を挿入して、PowerPointのスライドを作成できます。
Word文書をスライドとして利用する手順は、次のとおりです。

1 Wordでスタイルを設定する

スライドのタイトルにしたい段落に見出し1、箇条書きテキストにしたい段落に見出し2～見出し9のスタイルを設定します。

2 PowerPointにWord文書を挿入する

PowerPointにWord文書を挿入します。

3 アウトラインからスライド

OPEN

P ほかのアプリ
との連携

スライド5のうしろに、Word文書「調査結果」を挿入しましょう。
※Word文書「調査結果」には、見出し1～見出し3のスタイルが設定されています。

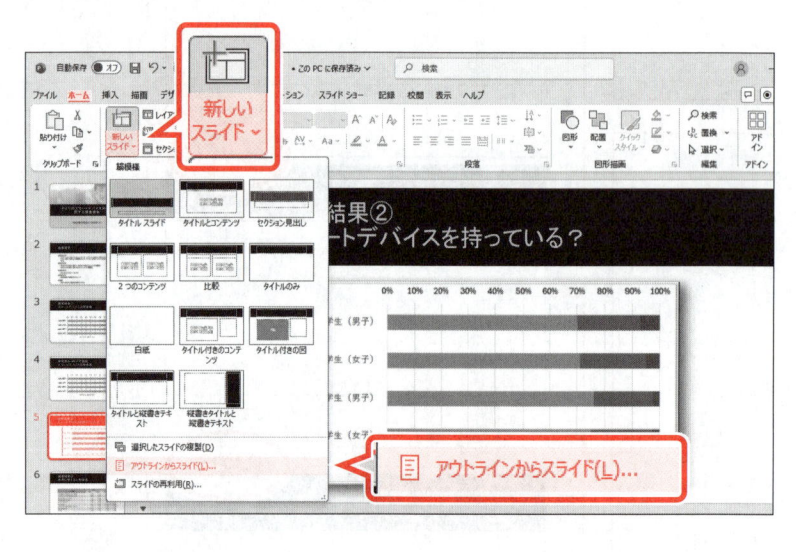

① スライド5を選択します。
② 《ホーム》タブを選択します。
③ 《スライド》グループの《新しいスライド》の▼をクリックします。
④ 《アウトラインからスライド》をクリックします。

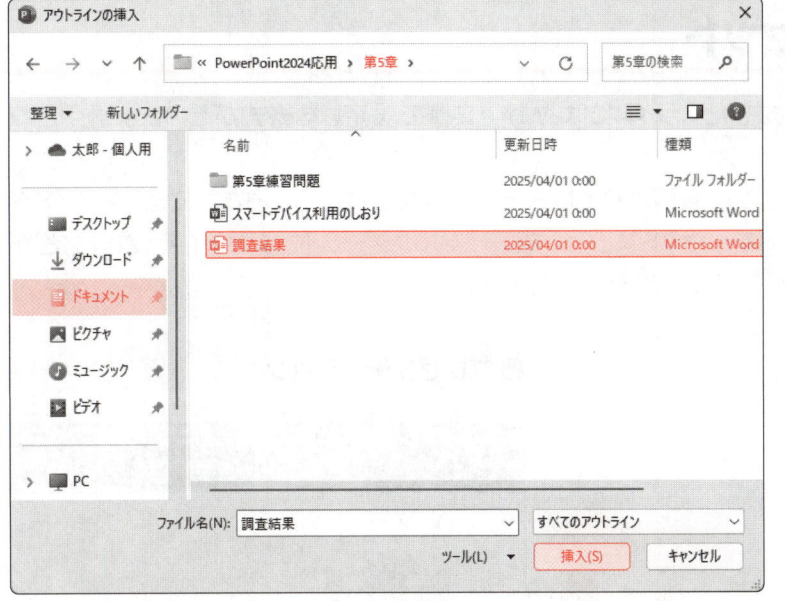

《**アウトラインの挿入**》ダイアログボックスが表示されます。

Word文書が保存されている場所を選択します。

⑤左側の一覧から《**ドキュメント**》を選択します。

⑥一覧から「**PowerPoint2024応用**」を選択します。

⑦《**開く**》をクリックします。

⑧一覧から「**第5章**」を選択します。

⑨《**開く**》をクリックします。

⑩一覧から「**調査結果**」を選択します。

⑪《**挿入**》をクリックします。

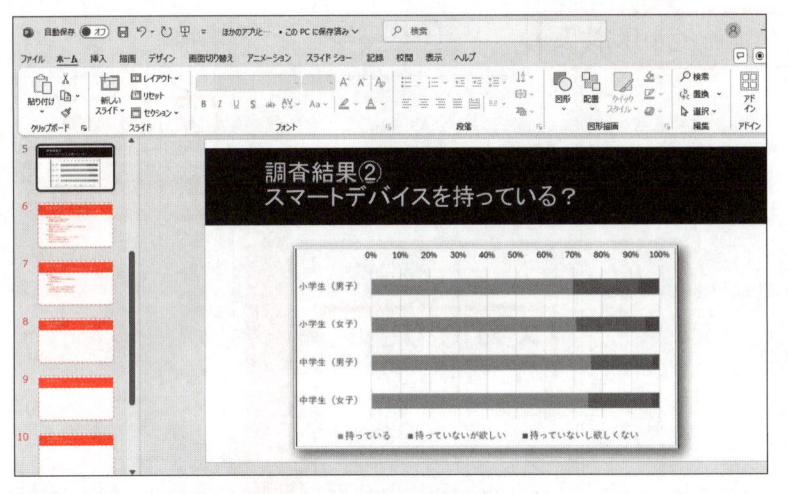

スライド5のうしろに、スライド6〜スライド10が挿入されます。

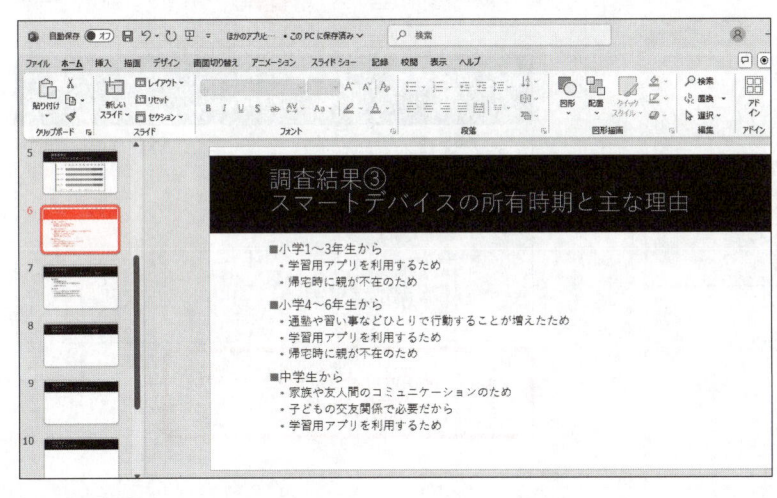

⑫スライド6を選択します。

⑬Word文書の内容が表示されていることを確認します。

※同様に、挿入した各スライドの内容を確認しておきましょう。

4　スライドのリセット

Word文書を挿入して作成したスライドには、Word文書で設定した書式がそのまま適用されています。

作成中のプレゼンテーションに適用されているテーマの書式にそろえるためには、スライドを**「リセット」**します。スライドをリセットすると、プレースホルダーの位置やサイズ、書式などがプレゼンテーションのテーマの設定に変更されます。

● Word文書

調査結果③

スマートデバイスの所有時期と主な理由

小学1〜3年生から

　学習用アプリを利用するため

　帰宅時に親が不在のため

小学4〜6年生から

　通塾や習い事などひとりで行動することが増えたため

　学習用アプリを利用するため

　帰宅時に親が不在のため

中学生から

　家族や友人間のコミュニケーションのため

　子どもの交友関係で必要だから

　学習用アプリを利用するため

調査結果④

スマートデバイスを持たせない理由

小学生

　生活習慣が乱れる

　トラブルに巻き込まれる可能性がある

　必要性を感じない

フォント「游ゴシック Light」が適用されている

● プレゼンテーション

調査結果③
スマートデバイスの所有時期と主な理由

■小学1〜3年生から
・学習用アプリを利用するため
・帰宅時に親が不在のため

■小学4〜6年生から
・通塾や習い事などひとりで行動することが増えたため
・学習用アプリを利用するため
・帰宅時に親が不在のため

■中学生から
・家族や友人間のコミュニケーションのため
・子どもの交友関係で必要だから
・学習用アプリを利用するため

PowerPointに挿入

Word文書のフォントが引き継がれる

スライドをリセット

調査結果③
スマートデバイスの所有時期と主な理由

■小学1〜3年生から
・学習用アプリを利用するため
・帰宅時に親が不在のため

■小学4〜6年生から
・通塾や習い事などひとりで行動することが増えたため
・学習用アプリを利用するため
・帰宅時に親が不在のため

■中学生から
・家族や友人間のコミュニケーションのため
・子どもの交友関係で必要だから
・学習用アプリを利用するため

プレゼンテーションのテーマのフォントが適用される

1 現在のテーマのフォントの確認

プレゼンテーション「ほかのアプリとの連携」には、テーマ「縞模様」が適用されていますが、テーマのフォントは「Arial　MSPゴシック　MSPゴシック」に変更されています。
プレゼンテーションに適用されているテーマのフォントを確認しましょう。

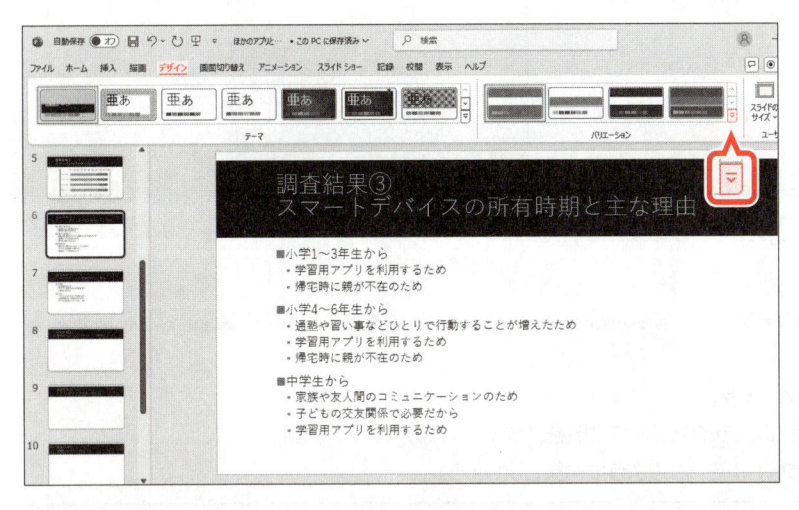

① 《デザイン》タブを選択します。
② 《バリエーション》グループの ▽ をクリックします。

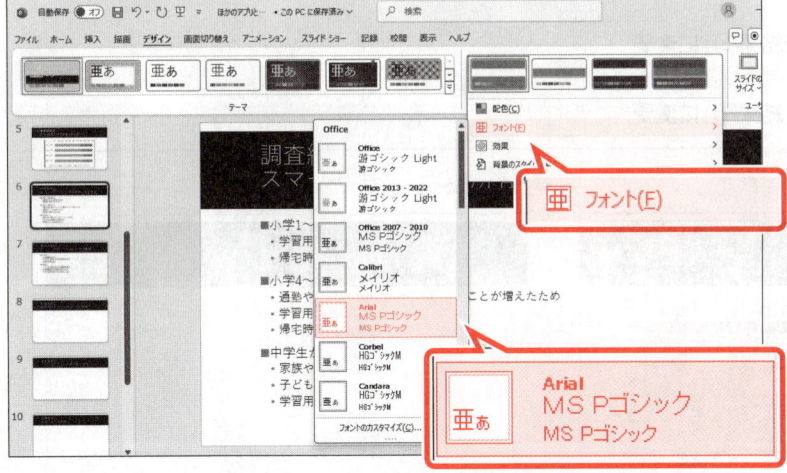

③ 《フォント》をポイントします。
④ 《Arial　MSPゴシック　MSPゴシック》が選択されていることを確認します。

2 スライドのリセット

スライド6～スライド10は、Word文書「調査結果」のフォント「游ゴシック Light」が引き継がれています。
スライド6～スライド10をリセットしましょう。

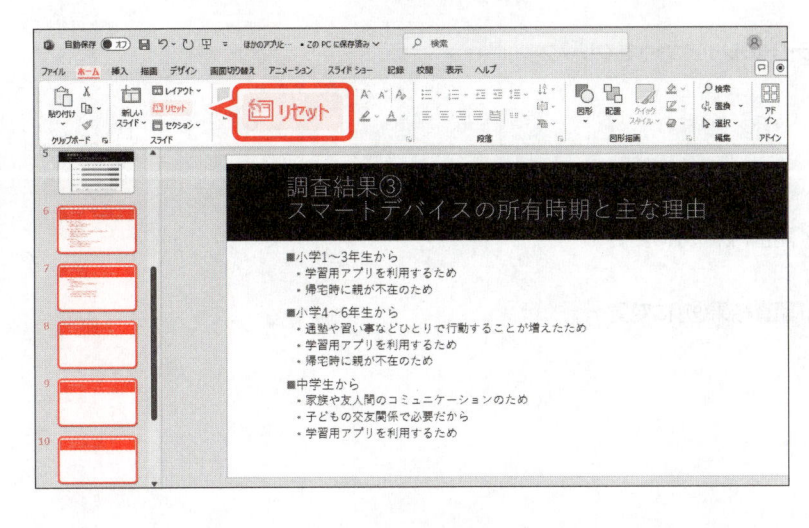

① スライド6を選択します。
② [Shift] を押しながら、スライド10を選択します。
5枚のスライドが選択されます。
③ 《ホーム》タブを選択します。
④ 《スライド》グループの《リセット》をクリックします。

スライドがリセットされ、スライド内のフォントがテーマのフォントに変わります。

※挿入した各スライドのフォントを確認しておきましょう。

調査結果③
スマートデバイスの所有時期と主な理由

■小学1～3年生から
・学習用アプリを利用するため
・帰宅時に親が不在のため

■小学4～6年生から
・通塾や習い事などひとりで行動することが増えたため
・学習用アプリを利用するため
・帰宅時に親が不在のため

■中学生から
・家族や友人間のコミュニケーションのため
・子どもの交友関係で必要だから
・学習用アプリを利用するため

ためしてみよう

次のように、スライドを編集しましょう。

① スライド8～スライド10の3枚のスライドのレイアウトを、「タイトルのみ」に変更しましょう。

② スライド11とスライド12のタイトルを、次のように編集しましょう。

● スライド11
「調査結果③」を「調査結果⑧」に変更
● スライド12
「調査結果④」を「調査結果⑨」に変更

スライド11

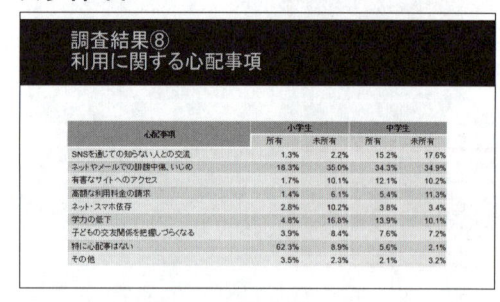

スライド12

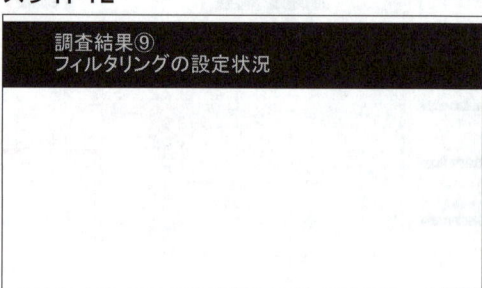

①

① スライド8を選択
② [Shift] を押しながら、スライド10を選択
③《ホーム》タブを選択
④《スライド》グループの《スライドのレイアウト》をクリック
⑤《タイトルのみ》をクリック

②

① スライド11を選択
② タイトルの「調査結果③」を「調査結果⑧」に変更
③ スライド12を選択
④ タイトルの「調査結果④」を「調査結果⑨」に変更

STEP 3 Excelのデータを利用する

1 作成するスライドの確認

次のようなスライドを作成しましょう。

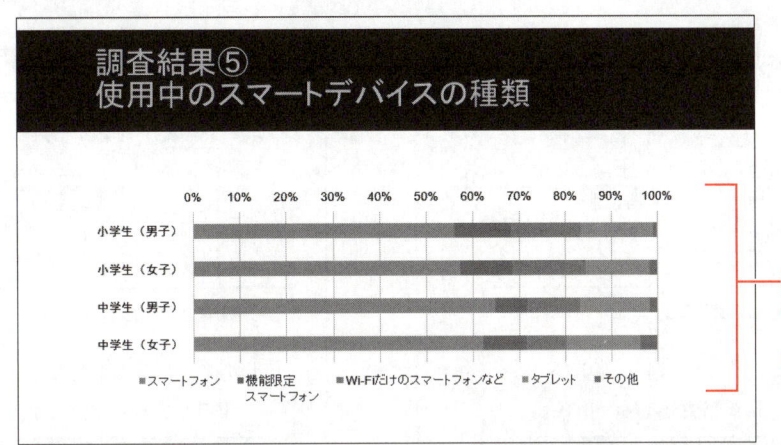

調査結果⑤
使用中のスマートデバイスの種類

貼り付け先のテーマを
使用してリンク貼り付け

リンクの確認

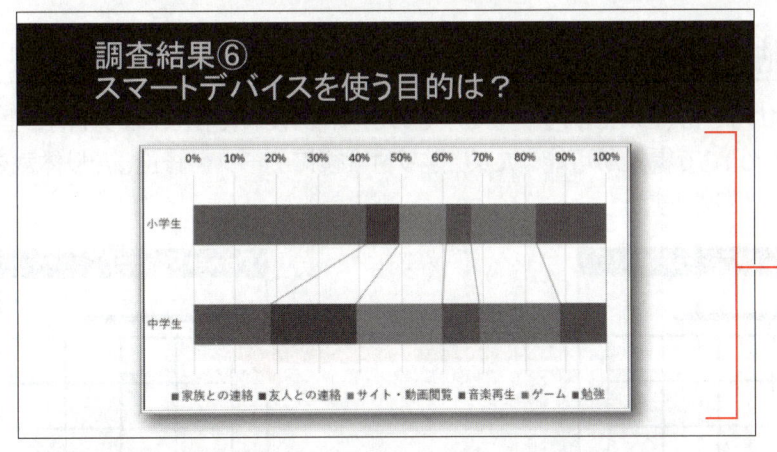

調査結果⑥
スマートデバイスを使う目的は？

図として貼り付け

図のスタイルの適用

調査結果⑦
家庭における利用ルール

ルール	小学生	中学生
利用する時間を決めている	38.2%	28.3%
利用するサイトやアプリを決めている	12.3%	19.4%
利用する場所を決めている	4.2%	2.1%
通話やコミュニケーションの相手を限定している	35.7%	11.7%
アプリの利用料金や課金の利用方法を決めている	3.3%	12.3%
個人情報を書き込まない・教えない	2.0%	19.7%
過激な発言、誹謗中傷をSNSに書き込まない	3.4%	4.6%
その他	0.9%	1.9%

貼り付け先のスタイルを
使用して貼り付け

表の書式設定

2　Excelのデータの貼り付け

Excelで作成した表やグラフをコピーしてPowerPointのスライドに利用できます。Excelのデータを貼り付ける方法には、大きく分けて**「貼り付け」「図として貼り付け」「リンク貼り付け」**があります。PowerPointに貼り付けたあとで、データをどのように修正、加工するかによって、貼り付け方法を決めるとよいでしょう。
コピーした内容によって、貼り付けのオプションの種類が変わります。

●**Excelのグラフをコピーした場合**

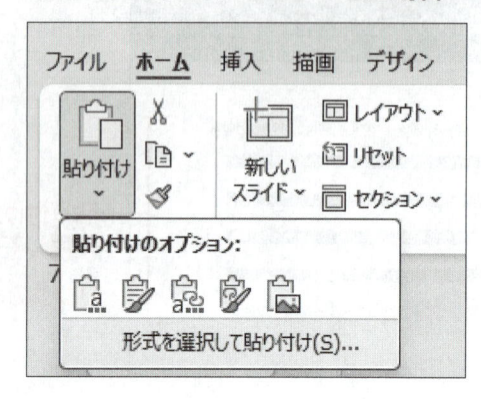

●**Excelの表をコピーした場合**

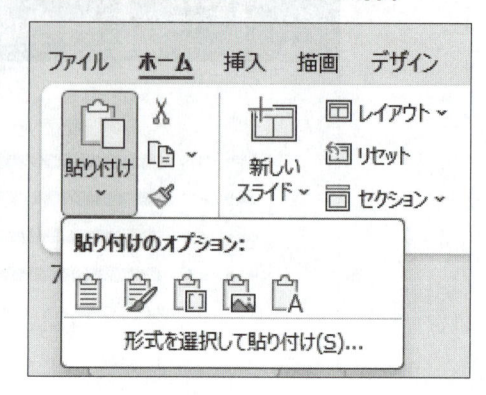

1　貼り付け

「貼り付け」とは、Excelのデータを、そのままPowerPointのスライドに埋め込むことです。PowerPointで編集が可能なため、貼り付け後にデータを修正したり体裁を整えたりする場合などに便利です。

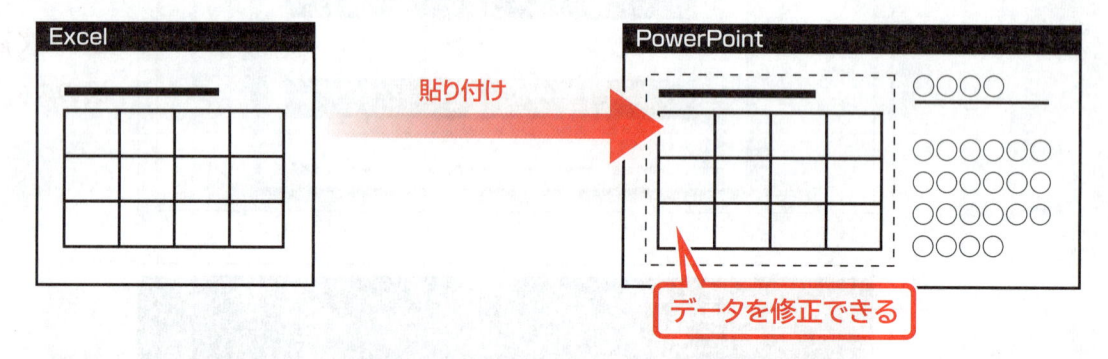

2　図として貼り付け

「図として貼り付け」とは、Excelのデータを、図としてPowerPointのスライドに埋め込むことです。PowerPointではデータや体裁を修正することができませんが、Excelで表示された状態を崩さずに拡大・縮小して使用する場合などに便利です。

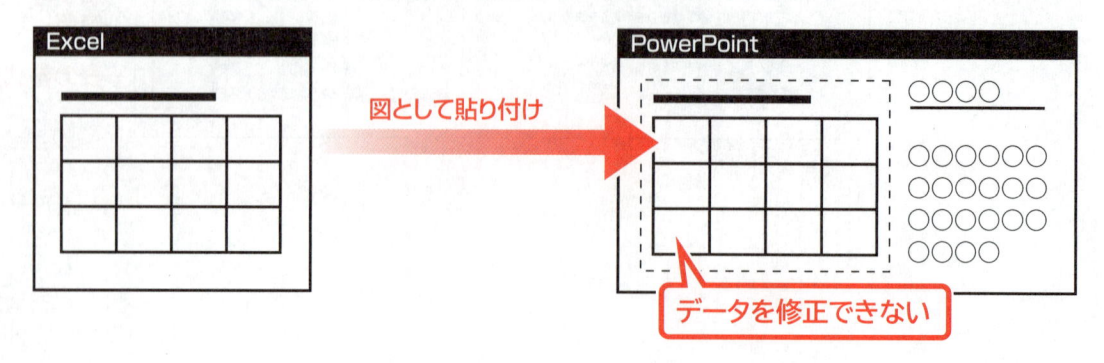

3 リンク貼り付け

「リンク貼り付け」とは、ExcelとPowerPointの2つのデータを関連付け、参照関係（リンク）を作る方法です。Excelでデータを修正すると、自動的にPowerPointのスライドに反映されます。

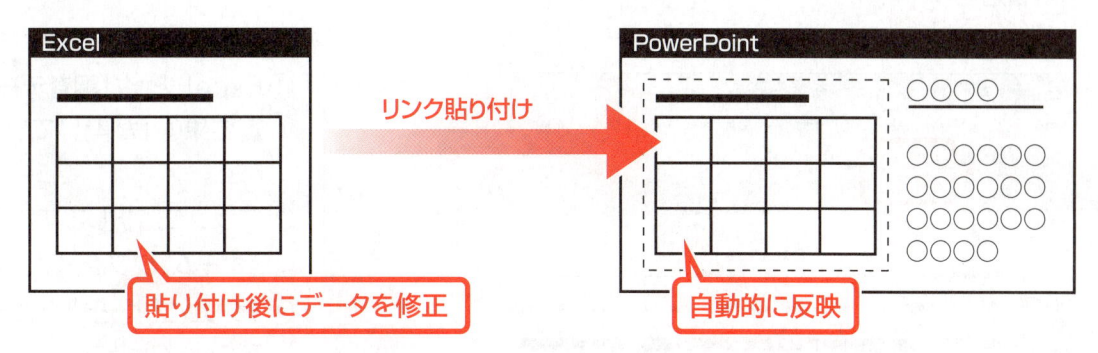

※リンク元のファイルがOneDriveと同期されているフォルダーに保存されていると、リンクの情報が正しく保存されず、リンク元のファイルが参照できなくなる場合があります。
　詳細は、P.174「POINT リンク元ファイルが開いていない状態でのデータ修正」「STEP UP リンクの編集」を参照してください。

[STEP UP] アプリ間のデータ連携

貼り付け、図として貼り付け、リンク貼り付けは、ExcelとPowerPoint間に限らず、WordとPowerPoint、ExcelとWordなど、ほかのアプリ間でも同様に操作できます。

3 Excelのグラフの貼り付け方法

Excelのグラフをスライドに貼り付ける方法には、次のような種類があります。

ボタン	ボタンの名前	説明
🅰	貼り付け先のテーマを使用しブックを埋め込む	Excelで設定した書式を削除し、プレゼンテーションに設定されているテーマで埋め込みます。
🖌	元の書式を保持しブックを埋め込む	Excelで設定した書式のまま、スライドに埋め込みます。
🅰	貼り付け先テーマを使用しデータをリンク	Excelで設定した書式を削除し、プレゼンテーションに設定されているテーマで、Excelデータと連携された状態（リンク）で貼り付けます。
🖌	元の書式を保持しデータをリンク	Excelで設定した書式のまま、Excelデータと連携された状態（リンク）で貼り付けます。
🖼	図	Excelで設定した書式のまま、図として貼り付けます。 ※図（画像）としての扱いになるため、データの修正はできなくなります。

4 Excelのグラフのリンク

OPEN

E 調査データ

スライド8に、Excelブック**「調査データ」**のシート**「調査結果⑤」**のグラフを、貼り付け先のテーマを使用してリンク貼り付けしましょう。

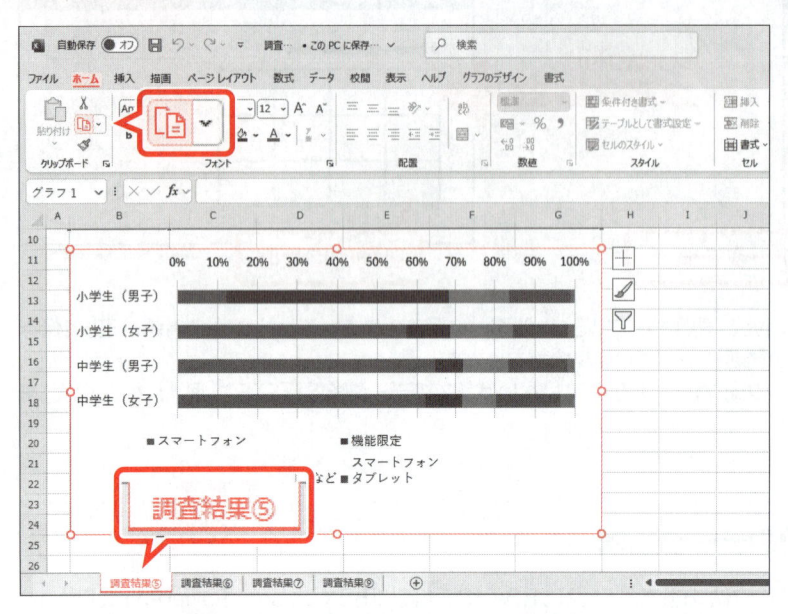

①Excelブック**「調査データ」**のシート**「調査結果⑤」**が開いていることを確認します。

②グラフを選択します。

③**《ホーム》**タブを選択します。

④**《クリップボード》**グループの**《コピー》**をクリックします。

グラフがコピーされます。

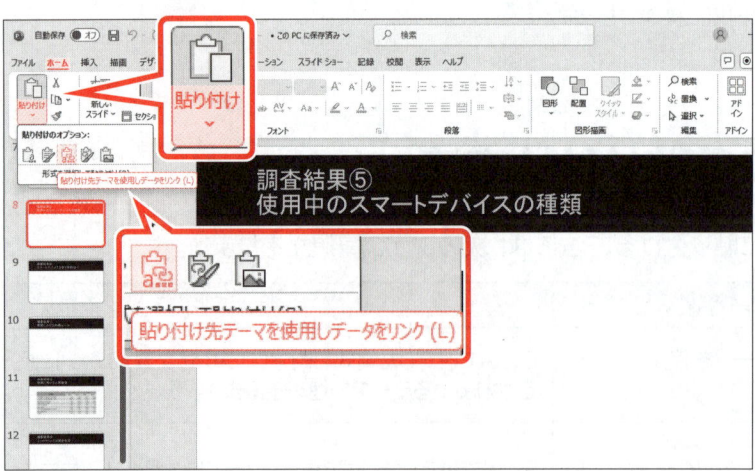

⑤作成中のプレゼンテーション「**ほかのアプリとの連携」**に切り替えます。

※タスクバーのPowerPointのアイコンをクリックすると、表示が切り替わります。

⑥スライド8を選択します。

⑦**《ホーム》**タブを選択します。

⑧**《クリップボード》**グループの**《貼り付け》**の▼をクリックします。

⑨**《貼り付け先テーマを使用しデータをリンク》**をクリックします。

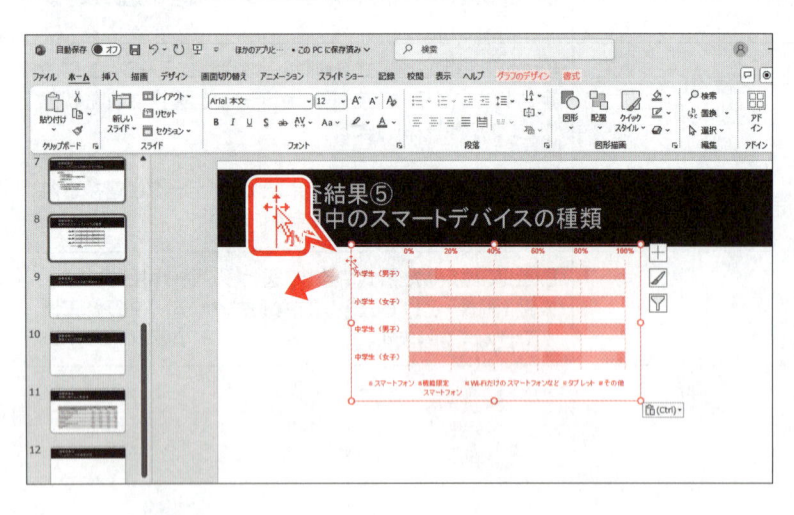

グラフが貼り付けられ、作成中のプレゼンテーションのテーマが適用されます。

リボンに**《グラフのデザイン》**タブと**《書式》**タブが表示されます。

グラフを移動します。

⑩グラフの枠線をポイントします。

マウスポインターの形が ✛ に変わります。

⑪図のように、ドラッグします。

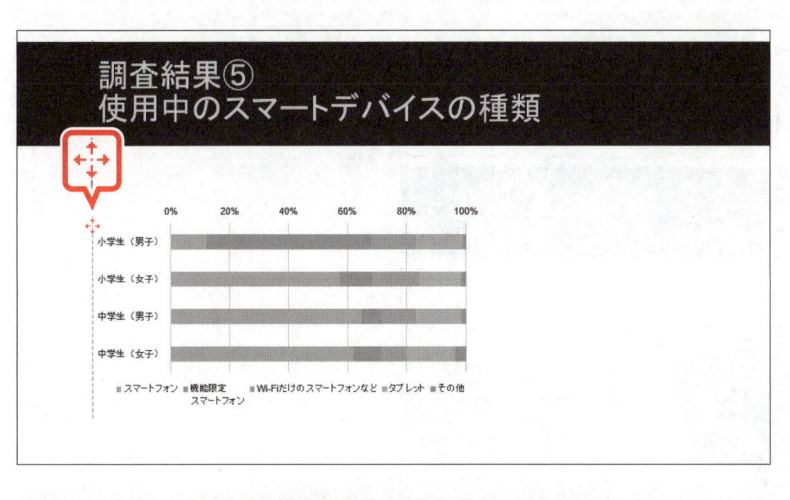

ドラッグ中、マウスポインターの形が ✛ に変わります。

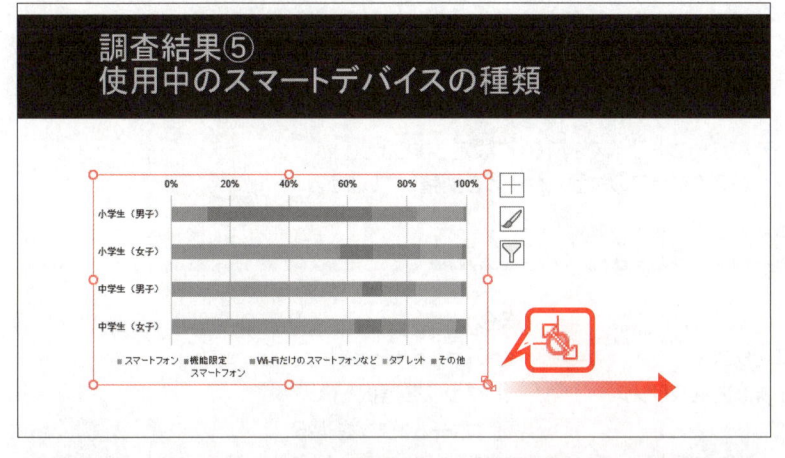

グラフが移動します。
グラフのサイズを変更します。
⑫図のようにドラッグします。

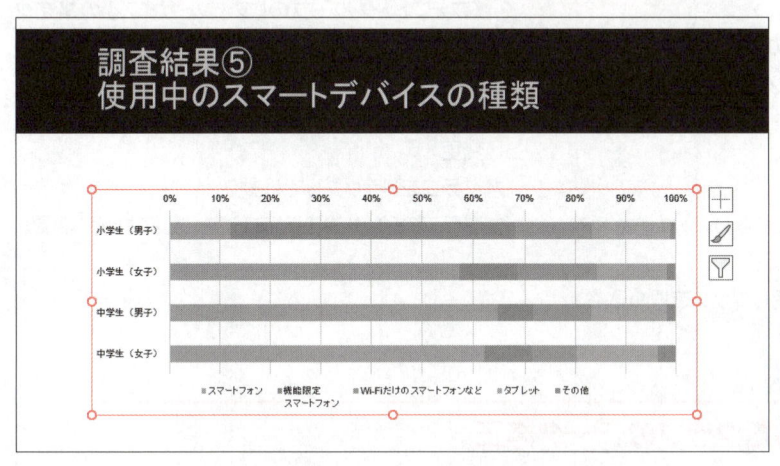

グラフのサイズが変更されます。

ためしてみよう

次のようにスライドを編集しましょう。

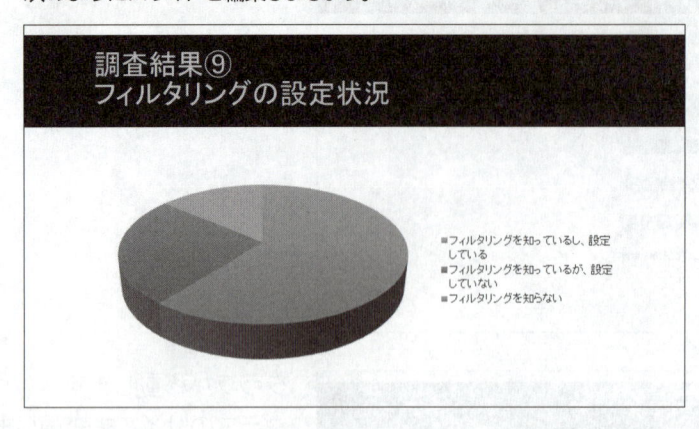

調査結果⑨
フィルタリングの設定状況

■フィルタリングを知っているし、設定している
■フィルタリングを知っているが、設定していない
■フィルタリングを知らない

① スライド12にExcelブック「調査データ」のシート「調査結果⑨」のグラフを、貼り付け先のテーマを使用し埋め込みましょう。
② スライド8とスライド12のグラフのフォントサイズを「16」に設定しましょう。
　次に、完成図を参考に、スライド12のグラフの位置とサイズを調整しましょう。

Let's Try Answer

①

① Excelブック「調査データ」に切り替え
② シート「調査結果⑨」のシート見出しをクリック
③ グラフを選択
④《ホーム》タブを選択
⑤《クリップボード》グループの《コピー》をクリック
⑥ 作成中のプレゼンテーション「ほかのアプリとの連携」に切り替え
⑦ スライド12を選択
⑧《ホーム》タブを選択
⑨《クリップボード》グループの《貼り付け》の▼をクリック
⑩《貼り付け先のテーマを使用しブックを埋め込む》をクリック

②

① スライド8を選択
② グラフを選択
③《ホーム》タブを選択
④《フォント》グループの《フォントサイズ》の▼をクリック
⑤《16》をクリック
⑥ 同様に、スライド12のグラフのフォントサイズを変更
⑦ グラフをドラッグして移動
⑧ グラフの〇（ハンドル）をドラッグしてサイズ変更

POINT　埋め込んだグラフのデータ修正

「貼り付け先のテーマを使用しブックを埋め込む」や「元の書式を保持しブックを埋め込む」を使って、スライドに埋め込んだグラフを修正する方法は、次のとおりです。

◆グラフを選択→《グラフのデザイン》タブ→《データ》グループの《データを編集します》

※データの編集で表示されるワークシートは、元のExcelブックではありません。タイトルバーに《Microsoft PowerPoint内のグラフ》と表示されます。

《データを編集します》

Microsoft PowerPoint 内のグラフ

リンクの確認

スライド8のグラフは、Excelブック**「調査データ」**のシート**「調査結果⑤」**のデータにリンクしているので、Excelブックのデータを修正するとスライド8にも修正が反映されます。
Excelのデータを次のように修正し、スライドに反映されることを確認しましょう。

小学生（男子）のスマートフォン	：12.2%→56.0%に修正
小学生（男子）の機能限定スマートフォン	：56.0%→12.2%に修正

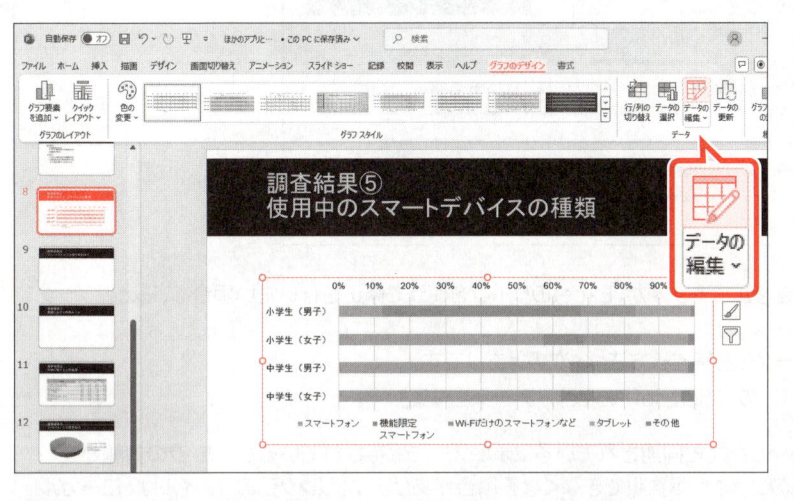

①スライド8を選択します。

②グラフを選択します。

③《グラフのデザイン》タブを選択します。

④《データ》グループの《データを編集します》をクリックします。

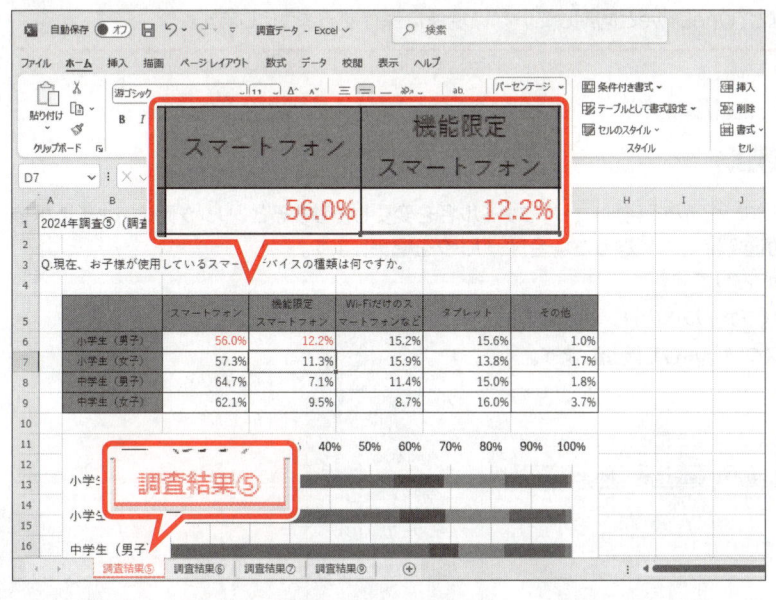

Excelブック**「調査データ」**が表示されます。

⑤シート**「調査結果⑤」**のシート見出しをクリックします。

データを修正します。

⑥セル【C6】を**「56.0%」**に修正します。

⑦セル【D6】を**「12.2%」**に修正します。

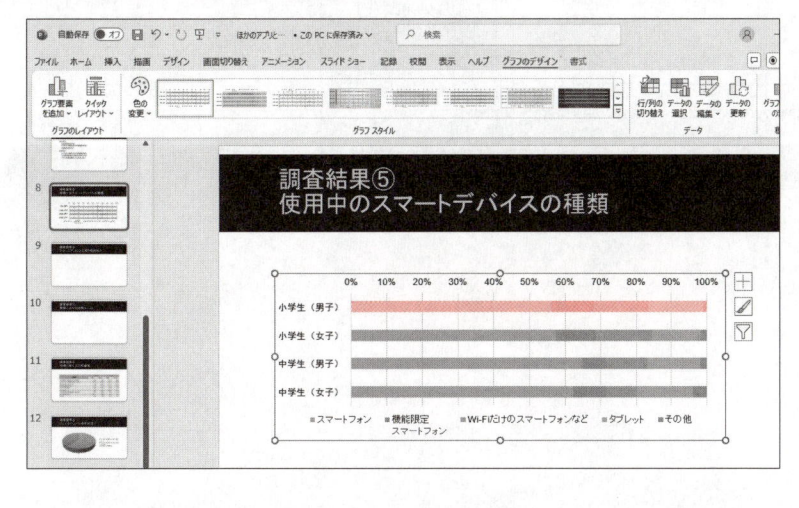

⑧作成中のプレゼンテーション**「ほかのアプリとの連携」**に切り替えます。

※タスクバーのPowerPointのアイコンをクリックすると、表示が切り替わります。

⑨スライド8のグラフに修正が反映されていることを確認します。

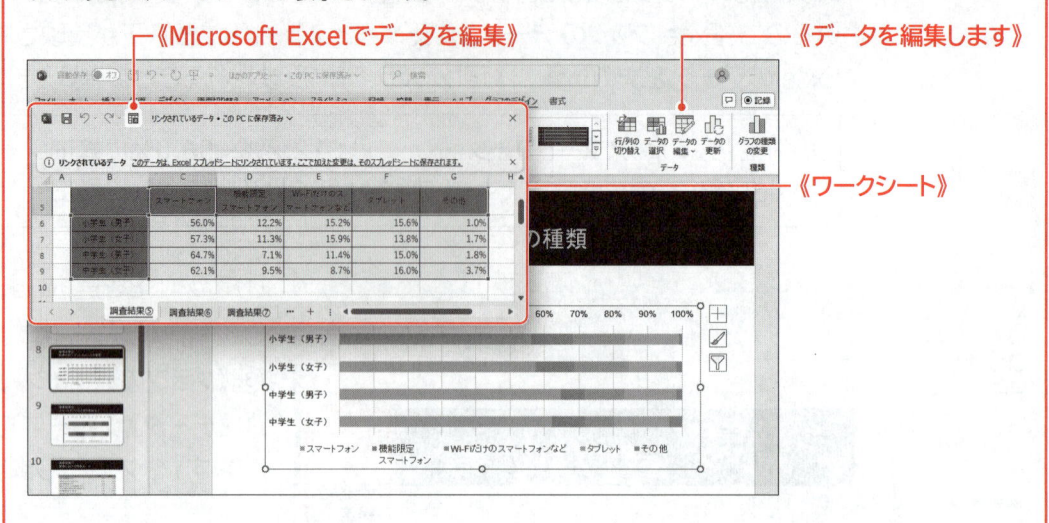

POINT リンク元ファイルが開いていない状態でのデータ修正

リンク貼り付けを行ったあと、リンク元のExcelブックを開いていない状態で《データを編集します》をクリックすると、ワークシートが表示されます。

《Microsoft Excelでデータを編集》　　　《データを編集します》

《ワークシート》

ワークシート上でもデータを修正できますが、Excelのリボンを使って修正を行いたい場合は、Excelブックを表示します。
Excelブックを表示してデータを編集する方法は、次のとおりです。

◆ワークシートのタイトルバーの《Microsoft Excelでデータを編集》

※リンク元のファイルがOneDriveと同期されているフォルダーに保存されていると、リンクの情報が正しく保存されず、リンク元のファイルが参照できなくなる場合があります。リンク元のファイルは、ローカルディスクやUSBドライブなど、OneDriveと同期していない場所に保存するようにします。

STEP UP リンクの編集

リンク貼り付けを行ったあとで、ファイルを移動したり、ファイル名を変更したりすると、リンク元のファイルが参照できなくなります。リンク元が参照できなくなった場合は、リンクを編集します。
リンクを編集する方法は、次のとおりです。

◆《ファイル》タブ→《情報》→《ファイルへのリンクの編集》

※表示されていない場合は、スクロールして調整します。

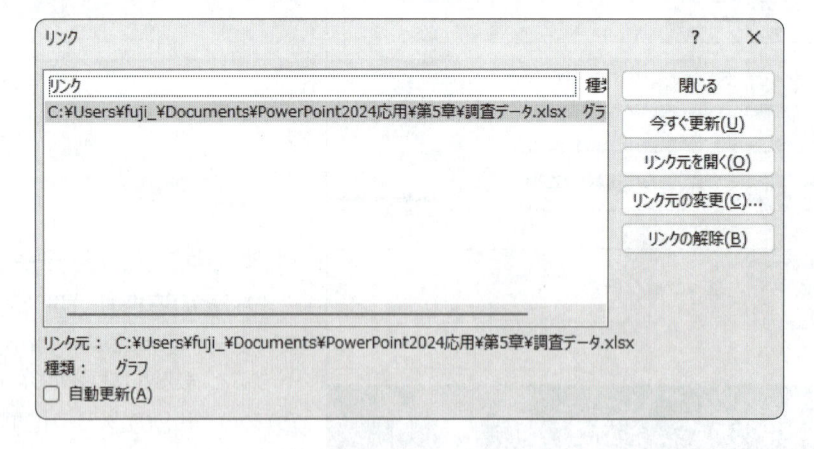

6 グラフの書式設定

スライドに貼り付けたExcelのグラフが、思うようなデザインや書式ではなかった場合は、PowerPointで設定できます。

スライド12のグラフにデータラベルを表示し、次のように書式を設定しましょう。

データラベルの位置	：内部外側
フォントサイズ	：24
太字	
フォントの色	：白、背景1

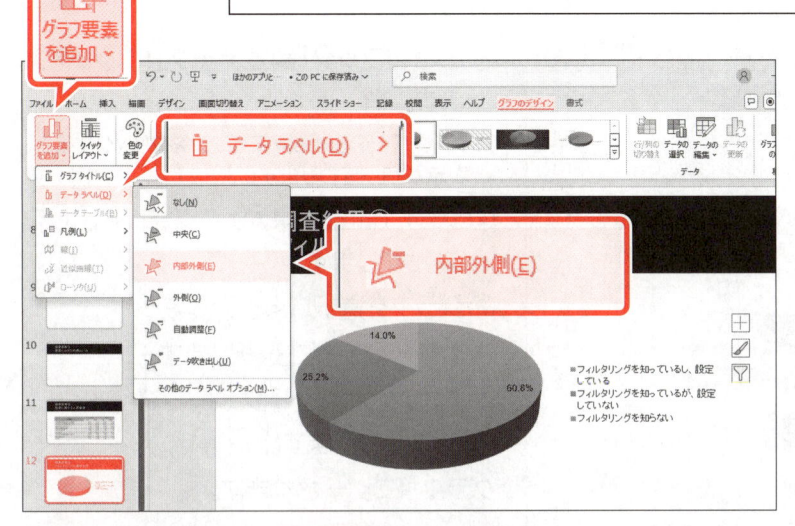

① スライド12を選択します。

② グラフを選択します。

③ 《グラフのデザイン》タブを選択します。

④ 《グラフのレイアウト》グループの《グラフ要素を追加》をクリックします。

⑤ 《データラベル》をポイントします。

⑥ 《内部外側》をクリックします。

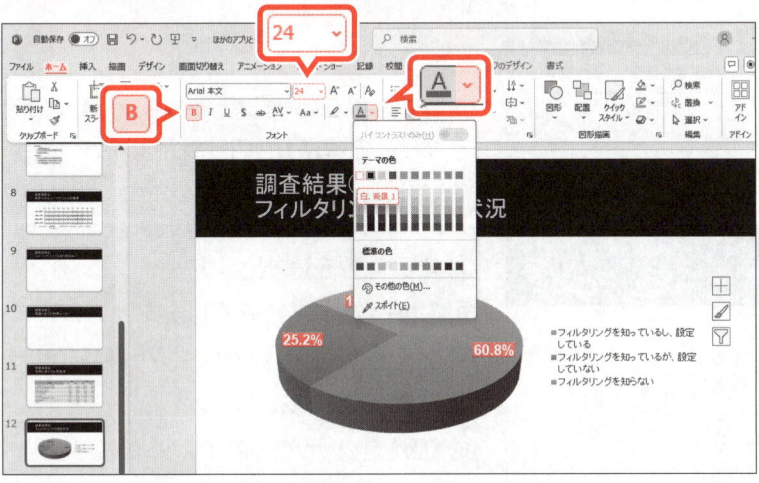

グラフにデータラベルが表示されます。

⑦ データラベルを選択します。

※どのデータラベルでもかまいません。

⑧ 《ホーム》タブを選択します。

⑨ 《フォント》グループの《フォントサイズ》の▼をクリックします。

⑩ 《24》をクリックします。

⑪ 《フォント》グループの《太字》をクリックします。

⑫ 《フォント》グループの《フォントの色》の▼をクリックします。

⑬ 《テーマの色》の《白、背景1》をクリックします。

データラベルに書式が設定されます。

※グラフ以外の場所をクリックして、選択を解除しておきましょう。

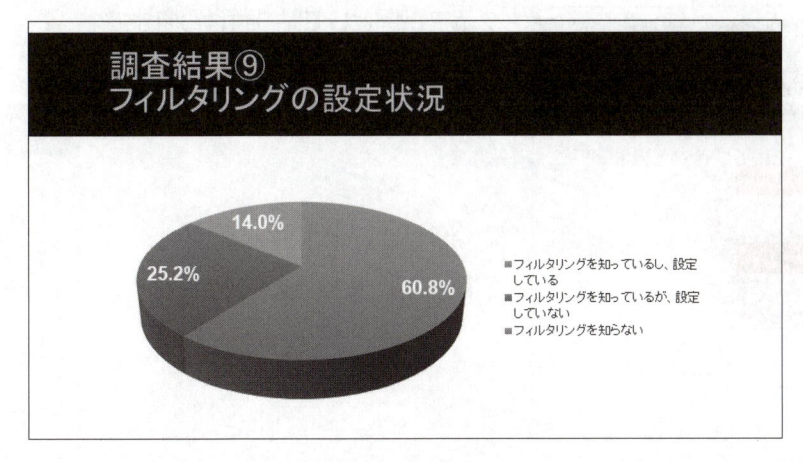

7 図として貼り付け

貼り付けたあとにデータを修正する必要がない場合は、Excelのグラフを図として貼り付けます。図として貼り付けると、写真などの画像と同じように、レイアウトを崩さずに自由にサイズを変更したり、スタイルを設定したりすることができます。

1 グラフを図として貼り付け

スライド9に、Excelブック「**調査データ**」のシート「**調査結果⑥**」のグラフを図として貼り付けましょう。

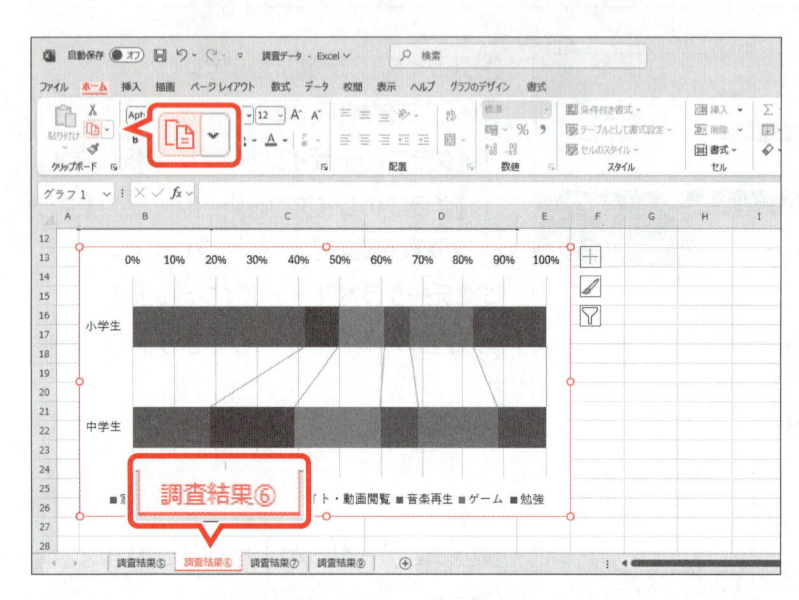

①Excelブック「**調査データ**」に切り替えます。

※タスクバーのExcelのアイコンをクリックすると、表示が切り替わります。

②シート「**調査結果⑥**」のシート見出しをクリックします。

③グラフを選択します。

④《**ホーム**》タブを選択します。

⑤《**クリップボード**》グループの《**コピー**》をクリックします。

グラフがコピーされます。

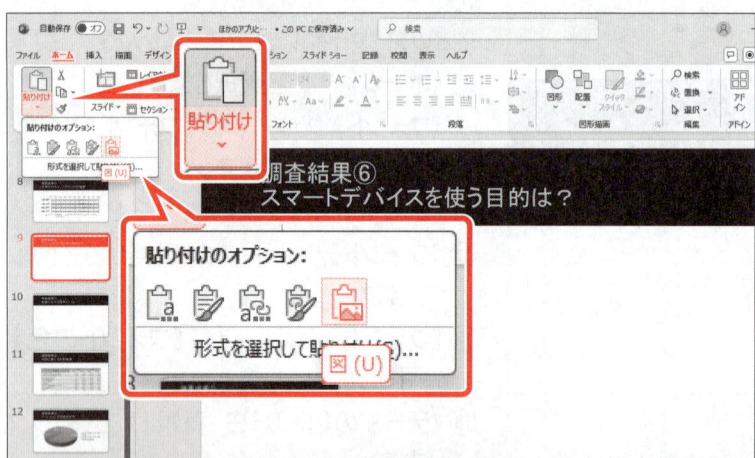

⑥作成中のプレゼンテーション「**ほかのアプリとの連携**」に切り替えます。

※タスクバーのPowerPointのアイコンをクリックすると、表示が切り替わります。

⑦スライド9を選択します。

⑧《**ホーム**》タブを選択します。

⑨《**クリップボード**》グループの《**貼り付け**》の▼をクリックします。

⑩《**図**》をクリックします。

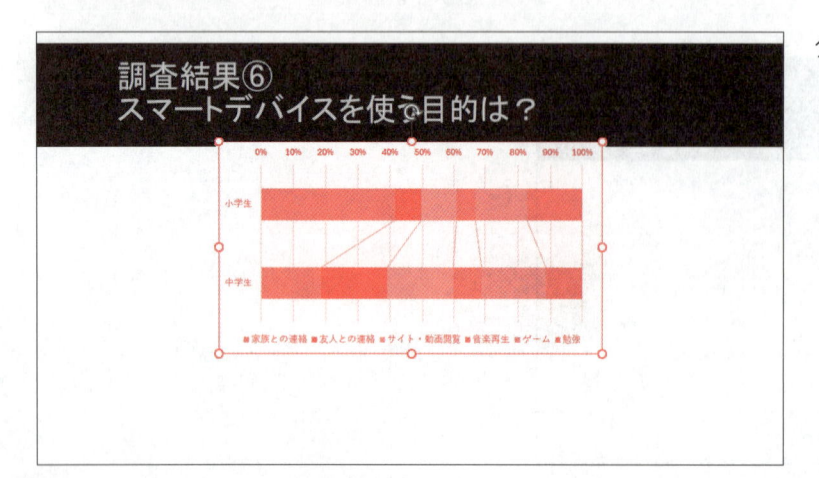

グラフが図として貼り付けられます。

2 図のスタイルの適用

スライドを表示したときに閲覧者の目を引くようにグラフを強調したい場合は、図にしたグラフにスタイルを設定するのも効果的です。

グラフに図のスタイル「**四角形、右下方向の影付き**」、図の効果「**面取り：カットアウト**」を適用しましょう。

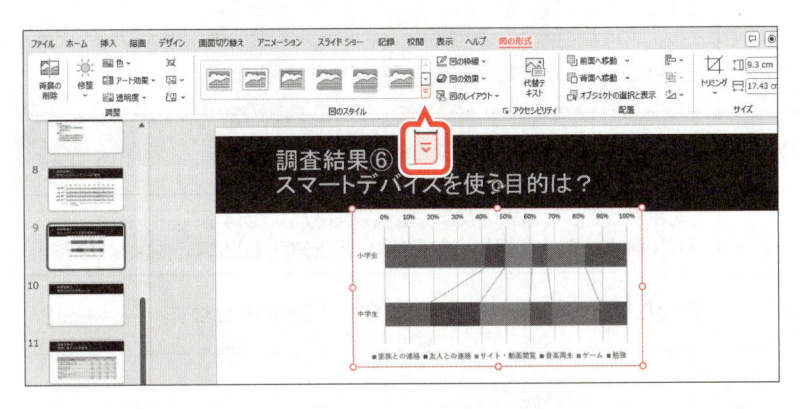

①グラフが選択されていることを確認します。

②《**図の形式**》タブを選択します。

③《**図のスタイル**》グループの ▼ をクリックします。

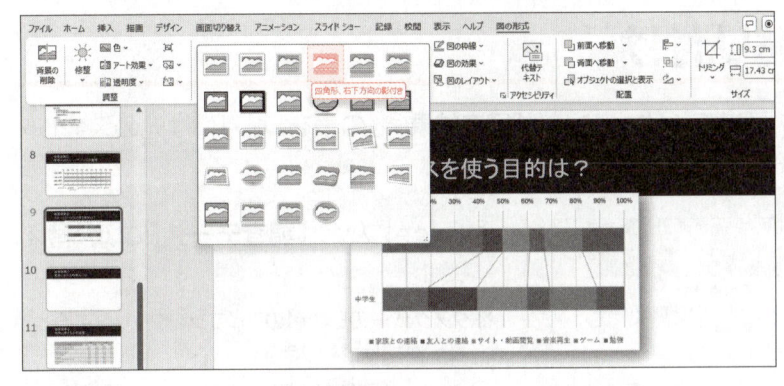

④《**四角形、右下方向の影付き**》をクリックします。

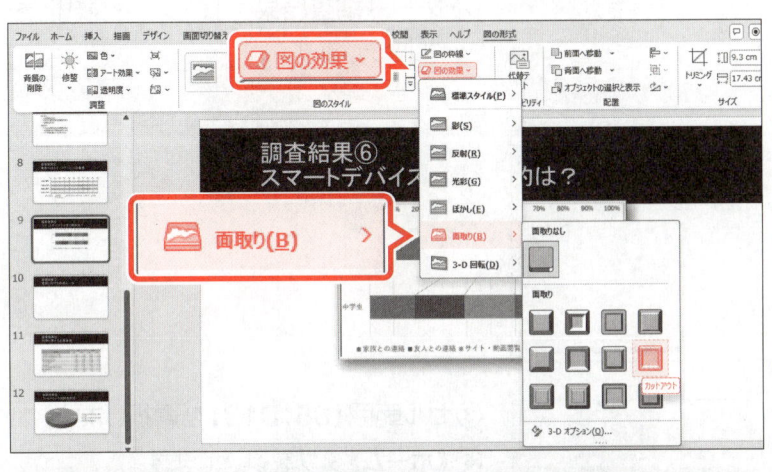

グラフにスタイルが適用されます。

⑤《**図のスタイル**》グループの《**図の効果**》をクリックします。

⑥《**面取り**》をポイントします。

⑦《**面取り**》の《**カットアウト**》をクリックします。

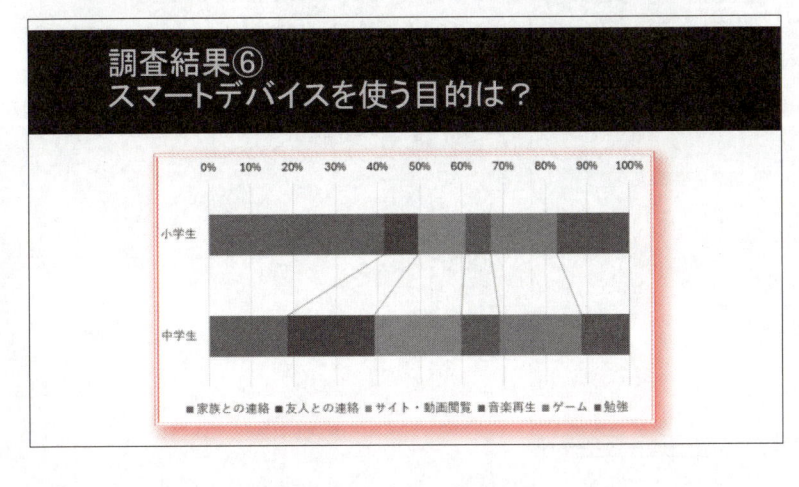

グラフに図の効果が適用されます。

※グラフの位置とサイズを調整しておきましょう。

※グラフ以外の場所をクリックして、選択を解除しておきましょう。

8 Excelの表の貼り付け方法

Excelの表をスライドに貼り付ける方法には、次のような種類があります。

ボタン	ボタンの名前	説明
	貼り付け先のスタイルを使用	Excelで設定した書式を削除し、貼り付け先のプレゼンテーションのスタイルで貼り付けます。
	元の書式を保持	Excelで設定した書式のまま、スライドに貼り付けます。
	埋め込み	Excelのオブジェクトとしてスライドに貼り付けます。
	図	Excelで設定した書式のまま、図として貼り付けます。 ※図(画像)としての扱いになるため、データの修正はできなくなります。
	テキストのみ保持	Excelで設定した書式を削除し、文字だけを貼り付けます。

9 Excelの表の貼り付け

スライド10にExcelブック**「調査データ」**のシート**「調査結果⑦」**の表を、貼り付け先のスタイルを使用して貼り付けましょう。

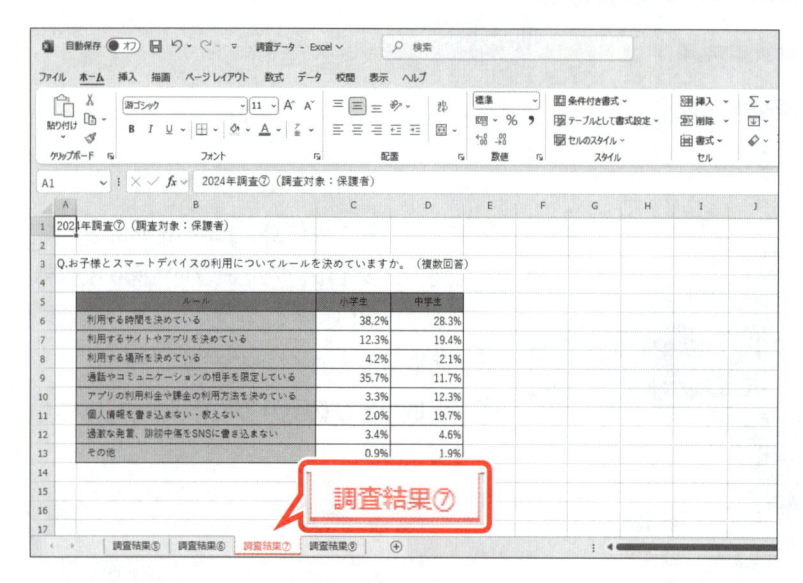

①Excelブック**「調査データ」**に切り替えます。

※タスクバーのExcelのアイコンをクリックすると、表示が切り替わります。

②シート**「調査結果⑦」**のシート見出しをクリックします。

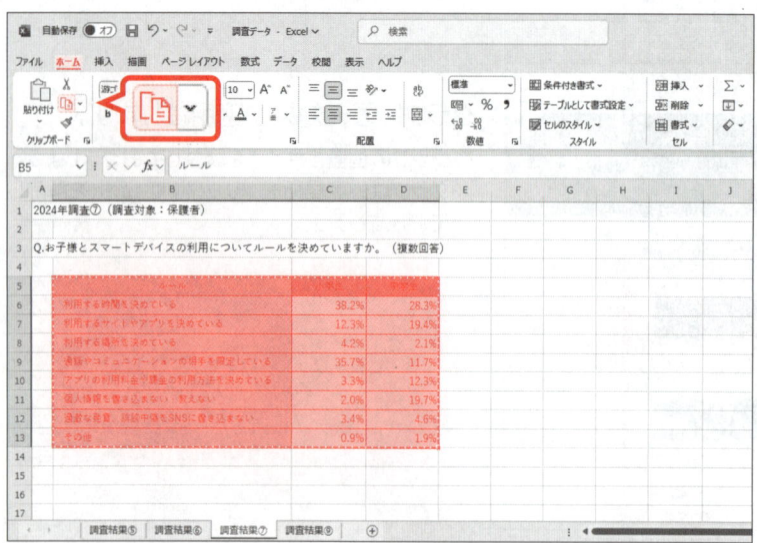

③セル範囲【B5:D13】を選択します。

④《**ホーム**》タブを選択します。

⑤《**クリップボード**》グループの《**コピー**》をクリックします。

コピーされた範囲が、点線で囲まれます。

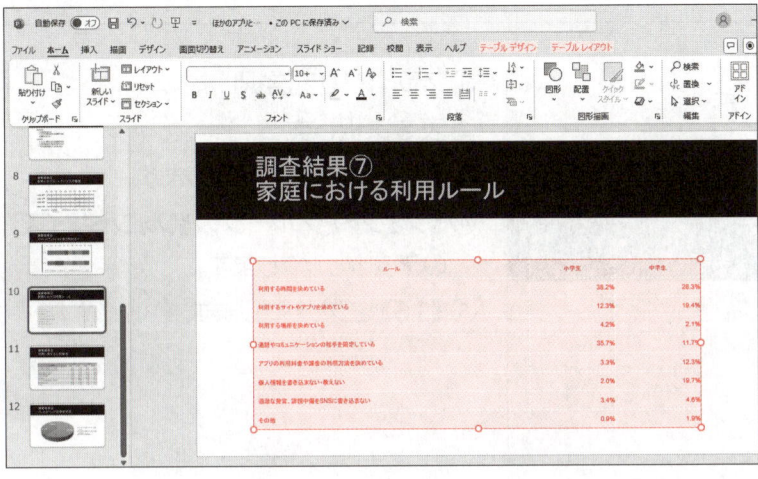

⑥ 作成中のプレゼンテーション「**ほかのア
プリとの連携**」に切り替えます。

※タスクバーのPowerPointのアイコンをクリック
すると、表示が切り替わります。

⑦ スライド10を選択します。

⑧ 《**ホーム**》タブを選択します。

⑨ 《**クリップボード**》グループの《**貼り付け**》
の▼をクリックします。

⑩ 《**貼り付け先のスタイルを使用**》をク
リックします。

表が貼り付けられます。
リボンに《**テーブルデザイン**》タブと《**テー
ブルレイアウト**》タブが表示されます。

※表の位置とサイズを調整しておきましょう。
※Excelブック「調査データ」を保存し、閉じてお
きましょう。

STEP UP **その他の方法（貼り付け先のスタイルを使用して貼り付け）**

◆ Excelの表をコピー→PowerPointを表示し、スライドを選択→《ホーム》タブ→《クリップボード》グループの
《貼り付け》

STEP UP **Excelの表のリンク貼り付け**

Excelの表をリンク貼り付けする方法は、次のとおりです。

◆ Excelの表をコピー→PowerPointを表示し、スライドを選択→《ホーム》タブ→《クリップボード》グループの
《貼り付け》の▼→《形式を選択して貼り付け》→《（◉）リンク貼り付け》→《Microsoft Excelワークシートオブ
ジェクト》

リンク貼り付けした表のデータを修正する方法は、次のとおりです。

◆ スライドに貼り付けた表をダブルクリック

10 表の書式設定

スライドに貼り付けたExcelの表が思うようなデザインや書式ではなかった場合は、PowerPointで設定できます。

1 表全体の書式設定

プレゼンテーション内の統一感を出すために、スライド10に貼り付けた表に、次のような書式を設定しましょう。

> フォントサイズ ：16
> 表のスタイル　：中間スタイル2-アクセント2

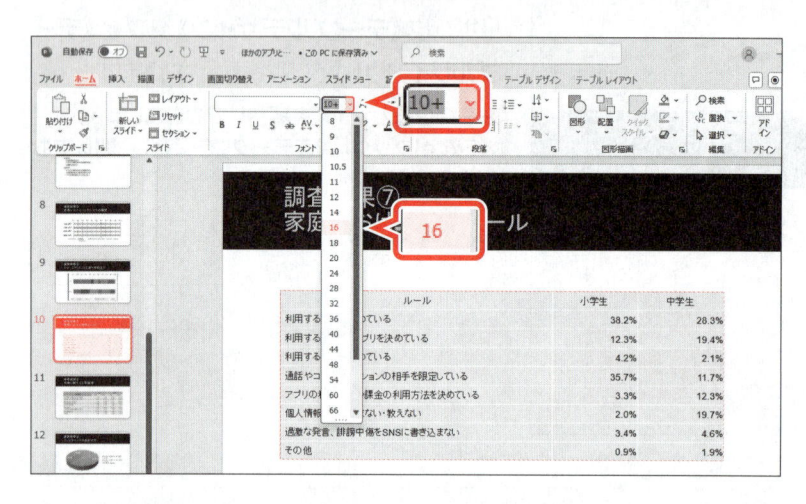

① スライド10を選択します。

② 表を選択します。

③《ホーム》タブを選択します。

④《フォント》グループの《フォントサイズ》の▼をクリックします。

⑤《16》をクリックします。

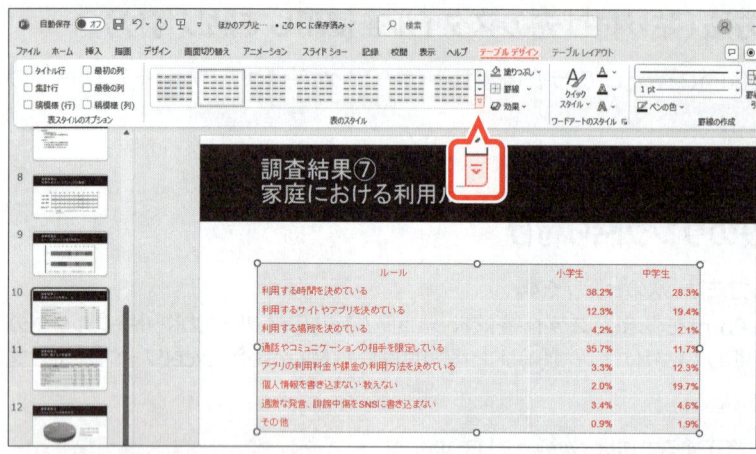

フォントサイズが変更されます。

⑥《テーブルデザイン》タブを選択します。

⑦《表のスタイル》グループの ▼ をクリックします。

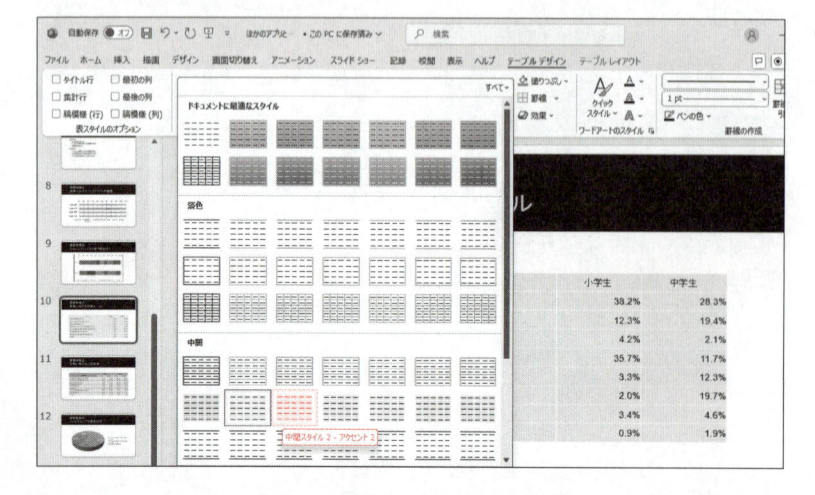

⑧《中間》の《中間スタイル2-アクセント2》をクリックします。

表にスタイルが適用されます。

ルール	小学生	中学生
利用する時間を決めている	38.2%	28.3%
利用するサイトやアプリを決めている	12.3%	19.4%
利用する場所を決めている	4.2%	2.1%
通話やコミュニケーションの相手を限定している	35.7%	11.7%
アプリの利用料金や課金の利用方法を決めている	3.3%	12.3%
個人情報を書き込まない・教えない	2.0%	19.7%
過激な発言、誹謗中傷をSNSに書き込まない	3.4%	4.6%
その他	0.9%	1.9%

2 表の1行目の書式設定

表の1行目を強調し、フォントの色を「黒、テキスト1」に設定しましょう。

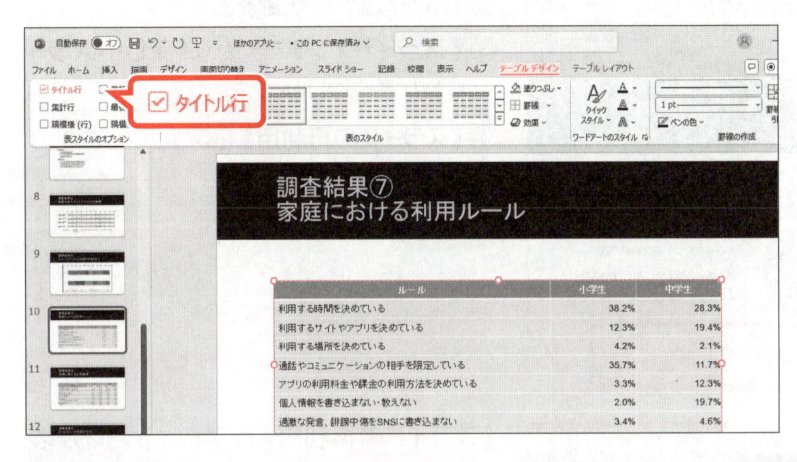

①表が選択されていることを確認します。
②《テーブルデザイン》タブを選択します。
③《表スタイルのオプション》グループの
《タイトル行》を☑にします。

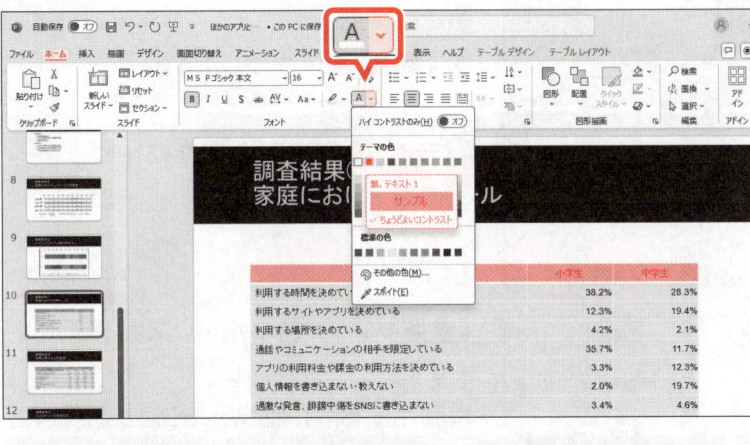

④表の1行目を選択します。
※表の1行目の左側をポイントし、マウスポインターの形が➡に変わったらクリックします。
⑤《ホーム》タブを選択します。
⑥《フォント》グループの《フォントの色》
の▼をクリックします。
⑦《テーマの色》の《黒、テキスト1》をク
リックします。

表の1行目に書式が設定されます。
※表の選択を解除して、書式を確認しておきましょう。

調査結果⑦ 家庭における利用ルール

ルール	小学生	中学生
利用する時間を決めている	38.2%	28.3%
利用するサイトやアプリを決めている	12.3%	19.4%
利用する場所を決めている	4.2%	2.1%
通話やコミュニケーションの相手を限定している	35.7%	11.7%
アプリの利用料金や課金の利用方法を決めている	3.3%	12.3%
個人情報を書き込まない・教えない	2.0%	19.7%
過激な発言、誹謗中傷をSNSに書き込まない	3.4%	4.6%
その他	0.9%	1.9%

STEP4 ほかのPowerPointのデータを利用する

1 スライドの再利用

作成済みのプレゼンテーションのスライドをテンプレートのように利用したい、または、作成中のプレゼンテーションに、既存のプレゼンテーションのスライドを使いたいということもあります。そのようなときは、**「スライドの再利用」**を使って、既存のプレゼンテーションからスライドを挿入します。

スライド12のうしろに、フォルダー**「第5章」**のプレゼンテーション**「調査まとめ」**のスライドを挿入しましょう。

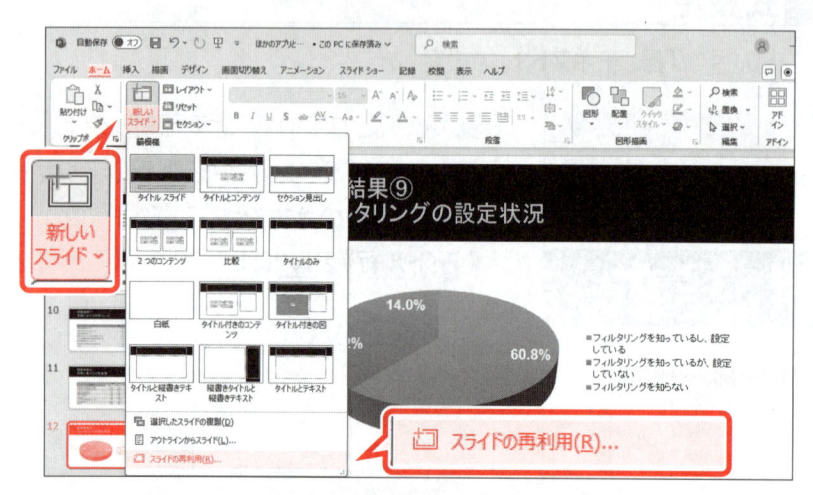

① スライド12を選択します。

② 《**ホーム**》タブを選択します。

③ 《**スライド**》グループの《**新しいスライド**》の▼をクリックします。

④ 《**スライドの再利用**》をクリックします。

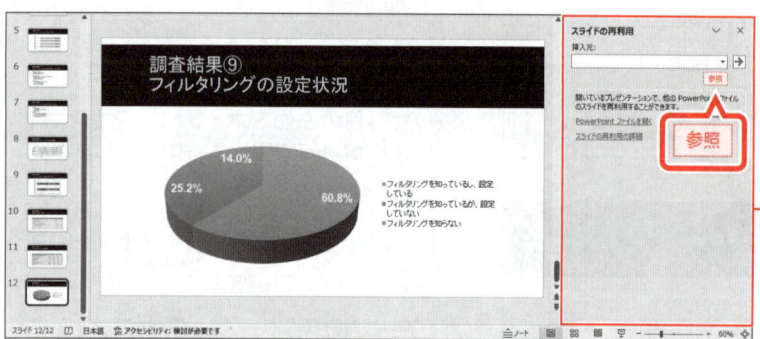

《**スライドの再利用**》作業ウィンドウが表示されます。

⑤ 《**参照**》をクリックします。

—《**スライドの再利用**》作業ウィンドウ

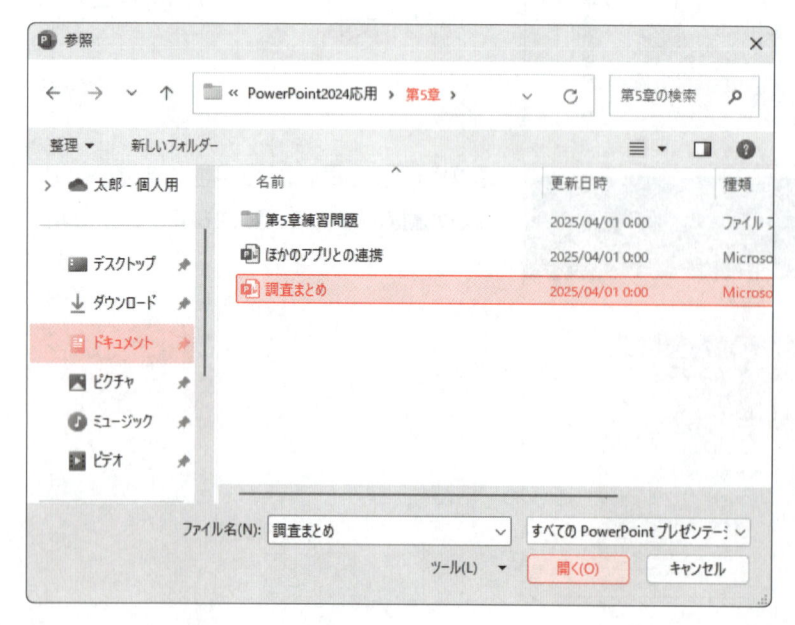

《**参照**》ダイアログボックスが表示されます。

再利用するプレゼンテーションが保存されている場所を選択します。

⑥ 左側の一覧から《**ドキュメント**》を選択します。

⑦ 一覧から「**PowerPoint2024応用**」を選択します。

⑧ 《**開く**》をクリックします。

⑨ 一覧から「**第5章**」を選択します。

⑩ 《**開く**》をクリックします。

⑪ 一覧から「**調査まとめ**」を選択します。

⑫ 《**開く**》をクリックします。

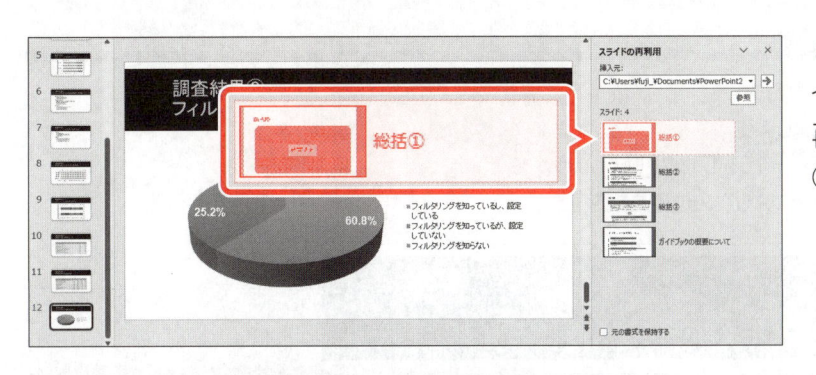

《スライドの再利用》作業ウィンドウにスライドの一覧が表示されます。
再利用するスライドを選択します。
⑬「**総括①**」のスライドをクリックします。

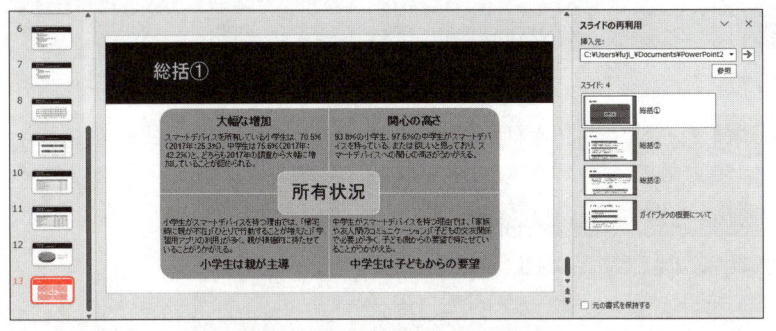

スライド12のうしろに「**総括①**」のスライドが挿入され、作成中のプレゼンテーションのテーマが適用されます。

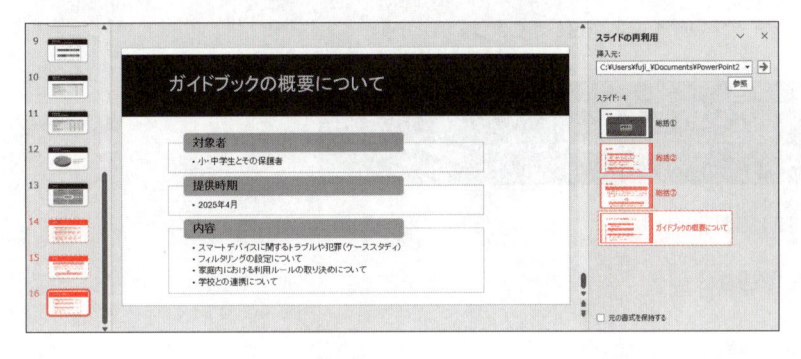

⑭同様に、「**総括②**」「**総括③**」「**ガイドブックの概要について**」のスライドを挿入します。

※《スライドの再利用》作業ウィンドウを閉じておきましょう。

POINT **元の書式を保持したスライドの再利用**

元のスライドの書式のままスライドを再利用したい場合は、《スライドの再利用》作業ウィンドウの《元の書式を保持する》を ☑ にします。

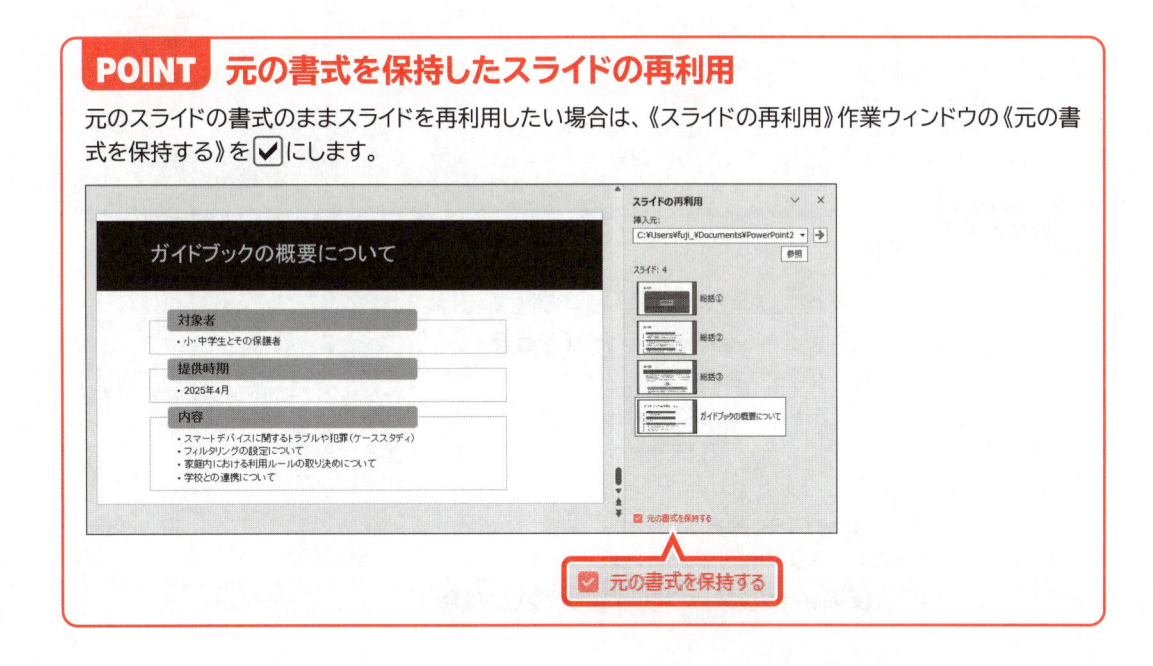

ためしてみよう

次のようにスライドを編集しましょう。

① 挿入したスライド13～スライド16をリセットしましょう。

② スライド15のSmartArtグラフィックの位置を調整しましょう。

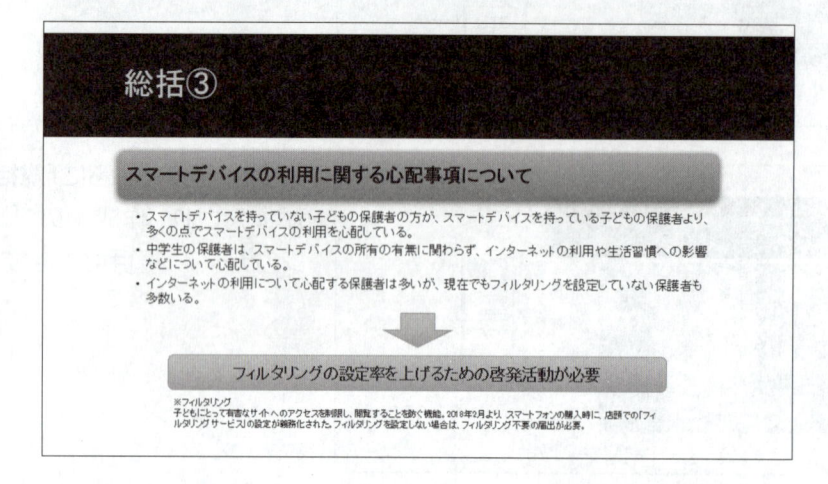

③ スライド16のSmartArtグラフィックのサイズを調整しましょう。

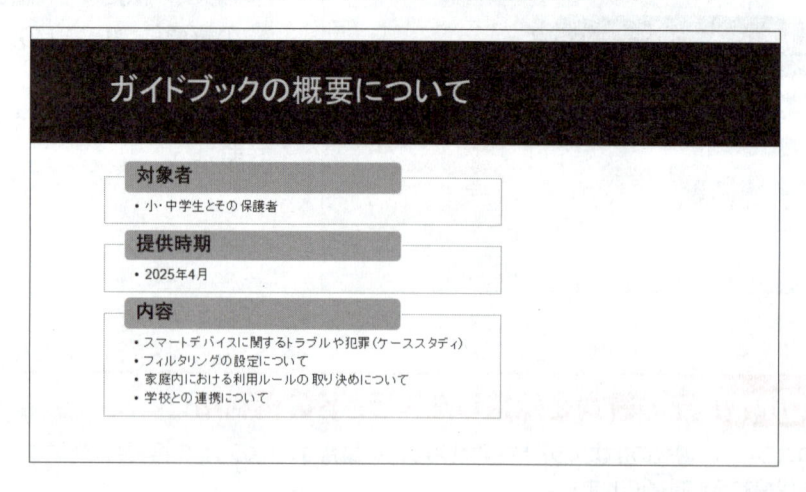

①

① スライド13を選択

② [Shift]を押しながら、スライド16を選択

③《ホーム》タブを選択

④《スライド》グループの《リセット》をクリック

②

① スライド15を選択

② SmartArtグラフィックを選択

③ SmartArtグラフィックを上にドラッグして移動

③

① スライド16を選択

② SmartArtグラフィックを選択

③ SmartArtグラフィックの右中央の〇（ハンドル）を左にドラッグしてサイズ変更

STEP5 スクリーンショットを挿入する

1 作成するスライドの確認

次のようなスライドを作成しましょう。

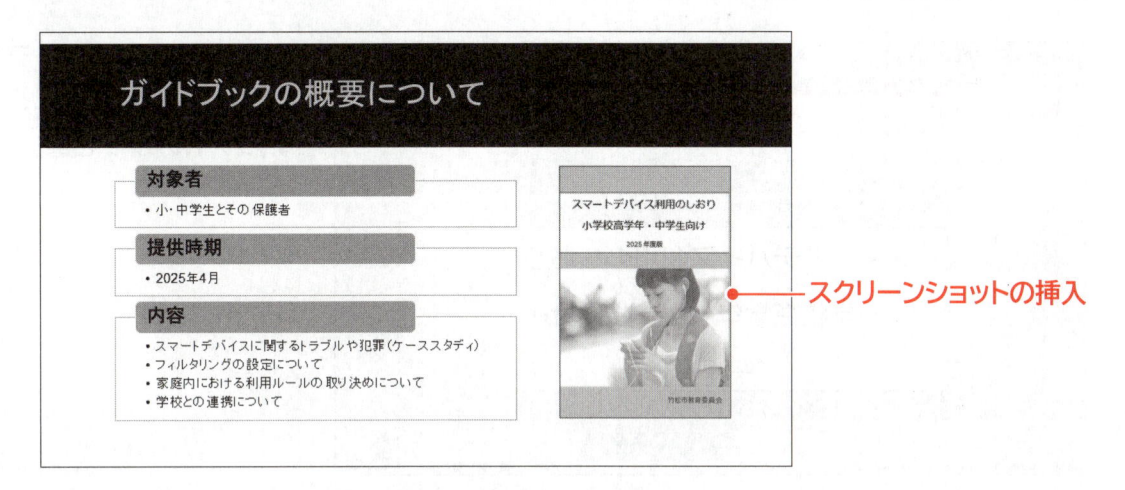

スクリーンショットの挿入

2 スクリーンショット

「**スクリーンショット**」を使うと、起動中のほかのアプリのウィンドウや領域、デスクトップの画面などを画像として貼り付けることができます。画像ファイルを事前に用意しておかなくても、表示されている画面を画像にして簡単に挿入できます。

スクリーンショットを使って、Word文書「**スマートデバイス利用のしおり**」を画像として貼り付けましょう。

●Word文書

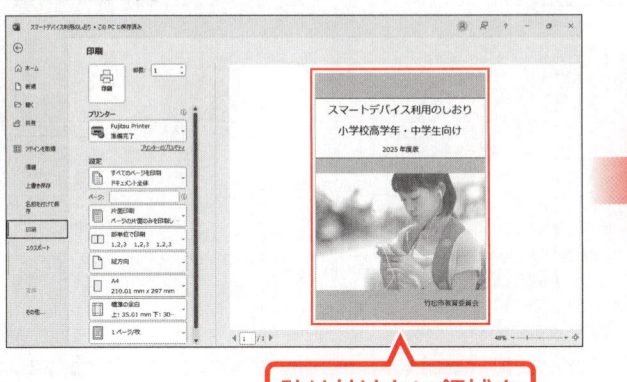

貼り付けたい領域を
選択すると…

●プレゼンテーション

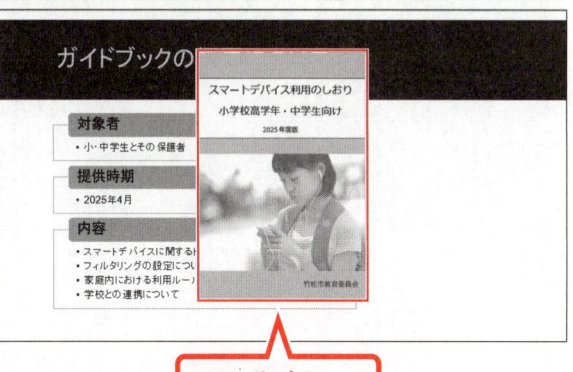

スライド内に
貼り付けられる

■1 印刷イメージの表示

スクリーンショットで画像を貼り付ける場合は、貼り付けたい部分を画面に表示しておく必要があります。

ここでは、Word文書「**スマートデバイス利用のしおり**」の印刷イメージを画面に表示してからスクリーンショットをとります。

OPEN

W スマートデバイス
利用のしおり

Word文書を開いて、印刷イメージを表示しましょう。

※Word文書「スマートデバイス利用のしおり」を開くと、表紙ページだけが表示されます。

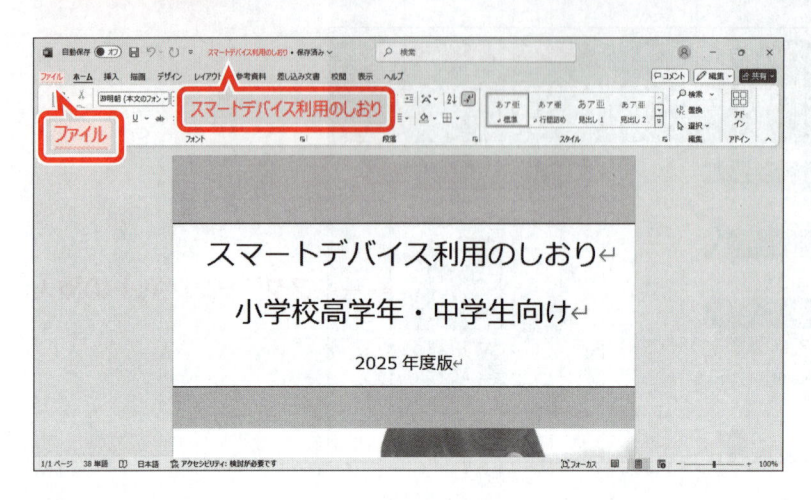

①Word文書「**スマートデバイス利用のしおり**」が開いていることを確認します。

②《**ファイル**》タブを選択します。

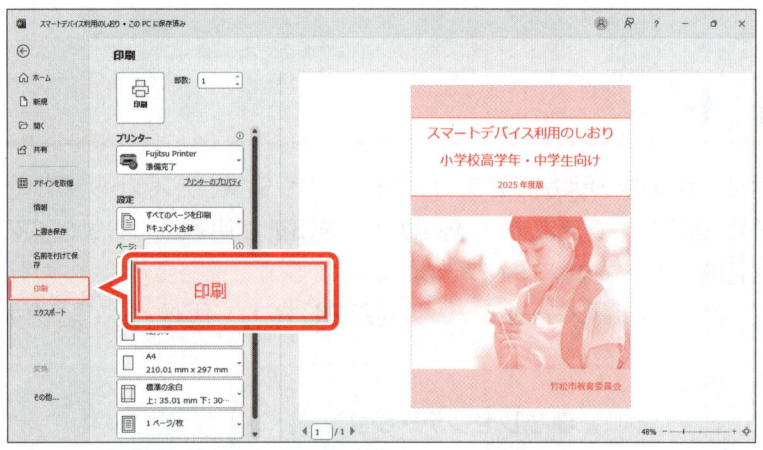

③《**印刷**》をクリックします。

④印刷イメージが表示され、ページ全体が表示されていることを確認します。

2 スクリーンショットの挿入

スライド16に、Word文書「**スマートデバイス利用のしおり**」のスクリーンショットを挿入し、枠線を設定しましょう。

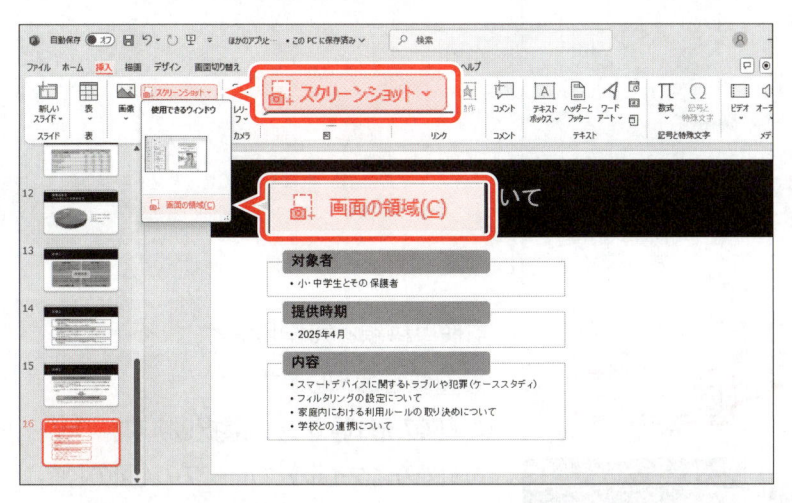

① 作成中のプレゼンテーション「**ほかのアプリとの連携**」に切り替えます。

※タスクバーのPowerPointのアイコンをクリックすると、表示が切り替わります。

② スライド16を選択します。

③ 《**挿入**》タブを選択します。

④ 《**画像**》グループの《**スクリーンショットをとる**》をクリックします。

⑤ 《**画面の領域**》をクリックします。

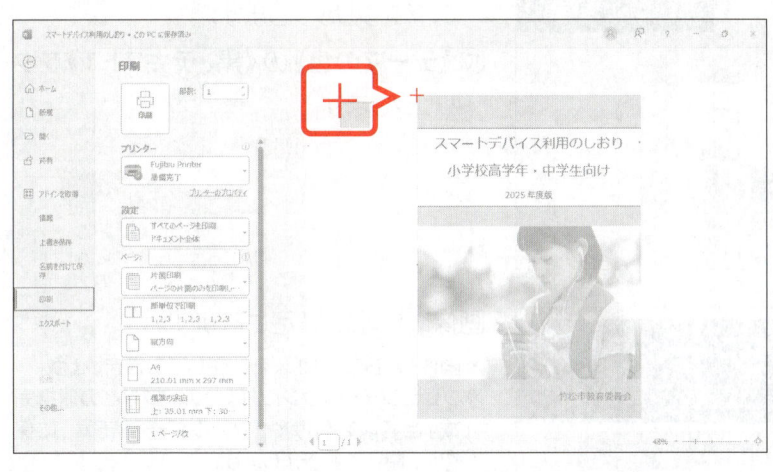

Word文書「**スマートデバイス利用のしおり**」が表示されます。

画面が白く表示され、マウスポインターの形が╋に変わります。

※画面の表示を調整しなおす場合は、[Esc]を押します。

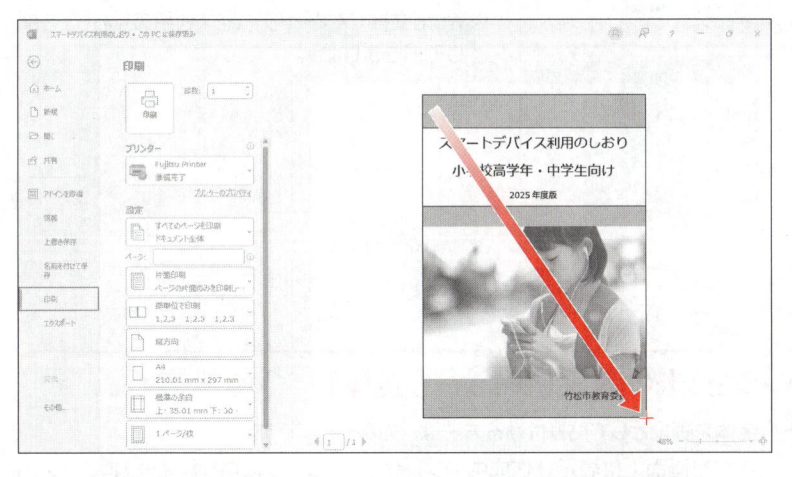

⑥ 図のようにドラッグします。

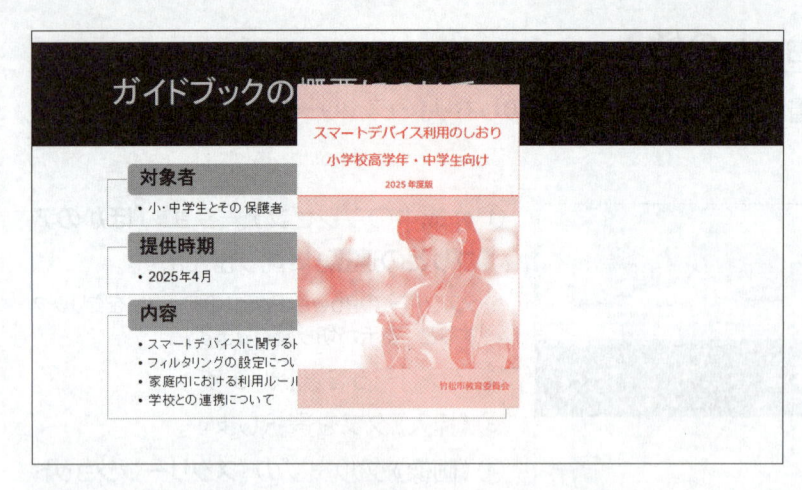

作成中のプレゼンテーションが表示され、
スライド16に画像が貼り付けられます。

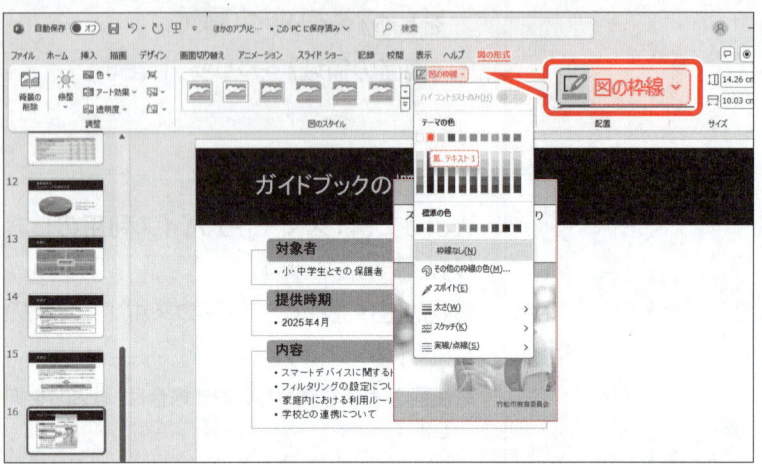

画像に枠線を設定します。

⑦画像を選択します。

⑧《図の形式》タブを選択します。

⑨《図のスタイル》グループの《図の枠線》
　の▼をクリックします。

⑩《テーマの色》の《黒、テキスト1》をク
　リックします。

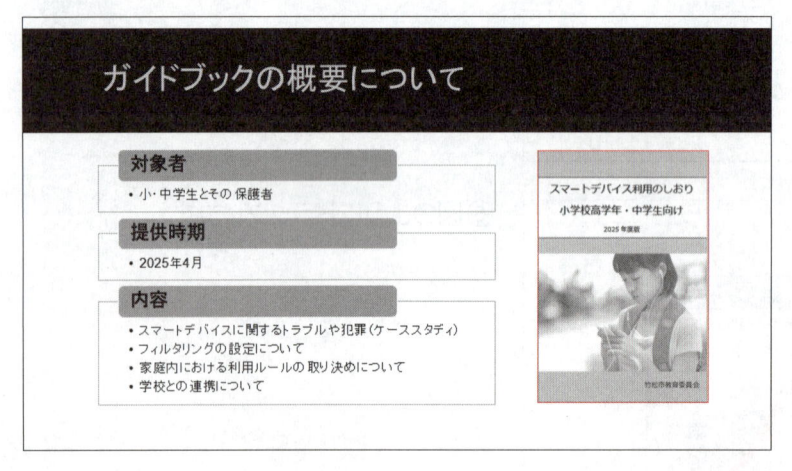

画像に枠線が設定されます。

※画像の位置とサイズを調整しておきましょう。
※プレゼンテーションに「ほかのアプリとの連携完
　成」と名前を付けて、フォルダー「第5章」に保
　存し、閉じておきましょう。
※Word文書「スマートデバイス利用のしおり」を閉
　じておきましょう。

POINT　スクリーンショットの挿入（ウィンドウ全体）

スクリーンショットでウィンドウ全体を画像として貼り付ける方法は、次のとおりです。

◆画像として貼り付けるウィンドウを画面上に表示→作成中のプレゼンテーションに切り替え→《挿入》タ
　ブ→《画像》グループの《スクリーンショットをとる》→《使用できるウィンドウ》の一覧から選択

※最小化（タスクバーに格納）した状態では、スクリーンショットはとれません。スクリーンショットをとりた
　いウィンドウは最大化、または任意のサイズで表示しておく必要があります。

練習問題

OPEN

P 第5章練習問題

あなたは、子どものスマートデバイス利用に関する調査を行い、その結果について報告するためのプレゼンテーションを作成しています。
完成図のようなスライドを作成しましょう。

●完成図

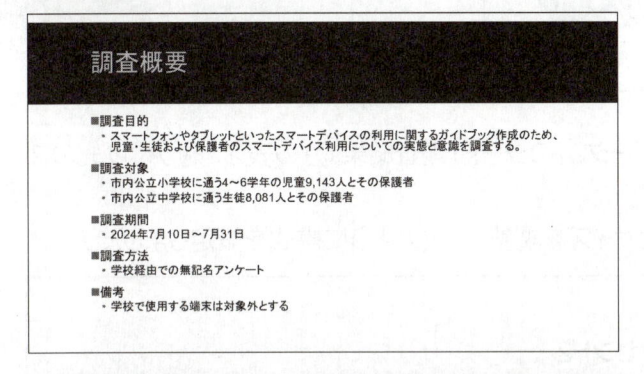

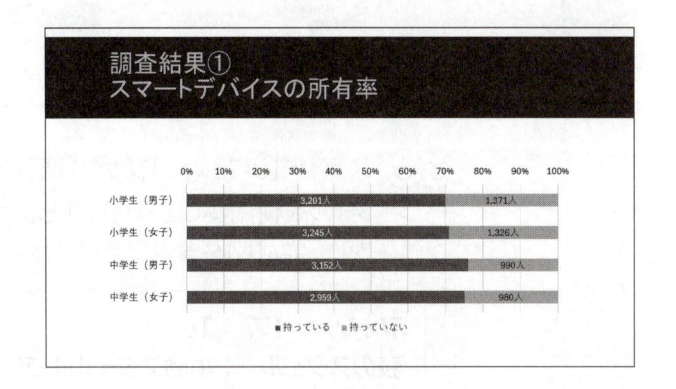

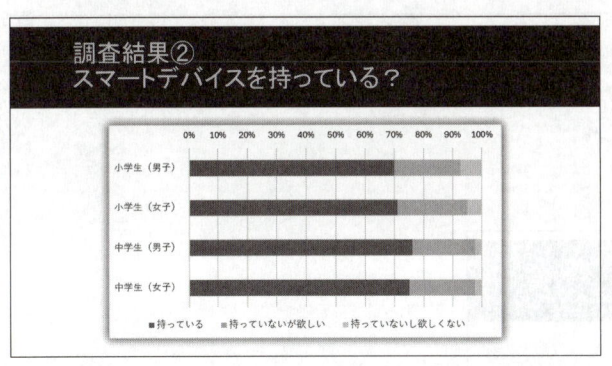

① スライド1のうしろに、フォルダー**「第5章練習問題」**のWord文書**「調査概要」**を挿入しましょう。

※Word文書「調査概要」には、見出し1～見出し3のスタイルが設定されています。

② スライド2～スライド4をリセットしましょう。
次に、スライド3とスライド4のレイアウトを**「タイトルのみ」**に変更しましょう。

③ スライド3に、フォルダー**「第5章練習問題」**のExcelブック**「調査データ2」**のシート**「調査結果①」**のグラフを、元の書式を保持したままリンクしましょう。
次に、完成図を参考に、グラフの位置とサイズを調整し、グラフ内の文字のフォントサイズを**「16」**に変更しましょう。

④ スライド3のグラフに、データラベルを表示しましょう。表示位置は**「中央」**にします。
次に、**「持っている」**のデータラベルのフォントの色を**「白、背景1」**に変更しましょう。

⑤ スライド4に、Excelブック**「調査データ2」**のシート**「調査結果②」**のグラフを図として貼り付けましょう。
次に、貼り付けた図に、図のスタイル**「四角形、背景の影付き」**を適用し、完成図を参考に、グラフの位置とサイズを調整しましょう。

完成図のようにスライドを編集しましょう。

●完成図

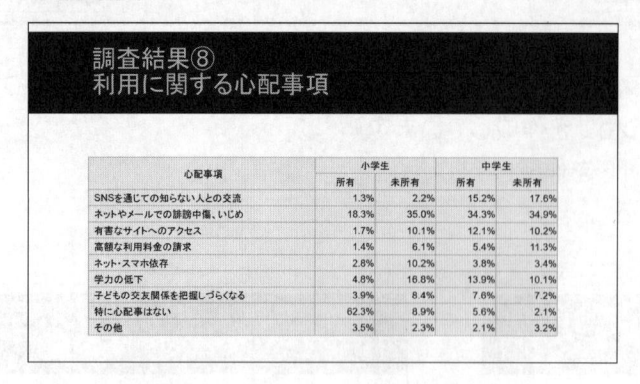

⑥ スライド10にExcelブック「**調査データ2**」のシート「**調査結果⑧**」の表を、貼り付け先のスタイルを使用して貼り付けましょう。
　次に、完成図を参考に表の位置とサイズを調整し、次のように書式を設定しましょう。

> フォントサイズ　：16
> 表のスタイル　　：中間スタイル4-アクセント2

完成図のようなスライドを作成しましょう。

●完成図

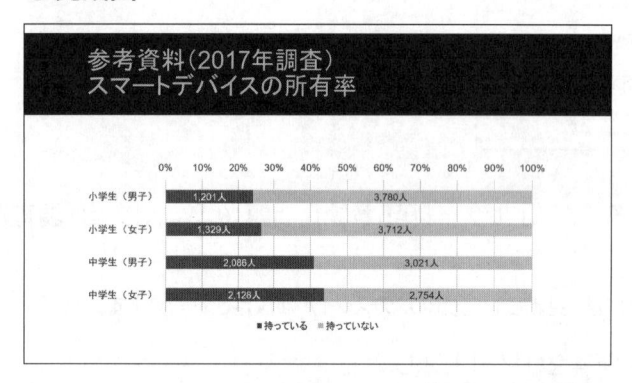

⑦ スライド3のうしろに、フォルダー「**第5章練習問題**」のプレゼンテーション「**2017年調査資料**」のスライド3「**調査結果①スマートデバイスの所有率**」を挿入しましょう。

⑧ スライド4のタイトルを、次のように修正しましょう。

> **参考資料（2017年調査）**
> **スマートデバイスの所有率**

※プレゼンテーションに「第5章練習問題完成」と名前を付けて、フォルダー「第5章練習問題」に保存し、閉じておきましょう。

第6章

プレゼンテーションの校閲

この章で学ぶこと

学習前に習得すべきポイントを理解しておき、
学習後には確実に習得できたかどうかを振り返りましょう。

■ プレゼンテーション内の単語を検索できる。　→ P.193 ☑☑☑

■ プレゼンテーション内の単語を置換できる。　→ P.195 ☑☑☑

■ プレゼンテーション内のコメントを表示したり、
　非表示にしたりできる。　→ P.197 ☑☑☑

■ コメントに表示されるユーザー情報を変更できる。　→ P.198 ☑☑☑

■ スライドにコメントを挿入できる。　→ P.199 ☑☑☑

■ コメントを編集できる。　→ P.201 ☑☑☑

■ コメントに返信できる。　→ P.202 ☑☑☑

■ コメントを削除できる。　→ P.202 ☑☑☑

■ プレゼンテーションを比較できる。　→ P.204 ☑☑☑

■ プレゼンテーションを比較後、変更内容を反映できる。　→ P.209 ☑☑☑

■ 校閲作業を終了して、反映結果を確定できる。　→ P.214 ☑☑☑

1 検索

OPEN
P プレゼンテーションの校閲

作成したプレゼンテーションの中から特定の単語を目視で探すと、スライドの枚数が多いほど時間と手間がかかるうえに、見逃してしまう可能性もあります。
「検索」を使うと、効率よく正確に探すことができます。
プレゼンテーション内の**「フィルタリング」**という単語を検索しましょう。

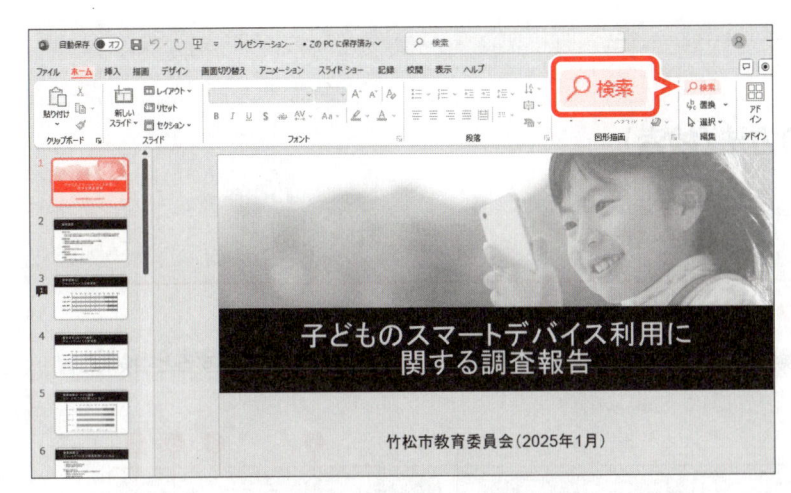

プレゼンテーションの先頭から検索します。

①スライド1を選択します。

②**《ホーム》**タブを選択します。

③**《編集》**グループの**《検索》**をクリックします。

※**《編集》**グループが（編集）で表示されている場合は、クリックすると**《編集》**グループのボタンが表示されます。

※お使いの環境によっては、**《検索》**が**《検索と置換》**と表示される場合があります。その場合は、P.194「POINT 《検索と置換》作業ウィンドウ」を参考に操作してください。

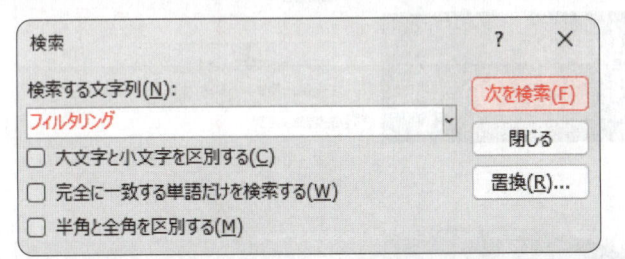

《検索》ダイアログボックスが表示されます。

④**《検索する文字列》**に「**フィルタリング**」と入力します。

⑤**《次を検索》**をクリックします。

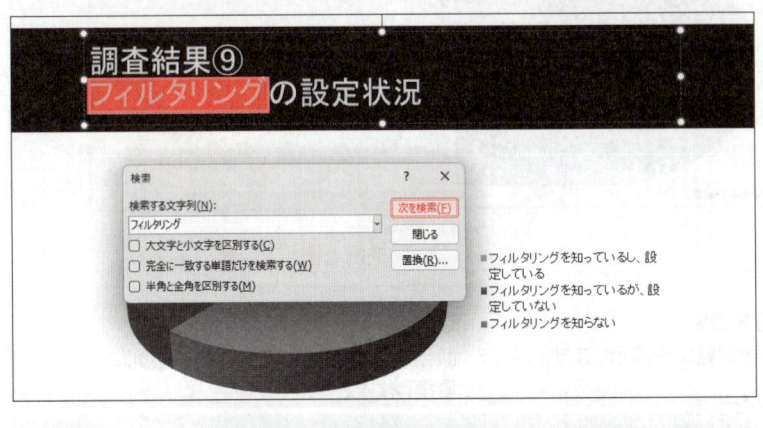

スライド12のタイトルに入力されている**「フィルタリング」**が選択されます。

※選択された文字に**《検索》**ダイアログボックスが重なって確認できない場合は、ダイアログボックスを移動しておきましょう。

⑥**《次を検索》**をクリックします。

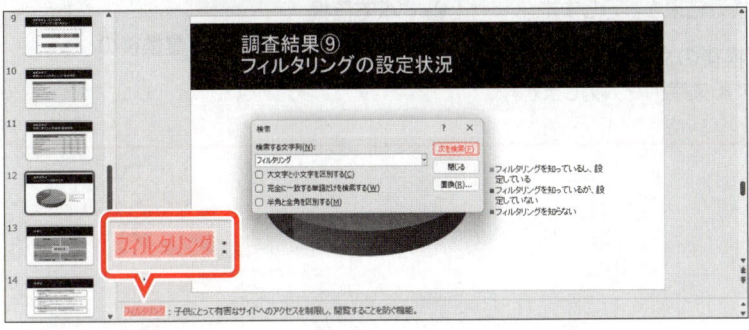

スライド12のノートに入力されている**「フィルタリング」**が選択されます。

⑦同様に、**《次を検索》**をクリックし、プレゼンテーション内の**「フィルタリング」**の単語をすべて検索します。

※10件検索されます。

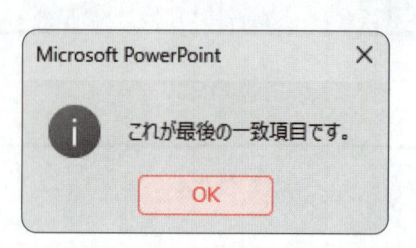

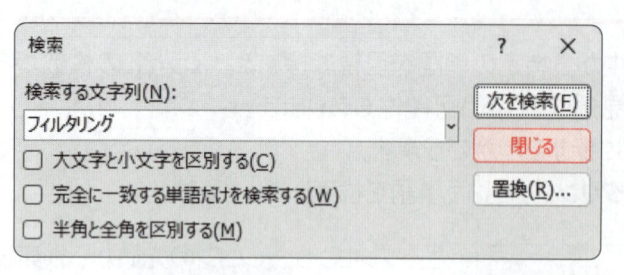

図のようなメッセージが表示されます。

※《検索と置換》作業ウィンドウで操作した場合は、表示されません。作業ウィンドウを閉じておきましょう。

⑧《OK》をクリックします。

《検索》ダイアログボックスを閉じます。

⑨《閉じる》をクリックします。

STEP UP その他の方法（検索）

◆ Ctrl + F

POINT 《検索と置換》作業ウィンドウ

お使いの環境によっては、《編集》グループの《検索》が《検索と置換》と表示される場合があります。クリックすると《検索と置換》作業ウィンドウが表示されます。

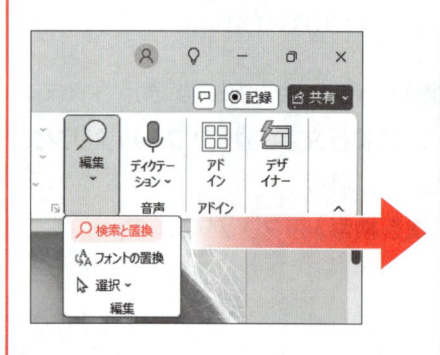

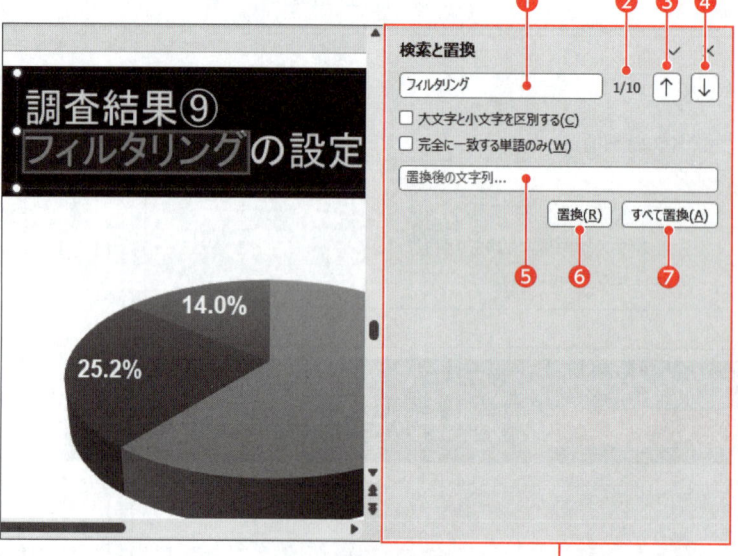

《検索と置換》作業ウィンドウ

❶検索する文字列
検索する文字列を入力します。
※入力すると、自動的に検索が実行され、プレゼンテーション内の該当する文字列が選択されます。

❷検索結果
検索結果が表示されます。

❸前を検索
前の検索結果を表示します。

❹次を検索
次の検索結果を表示します。

❺置換後の文字列
置換する文字列を入力します。

❻置換
該当する文字列を置換後の文字列に置換します。

❼すべて置換
該当する文字列をまとめて置換後の文字列に置換します。

2　置換

プレゼンテーション内の特定の単語をすべて別の単語に変更したり、特定のフォントをすべて別のフォントに変更したりする場合は、「置換」を使うと効率よく変更できます。まとめてすべての単語を置き換えることも、1つずつ確認しながら置き換えることもできます。
プレゼンテーション内の「**親**」という単語を、1つずつ「**保護者**」に置換しましょう。

プレゼンテーションの先頭から置換します。

①スライド1を選択します。

②《**ホーム**》タブを選択します。

③《**編集**》グループの《**置換**》をクリックします。

※《編集》グループが ![編集] （編集）で表示されている場合は、クリックすると《編集》グループのボタンが表示されます。

※お使いの環境によっては、《置換》が《検索と置換》と表示される場合があります。その場合は、P.194「POINT《検索と置換》作業ウィンドウ」を参考に操作してください。

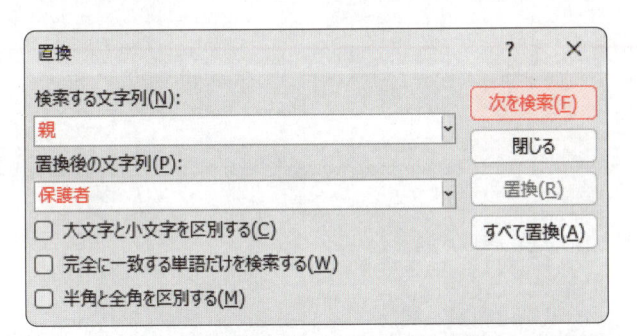

《**置換**》ダイアログボックスが表示されます。

④《**検索する文字列**》に「**親**」と入力します。

※前回検索した文字が表示されるので、削除してから入力します。

⑤《**置換後の文字列**》に「**保護者**」と入力します。

⑥《**次を検索**》をクリックします。

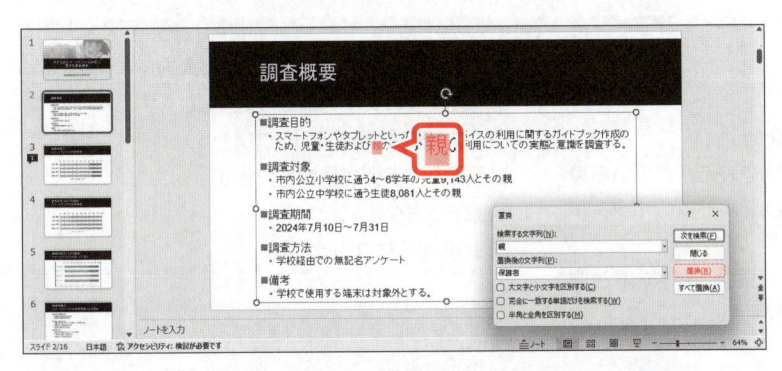

スライド2に入力されている「**親**」が選択されます。

※《置換》ダイアログボックスが重なって確認できない場合は、ダイアログボックスを移動しておきましょう。

⑦《**置換**》をクリックします。

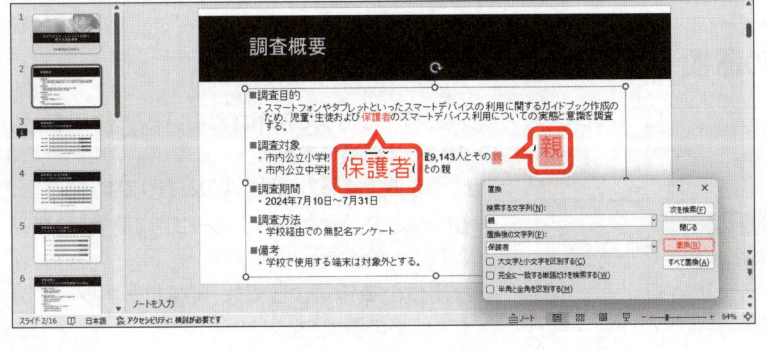

「**保護者**」に置換され、次の検索結果が表示されます。

※次の検索結果が表示されていない場合は、《次を検索》をクリックします。

⑧《**置換**》をクリックします。

⑨同様に、プレゼンテーション内の「**親**」を「**保護者**」に置換します。

※7個の文字列が置換されます。

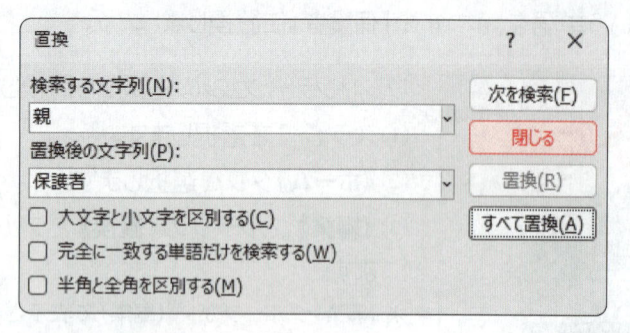

図のようなメッセージが表示されます。

※《検索と置換》作業ウィンドウで操作した場合は、表示されません。作業ウィンドウを閉じておきましょう。

⑩《OK》をクリックします。

《置換》ダイアログボックスを閉じます。

⑪《閉じる》をクリックします。

※《ノートペイン》を非表示にしておきましょう。

··

STEP UP その他の方法（置換）

◆ Ctrl + H

POINT すべて置換

《置換》ダイアログボックスの《すべて置換》をクリックすると、プレゼンテーション内の該当する単語がすべて置き換わります。一度の操作で置換できるので便利ですが、事前によく確認してから置換するようにしましょう。

 **et's Try** ためしてみよう

プレゼンテーション内の「子供」を「子ども」に置換しましょう。
すべての箇所を一度に置換します。

Answer

① スライド1を選択
②《ホーム》タブを選択
③《編集》グループの《置換》をクリック
※《編集》グループが （編集）で表示されている場合は、クリックすると《編集》グループのボタンが表示されます。
※お使いの環境によっては、《置換》が《検索と置換》と表示される場合があります。

④《検索する文字列》に「子供」と入力
⑤《置換後の文字列》に「子ども」と入力
⑥《すべて置換》をクリック
※5個の文字列が置換されます。
⑦《OK》をクリック
⑧《閉じる》をクリック

··

STEP UP フォントの置換

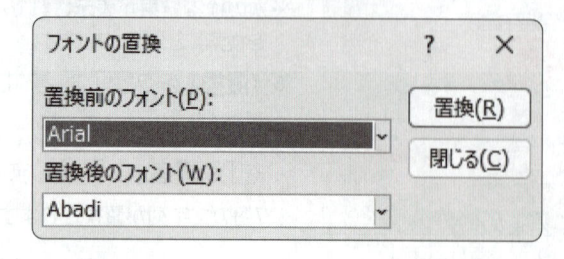

プレゼンテーションで使用されているフォントを、別のフォントに置換できます。
フォントを置換する方法は、次のとおりです。

◆《ホーム》タブ→《編集》グループの《置換》の▼→《フォントの置換》

※お使いの環境によっては、《編集》グループの《フォントの置換》をクリックします。

STEP2 コメントを挿入する

1 コメント

「**コメント**」とは、スライドやオブジェクトに付けることのできるメモのようなものです。
自分がスライドを作成している最中に、あとで調べようと思ったことをコメントとしてメモしたり、ほかの人が作成したプレゼンテーションについて修正してほしいことや気になったことを書き込んだりするときに使うと便利です。
書き込まれているコメントに対して意見を述べたり、再確認したいことを書き込んだりするなど、コメントに返信して、ほかの人と意見のやり取りをすることもできます。

2 コメントの確認

プレゼンテーション「**プレゼンテーションの校閲**」には、コメントが挿入されています。コメントが挿入されているスライドのサムネイルには、コメントの件数が 💬1 のように表示されます。
スライド16のコメントの内容を確認しましょう。

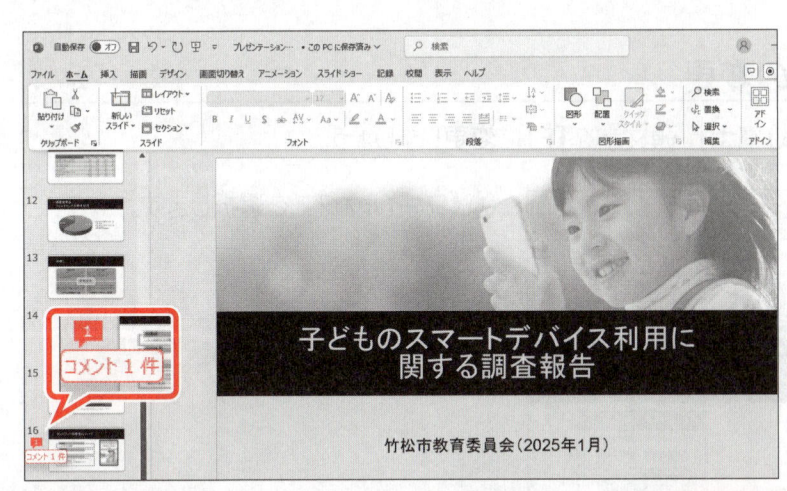

①スライド16のサムネイルの 💬1 をクリックします。

スライド16と、《**コメント**》作業ウィンドウが表示されます。
②コメントの内容を確認します。
③《**コメント**》作業ウィンドウの《**閉じる**》をクリックします。

《コメント》作業ウィンドウ

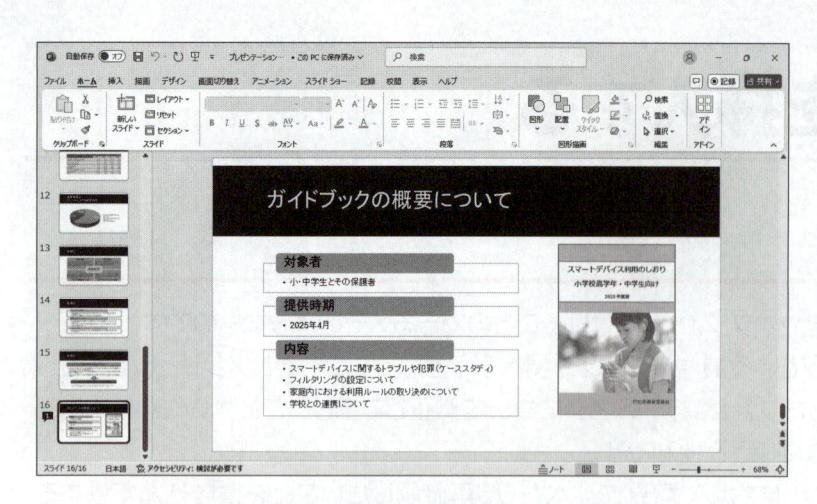

《コメント》作業ウィンドウが閉じられ、コメントの内容が非表示になります。

STEP UP その他の方法
（コメントの確認）

◆ スライドを選択→《校閲》タブ→《コメント》グループの《コメントの表示》

3 コメントの挿入とユーザー設定

コメントには、ユーザー名が記録されます。初期の設定でユーザー名は、PowerPointにサインインしている名前が表示されます。部署名をや団体名など、わかりやすい名前に変更することもできます。

ユーザー名を「**調査チーム）富士**」、頭文字を「**F**」に設定し、スライド12に「**グラフにデータラベルを表示する。**」というコメントを挿入しましょう。

1 ユーザー設定の変更

ユーザー名を「**調査チーム）富士**」、頭文字を「**F**」に変更しましょう。

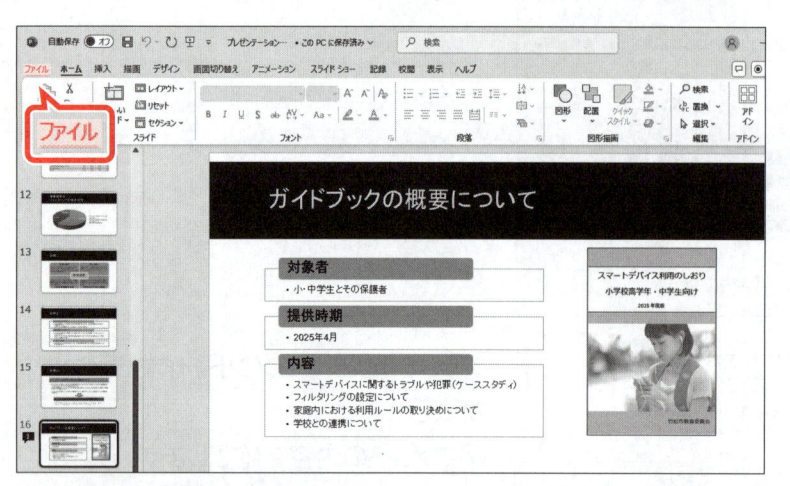

① 《ファイル》タブを選択します。

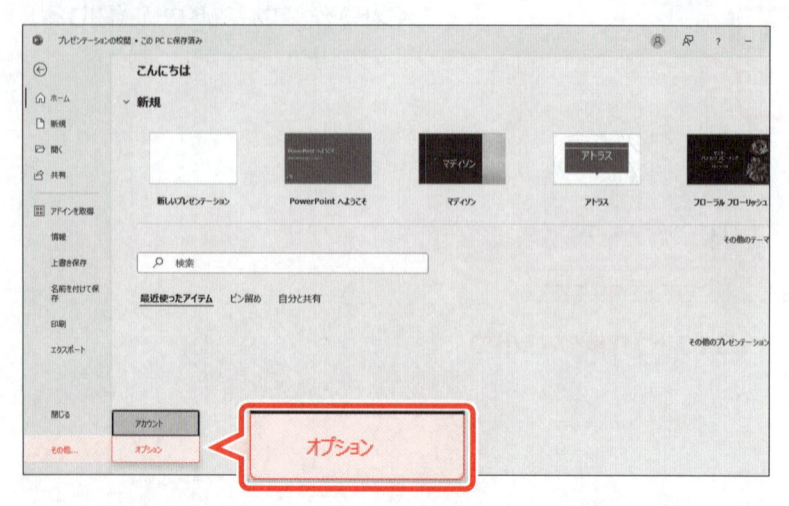

② 《その他》をクリックします。

※お使いの環境によっては、《その他》が表示されていない場合があります。その場合は、③に進みます。

③ 《オプション》をクリックします。

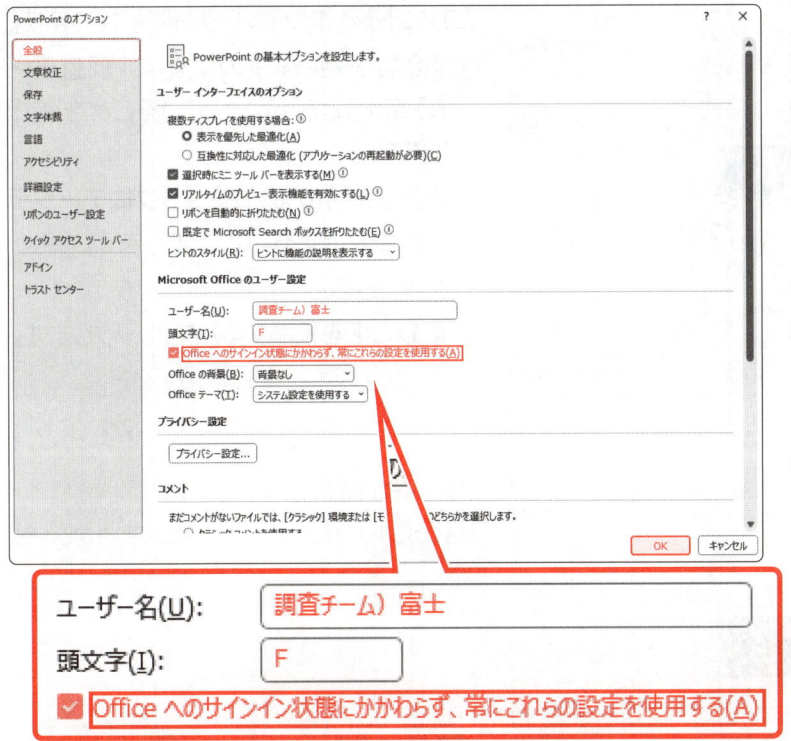

《PowerPointのオプション》ダイアログ
ボックスが表示されます。

④左側の一覧から《全般》を選択します。

⑤《Microsoft Officeのユーザー設定》
の《ユーザー名》を「調査チーム）富士」
に変更します。

⑥《頭文字》を「F」に変更します。

⑦《Officeへのサインイン状態にかかわ
らず、常にこれらの設定を使用する》を
☑にします。

⑧《OK》をクリックします。

POINT　コメントのユーザー名

《Microsoft Officeのユーザー設定》の《ユーザー名》はコメントの挿入者の名前などに使われます。
Officeにサインインしているときは、《PowerPointのオプション》ダイアログボックスでユーザー名を変更し
ても変更が反映されません。
変更したユーザー名を反映する場合は、《Officeへのサインイン状態にかかわらず、常にこれらの設定を使
用する》を☑にします。

---

2 コメントの挿入

スライド12に「グラフにデータラベルを表示する。」というコメントを挿入しましょう。

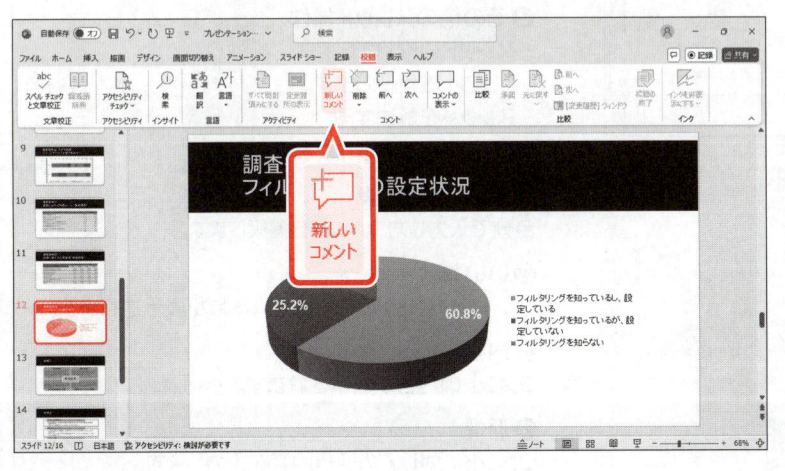

①スライド12を選択します。

②《校閲》タブを選択します。

③《コメント》グループの《コメントの挿入》
をクリックします。

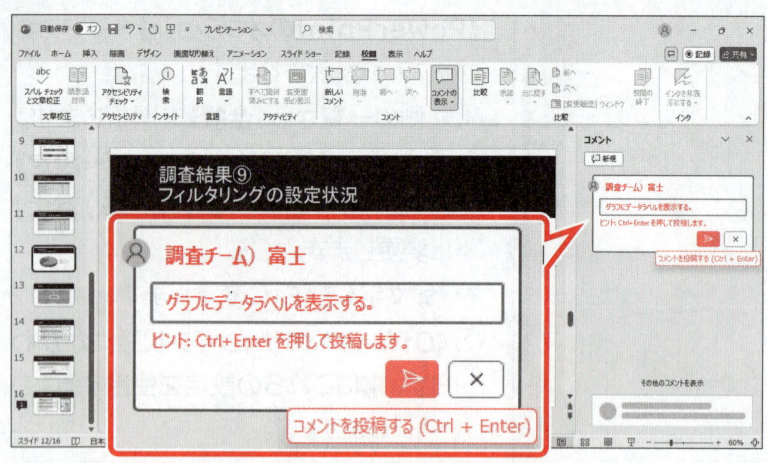

《コメント》作業ウィンドウが表示されます。

④《会話を始める》の上側に「**調査チーム）富士**」と表示されていることを確認します。

⑤《**会話を始める**》に「**グラフにデータラベルを表示する。**」と入力します。

コメントを確定します。

⑥《**コメントを投稿する**》をクリックします。

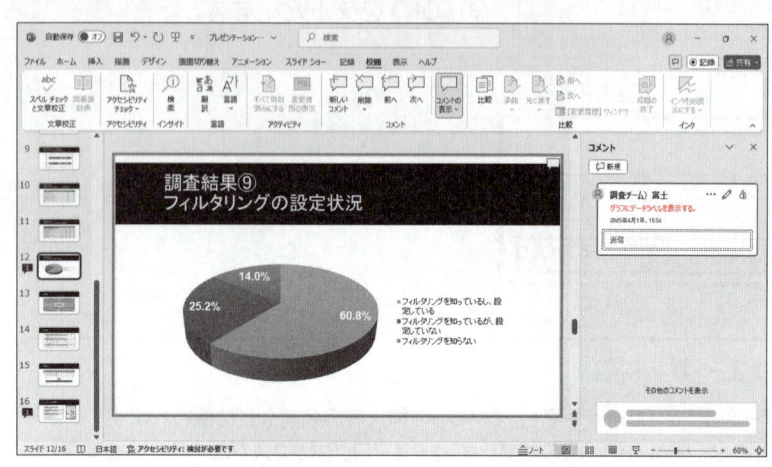

コメントが確定されます。

※《コメント》作業ウィンドウを閉じておきましょう。

STEP UP その他の方法 （コメントの挿入）

◆《挿入》タブ→《コメント》グループの《コメントの挿入》

POINT 《コメント》作業ウィンドウ

《コメント》作業ウィンドウの各部の名称と役割は、次のとおりです。

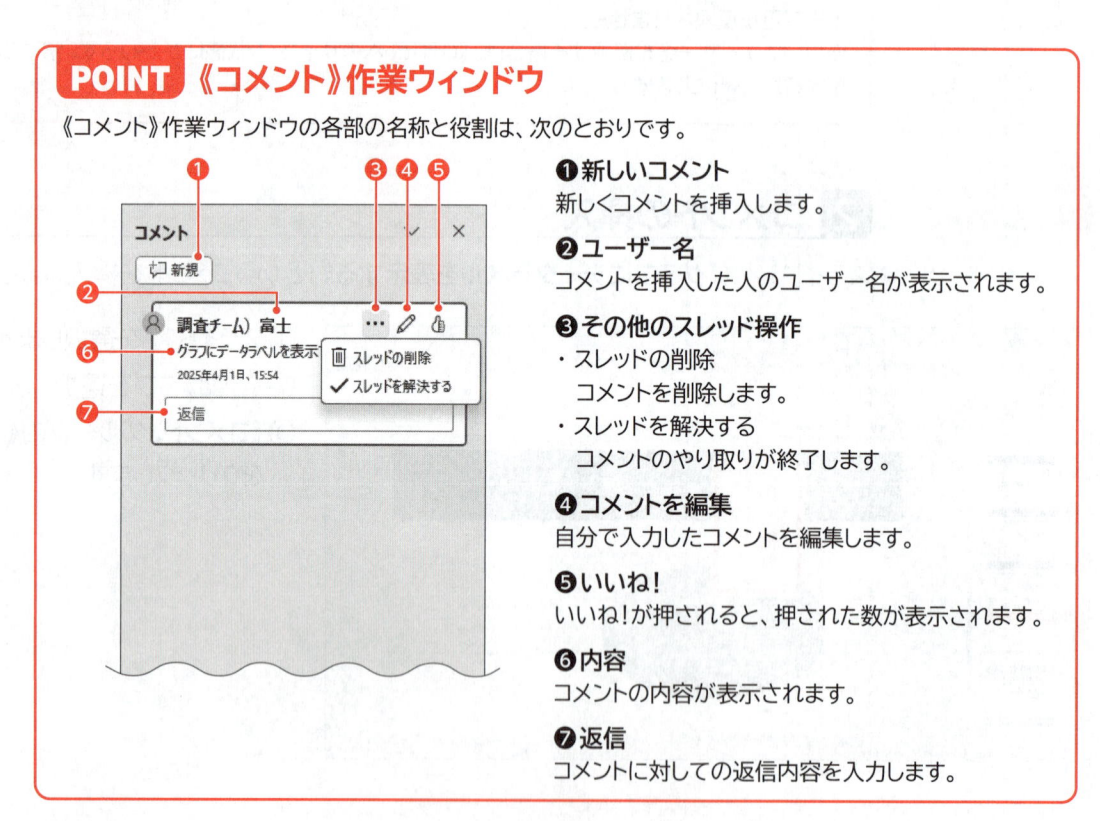

❶**新しいコメント**
新しくコメントを挿入します。

❷**ユーザー名**
コメントを挿入した人のユーザー名が表示されます。

❸**その他のスレッド操作**
・スレッドの削除
　コメントを削除します。
・スレッドを解決する
　コメントのやり取りが終了します。

❹**コメントを編集**
自分で入力したコメントを編集します。

❺**いいね!**
いいね!が押されると、押された数が表示されます。

❻**内容**
コメントの内容が表示されます。

❼**返信**
コメントに対しての返信内容を入力します。

STEP UP オブジェクトへのコメントの挿入

スライドだけでなく、オブジェクトやプレースホルダーにもコメントを挿入することができます。
オブジェクトやプレースホルダーに対してコメントを挿入する方法は、次のとおりです。
◆オブジェクトまたはプレースホルダーを選択→《校閲》タブ→《コメント》グループの《コメントの挿入》

コメントの編集

自分で入力したコメントの内容を修正したり、追加したりする場合は、コメントを編集します。
スライド12に挿入したコメントの内容を「**円グラフにデータラベルを表示する。**」に修正しましょう。

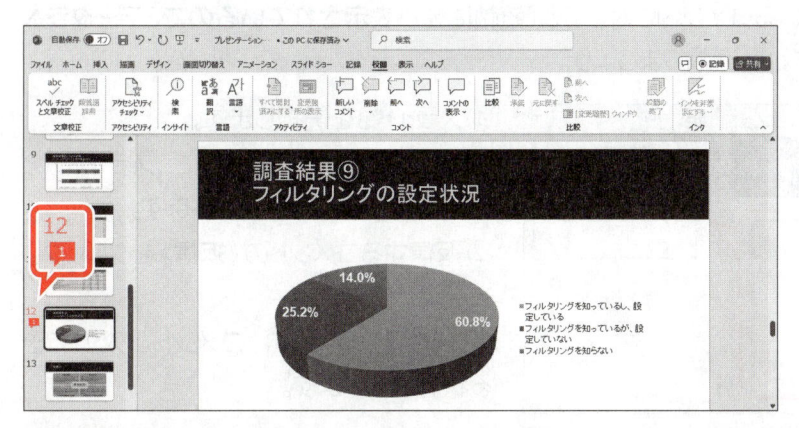

①スライド12のサムネイルの 1 をクリックします。

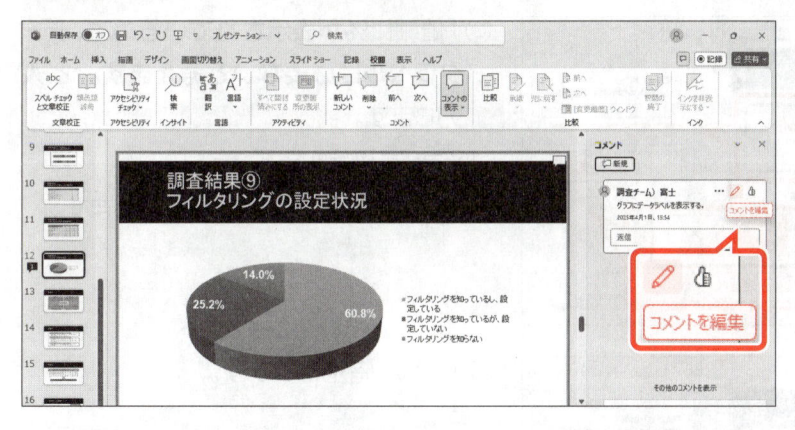

②《**コメント**》作業ウィンドウの ✐ (コメントを編集)をクリックします。

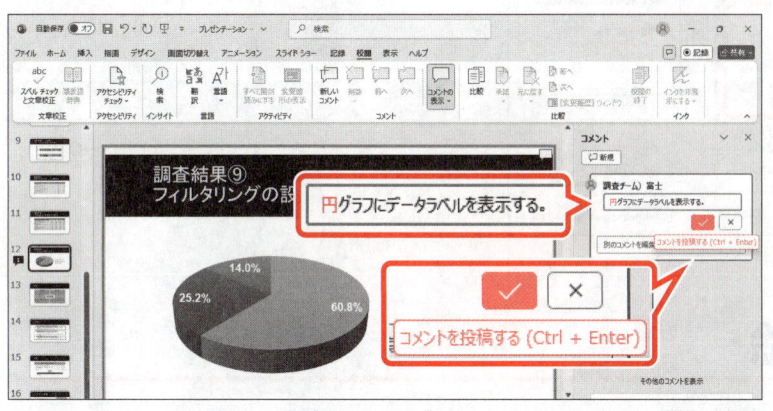

カーソルが表示され、コメントが編集できる状態になります。

③コメントの先頭に「**円**」と入力します。

コメントを確定します。

④《**コメントを投稿する**》をクリックします。

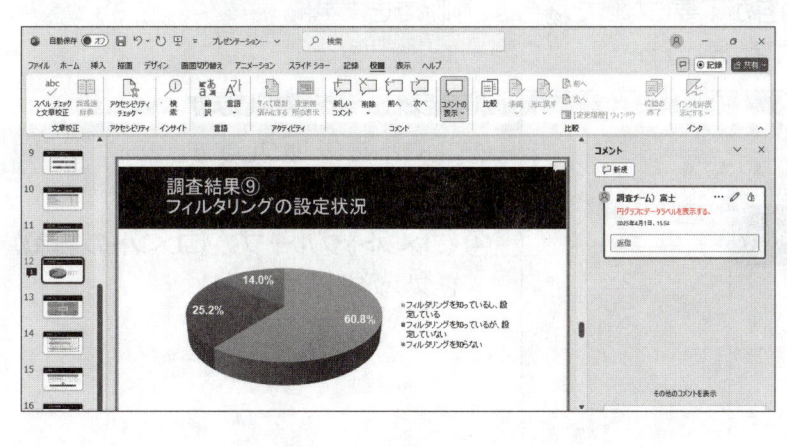

コメントが確定されます。

5 コメントへの返信

他人が入力したコメントに対して対応内容を記入したり、相談などのやり取りをしたりするときは「返信」をします。コメントとそれに対する返信は、時系列で表示され、誰がいつ返信したのかひと目で確認できます。

スライド3に挿入されているコメントに対して、「**値軸に%が表示されているので、データラベルは必要ないと考えます。**」と返信しましょう。

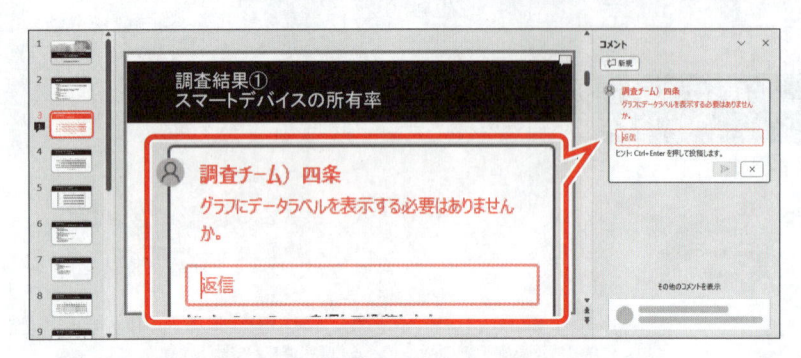

① スライド3を選択します。

《**コメント**》作業ウィンドウに、スライド3のコメントの内容が表示されます。

② 返信するコメントの《**返信**》をクリックします。

カーソルが表示され、コメントが入力できる状態になります。

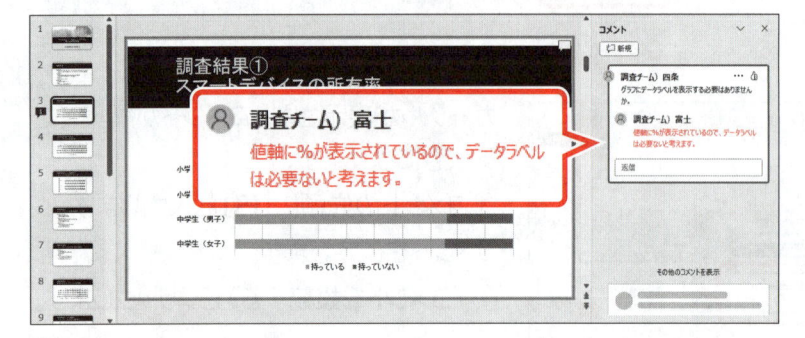

③「**値軸に%が表示されているので、データラベルは必要ないと考えます。**」と入力します。

コメントを確定します。

④《**返信を投稿する**》をクリックします。

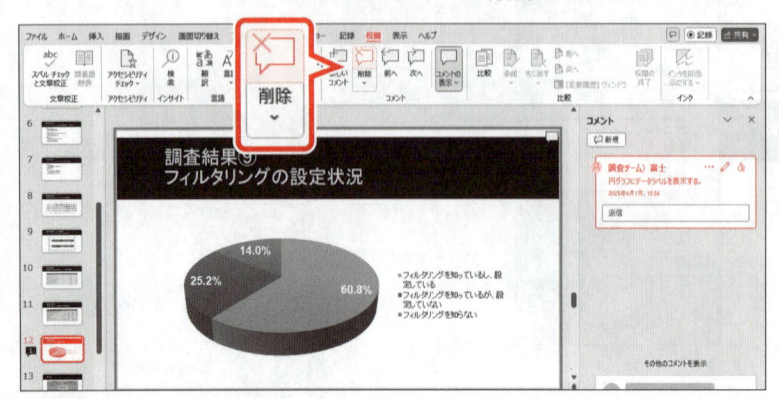

コメントが確定されます。

6 コメントの削除

コメントとして入力した内容が不要になった場合は、削除できます。
スライド12のコメントを削除しましょう。

① スライド12を選択します。

② コメントをクリックします。

③《**校閲**》タブを選択します。

④《**コメント**》グループの《**コメントの削除**》をクリックします。

コメントが削除されます。

※コメントに返信がある場合は、あわせて削除されます。

※《コメント》作業ウィンドウを閉じておきましょう。

※《Microsoft Officeのユーザー設定》を元のユーザー名に戻しておきましょう。

※プレゼンテーションに「プレゼンテーションの校閲完成」と名前を付けて、フォルダー「第6章」に保存し、閉じておきましょう。

STEP UP その他の方法（コメントの削除）

◆削除するコメントの ┈ （その他のスレッド操作）→《スレッドの削除》

POINT コメントの一括削除

スライド内やプレゼンテーション内の複数のコメントを一度に削除できます。

選択しているスライドのコメントをすべて削除

◆スライドを選択→《校閲》タブ→《コメント》グループの《コメントの削除》の▼→《スライド上のすべてのコメントを削除》

プレゼンテーション内のコメントをすべて削除

◆《校閲》タブ→《コメント》グループの《コメントの削除》の▼→《このプレゼンテーションからすべてのコメントを削除》

※プレゼンテーション内のどのスライドが選択されていてもかまいません。

POINT コメントの印刷

プレゼンテーションを印刷するときに、コメントを印刷するかどうかを設定できます。
コメントは、スライドとは別に印刷されます。スライドには、コメントを挿入したユーザーの頭文字と連番が印刷されます。
コメントを印刷するかどうかを設定する方法は、次のとおりです。

◆《ファイル》タブ→《印刷》→《設定》の《フルページサイズのスライド》→《コメントの印刷》

※ ☑ になっている場合に印刷されます。

●スライドの印刷イメージ

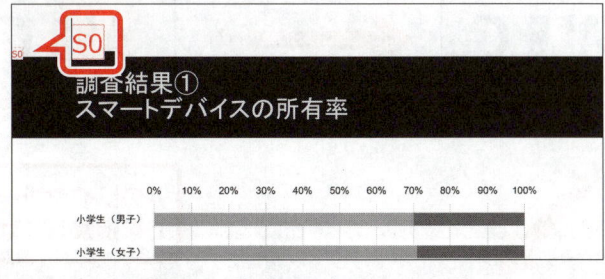

●コメントの印刷イメージ

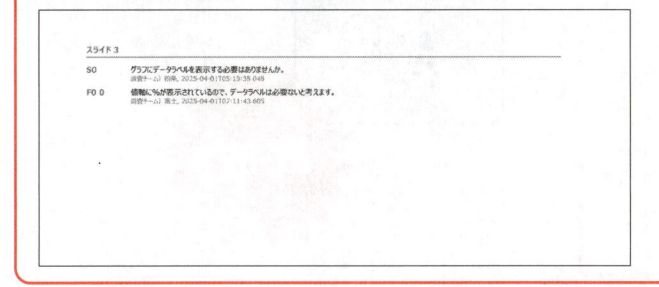

STEP 3 プレゼンテーションを比較する

1 校閲作業

プレゼンテーションを作成したあとは、何人かで校閲作業を行うとよいでしょう。「校閲」とは、誤字脱字や不適切な表現などがないかどうかを調べて、修正することです。複数の人で校閲すれば、その人数分の意見が出てきます。

校閲者に意見をコメントで書き込んでもらい、それを1つ1つ修正していく方法、直接スライドを修正してもらい、その結果と元のプレゼンテーションを比較して反映していく方法など、校閲にはいろいろなやり方があります。

2 プレゼンテーションの比較

「比較」とは、校閲前のプレゼンテーションと校閲後のプレゼンテーションを比較することです。作成したプレゼンテーションを校閲してもらい、校閲前のプレゼンテーションと校閲後のプレゼンテーションを比較し、変更点を反映していきます。

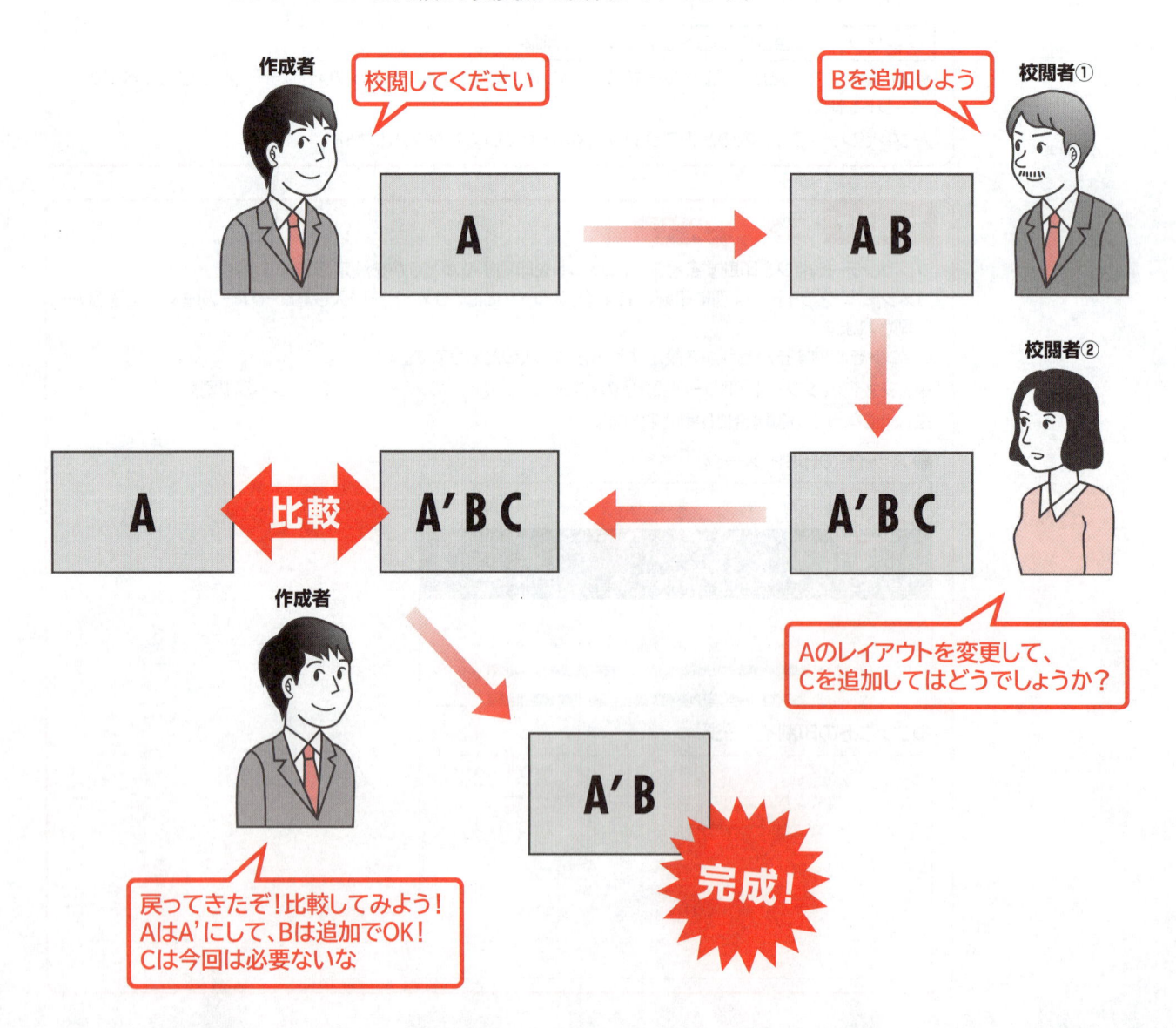

1 比較の流れ

校閲前のプレゼンテーションと校閲後のプレゼンテーションを比較する手順は、次のとおりです。

1 プレゼンテーションを表示する

校閲前のプレゼンテーションを表示します。

2 プレゼンテーションを比較する

校閲前と校閲後のプレゼンテーションを比較し、相違点を表示します。

3 変更内容を反映する

変更内容を確認し、校閲前のプレゼンテーションに反映します。

4 校閲を終了する

変更内容の反映を確定します。

2 プレゼンテーションの比較

プレゼンテーション「**スマートデバイス調査**」と「**スマートデバイス調査（小林修正）**」を比較し、変更内容を反映しましょう。

プレゼンテーション「**スマートデバイス調査（小林修正）**」は、「**スマートデバイス調査**」に対して次のような変更を行っています。

> ●スライド2の箇条書きテキストに「備考」の項目を追加
> ●スライド6のSmartArtグラフィックのレイアウトを変更
> ●スライド11のタイトル「調査結果⑦」を「調査結果⑧」に変更
> ●スライド12の円グラフのスタイルを変更

スライド2

●「スマートデバイス調査」

調査概要

- ■調査目的
  - ・スマートフォンやタブレットといったスマートデバイスの利用に関するガイドブック作成のため、児童・生徒および保護者のスマートデバイス利用についての実態と意識を調査する。
- ■調査対象
  - ・市内公立小学校に通う4～6学年の児童9,143人とその保護者
  - ・市内公立中学校に通う生徒8,081人とその保護者
- ■調査期間
  - ・2024年7月10日～7月31日
- ■調査方法
  - ・学校経由での無記名アンケート

●「スマートデバイス調査（小林修正）」

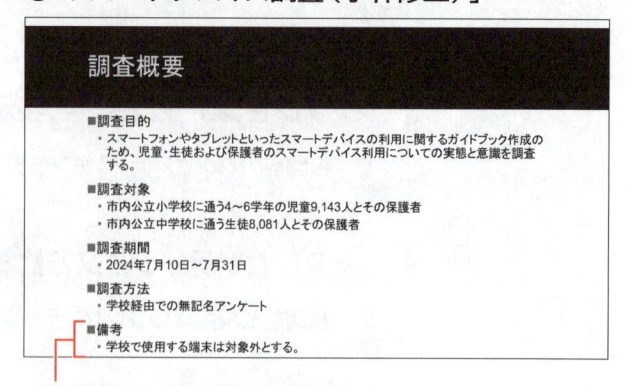

調査概要

- ■調査目的
  - ・スマートフォンやタブレットといったスマートデバイスの利用に関するガイドブック作成のため、児童・生徒および保護者のスマートデバイス利用についての実態と意識を調査する。
- ■調査対象
  - ・市内公立小学校に通う4～6学年の児童9,143人とその保護者
  - ・市内公立中学校に通う生徒8,081人とその保護者
- ■調査期間
  - ・2024年7月10日～7月31日
- ■調査方法
  - ・学校経由での無記名アンケート
- ■備考
  - ・学校で使用する端末は対象外とする。

箇条書きテキストの項目の追加

スライド6

●「スマートデバイス調査」

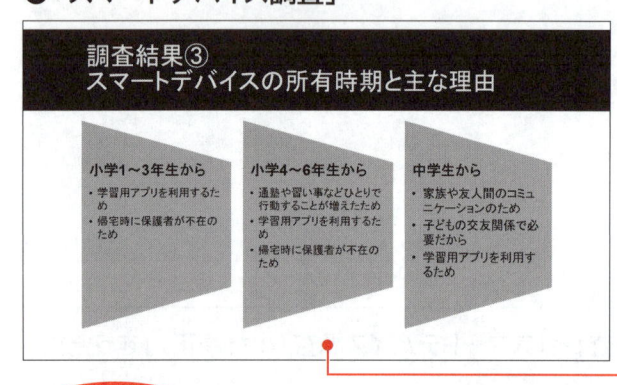

●「スマートデバイス調査（小林修正）」

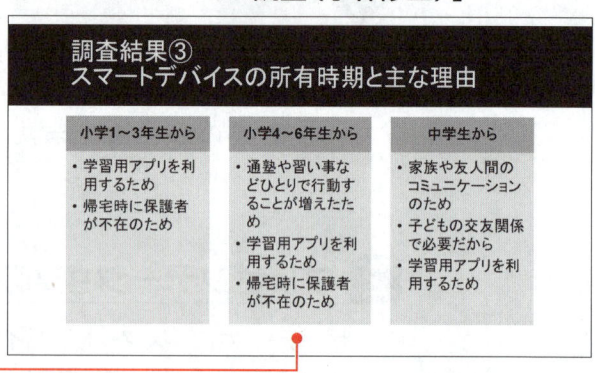

SmartArtグラフィックのレイアウトの変更

スライド11

●「スマートデバイス調査」

調査結果⑦
利用に関する心配事項（複数回答）

心配事項	小学生		中学生	
	所有	未所有	所有	未所有
SNSを通じての知らない人との交流	1.3%	2.2%	15.2%	17.6%
ネットやメールでの誹謗中傷、いじめ	18.3%	35.0%	34.3%	34.9%
有害なサイトへのアクセス	1.7%	10.1%	12.1%	10.2%
高額な利用料金の請求	1.4%	6.1%	5.4%	11.3%
ネット・スマホ依存	2.8%	10.2%	3.8%	3.4%
学力の低下	4.8%	16.8%	13.9%	10.1%
子どもの交友関係を把握しづらくなる	3.9%	8.4%	7.6%	7.2%
特に心配事はない	62.3%	8.9%	5.6%	2.1%
その他	3.5%	2.3%	2.1%	3.2%

●「スマートデバイス調査（小林修正）」

調査結果⑧
利用に関する心配事項（複数回答）

心配事項	小学生		中学生	
	所有	未所有	所有	未所有
SNSを通じての知らない人との交流	1.3%	2.2%	15.2%	17.6%
ネットやメールでの誹謗中傷、いじめ	18.3%	35.0%	34.3%	34.9%
有害なサイトへのアクセス	1.7%	10.1%	12.1%	10.2%
高額な利用料金の請求	1.4%	6.1%	5.4%	11.3%
ネット・スマホ依存	2.8%	10.2%	3.8%	3.4%
学力の低下	4.8%	16.8%	13.9%	10.1%
子どもの交友関係を把握しづらくなる	3.9%	8.4%	7.6%	7.2%
特に心配事はない	62.3%	8.9%	5.6%	2.1%
その他	3.5%	2.3%	2.1%	3.2%

スライドのタイトルの変更

スライド12

●「スマートデバイス調査」

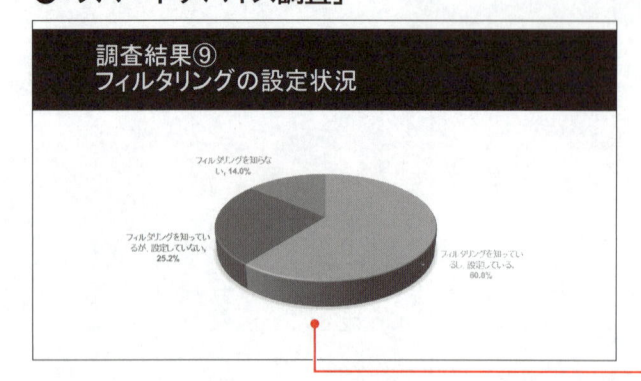

●「スマートデバイス調査（小林修正）」

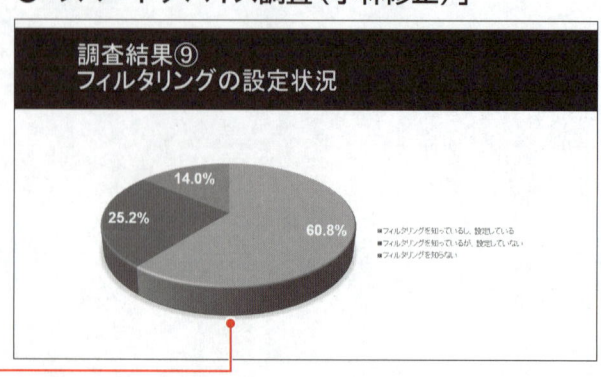

円グラフのスタイルの変更

OPEN

スマートデバイ
ス調査

2つのプレゼンテーションを比較しましょう。

① 《校閲》タブを選択します。
② 《比較》グループの《比較》をクリックします。

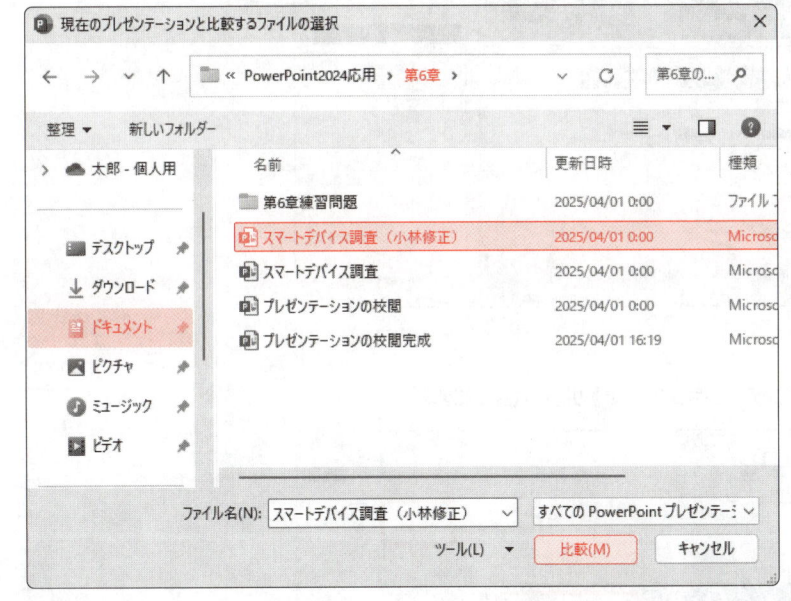

《現在のプレゼンテーションと比較するファイルの選択》ダイアログボックスが表示されます。

比較するプレゼンテーションが保存されている場所を選択します。

③ 左側の一覧から《ドキュメント》を選択します。
④ 一覧から「PowerPoint2024応用」を選択します。
⑤ 《開く》をクリックします。
⑥ 一覧から「第6章」を選択します。
⑦ 《開く》をクリックします。

比較するプレゼンテーションを選択します。

⑧ 一覧から「スマートデバイス調査（小林修正）」を選択します。
⑨ 《比較》をクリックします。

《変更履歴》作業ウィンドウと《変更履歴マーカー》が表示されます。

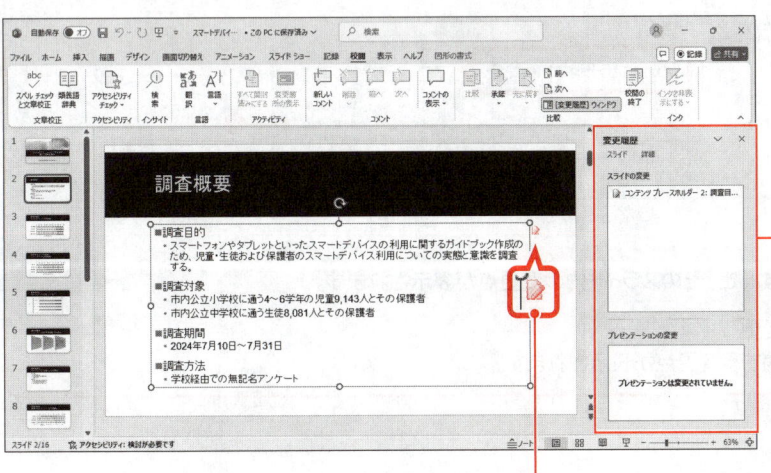

──《変更履歴》作業ウィンドウ

《変更履歴マーカー》

STEP UP 《変更履歴》作業ウィンドウの表示・非表示

《変更履歴》作業ウィンドウの表示・非表示を切り替える方法は、次のとおりです。

◆《校閲》タブ→《比較》グループの《[変更履歴]ウィンドウ》

POINT 《変更履歴》作業ウィンドウ

《変更履歴》作業ウィンドウでは、どのスライドにどのような変更が行われたのかを確認できます。
変更内容は、スライドのサムネイルで確認したり、詳細情報を確認したりできます。

●スライド

変更者のユーザー名と、変更内容を反映した状態のスライドのサムネイルが表示されます。

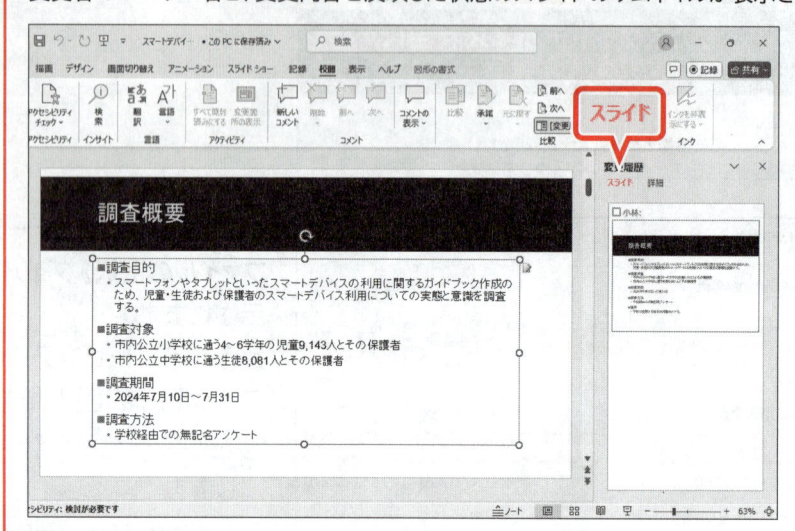

●詳細

《スライドの変更》と《プレゼンテーションの変更》が表示されます。

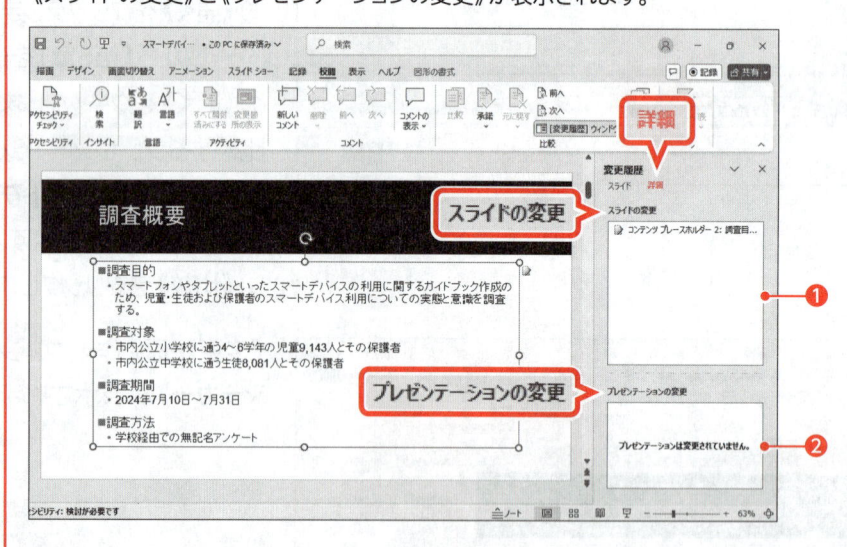

❶スライドの変更

変更があるスライドを選択すると、そのスライド内の変更点が表示されます。

❷プレゼンテーションの変更

プレゼンテーション全体に関する変更点が表示されます。

3 変更内容の反映

変更された箇所を確認できたら、変更を承諾するのか、しないのかを考えます。変更内容を承諾する場合には、次の3つの方法があります。

●《変更履歴マーカー》を使う
●《変更履歴》作業ウィンドウを使う
●《校閲》タブを使う

また、反映には、「**承諾**」と「**元に戻す**」があります。一度承諾してもあとから元に戻したり、逆に、元に戻したものを承諾したりするなど、反映する内容を変更することもできます。

1 《変更履歴マーカー》を使った承諾

《変更履歴マーカー》を使って、次の変更内容を承諾しましょう。

●スライド2の箇条書きテキストに「備考」の項目を追加

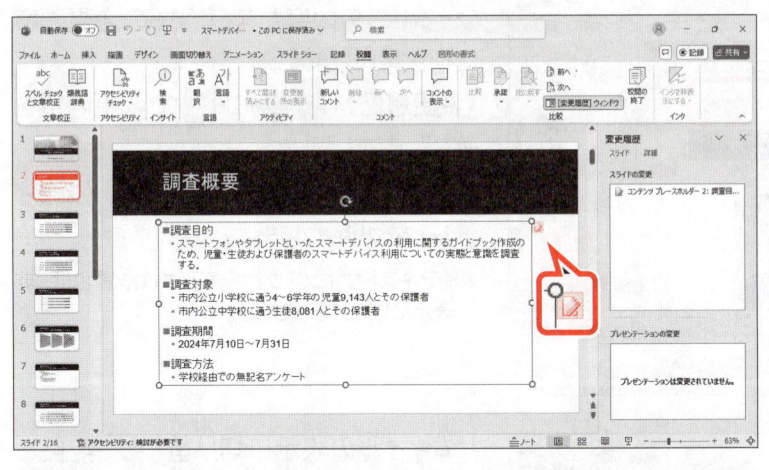

①スライド2が表示されていることを確認します。

②プレースホルダーの右上に表示されている《変更履歴マーカー》をクリックします。

※変更内容が表示されている場合は、③に進みます。

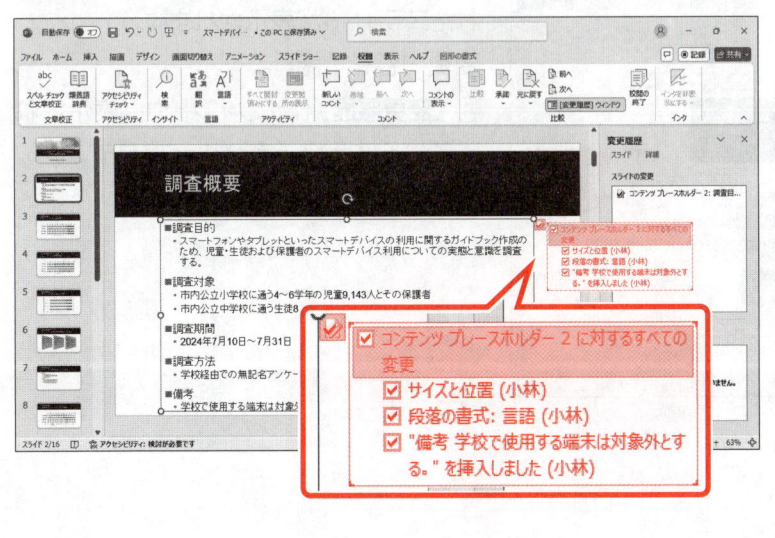

変更内容が表示されます。
変更内容を承諾します。

③《コンテンツプレースホルダー2に対するすべての変更》を☑にします。

※《サイズと位置（小林）》《段落の書式：言語（小林）》《"備考 学校で使用する端末は対象外とする。"を挿入しました（小林）》も☑になります。

箇条書きテキストの内容が変更されます。
《変更履歴マーカー》の表示が変わります。

2 《変更履歴》作業ウィンドウを使った承諾

《変更履歴》作業ウィンドウを使って、次の変更内容を承諾しましょう。
オブジェクトのデザインを比較できるように、スライドのサムネイルで確認します。

● スライド6のSmartArtグラフィックのレイアウトを変更

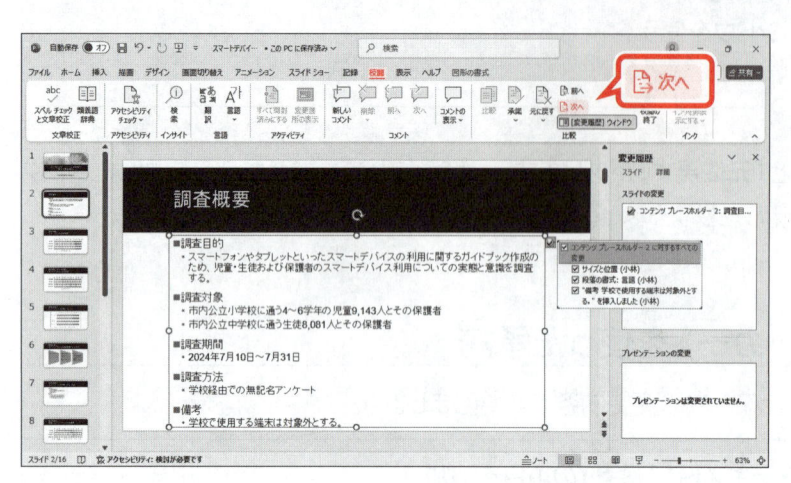

次の変更内容を表示します。
① 《校閲》タブを選択します。
② 《比較》グループの《次の変更箇所》を
　クリックします。

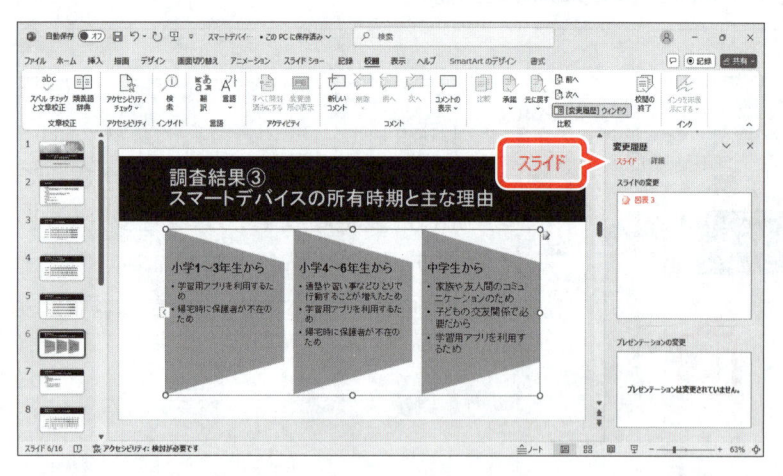

スライド6が表示され、《変更履歴》作業
ウィンドウの内容がスライド6の変更内容
に切り替わります。
《変更履歴》作業ウィンドウで変更内容を
確認します。
③ 《変更履歴》作業ウィンドウの《スライ
　ド》をクリックします。
※《テキストウィンドウ》が表示された場合は、非
　表示にしておきましょう。

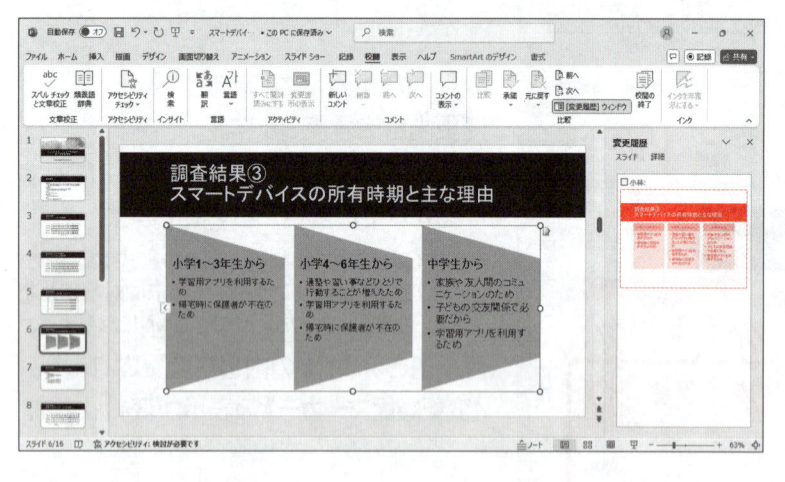

サムネイルの表示に切り替わり、変更さ
れたスライド6が表示されます。
変更内容を承諾します。
④ 《変更履歴》作業ウィンドウに表示され
　ているスライド6をクリックします。
※「小林」を ☑ にしてもかまいません。

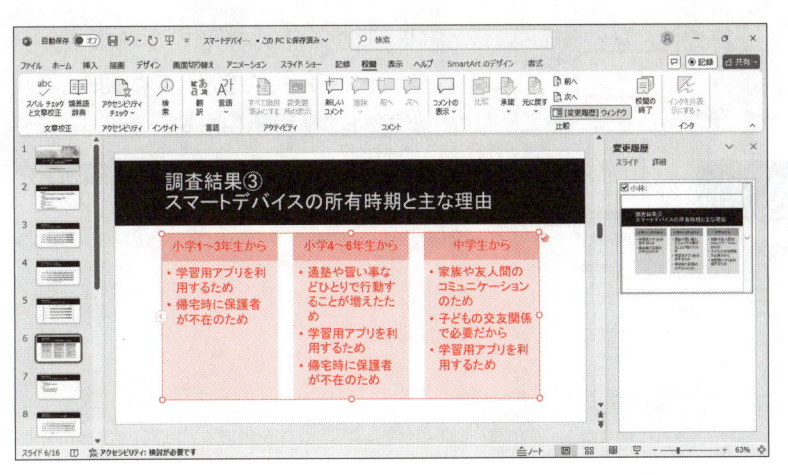

SmartArtグラフィックのレイアウトが変更
されます。

※《変更履歴マーカー》の表示が変わります。

3 《校閲》タブを使った承諾

《校閲》タブを使って、次の変更内容を承諾しましょう。

●スライド11のタイトル「調査結果⑦」を「調査結果⑧」に変更
●スライド12の円グラフのスタイルを変更

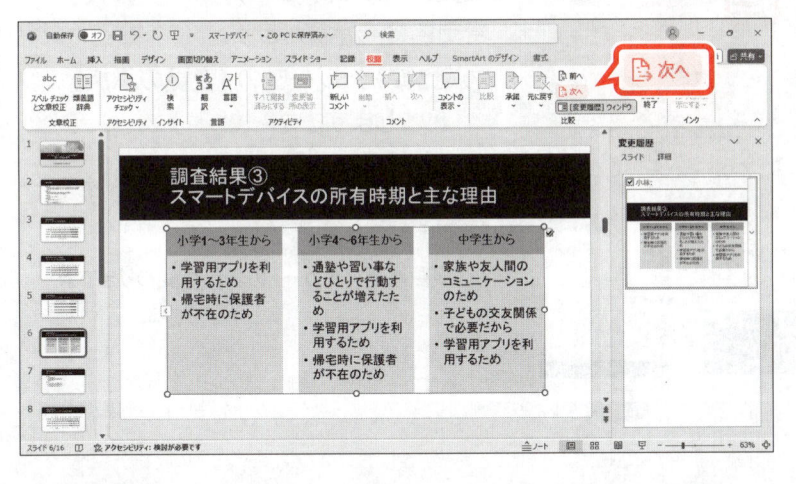

次の変更内容を表示します。

①《校閲》タブを選択します。

②《比較》グループの《次の変更箇所》を
2回クリックします。

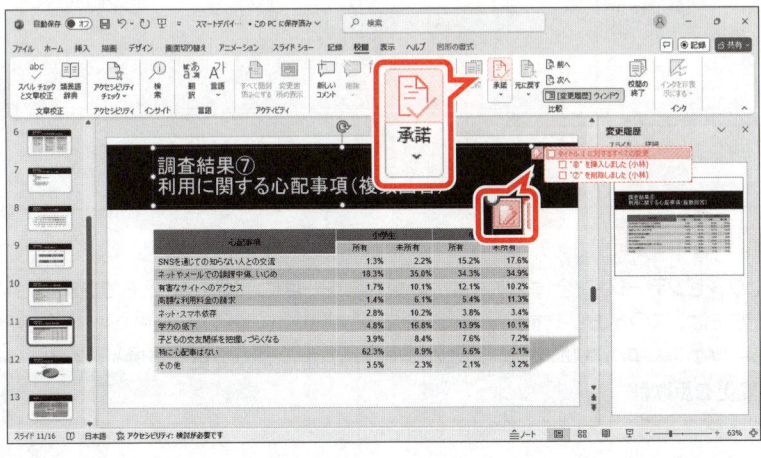

スライド11が表示されます。
変更内容を表示します。

③《変更履歴マーカー》をクリックします。

変更内容が表示されます。
変更内容を承諾します。

④《比較》グループの《変更の承諾》をク
リックします。

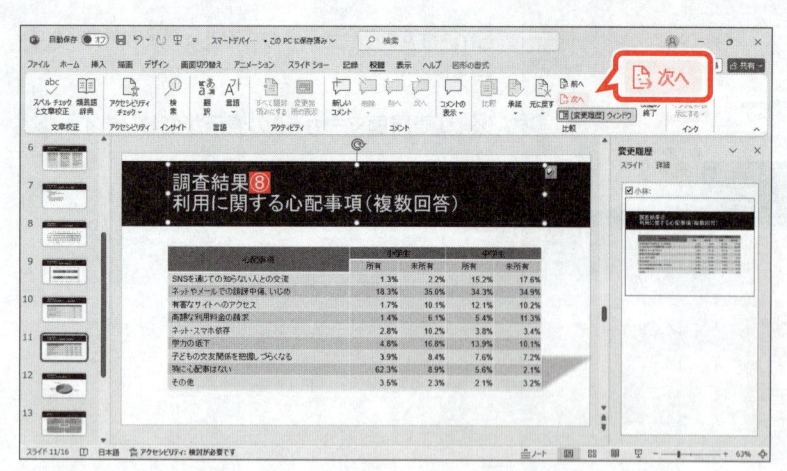

スライド11のタイトルが変更されます。

※《変更履歴マーカー》の表示が変わります。

次の変更内容を表示します。

⑤《比較》グループの《次の変更箇所》を
クリックします。

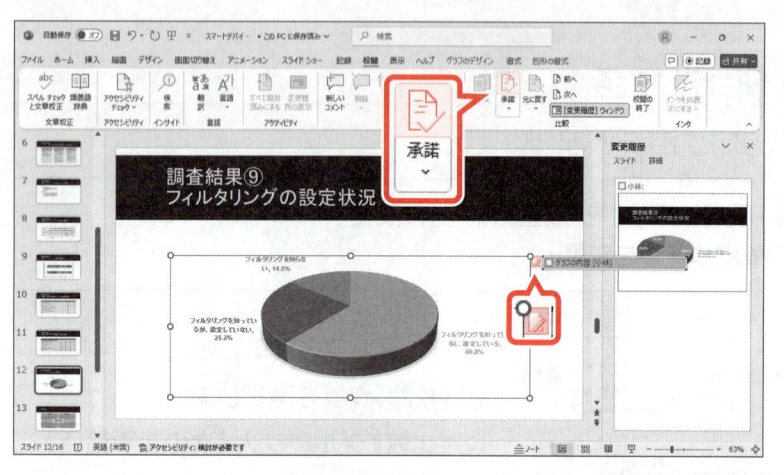

スライド12が表示されます。

変更内容を表示します。

⑥《変更履歴マーカー》をクリックします。

※《変更履歴マーカー》がグラフの《ショートカット
ツール》と重なってクリックしにくい場合は、グ
ラフ以外の場所をクリックして、グラフの選択を
解除してから操作します。

変更内容が表示されます。

変更内容を承諾します。

⑦《比較》グループの《変更の承諾》をク
リックします。

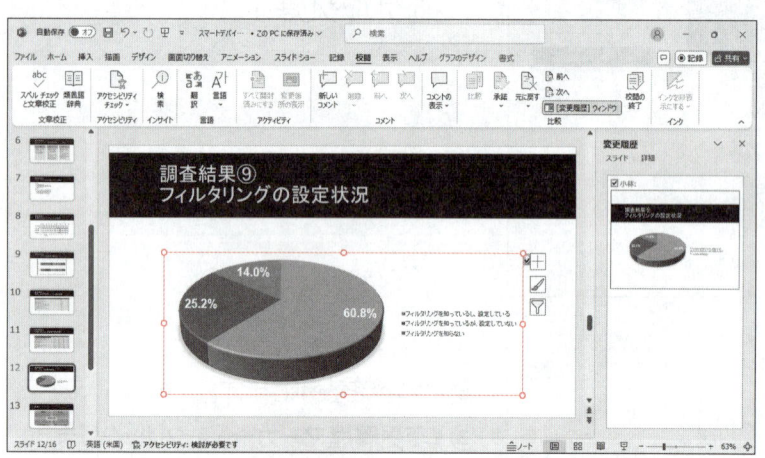

スライド12のグラフのスタイルが変更さ
れます。

※《変更履歴マーカー》の表示が変わります。

POINT　すべての変更の承諾

表示しているスライド内、またはプレゼンテーション全体のすべての変更内容を一度に承諾することもできます。
変更内容をまとめて承諾する方法は、次のとおりです。

◆《校閲》タブ→《比較》グループの《変更の承諾》の▼→《このスライドのすべての変更を反映》/《プレ
ゼンテーションのすべての変更を反映》

POINT　前の変更箇所・次の変更箇所へ移動する

《校閲》タブの《前の変更箇所》/《次の変更箇所》を使うと、表示している変更箇所にジャンプして移動で
きます。変更数が多い場合や、スライドの枚数が多いプレゼンテーションの場合に見落としを防ぐこともで
きて便利です。

4 変更を元に戻す

一度承諾した内容でも、承諾を取り消すこともあります。校閲を終了するまでは、承諾して変更した内容でも元に戻すことができます。
スライド6のSmartArtグラフィックのレイアウトを、元に戻しましょう。

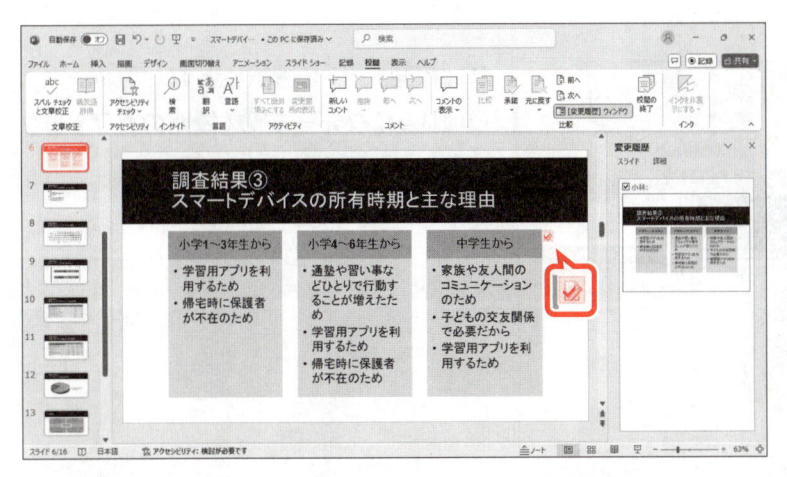

①スライド6を選択します。
②SmartArtグラフィックの右上に表示されている《変更履歴マーカー》をクリックします。

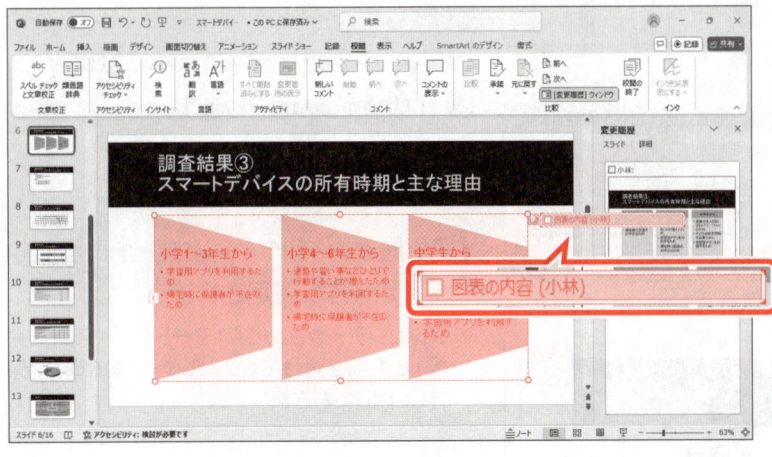

変更内容が表示されます。
③《図表の内容（小林）》を ☐ にします。
SmartArtグラフィックのレイアウトが、元に戻ります。
※《変更履歴マーカー》の表示が変わります。

- -

STEP UP その他の方法（変更を元に戻す）

◆《変更履歴マーカー》を選択→《校閲》タブ→《比較》グループの《変更を元に戻す》

POINT すべての変更を元に戻す

すべての変更内容を一度に元に戻すこともできます。
変更内容をまとめて元に戻す方法は、次のとおりです。

◆《校閲》タブ→《比較》グループの《変更を元に戻す》の▼→《プレゼンテーションのすべての変更を元に戻す》

4 校閲の終了

変更内容の反映が終了したら、校閲作業を終了して、反映結果を確定させます。校閲を終了すると、元に戻すことはできなくなります。
校閲を終了しましょう。

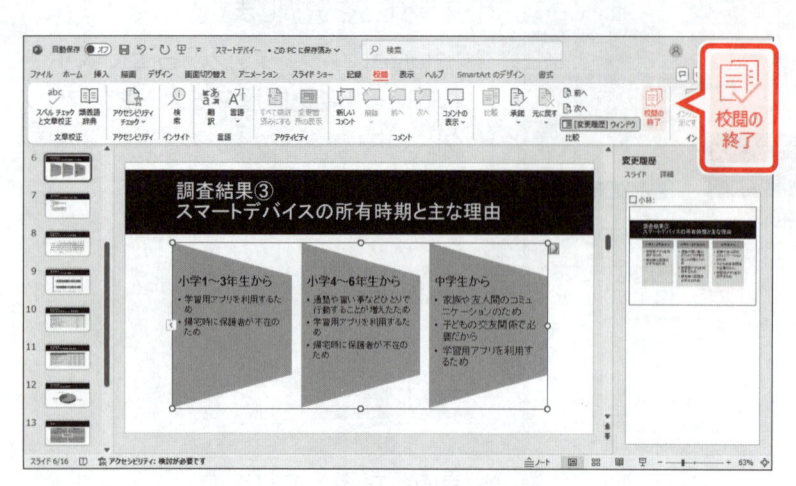

① 《校閲》タブを選択します。
② 《比較》グループの《校閲の終了》をクリックします。

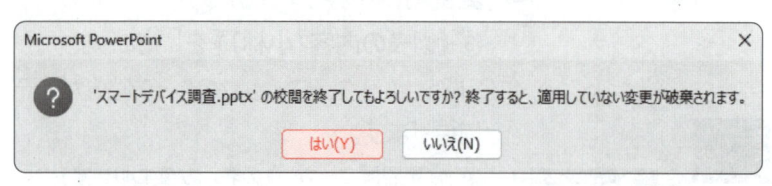

図のようなメッセージが表示されます。
③ 《はい》をクリックします。

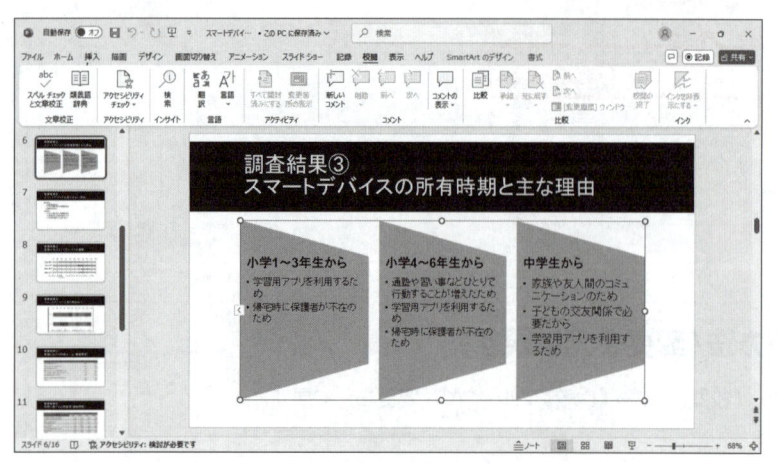

《変更履歴》作業ウィンドウが非表示になり、変更内容が確定されます。

※プレゼンテーションに「スマートデバイス調査完成」と名前を付けて、フォルダー「第6章」に保存し、閉じておきましょう。

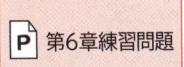
OPEN
P 第6章練習問題

あなたは、日本文化体験教室をPRし、参加者を募集するためのプレゼンテーション資料を作成しており、完成したファイルをほかのメンバーと一緒にチェックしているところです。完成図のようなプレゼンテーションを作成しましょう。

●完成図

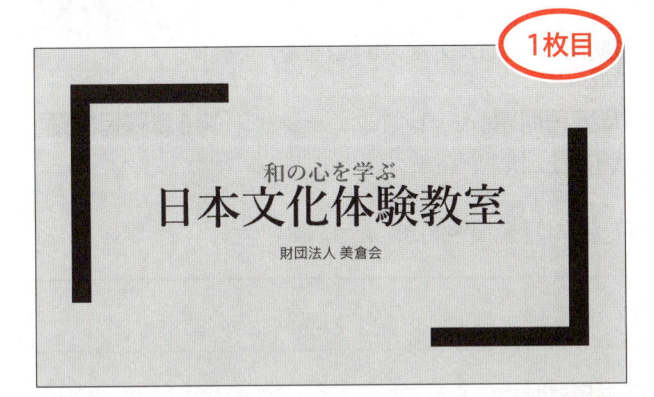

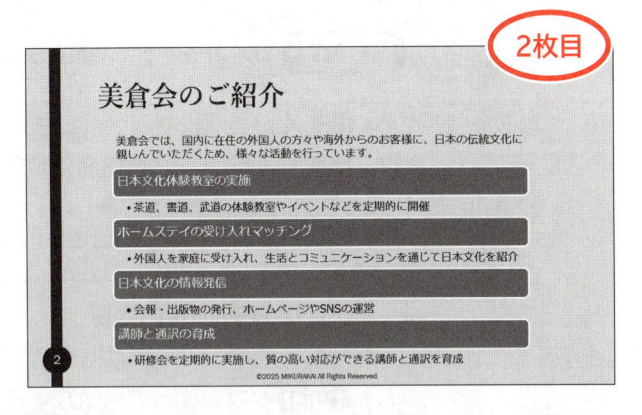

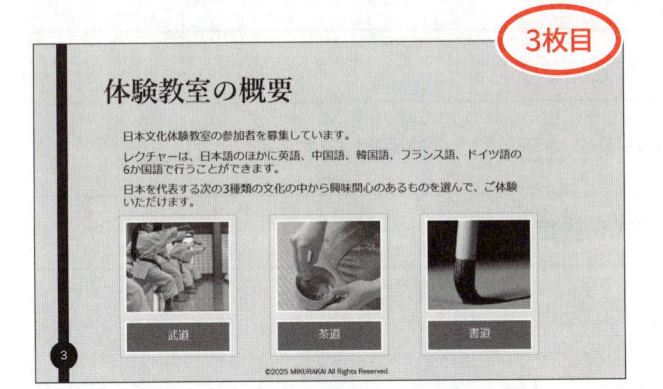

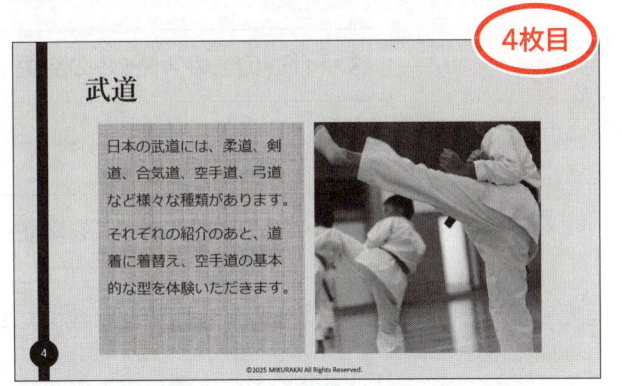

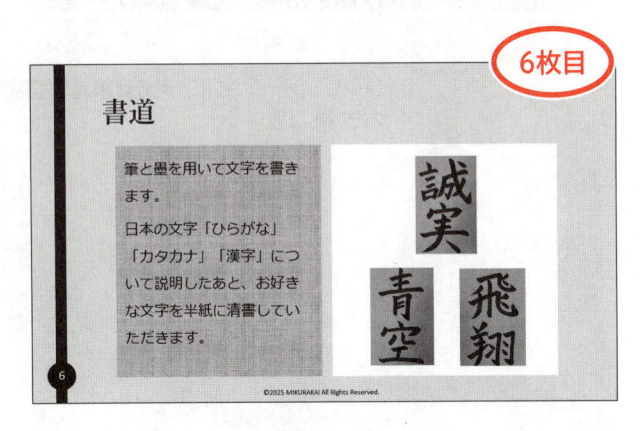

① プレゼンテーション内の「**日本文化**」という単語を検索しましょう。

② プレゼンテーション内の「**茶の湯**」という単語を、すべて「**茶道**」に置換しましょう。

③ スライド7に挿入されているコメントに対して、「**新しい料金に変更済みです。**」と返信しましょう。

④ ③で返信したコメントを「**改定後の料金に変更済みです。**」に編集しましょう。

⑤ プレゼンテーション内のコメントをすべて削除しましょう。

(HINT) コメントをすべて削除するには、《校閲》タブ→《コメント》グループを使います。

⑥ 開いているプレゼンテーション「**第6章練習問題**」とプレゼンテーション「**第6章練習問題_比較**」を比較し、校閲を開始できる状態にしましょう。

⑦ 《変更履歴マーカー》を使って、次の変更内容を反映しましょう。

スライド2のタイトルの変更

⑧ 《校閲》タブを使って、次の変更内容を反映しましょう。

スライド7の表のスタイルの変更

⑨ 《変更履歴》作業ウィンドウにスライド8を表示し、次の変更内容を反映しましょう。

スライド8の地図のサイズを変更し、書式を設定

⑩ スライド8の変更内容を元に戻しましょう。

⑪ 校閲を終了しましょう。

※プレゼンテーションに「第6章練習問題完成」と名前を付けて、フォルダー「第6章練習問題」に保存し、閉じておきましょう。

第 **7** 章

プレゼンテーションの検査と保護

この章で学ぶこと

学習前に習得すべきポイントを理解しておき、
学習後には確実に習得できたかどうかを振り返りましょう。

■ プレゼンテーションのプロパティを設定できる。　　　　　　　→ P.220 ☑☑☑

■ プロパティに含まれる個人情報や隠しデータ、コメントなどを
　必要に応じて削除できる。　　　　　　　　　　　　　　　　→ P.223 ☑☑☑

■ アクセシビリティチェックを実行できる。　　　　　　　　　→ P.226 ☑☑☑

■ 画像に代替テキストを設定できる。　　　　　　　　　　　　→ P.227 ☑☑☑

■ スライド内のオブジェクトの読み上げ順序を確認できる。　　→ P.228 ☑☑☑

■ パスワードを設定してプレゼンテーションを保護できる。　　→ P.232 ☑☑☑

■ プレゼンテーションを最終版として保存できる。　　　　　　→ P.235 ☑☑☑

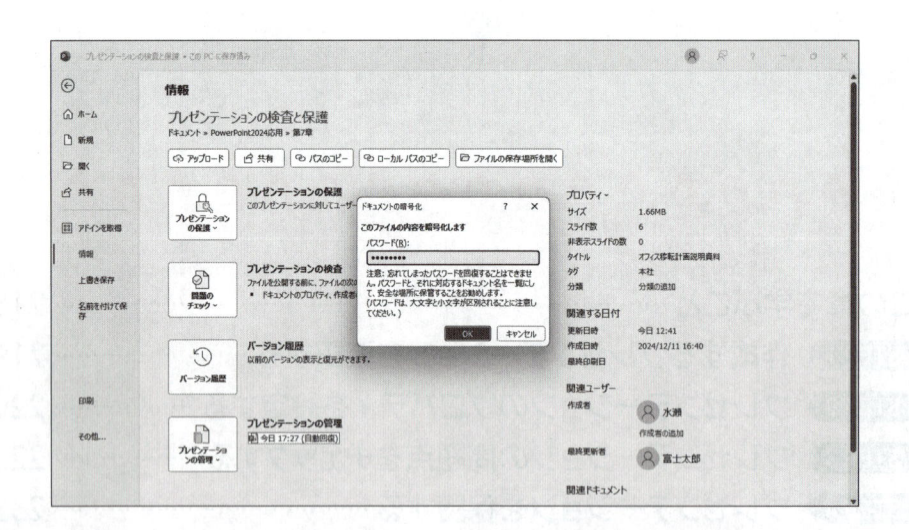

STEP 1 作成するプレゼンテーションを確認する

1 作成するプレゼンテーションの確認

プレゼンテーションの検査や保護を行って、プレゼンテーションを配布する準備をしましょう。

プレゼンテーションのプロパティの設定

パスワードの設定
最終版として保存

ドキュメント検査

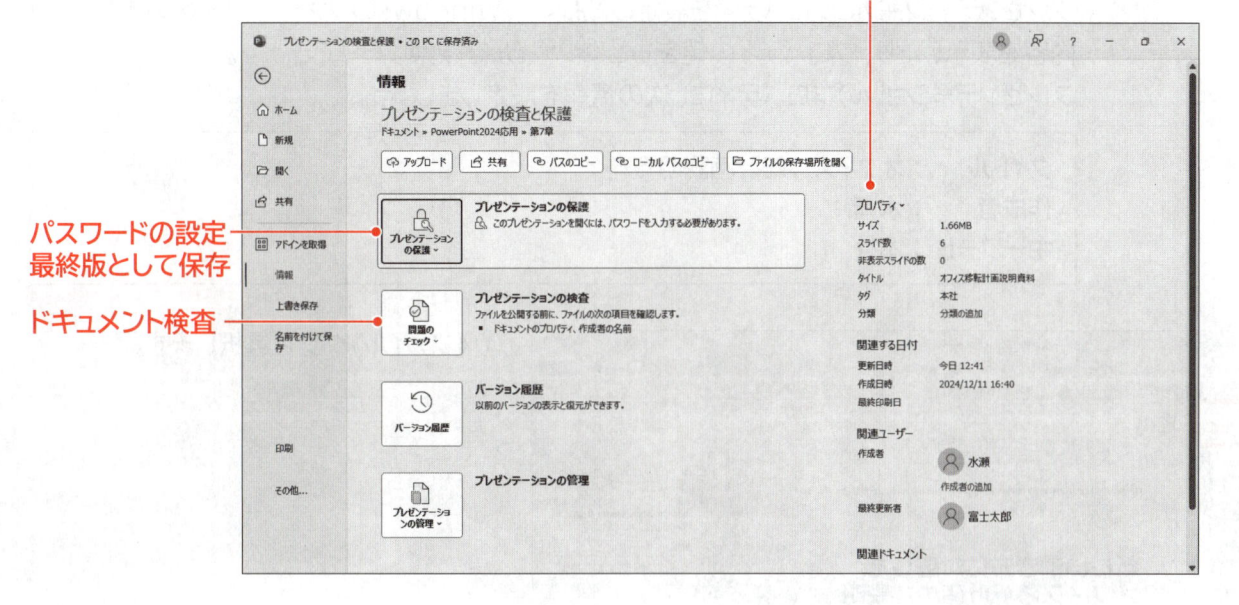

アクセシビリティチェック

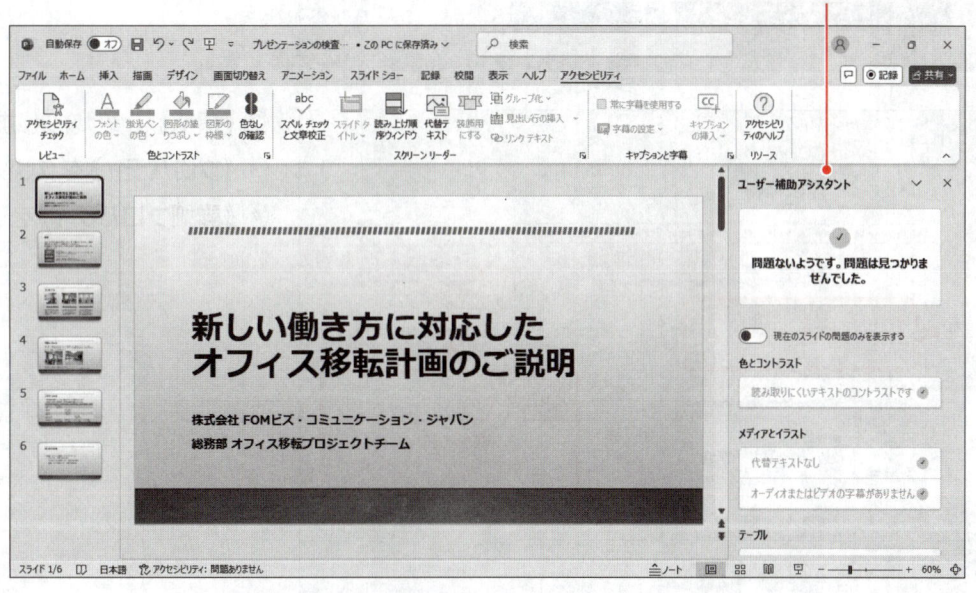

STEP2 プレゼンテーションのプロパティを設定する

1 プレゼンテーションのプロパティの設定

OPEN

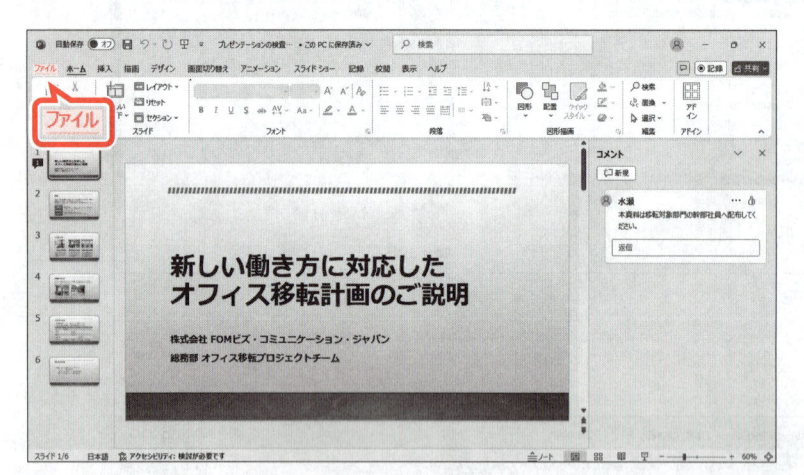（左上アイコン）
プレゼンテーションの検査と保護

「**プロパティ**」とは、一般に「**属性**」と呼ばれるもので、性質や特性を表す言葉です。
プレゼンテーションのプロパティには、プレゼンテーションのファイルサイズや作成日時、最終更新日時などがあります。
プレゼンテーションにプロパティを設定しておくと、Windowsのファイル一覧でプロパティの内容を表示したり、プロパティの値をもとにファイルを検索したりできます。
プレゼンテーションのプロパティに、次の情報を設定しましょう。

タイトル	：オフィス移転計画説明資料
作成者	：水瀬
キーワード	：本社

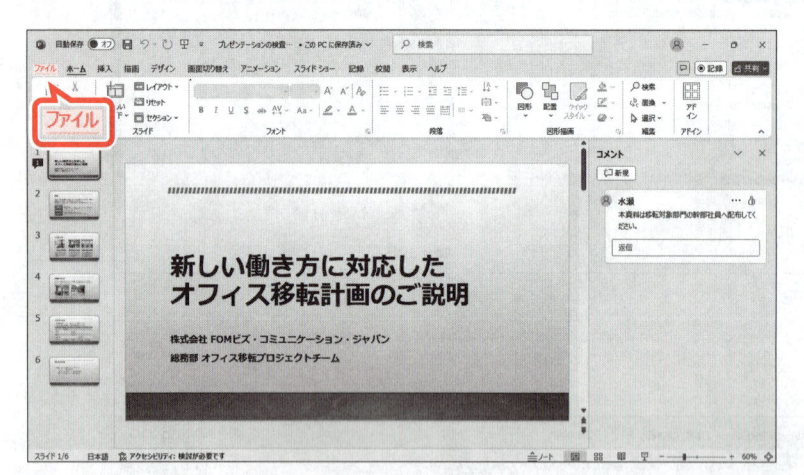

①《**ファイル**》タブを選択します。

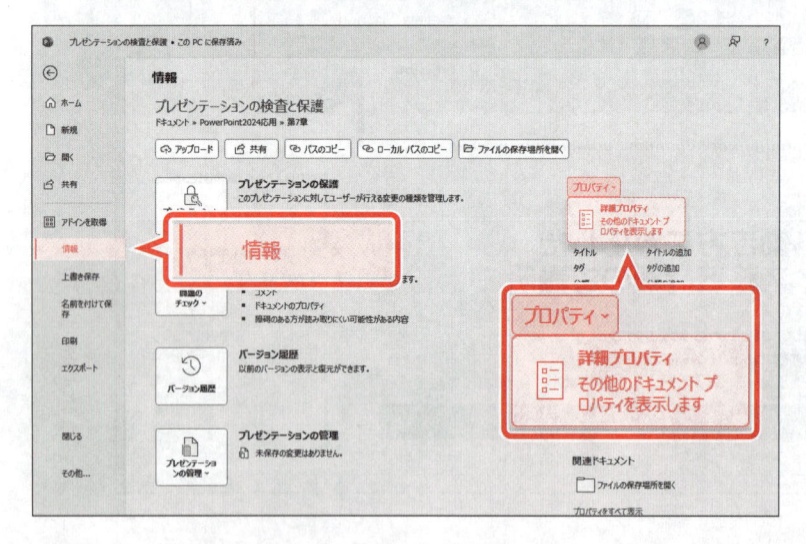

②《**情報**》をクリックします。
③《**プロパティ**》をクリックします。
④《**詳細プロパティ**》をクリックします。

《プレゼンテーションの検査と保護のプロパティ》ダイアログボックスが表示されます。

⑤《ファイルの概要》タブを選択します。

⑥《タイトル》に「オフィス移転計画説明資料」と入力します。

⑦《作成者》に「水瀬」と入力します。

⑧《キーワード》に「本社」と入力します。

⑨《OK》をクリックします。

プレゼンテーションのプロパティに情報が設定されます。

※《キーワード》に入力した内容は、《タグ》に表示されます。

※[Esc]を押して、標準表示に切り替えておきましょう。

POINT プロパティの入力

《タイトル》や《タグ》などは、ポイントするとテキストボックスが表示されるので、直接入力して、プロパティの値を設定することもできます。

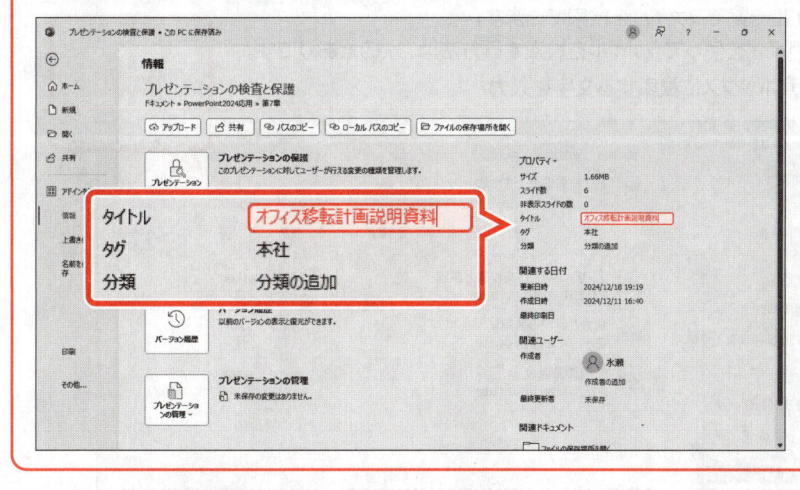

STEP UP **ファイル一覧でのプロパティの表示**

Windowsのエクスプローラーのファイル一覧で、ファイルの表示方法が《詳細》のとき、ファイルのプロパティを確認できます。ファイル一覧に表示するプロパティの項目は、自由に設定することもできます。
エクスプローラーのファイルの表示方法を変更する方法は、次のとおりです。

◆《レイアウトとビューのオプション》→《詳細》

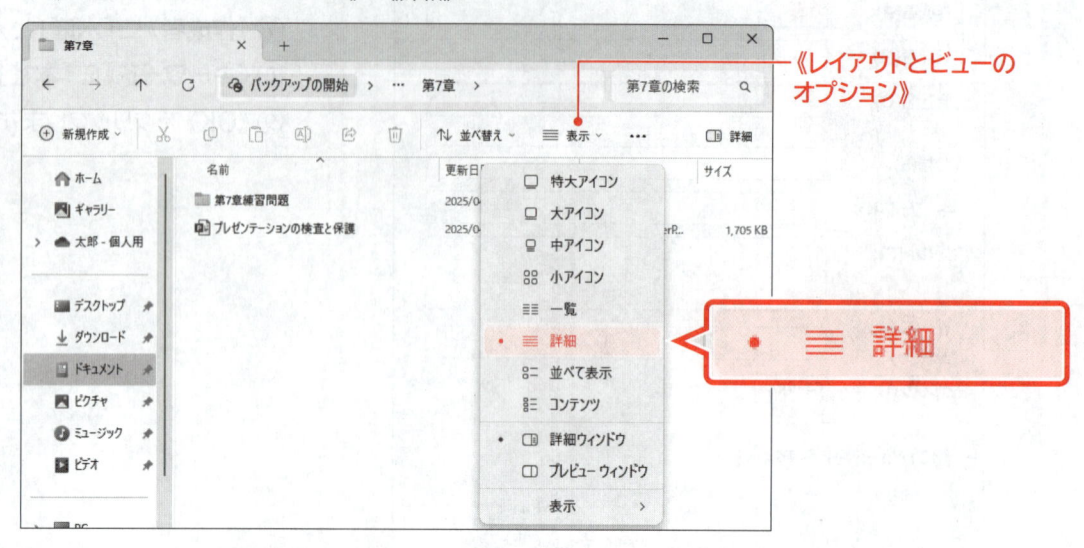

表示するプロパティの項目を設定する方法は、次のとおりです。

◆列見出しを右クリック→《その他》→表示する項目を☑にする

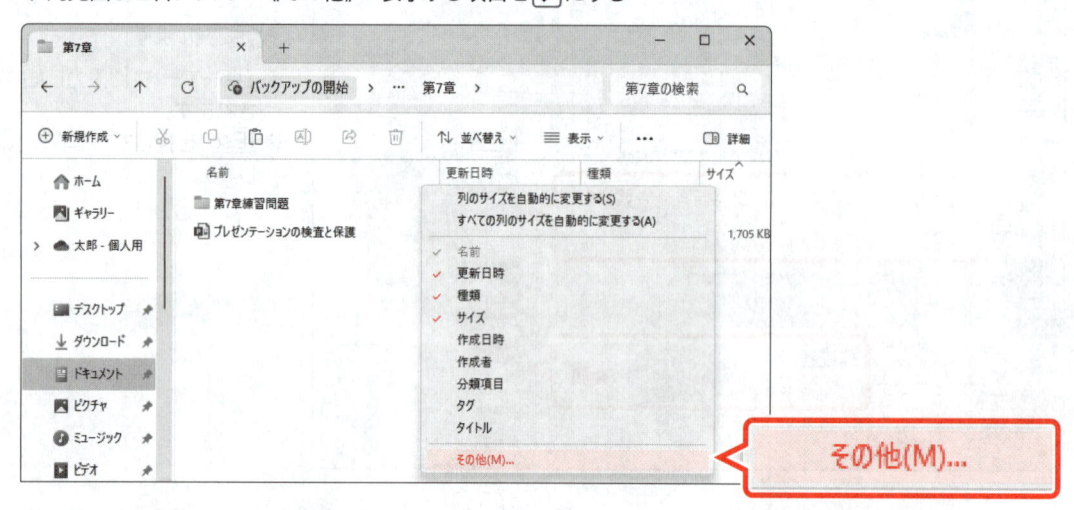

STEP UP **プロパティを使ったファイルの検索**

作成者やタイトル、キーワードなどのファイルに設定したプロパティをもとに、Windowsのエクスプローラーのファイル一覧でファイルを検索できます。
プロパティを使ってファイルを検索する方法は、次のとおりです。

◆検索ボックスに検索する文字を入力

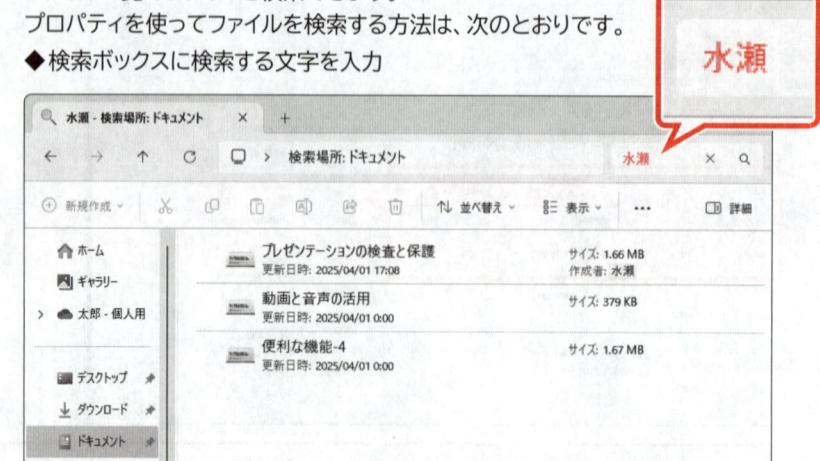

プレゼンテーションの問題点をチェックする

1 ドキュメント検査

「**ドキュメント検査**」を使うと、プレゼンテーションに個人情報や隠しデータ、コメントなどが含まれていないかどうかをチェックして、必要に応じてそれらを削除できます。作成したプレゼンテーションを社内で共有したり、顧客や取引先など社外の人に配布したりするような場合は、事前にドキュメント検査を行って、プレゼンテーションから個人情報やコメントなどを削除しておくと、情報の漏えいの防止につながります。

1 ドキュメント検査の対象

ドキュメント検査では、次のような内容をチェックできます。

対象	説明
コメント	コメントには、それを入力したユーザー名や内容そのものが含まれています。
ドキュメントのプロパティと個人情報	プレゼンテーションのプロパティには、作成者の個人情報や作成日時などが含まれています。
インク	スライドに書き加えたペンや蛍光ペンを非表示にしている場合、非表示の部分に知られたくない情報が含まれている可能性があります。
スライド上の非表示の内容	プレースホルダーや画像、SmartArtグラフィックなどのオブジェクトを非表示にしている場合、非表示の部分に知られたくない情報が含まれている可能性があります。
プレゼンテーションノート	ノートには、発表者の情報や知られたくない情報が含まれている可能性があります。

2 ドキュメント検査の実行

ドキュメント検査を行ってすべての項目を検査し、検査結果から「**ドキュメントのプロパティと個人情報**」以外の情報を削除しましょう。

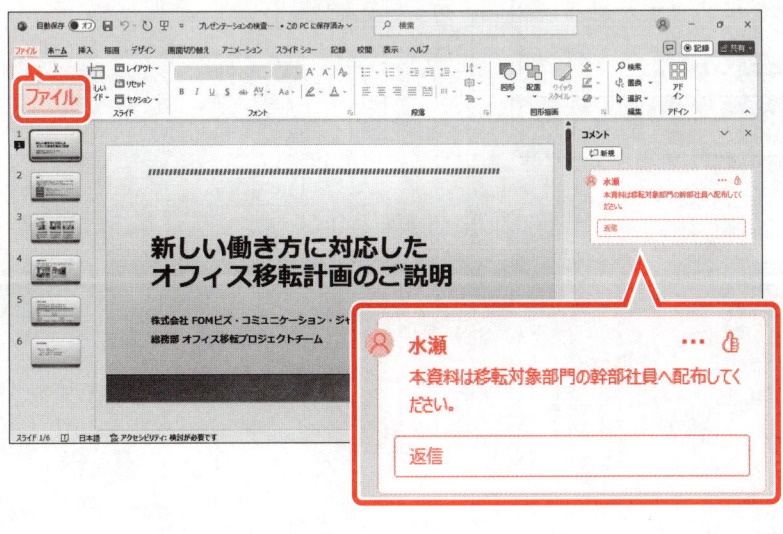

①スライド1にコメントが挿入されていることを確認します。

②《**ファイル**》タブを選択します。

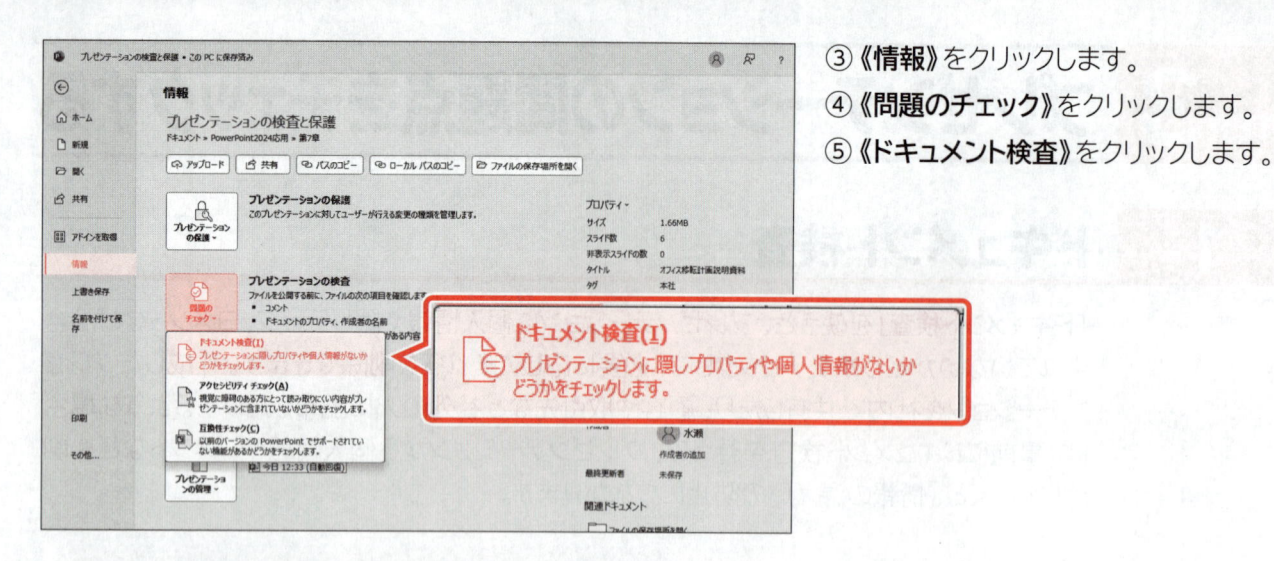

③《情報》をクリックします。

④《問題のチェック》をクリックします。

⑤《ドキュメント検査》をクリックします。

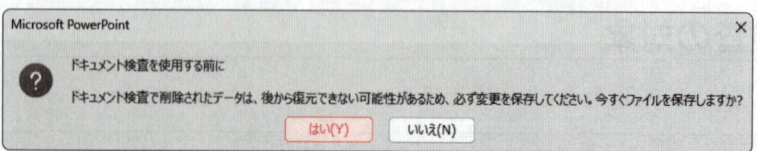

図のようなメッセージが表示されます。

※直前の操作で、プロパティの設定を行っています。その結果を保存していないため、このメッセージが表示されます。

プレゼンテーションを保存します。

⑥《はい》をクリックします。

《ドキュメントの検査》ダイアログボックスが表示されます。

⑦すべての項目を✔にします。

⑧《検査》をクリックします。

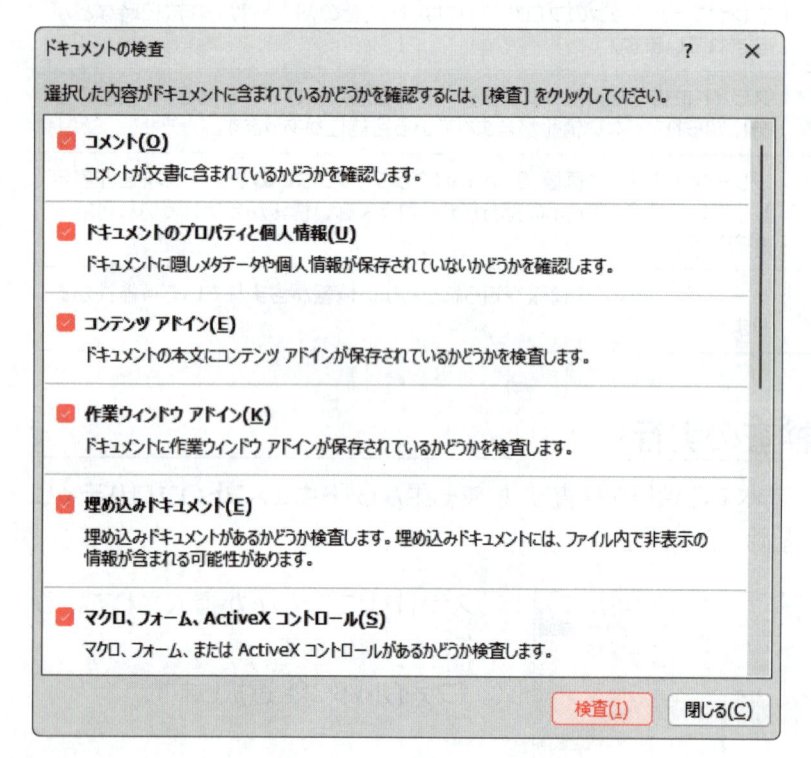

検査結果が表示されます。

個人情報や隠しデータが含まれている可能性のある項目には、《**すべて削除**》が表示されます。

※スクロールして確認しておきましょう。

⑨《**コメント**》の《**すべて削除**》をクリックします。

コメントが削除されます。

⑩《**閉じる**》をクリックします。

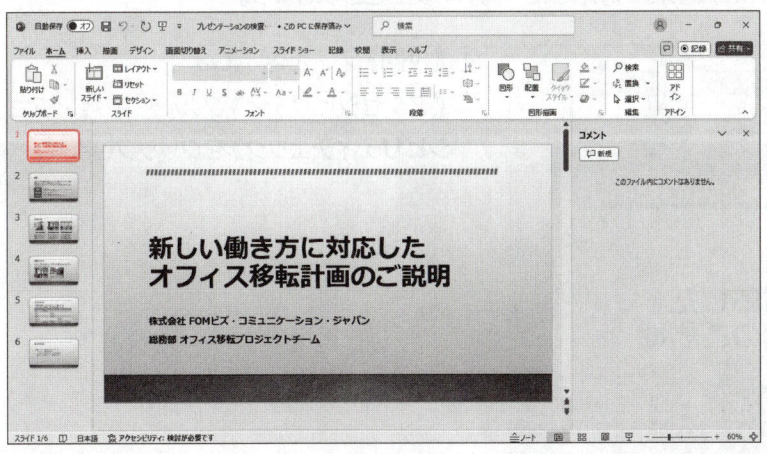

コメントが削除されているかどうかを確認します。

⑪スライド1が選択されていることを確認します。

⑫コメントが削除されていることを確認します。

※《コメント》作業ウィンドウを閉じておきましょう。

2 アクセシビリティチェック

「アクセシビリティ」とは、すべての人が不自由なく情報を手に入れられるかどうか、使いこなせるかどうかを表す言葉です。
「アクセシビリティチェック」を使うと、視覚に障がいのある方などが、読み取りにくい情報や判別しにくい情報が含まれていないかをチェックできます。

1 アクセシビリティチェックの対象

アクセシビリティチェックでは、主に次のような内容をチェックします。

分類	内容	説明
色とコントラスト	読み取りにくいテキストのコントラスト	文字の色と背景の色が酷似していないかをチェックします。コントラストを強くすると、文字が読み取りやすくなります。
メディアとイラスト	代替テキスト	表や図形、画像などのオブジェクトに代替テキストが設定されているかをチェックします。オブジェクトの内容にあった代替テキストを設定しておくと、オブジェクトの内容を理解しやすくなります。
テーブル	テーブルの列見出し	テーブルに列見出しが設定されているかをチェックします。列見出しに適切な項目名を付けておくと、表の内容を理解しやすくなります。
	結合されたセル	表に結合されたセルが含まれていないかをチェックします。表の構造が結合などで複雑になると、意図した順序で読み上げられない場合があります。表の構造を単純にしておくと、順序よく読み上げられるため、表の内容を理解しやすくなります。
ドキュメント構造	スライドタイトルがありません。	プレゼンテーションに複数のスライドがある場合、各スライドにタイトルが設定されているかをチェックします。スライドに適切なタイトルを付けておくと、スライドの内容を理解しやすくなります。
	スライドタイトルの重複	スライドのタイトルが重複して設定されていないかをチェックします。各スライドに適切なタイトルを付けておくと、それぞれのスライドの内容を区別しやすくなります。
	読み上げ順序の確認	スライドの文字や図形などを読み上げる順序をチェックします。読み上げる順序を正しく設定しておくと、スライドの内容を理解しやすくなります。

2 アクセシビリティチェックの実行

プレゼンテーションのアクセシビリティチェックを実行しましょう。チェックの結果は、項目ごとに件数が表示されます。次に、結果に対応した適切な修正をしましょう。

①《校閲》タブを選択します。
②《アクセシビリティ》グループの《アクセシビリティチェック》をクリックします。

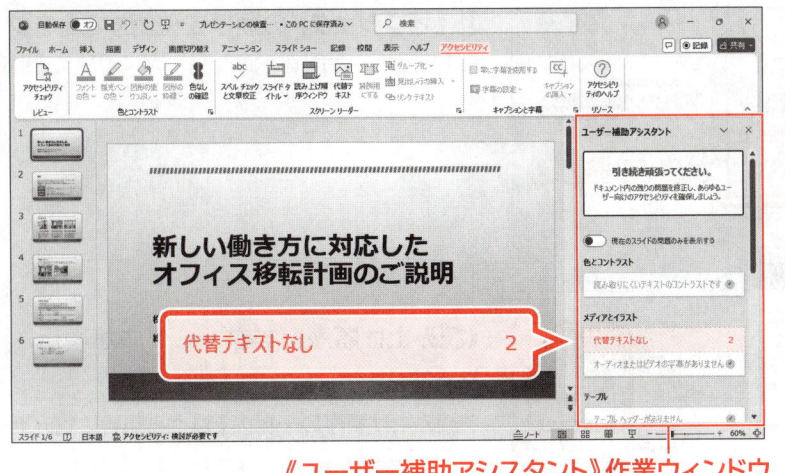

《ユーザー補助アシスタント》作業ウィンドウに、アクセシビリティチェックの結果が表示されます。

リボンに《アクセシビリティ》タブが表示されます。

※お使いの環境によっては、《ユーザー補助アシスタント》作業ウィンドウが表示されない場合があります。その場合は、P.230「POINT 《アクセシビリティ》作業ウィンドウ」を参照してください。

③《メディアとイラスト》の《代替テキストなし》をクリックします。

※代替テキストが設定されていないオブジェクトが2件あります。

《ユーザー補助アシスタント》作業ウィンドウ

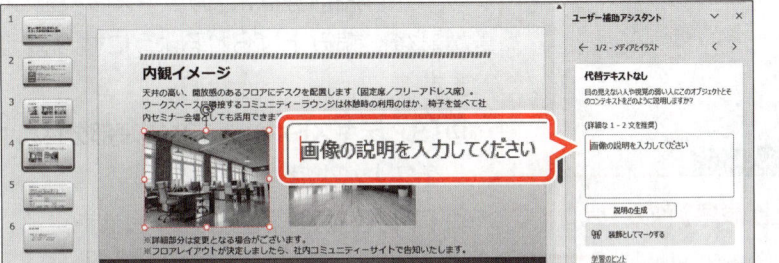

スライド4の左側の画像が選択されます。
画像に代替テキストを設定します。

④《代替テキストなし》の《画像の説明を入力してください》にカーソルが表示されていることを確認します。

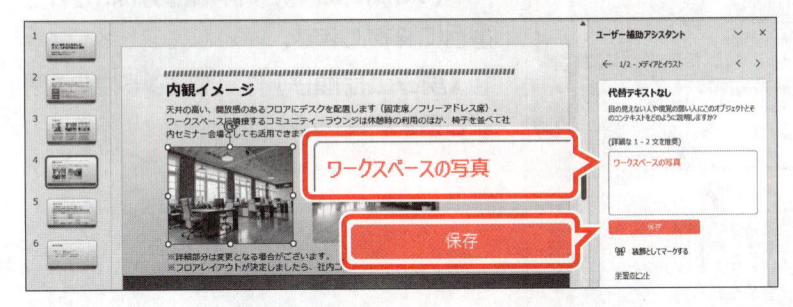

⑤「ワークスペースの写真」と入力します。

⑥《保存》をクリックします。

※お使いの環境によっては、《承認》と表示される場合があります。

スライド4の右側の画像が選択されます。

⑦《代替テキストなし》の《画像の説明を入力してください》にカーソルが表示されていることを確認します。

⑧「コミュニティーラウンジの写真」と入力します。

⑨《保存》をクリックします。

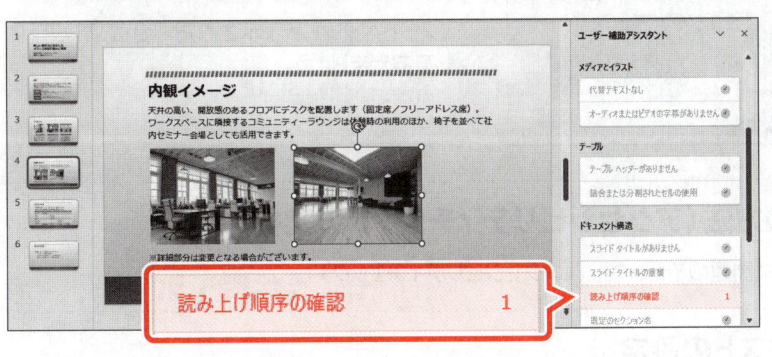

代替テキストが設定されます。

※《代替テキストなし》にチェックマークが表示されます。

⑩《ドキュメント構造》の《読み上げ順序の確認》をクリックします。

※一覧に表示されていない場合は、スクロールして調整します。

※読み上げ順序の確認が1件あります。

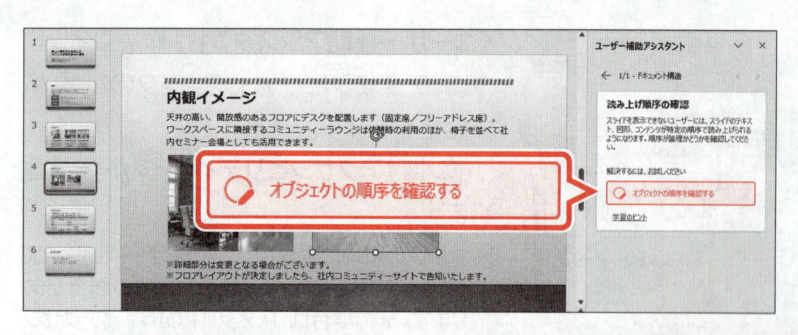

⑪《オブジェクトの順序を確認する》をクリックします。

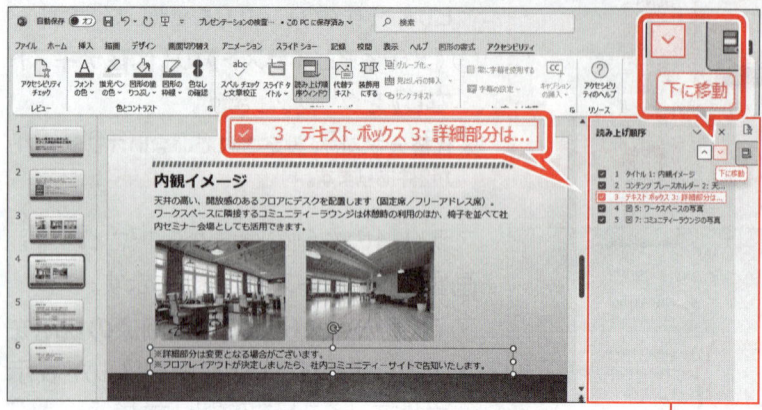

《読み上げ順序》作業ウィンドウ

《読み上げ順序》作業ウィンドウが表示されます。

※読み上げ順序の一覧の《1》から順番に読み上げられます。

スライド4のオブジェクトの配置に合わせて、「※詳細部分は…」のテキストボックスが最後に読み上げられるように並べ替えます。

⑫「3　テキストボックス3：詳細部分は…」をクリックします。

⑬《下に移動》を2回クリックします。

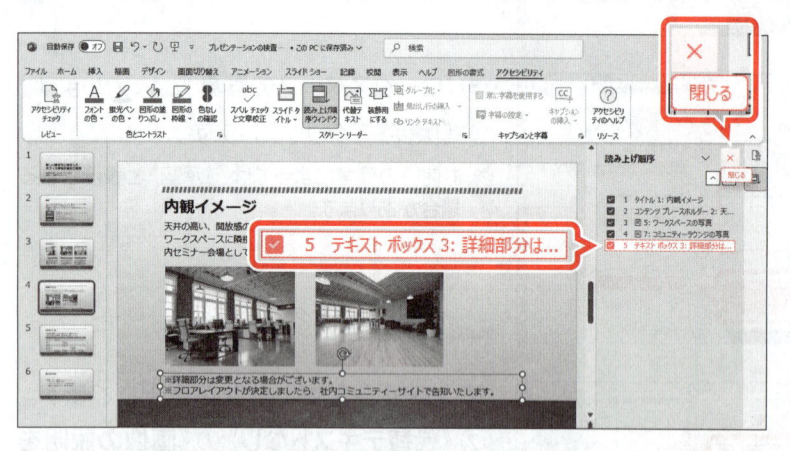

「テキストボックス3：詳細部分は…」が5番目に移動します。

⑭《読み上げ順序》作業ウィンドウの《閉じる》をクリックします。

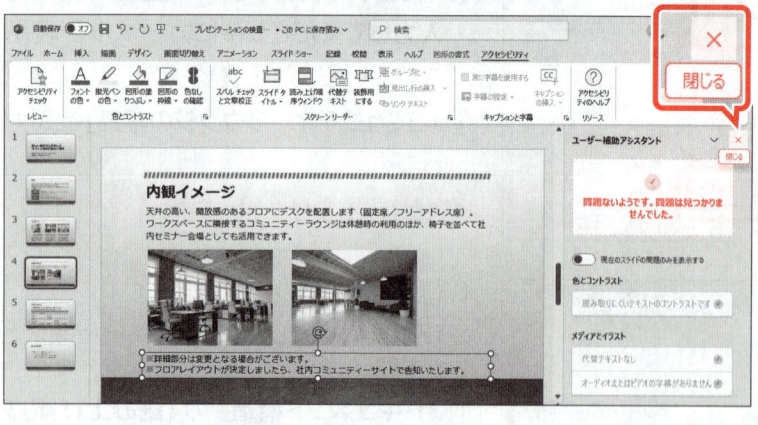

⑮すべてのチェック内容が解決し、「**問題ないようです。問題は見つかりませんでした。**」と表示されていることを確認します。

⑯《ユーザー補助アシスタント》作業ウィンドウの《**閉じる**》をクリックします。

※《ノートペイン》が表示された場合は、非表示にしておきましょう。

STEP UP　その他の方法（アクセシビリティチェックの実行）

◆《ファイル》タブ→《情報》→《問題のチェック》→《アクセシビリティチェック》

STEP UP　代替テキストの設定

アクセシビリティチェックを実行しないで代替テキストを設定する方法は、次のとおりです。

◆画像を選択→《図の形式》タブ→《アクセシビリティ》グループの《代替テキストウィンドウを表示します》

◆画像を右クリック→《代替テキストを表示》

STEP UP 《アクセシビリティ》タブ

アクセシビリティチェックを実行すると、リボンに《アクセシビリティ》タブが表示されます。色やスタイル、書式などをリボンから設定することができます。

STEP UP 作業中にアクセシビリティチェックを実行する

アクセシビリティチェックを常に実行し、結果を確認しながらプレゼンテーションを作成することができます。結果はステータスバーに表示されます。結果をクリックすると《ユーザー補助アシスタント》作業ウィンドウが表示され、詳細を確認できます。

常にアクセシビリティチェックを実行する方法は、次のとおりです。

◆ステータスバーを右クリック→《☑アクセシビリティチェック》

◆《ユーザー補助アシスタント》作業ウィンドウの《設定》→《アクセシビリティ》→《ドキュメントのアクセシビリティを高めましょう》の《☑作業中にアクセシビリティチェックを実行し続ける》

※お使いの環境によっては、《アクセシビリティ》作業ウィンドウの《作業中にアクセシビリティチェックを実行し続ける》を☑にします。

◆《ファイル》→《オプション》→《アクセシビリティ》→《ドキュメントのアクセシビリティを高めましょう》の《☑作業中にアクセシビリティチェックを実行し続ける》

※初期の設定では、《作業中にアクセシビリティチェックを実行し続ける》が☑になっています。お使いの環境によっては、一度アクセシビリティチェックを実行すると、☑になります。

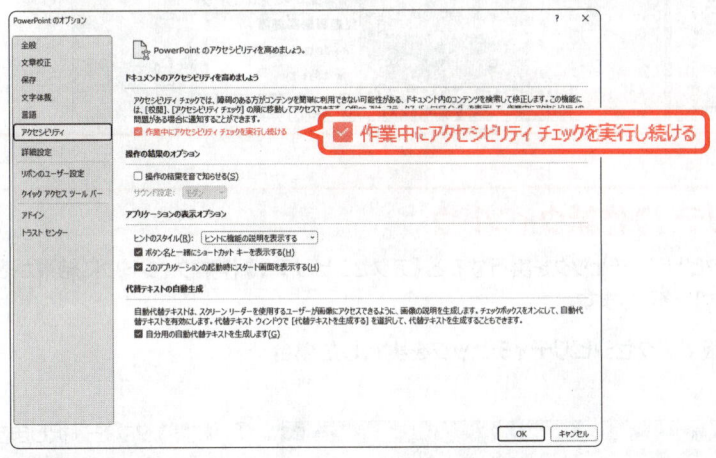

STEP UP 装飾としてマークする

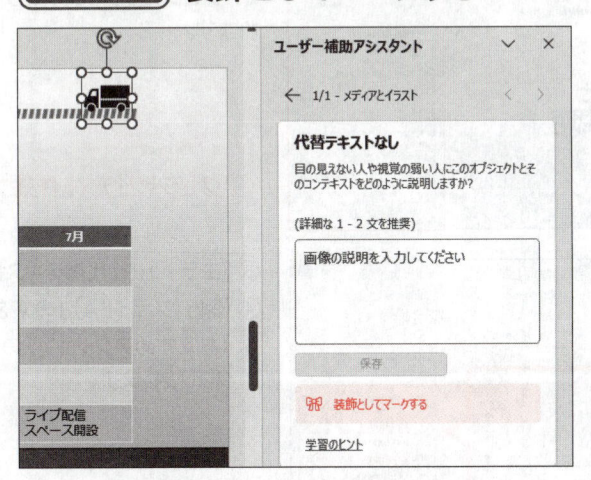

見栄えを整えるために使用し、音声読み上げソフトで特に読み上げる必要がない線や図形などのオブジェクトは、《装飾としてマークする》をクリックして装飾用として設定します。装飾用に設定されたオブジェクトは、代替テキストを設定していなくてもアクセシビリティチェックでチェックされません。

※お使いの環境によっては、《装飾としてマークする》が《装飾用にする》と表示される場合があります。

STEP UP 《読み上げ順序》作業ウィンドウの表示

読み上げ順序に問題がなくなると、アクセシビリティチェックを実行しても、《ユーザー補助アシスタント》作業ウィンドウから《読み上げ順序》作業ウィンドウを表示できなくなります。

《読み上げ順序》作業ウィンドウを表示する方法は、次のとおりです。

◆《校閲》タブ→《アクセシビリティ》グループの《アクセシビリティチェック》の▼→《読み上げ順序ウィンドウ》

POINT　ハイコントラストのみ

アクセシビリティチェックで「読み取りにくいテキストのコントラスト」が指摘された場合は、背景の色、またはフォントの色を調整するとよいでしょう。

プレースホルダーやテキストボックス、図形など、文字を入力できるオブジェクトの塗りつぶしの色を設定するときに《ハイコントラストのみ》をオンにすると、文字の色に対してちょうどよいコントラストの塗りつぶしの色のみが一覧に表示されます。色をポイントするとサンプルが表示されるので、読みやすさを確認しながら色を選択できます。

塗りつぶしの色で《ハイコントラストのみ》をオンにすると、フォントの色の一覧も《ハイコントラストのみ》がオンになり、選択している塗りつぶしの色に適したフォントの色を選択できるようになります。

※お使いの環境によっては、表示されない場合があります。

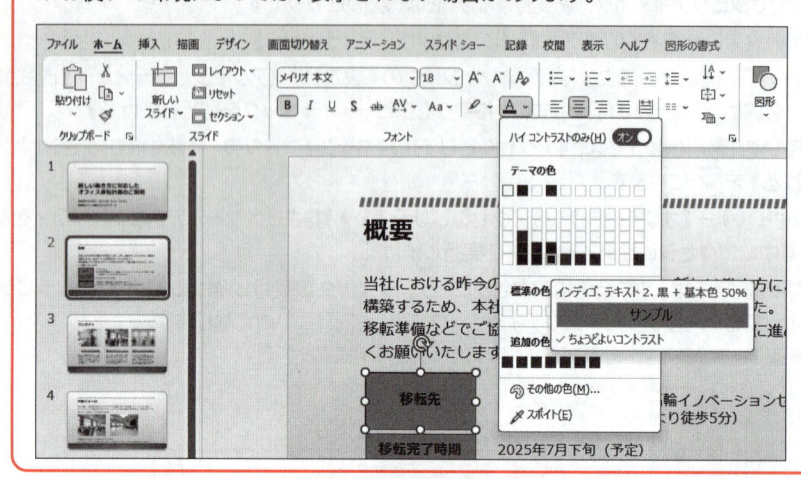

POINT　《アクセシビリティ》作業ウィンドウ

お使いの環境によっては、アクセシビリティチェックを実行すると《アクセシビリティ》作業ウィンドウに結果が表示されます。その場合、次の手順のように結果を確認、修正します。

● PowerPoint 2024のLTSC版でアクセシビリティチェックを実行した場合
　※2025年1月時点

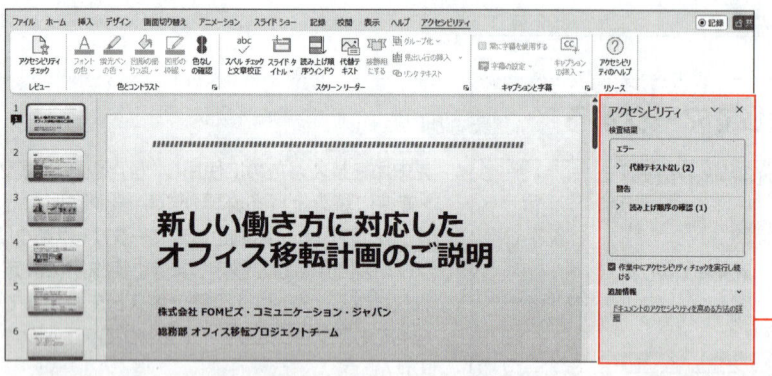

①《校閲》タブを選択します。
②《アクセシビリティ》グループの《アクセシビリティチェック》をクリックします。
《アクセシビリティ》作業ウィンドウが表示されます。

《アクセシビリティ》作業ウィンドウ

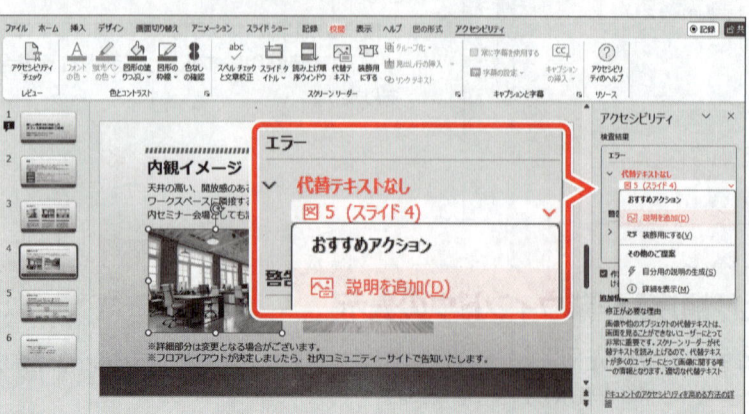

③《エラー》の《代替テキストなし》をクリック
④「図5（スライド4）」の▼をクリックします。
⑤《おすすめアクション》の《説明を追加》をクリックします。

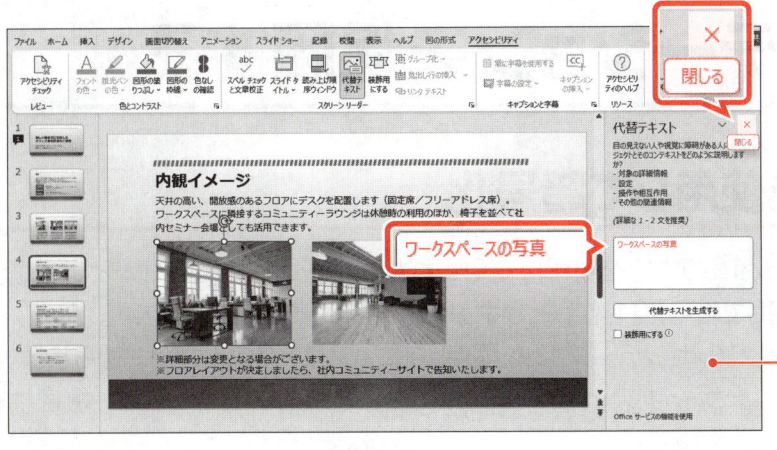

《代替テキスト》作業ウィンドウが表示されます。

⑥《代替テキスト》作業ウィンドウのボックスに「ワークスペースの写真」と入力します。

⑦《代替テキスト》作業ウィンドウの《閉じる》をクリックします。

《代替テキスト》作業ウィンドウ

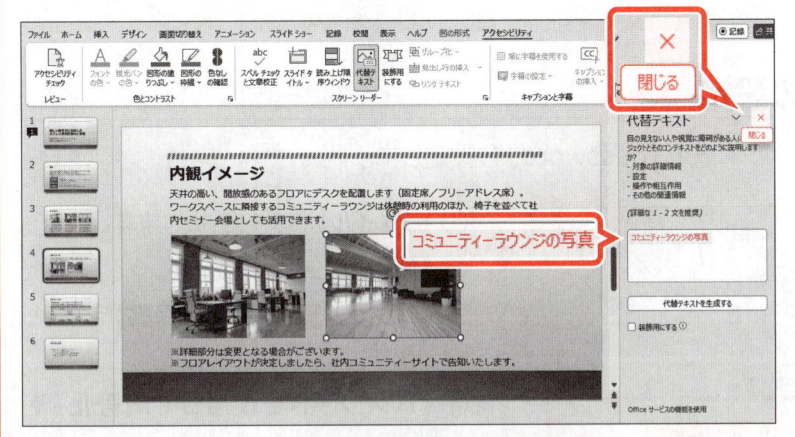

⑧同様に、「図7（スライド4）」に、代替テキスト「コミュニティーラウンジの写真」を設定します。

⑨《代替テキスト》作業ウィンドウの《閉じる》をクリックします。

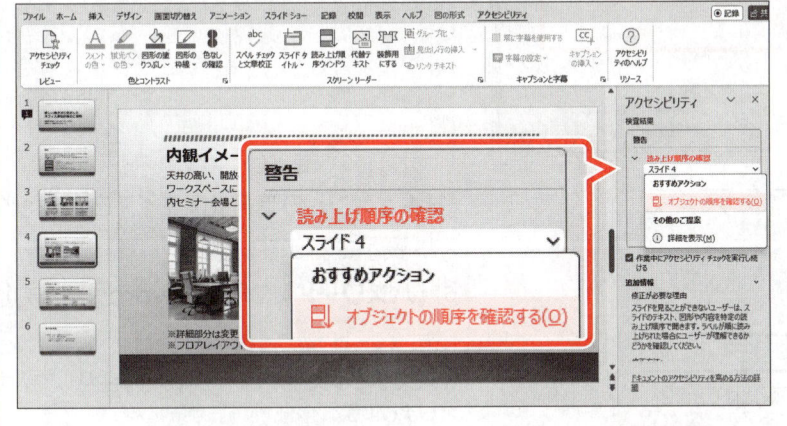

⑩《警告》の《読み上げ順序の確認》をクリックします。

⑪「スライド4」の▼をクリックします。

⑫《おすすめアクション》の《オブジェクトの順序を確認する》をクリックします。

《読み上げ順序》作業ウィンドウが表示されます。

⑬「3　テキストボックス3：詳細部分は...」をクリックします。

⑭《下に移動》を2回クリックします。

⑮《読み上げ順序》作業ウィンドウの《閉じる》をクリックします。

⑯《アクセシビリティ》作業ウィンドウの《閉じる》をクリックします。

《読み上げ順序》作業ウィンドウ

STEP4 プレゼンテーションを保護する

1 パスワードを使用して暗号化

作成したプレゼンテーションの内容を勝手に変更されたり、見られたくないなどという場合には「**パスワードを使用して暗号化**」を使うとセキュリティを高めることができます。
パスワードを設定すると、プレゼンテーションを開くときにパスワードの入力が求められます。
パスワードを知らないユーザーはプレゼンテーションを開くことができないため、機密性を保つことができます。

1 パスワードの設定

プレゼンテーションに、パスワード「**password**」を設定しましょう。

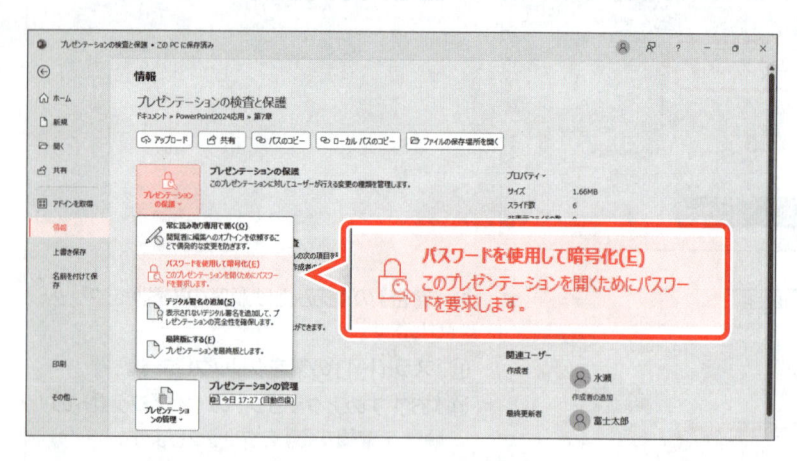

① 《**ファイル**》タブを選択します。

② 《**情報**》をクリックします。

③ 《**プレゼンテーションの保護**》をクリックします。

④ 《**パスワードを使用して暗号化**》をクリックします。

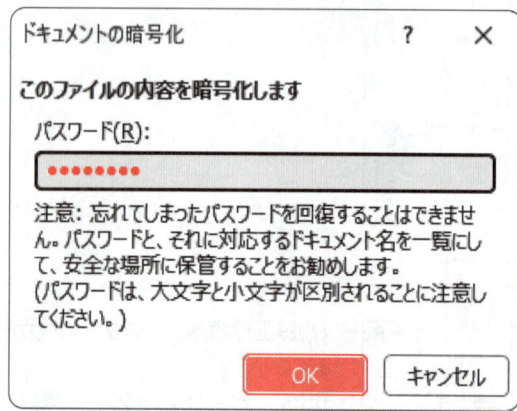

《**ドキュメントの暗号化**》ダイアログボックスが表示されます。

⑤ 《**パスワード**》に「**password**」と入力します。

※大文字と小文字が区別されます。注意して入力しましょう。

※入力したパスワードは「●」で表示されます。

⑥ 《**OK**》をクリックします。

《**パスワードの確認**》ダイアログボックスが表示されます。

⑦ 《**パスワードの再入力**》に再度「**password**」と入力します。

⑧ 《**OK**》をクリックします。

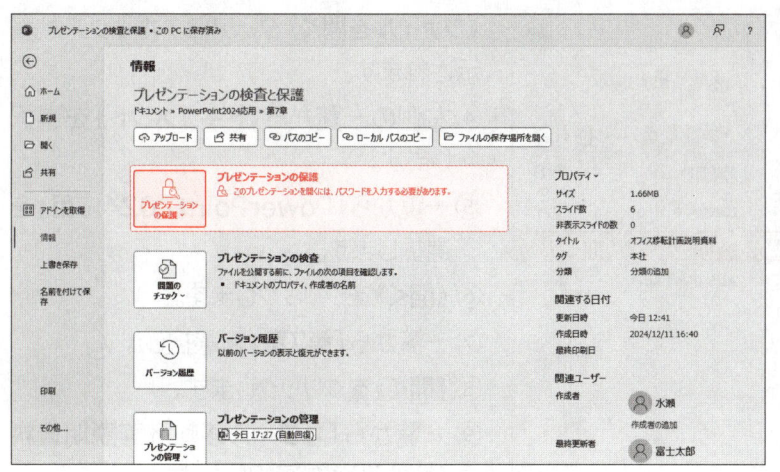

パスワードが設定されます。

※設定したパスワードは、プレゼンテーションを保存すると有効になります。

※プレゼンテーションに「オフィス移転計画説明資料（社外秘）」と名前を付けて、フォルダー「第7章」に保存し、PowerPointを終了しておきましょう。

STEP UP パスワード

設定するパスワードは推測されにくいものにしましょう。次のようなパスワードは推測されやすいので、避けた方がよいでしょう。

- ・本人の誕生日
- ・従業員番号や会員番号
- ・すべて同じ数字
- ・簡単な英単語　　　　など

※本書では、操作をわかりやすくするため簡単な英単語「password」をパスワードに設定しています。

---

2 パスワードを設定したプレゼンテーションを開く

パスワードを入力すると、プレゼンテーション「**オフィス移転計画説明資料（社外秘）**」が開くことを確認しましょう。

※PowerPointを起動しておきましょう。

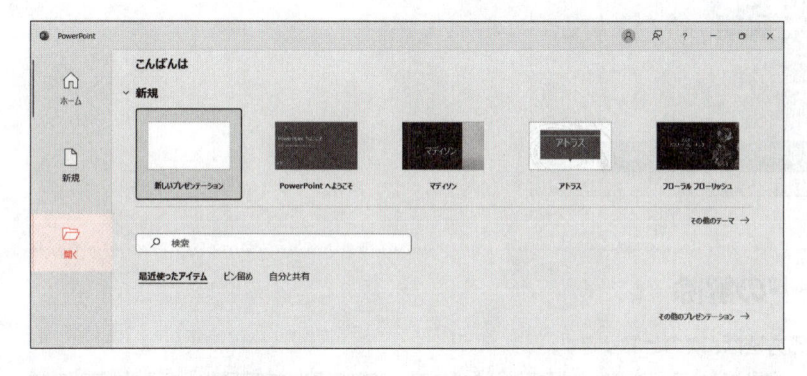

①PowerPointのスタート画面が表示されていることを確認します。

②《開く》をクリックします。

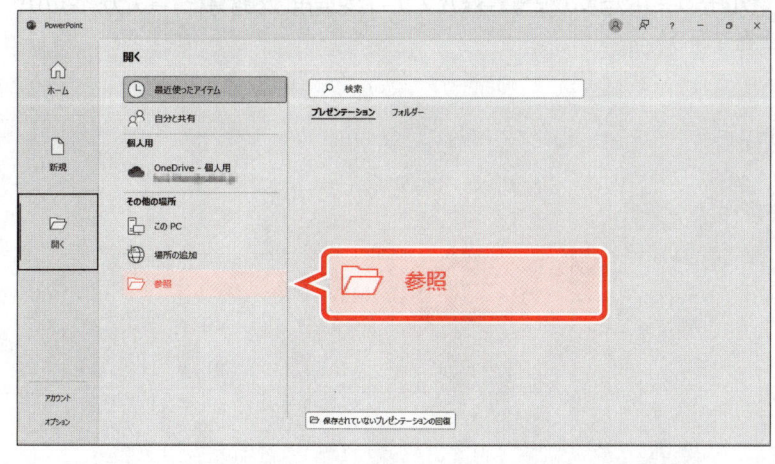

プレゼンテーションが保存されている場所を選択します。

③《参照》をクリックします。

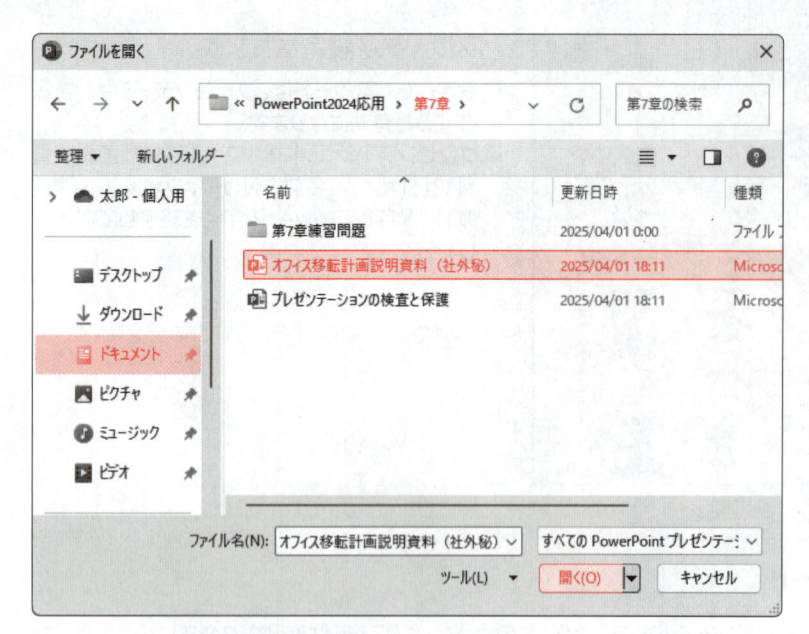

《ファイルを開く》ダイアログボックスが表示されます。

④左側の一覧から《ドキュメント》を選択します。

⑤一覧から「PowerPoint2024応用」を選択します。

⑥《開く》をクリックします。

⑦一覧から「第7章」を選択します。

⑧《開く》をクリックします。

⑨一覧から「オフィス移転計画説明資料（社外秘）」を選択します。

⑩《開く》をクリックします。

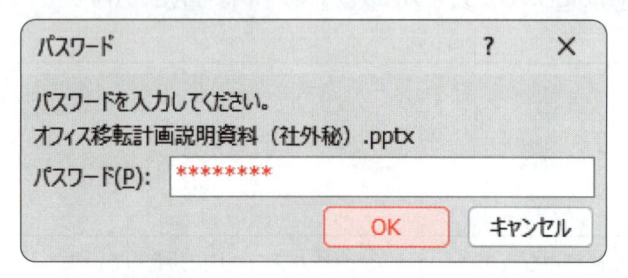

《パスワード》ダイアログボックスが表示されます。

⑪《パスワード》に「password」と入力します。

※入力したパスワードは「*」で表示されます。

⑫《OK》をクリックします。

プレゼンテーションが開かれます。

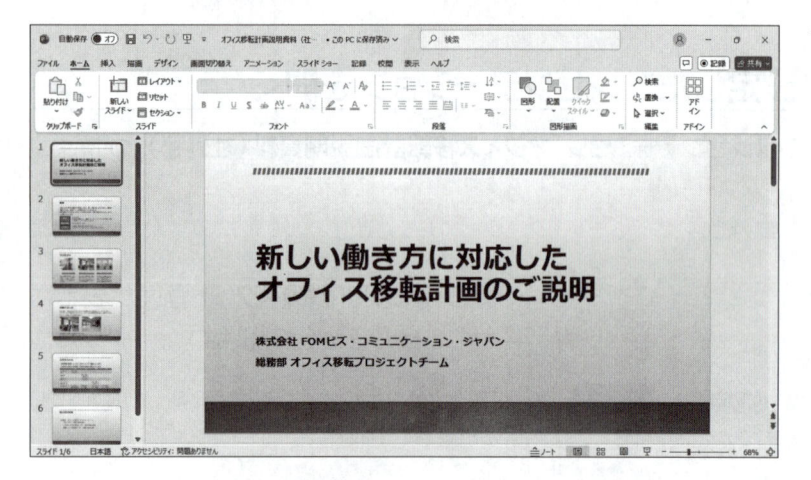

STEP UP パスワードの解除

設定したパスワードを解除する方法は、次のとおりです。

◆《ファイル》タブ→《情報》→《プレゼンテーションの保護》→《パスワードを使用して暗号化》→入力済みのパスワードを削除→《OK》→《上書き保存》

最終版として保存

「**最終版にする**」を使うと、プレゼンテーションが読み取り専用になり、内容を変更できなくなります。

プレゼンテーションが完成してこれ以上変更を加えない場合は、そのプレゼンテーションを最終版にしておくと、不用意に内容を書き換えたり文字を削除したりすることを防止できます。

プレゼンテーションを最終版として保存しましょう。

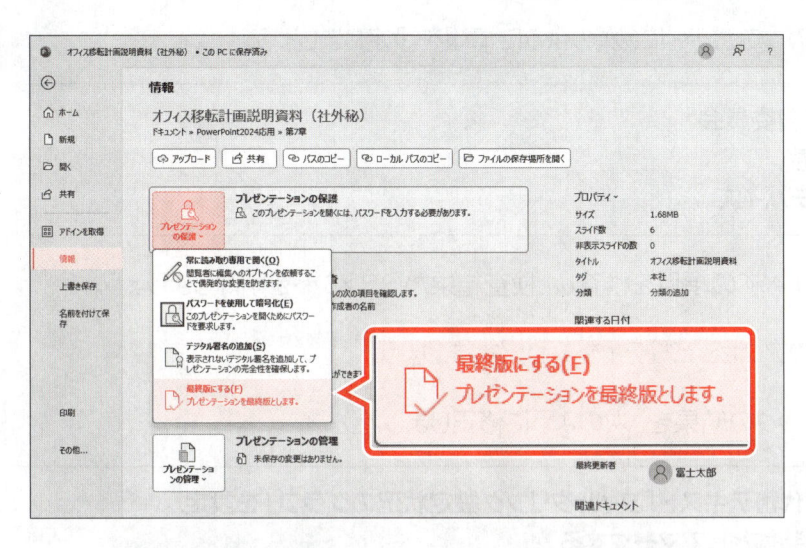

① 《**ファイル**》タブを選択します。

② 《**情報**》をクリックします。

③ 《**プレゼンテーションの保護**》をクリックします。

④ 《**最終版にする**》をクリックします。

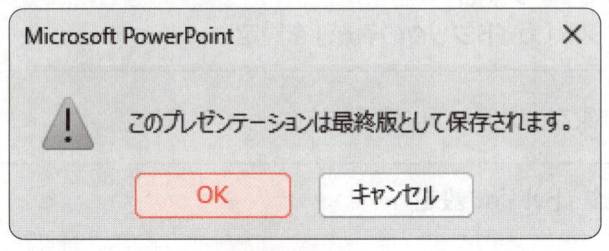

図のようなメッセージが表示されます。

⑤ 《**OK**》をクリックします。

※最終版に関するメッセージが表示される場合は、《OK》をクリックします。

《メッセージバー》　読み取り専用

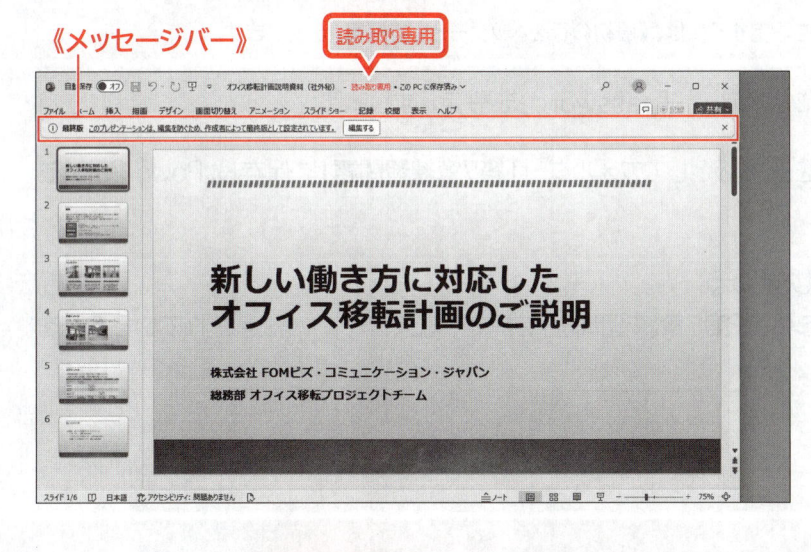

プレゼンテーションが最終版として上書き保存されます。

⑥ タイトルバーに《**読み取り専用**》と表示され、最終版を表すメッセージバーが表示されていることを確認します。

※《読み取り専用》がすべて表示されていない場合があります。図のように、《Microsoft Search》が非表示になるまで、PowerPointのウィンドウ幅を狭くすると確認できます。
確認後、PowerPointのウィンドウを最大化しておきましょう。

※プレゼンテーションを閉じておきましょう。

POINT　最終版のプレゼンテーションの編集

最終版として保存したプレゼンテーションを編集できる状態に戻すには、メッセージバーの《編集する》をクリックします。

練習問題

PDF
標準解答 ▶ P.20

あなたは、子どものスマートデバイス利用に関する調査を行い、その結果について報告するためのプレゼンテーションを作成しています。
次のようにプレゼンテーションを作成しましょう。

① プレゼンテーションのプロパティに、次のように情報を設定しましょう。

作成者	：竹松市教育委員会
分類	：2025年度
キーワード	：スマートデバイス

② ドキュメント検査ですべての項目を検査し、検査結果からコメントを削除しましょう。

③ プレゼンテーションのアクセシビリティをチェックしましょう。

④ アクセシビリティチェックの結果を、次のように修正しましょう。

スライド12のグラフ	：代替テキスト「フィルタリング設定状況のグラフ」を設定
スライド15の図形	：装飾としてマークする
スライド16の画像	：代替テキスト「ガイドブックの表紙」を設定

⑤ アクセシビリティチェックの結果を、次のように修正しましょう。

スライド10の表：表の1行目をタイトル行に設定

HINT 表にタイトル行を設定するには、《最初の行をヘッダーとして使用》を使います。

⑥ プレゼンテーションにパスワード「**password**」を設定しましょう。

⑦ プレゼンテーションを最終版としてフォルダー「**第7章練習問題**」に保存し、PowerPointを終了しましょう。

⑧ PowerPointを起動しましょう。
次に、プレゼンテーション「**第7章練習問題**」を開き、パスワードが設定されていることを確認しましょう。

第 8 章

便利な機能

この章で学ぶこと

学習前に習得すべきポイントを理解しておき、
学習後には確実に習得できたかどうかを振り返りましょう。

■ セクションが何かを説明できる。 → P.239 ☑☑☑

■ プレゼンテーションにセクションを追加できる。 → P.240 ☑☑☑

■ プレゼンテーションのセクション名を変更できる。 → P.241 ☑☑☑

■ セクションを移動して順番を入れ替えることができる。 → P.242 ☑☑☑

■ サマリーズームを作成できる。 → P.244 ☑☑☑

■ 作成したサマリーズームの動きを確認できる。 → P.245 ☑☑☑

■ プレゼンテーションをテンプレートとして保存できる。 → P.247 ☑☑☑

■ 保存したテンプレートを利用できる。 → P.248 ☑☑☑

■ プレゼンテーションをもとにWord文書の配布資料を作成できる。 → P.250 ☑☑☑

■ プレゼンテーションをPDFファイルとして保存できる。 → P.253 ☑☑☑

■ プレゼンテーションを録画できる。 → P.254 ☑☑☑

STEP 1 セクションを利用する

1 セクション

スライド枚数が多いプレゼンテーションやストーリー展開が複雑なプレゼンテーションは、内容の区切りに応じて**「セクション」**に分割すると、管理しやすくなります。
例えば、セクションを入れ替えてプレゼンテーションの構成を変更したり、セクション単位でデザインを変更したり、印刷したりすることもできます。
初期の設定では、プレゼンテーションは1つのセクションから構成されていますが、セクションを追加することで、複数のセクションに分割できます。

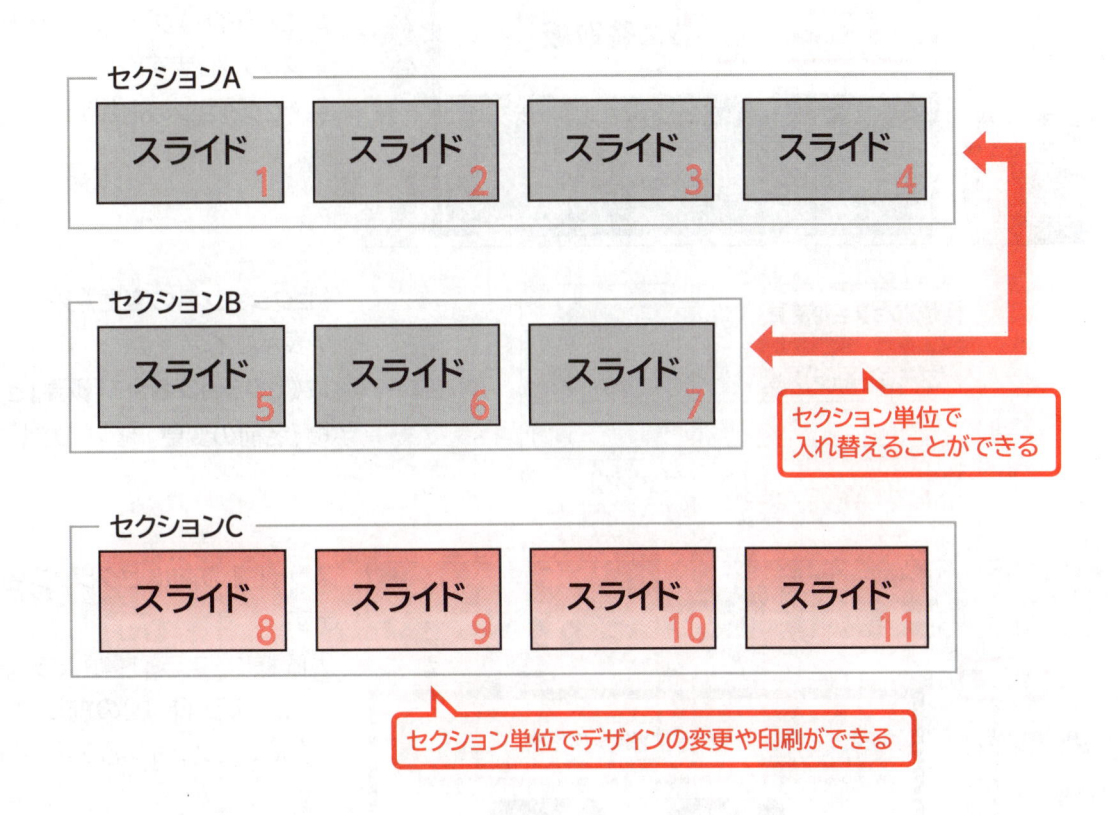

2 セクションの追加

OPEN

P 便利な機能-1

プレゼンテーションに次のようにセクションを追加し、セクション名を設定しましょう。

スライド1～3 ：概要	スライド10～11：設備・仕様
スライド4～7 ：心安らぐ住環境	スライド12 ：問い合わせ先
スライド8～9 ：四季の花々	

1つ目のセクション名を設定します。

①スライド1を選択します。

※セクションの先頭のスライドを選択します。

②《ホーム》タブを選択します。

③《スライド》グループの《セクション》をクリックします。

④《セクションの追加》をクリックします。

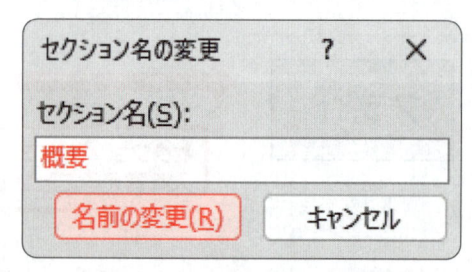

《セクション名の変更》ダイアログボックスが表示されます。

⑤《セクション名》に「概要」と入力します。

⑥《名前の変更》をクリックします。

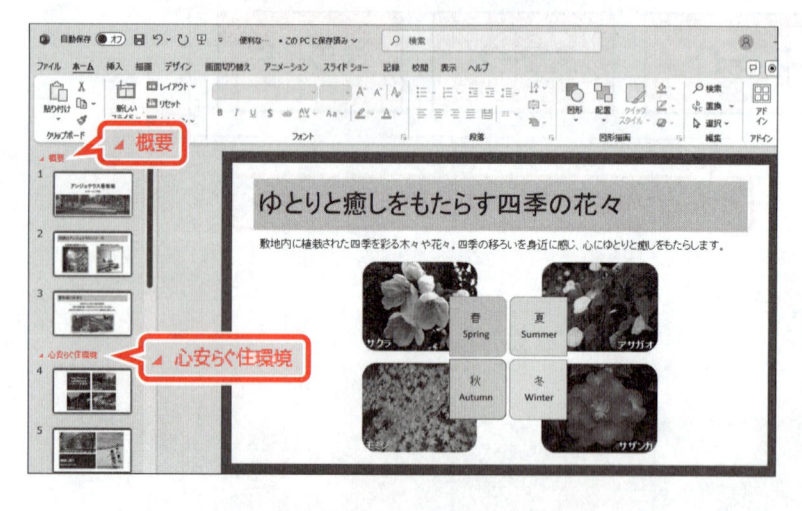

スライド1の前にセクション名が追加されます。

⑦同様に、スライド4、スライド8、スライド10、スライド12の前にセクションを追加し、セクション名を設定します。

STEP UP その他の方法（セクションの追加）

◆サムネイルペインのスライドを右クリック→《セクションの追加》

POINT セクションの削除

追加したセクションを削除する方法は、次のとおりです。

◆セクション名を選択→《ホーム》タブ→《スライド》グループの《セクション》→《セクションの削除》／《すべてのセクションの削除》

※セクションを削除すると、含まれていたスライドは1つ上のセクションに統合されます。

※下に別のセクションがある場合、先頭のセクションを削除することはできません。

3 セクション名の変更

スライドの修正や追加などでセクション名が適切でなくなった場合は、セクション名を変更するとよいでしょう。
セクション「**四季の花々**」の名前を、「**住まう楽しみ**」に変更しましょう。

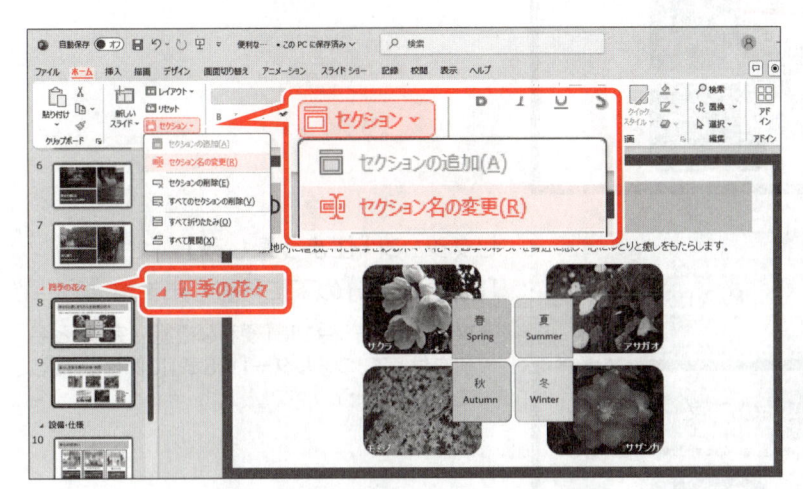

①セクション名「**四季の花々**」をクリックします。

※セクション名をクリックすると、セクション名とセクションに含まれるスライドが選択されます。

②《**ホーム**》タブを選択します。

③《**スライド**》グループの《**セクション**》をクリックします。

④《**セクション名の変更**》をクリックします。

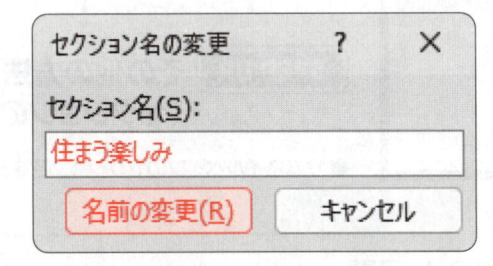

《**セクション名の変更**》ダイアログボックスが表示されます。

⑤《**セクション名**》に「**住まう楽しみ**」と入力します。

⑥《**名前の変更**》をクリックします。

セクション名が変更されます。

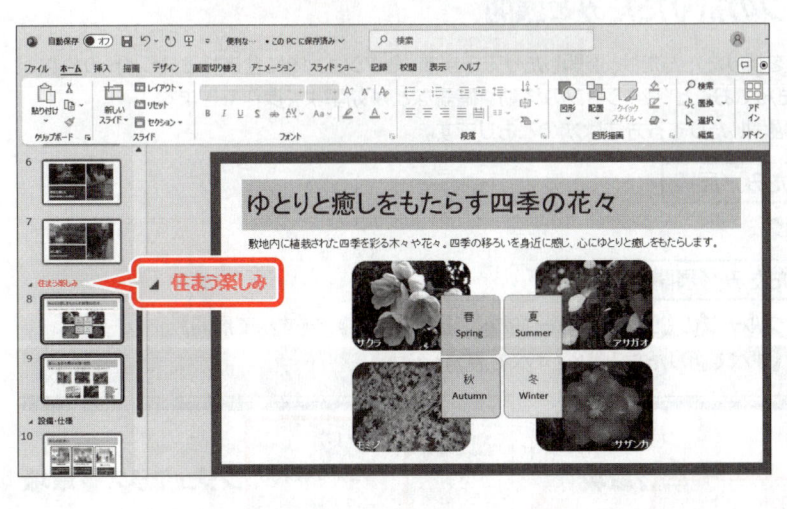

4 セクションの移動

セクションを移動して順番を入れ替えることができます。セクションを移動すると、セクションに含まれるスライドをまとめて移動できます。
セクション「**住まう楽しみ**」とセクション「**設備・仕様**」を入れ替えましょう。

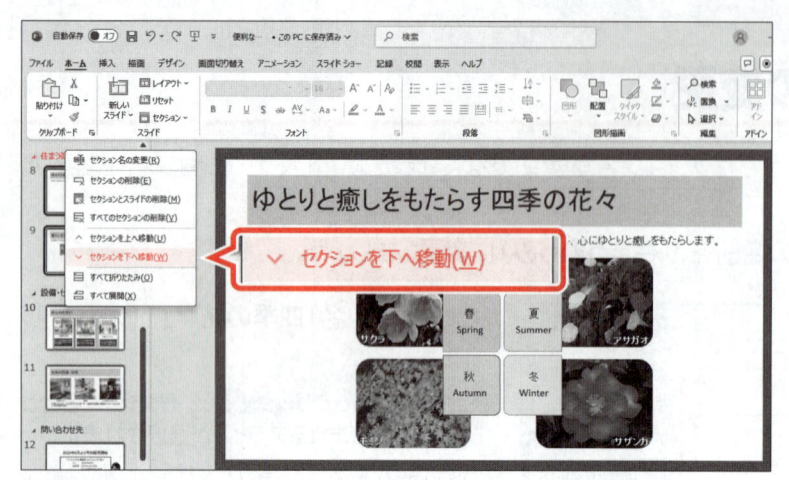

①セクション名「**住まう楽しみ**」を右クリックします。

②《**セクションを下へ移動**》をクリックします。

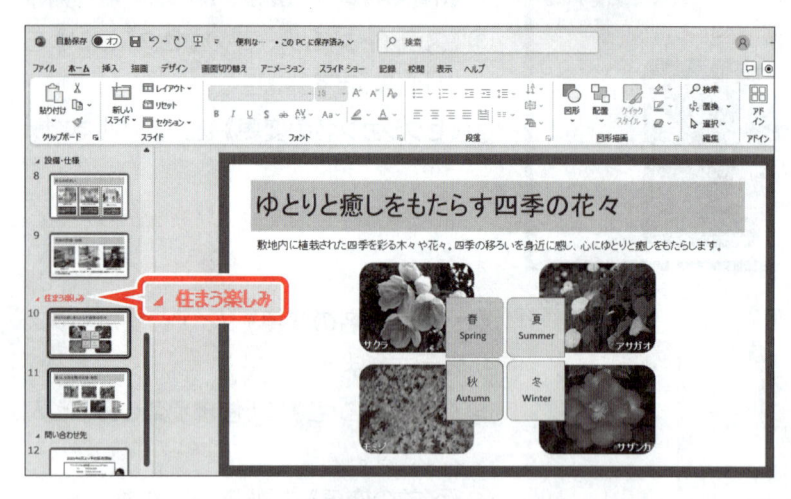

セクション「**住まう楽しみ**」がセクション「**設備・仕様**」の下に移動します。

※プレゼンテーションに「便利な機能-1完成」と名前を付けて、フォルダー「第8章」に保存し、閉じておきましょう。

STEP UP その他の方法
（セクションの移動）

◆ サムネイルペインのセクション名をドラッグ

STEP UP セクションの折りたたみと展開

セクションに含まれるスライドを折りたたんだり、展開したりできます。セクション内に含まれるスライドの枚数が多い場合はスライドを折りたたんでおくと、セクションの移動や確認などが効率よく操作できます。
セクションを折りたたんだり、展開したりする方法は次のとおりです。

特定のセクションの折りたたみ／展開

◆ セクション名をダブルクリック

すべてのセクションの折りたたみ／展開

◆《**ホーム**》タブ→《**スライド**》グループの《**セクション**》→《**すべて折りたたみ**》／《**すべて展開**》
◆ セクション名を右クリック→《**すべて折りたたみ**》／《**すべて展開**》

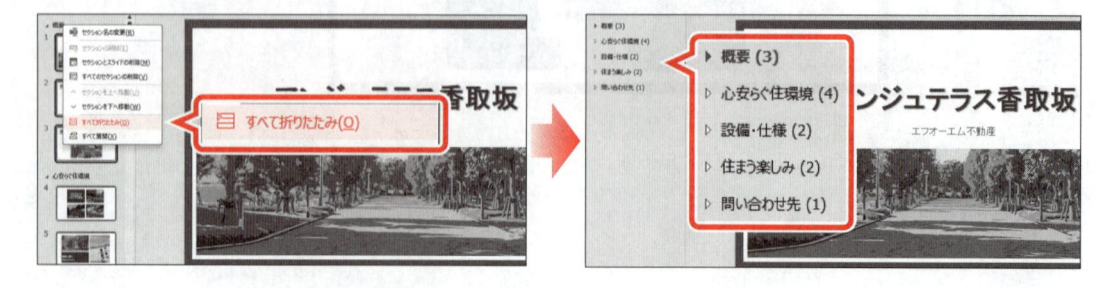

ズームを使ってスライドを切り替える

1 ズーム

プレゼンテーションを作成するときは、聞き手の興味を引く仕掛けを入れておくことも大切です。最初は興味を持って集中して聞いていても、発表が長く単調になると、聞き手の興味や集中力が失われてしまうことがあります。発表中は何度もスライドを切り替えるので、このタイミングを利用して、聞き手の興味を引くのも1つの方法です。

発表中にスライドを切り替える方法に「**ズーム**」機能があります。ズーム機能を使うと、発表の全体像を確認してもらいながら進行したり、説明の順序を変更したりなど、聞き手の印象に残るプレゼンテーションを作成できます。

ズームには、次の3種類があります。

種類	説明
サマリーズーム	サマリーとは「要約」のことです。プレゼンテーション内の選択したスライドのサムネイルを一覧にした、目次のようなスライドを自動的に作成し、セクションへ移動するズームを設定します。選択したスライドを先頭として、自動的にセクションが設定されます。
セクションズーム	既存のスライド上にサムネイルを追加し、セクションへ移動するズームを設定します。事前にセクションを設定しておく必要があります。
スライドズーム	既存のスライド上にサムネイルを追加し、特定のスライドへ移動するズームを設定します。スライドに移動後、ズームを設定したスライドには戻りません。

例：サマリーズーム

セクション内のスライドを表示後、元のスライドに戻る

2　サマリーズームの作成

サマリーズームを使って、プレゼンテーションの先頭にスライド1、スライド5、スライド8にジャンプするスライドを作成しましょう。サマリーズームのスライドのタイトルに「**アンジュテラス香取坂**」と入力します。

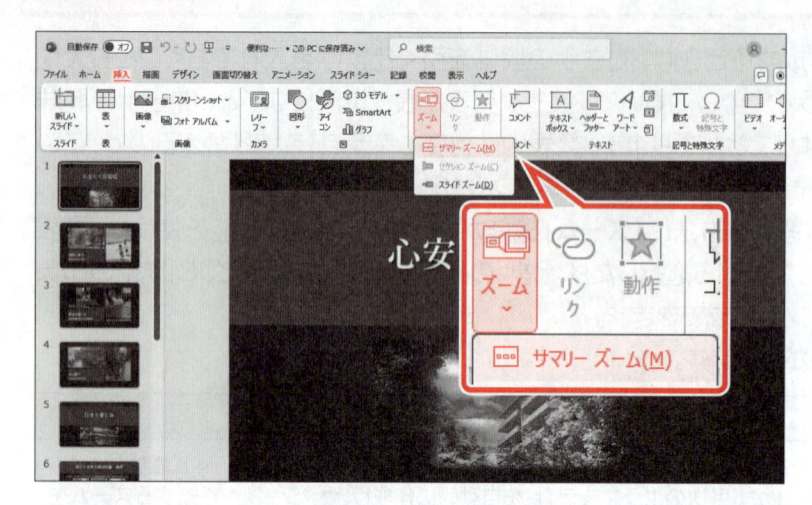

① 《**挿入**》タブを選択します。

② 《**リンク**》グループの《**ズーム**》をクリックします。

③ 《**サマリーズーム**》をクリックします。

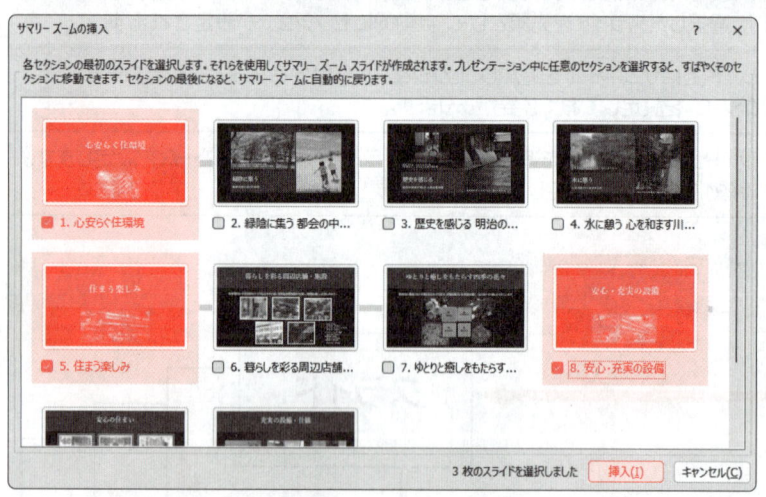

《**サマリーズームの挿入**》ダイアログボックスが表示されます。

④ スライド1、スライド5、スライド8を ☑ にします。

⑤ 《**挿入**》をクリックします。

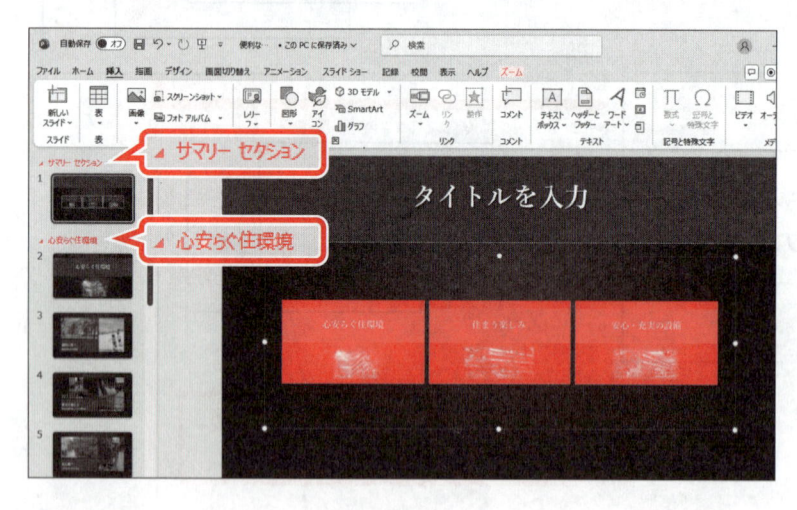

プレゼンテーションの先頭に、サマリーズームのスライドが挿入されます。

挿入されたスライドは「**サマリーセクション**」に設定され、④で選択したスライドのサムネイルが表示されます。

2枚目以降のスライドは、④で選択したスライドからはじまるセクションが自動的に設定されます。

サムネイルの画像を選択すると、リボンに《**ズーム**》タブが表示されます。

スライド1にタイトルを入力します。

⑥《タイトルを入力》をクリックします。

⑦「アンジュテラス香取坂」と入力します。

⑧タイトル以外の場所をクリックします。

---

3 サマリーズームの確認

スライドショーを実行して、サマリーズームの動きを確認しましょう。

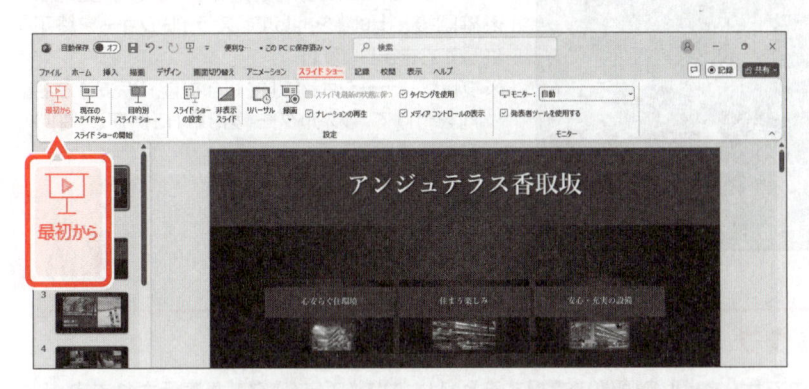

①《スライドショー》タブを選択します。

②《スライドショーの開始》グループの《先頭から開始》をクリックします。

スライドショーが実行されます。

③「心安らぐ住環境」のサムネイルをポイントします。

マウスポインターの形が🖑に変わります。

④クリックします。

「心安らぐ住環境」のスライドがズームで表示されます。

次のスライドを表示します。

⑤クリックします。

※[Enter]を押してもかまいません。

セクション内のスライドが順に表示されます。

⑥同様に、「**水に憩う**」のスライドまで表示します。

⑦クリックします。

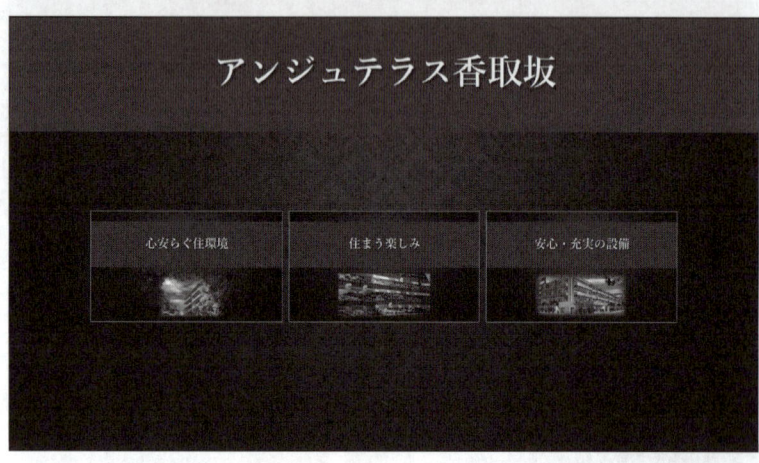

セクションの最後のスライドまで表示されると、サマリーズームのスライドに戻ります。

※同様に、「住まう楽しみ」「安心・充実の設備」のサマリーズームの動きを確認しておきましょう。

※確認後、Esc を押して、スライドショーを終了しておきましょう。

※プレゼンテーションに「便利な機能-2完成」と名前を付けて、フォルダー「第8章」に保存し、閉じておきましょう。

POINT 《ズーム》タブ

サマリーズームのスライド内でサムネイルの画像を選択すると、リボンに《ズーム》タブが表示されます。リボンの《ズーム》タブが選択されているときだけ、サムネイルの右下に遷移先のスライド番号が表示されます。スライドショー実行中やその他のタブが選択されているときは表示されません。

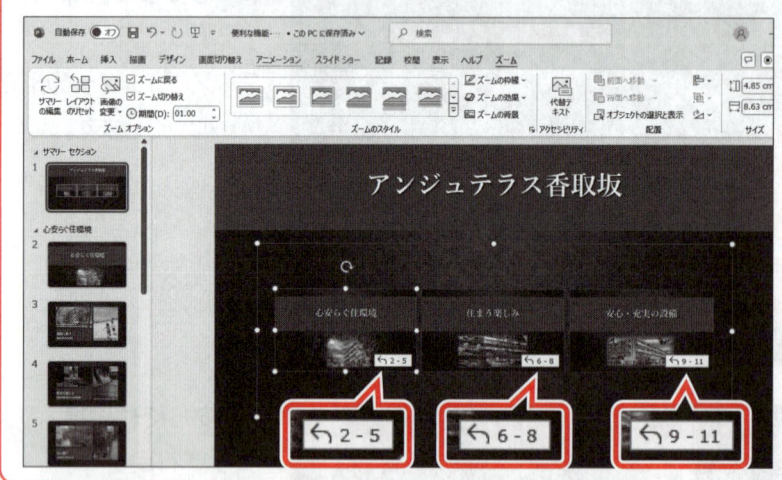

STEP3 テンプレートを操作する

1 テンプレートとして保存

「**テンプレート**」とは、プレゼンテーションのひな形のことです。プレゼンテーションに見出しや項目、書式やスタイルなどを設定しておき、テンプレートとして保存しておくと、同じフォーマットのプレゼンテーションを作成するときに、一部の文字を入力・修正するだけで簡単に作成できます。作成したプレゼンテーションのフォーマットを頻繁に利用する場合は、テンプレートとして保存しておくとよいでしょう。

プレゼンテーション**「便利な機能-3」**を、テンプレートとして保存しましょう。

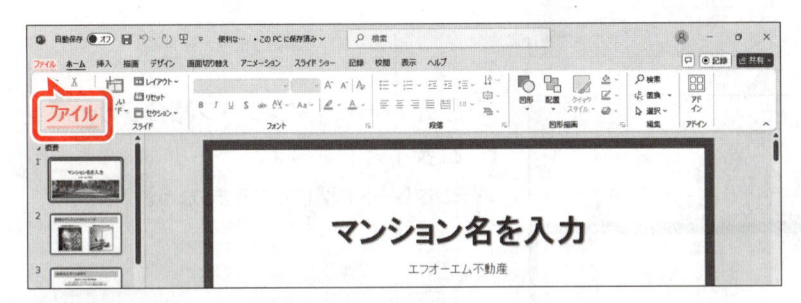

①《**ファイル**》タブを選択します。

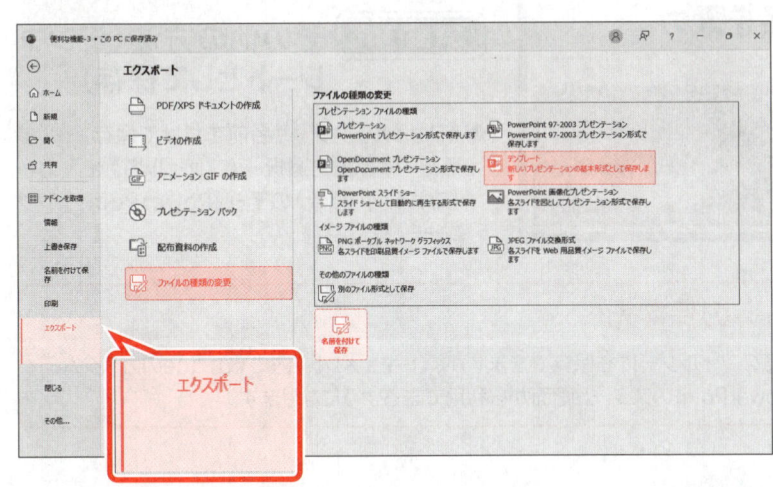

②《**エクスポート**》をクリックします。

③《**ファイルの種類の変更**》をクリックします。

④《**プレゼンテーションファイルの種類**》の《**テンプレート**》をクリックします。

⑤《**名前を付けて保存**》をクリックします。

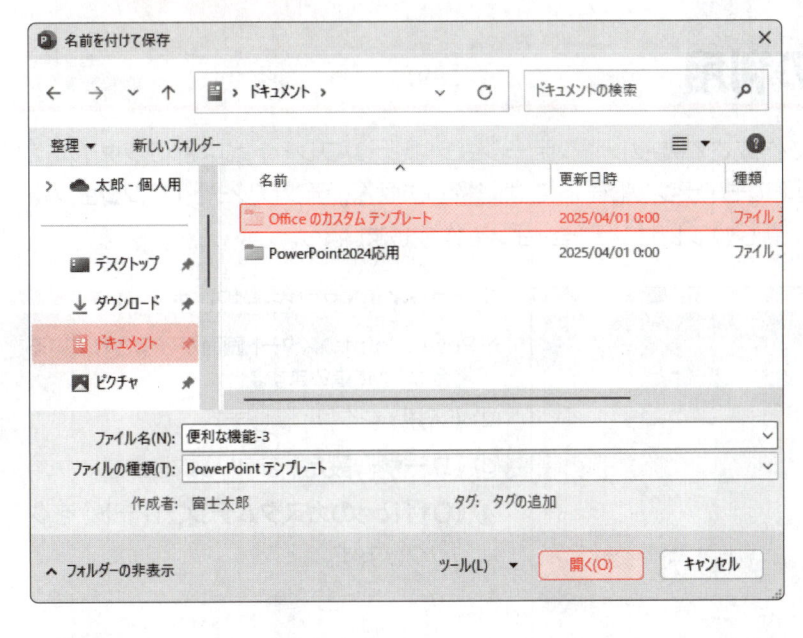

《**名前を付けて保存**》ダイアログボックスが表示されます。

保存先を指定します。

⑥左側の一覧から《**ドキュメント**》を選択します。

⑦一覧から《**Officeのカスタムテンプレート**》を選択します。

⑧《**開く**》をクリックします。

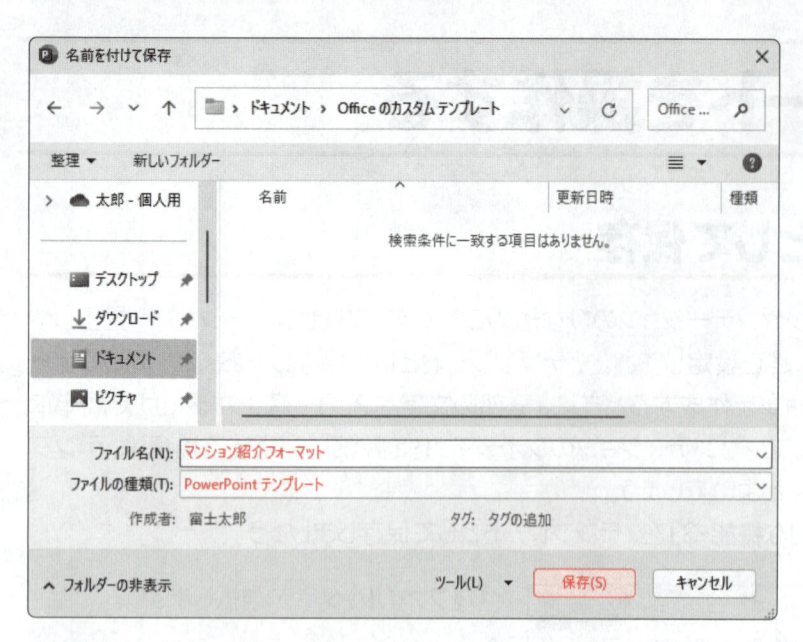

⑨《ファイル名》に「マンション紹介フォーマット」と入力します。

⑩《ファイルの種類》が《PowerPointテンプレート》になっていることを確認します。

⑪《保存》をクリックします。

タイトルバーに「マンション紹介フォーマット」と表示されます。

※テンプレートを閉じておきましょう。

STEP UP　その他の方法（テンプレートとして保存）

◆《ファイル》タブ→《名前を付けて保存》→《参照》→保存先を選択→《ファイル名》を入力→《ファイルの種類》の▼→《PowerPointテンプレート》→《保存》

POINT　テンプレートの保存先

作成したテンプレートは、任意のフォルダーにも保存できますが、《ドキュメント》内の《Officeのカスタムテンプレート》に保存すると、PowerPointのスタート画面から利用できるようになります。

2　テンプレートの利用

テンプレートをもとにして作成されたプレゼンテーションは、テンプレートとは別のファイルになります。内容を書き換えても、テンプレートには影響しません。テンプレート「**マンション紹介フォーマット**」をもとに、新しいプレゼンテーションを作成しましょう。

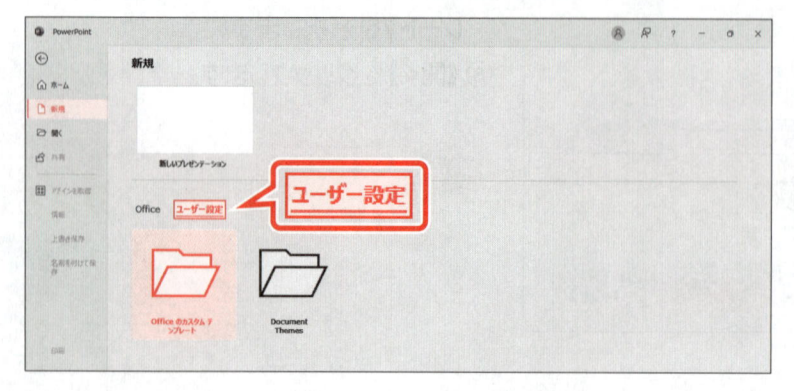

①《ファイル》タブを選択します。

※PowerPointのスタート画面が表示されている場合は、②に進みます。

②《新規》をクリックします。

③《ユーザー設定》をクリックします。

④《Officeのカスタムテンプレート》をクリックします。

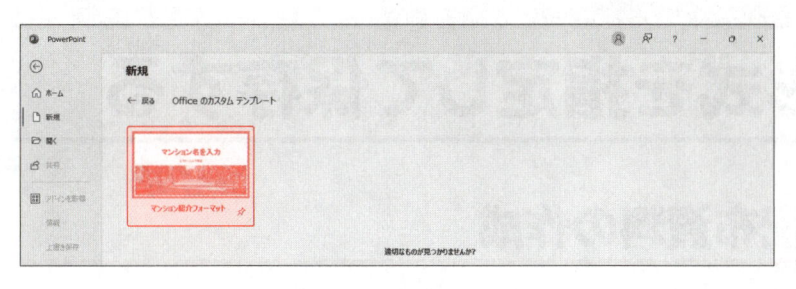

⑤《マンション紹介フォーマット》をクリックします。

⑥《作成》をクリックします。

テンプレート「**マンション紹介フォーマット**」の内容がコピーされ、新しいプレゼンテーションが作成されます。

※プレゼンテーションを保存せずに閉じておきましょう。

POINT　テンプレートの削除

自分で作成したテンプレートは削除できます。
作成したテンプレートを削除する方法は、次のとおりです。

◆タスクバーの《エクスプローラー》→《ドキュメント》→《Officeのカスタムテンプレート》→作成したテンプレートを選択→[Delete]

STEP UP　既存のテンプレートの利用

PowerPointには、いくつかのテンプレートが用意されています。
既存のテンプレートをもとに、新しいプレゼンテーションを作成する方法は、次のとおりです。

◆PowerPointを起動→《新規》/《その他のテーマ》→《Office》→一覧から選択→《作成》
◆《ファイル》タブ→《新規》/《その他のテーマ》→《Office》→一覧から選択→《作成》

STEP UP　オンラインテンプレート

インターネット上には、多くのテンプレートが公開されています。
インターネット上のホームページに公開されているテンプレートをもとに、新しいプレゼンテーションを作成する方法は、次のとおりです。

◆PowerPointを起動→《新規》/《その他のテーマ》→《オンラインテンプレートとテーマの検索》にキーワードを入力→《検索の開始》→一覧から選択→《作成》
◆《ファイル》タブ→《新規》/《その他のテーマ》→《オンラインテンプレートとテーマの検索》にキーワードを入力→《検索の開始》→一覧から選択→《作成》

※インターネットに接続できる環境が必要です。

STEP4 ファイル形式を指定して保存する

1 Word文書の配布資料の作成

プレゼンテーションのスライドやノートを取り込んだWord文書を作成できます。
取り込まれた内容は、Word上で編集したり印刷したりできます。

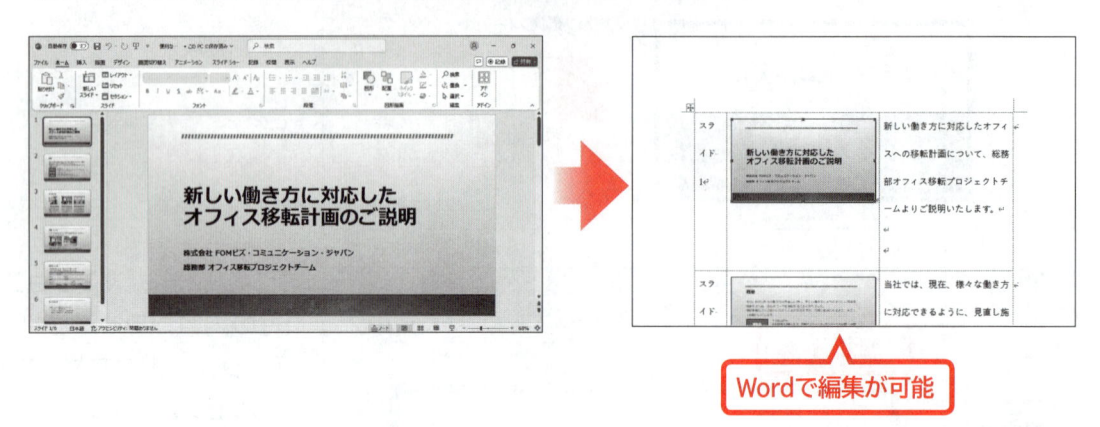

Wordで編集が可能

OPEN

 P 便利な機能-4

プレゼンテーション「**便利な機能-4**」をもとに、フォルダー「**第8章**」にWord文書「**読み上げ原稿**」を作成しましょう。スライドの横にノートが表示されるようにします。

ノートの内容を確認します。
①ステータスバーの《**ノート**》をクリックします。

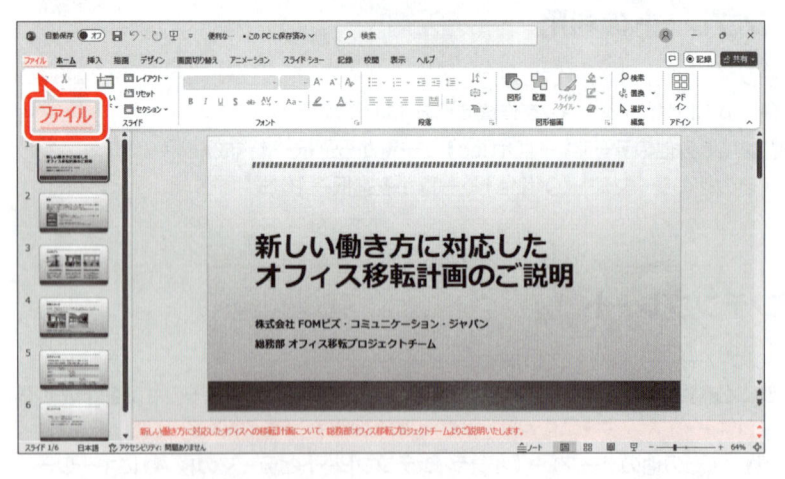

ノートペインが表示されます。
②ノートの内容を確認します。
Word文書の配布資料を作成します。
③《**ファイル**》タブを選択します。

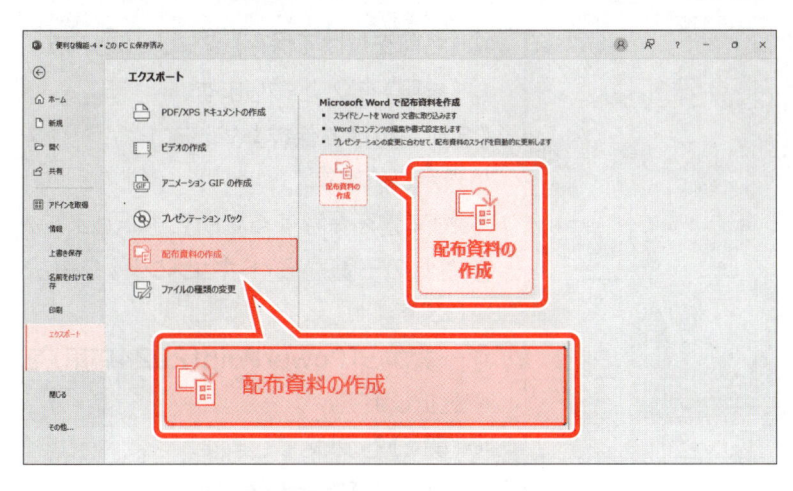

④《エクスポート》をクリックします。

⑤《配布資料の作成》をクリックします。

⑥《配布資料の作成》をクリックします。

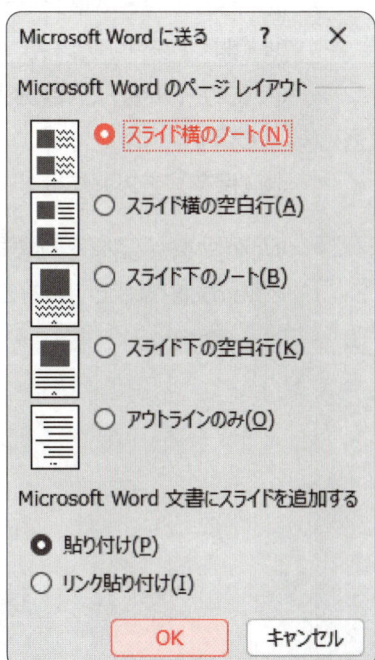

《Microsoft Wordに送る》ダイアログボックスが表示されます。

⑦《スライド横のノート》を⦿にします。

⑧《OK》をクリックします。

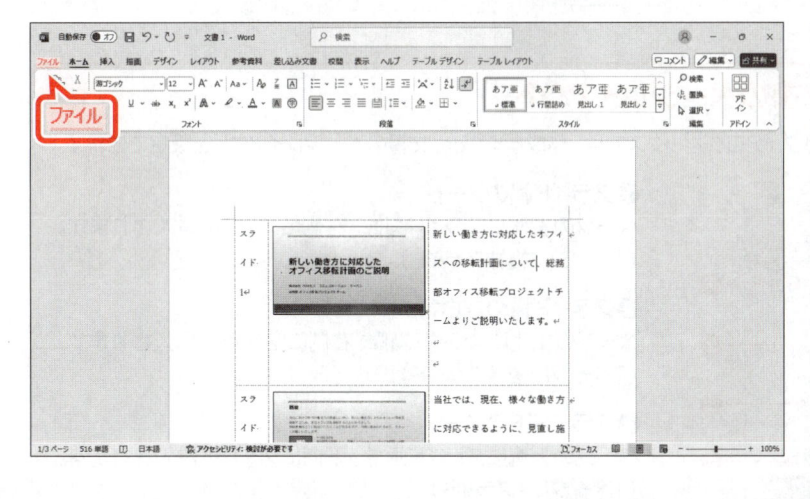

Wordが起動し、配布資料が作成されます。Wordに切り替えます。

⑨タスクバーのWordのアイコンをクリックします。

⑩Word文書を確認します。

※スライドの図の全体が表示されていない場合は、列幅を調整しましょう。

Word文書を保存します。

⑪《ファイル》タブを選択します。

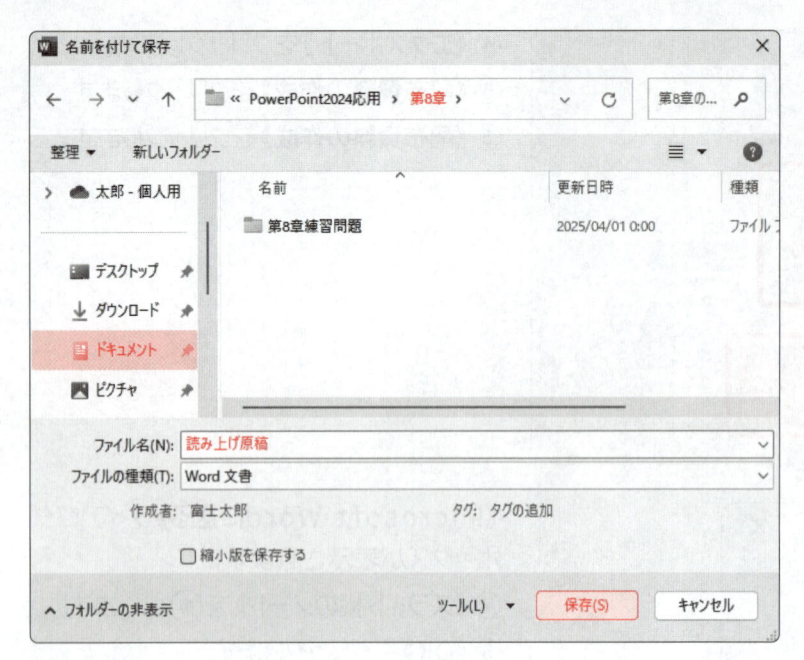

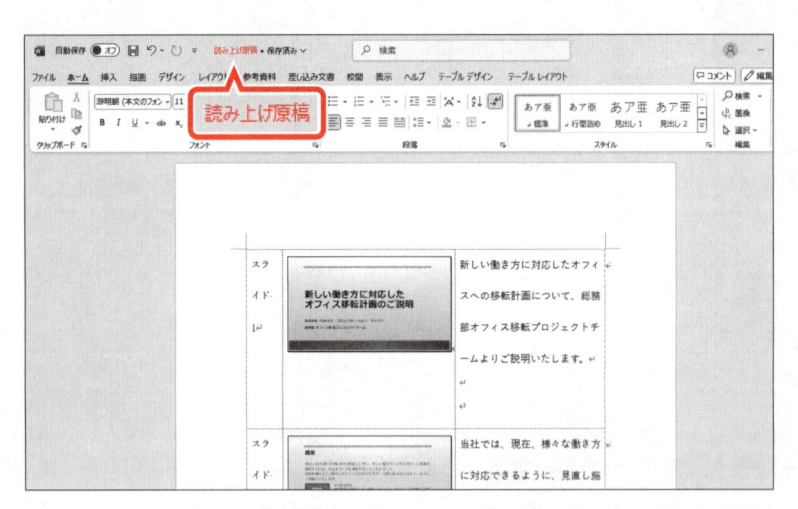

⑫《名前を付けて保存》をクリックします。

⑬《参照》をクリックします。

《名前を付けて保存》ダイアログボックスが表示されます。

Word文書を保存する場所を選択します。

⑭左側の一覧から《ドキュメント》を選択します。

⑮一覧から「PowerPoint2024応用」を選択します。

⑯《開く》をクリックします。

⑰一覧から「第8章」を選択します。

⑱《開く》をクリックします。

⑲《ファイル名》に「読み上げ原稿」と入力します。

⑳《保存》をクリックします。

Word文書が保存されます。

※Word文書「読み上げ原稿」を閉じておきましょう。

POINT　**Word文書のページレイアウト**

《Microsoft Wordに送る》ダイアログボックスでは、作成するWord文書のページレイアウトを設定できます。

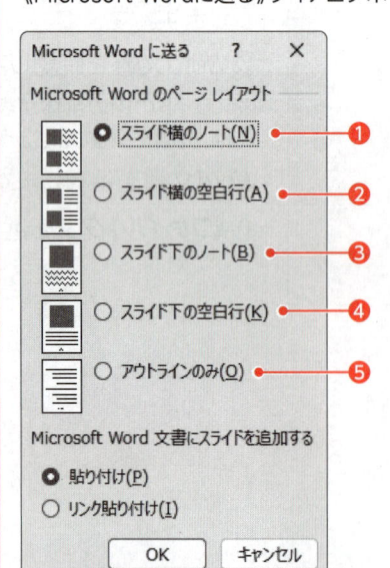

❶**スライド横のノート**
ページの左側にスライド画像、右側にノートが挿入されます。
（1ページに複数スライド）

❷**スライド横の空白行**
ページの左側にスライド画像、右側に空白行が挿入されます。
（1ページに複数スライド）

❸**スライド下のノート**
ページの上側にスライド画像、下側にノートが挿入されます。
（1ページに1スライド）

❹**スライド下の空白行**
ページの上側にスライド画像、下側に空白行が挿入されます。
（1ページに1スライド）

❺**アウトラインのみ**
スライドのアウトラインが挿入されます。スライド画像やノートは挿入されません。

2　PDFファイルとして保存

「**PDFファイル**」とは、パソコンやスマートデバイスの機種や環境にかかわらず、作成したアプリで表示したとおりに正確に表示できるファイル形式です。作成したアプリがインストールされている必要がないので、閲覧用によく利用されています。
PowerPointでは、保存時にファイル形式を指定するだけでPDFファイルを作成できます。
プレゼンテーションに「**オフィス移転計画説明資料（社内サイト公開用）**」と名前を付けて、PDFファイルとしてフォルダー「**第8章**」に保存しましょう。

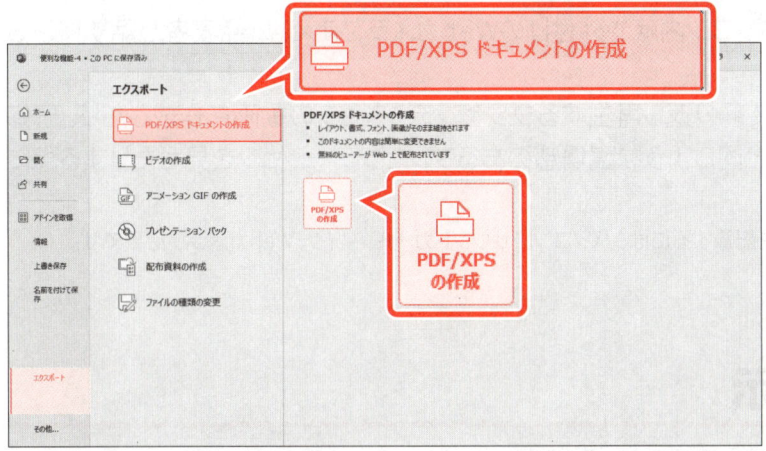

①《**ファイル**》タブを選択します。

②《**その他**》をクリックします。

※《エクスポート》が表示されている場合は、③へ進みます。

③《**エクスポート**》をクリックします。

④《**PDF/XPSドキュメントの作成**》をクリックします。

⑤《**PDF/XPSの作成**》をクリックします。

《**PDFまたはXPS形式で発行**》ダイアログボックスが表示されます。
PDFファイルを保存する場所を選択します。

⑥フォルダー「**第8章**」が開かれていることを確認します。

※「第8章」が開かれていない場合は、《ドキュメント》→「PowerPoint2024応用」→「第8章」を選択します。

⑦《**ファイル名**》に「**オフィス移転計画説明資料（社内サイト公開用）**」と入力します。

⑧《**ファイルの種類**》が《**PDF**》になっていることを確認します。

⑨《**発行後にファイルを開く**》を ☑ にします。

⑩《**発行**》をクリックします。

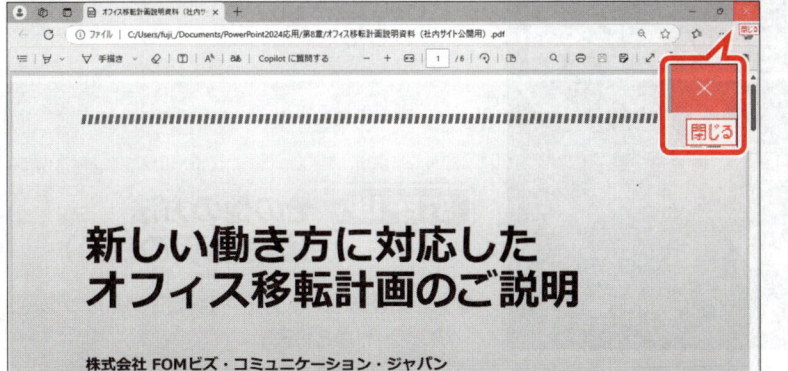

PDFファイルを表示するアプリが起動し、PDFファイルが開かれます。
PDFファイルを閉じます。

⑪《**閉じる**》をクリックします。

※プレゼンテーション「便利な機能-4」を閉じておきましょう。

STEP5 プレゼンテーションを録画する

1 録画

「録画」は、プレゼンテーションのスライドの切り替えやアニメーションのタイミング、ナレーションなどのオーディオ、ペンを使った書き込みなどを含めてプレゼンテーションを保存することができる機能です。パソコン内蔵や外付けのWebカメラを使えば、発表者が話す様子も録画することができます。

デモンストレーションとして繰り返し再生するプレゼンテーションの動画を作成したり、研修や会議の欠席者に、会場と同じような臨場感のあるプレゼンテーションを見せたりする際に活用できる機能です。

※オーディオや発表者の映像を記録するには、パソコンにサウンドカード、マイク、Webカメラが必要です。

2 録画画面の表示

OPEN

P 便利な機能-5

録画画面を表示しましょう。

①スライド1を選択します。

②《記録》タブを選択します。

③《録画》グループの《このスライドから録画》をクリックします。

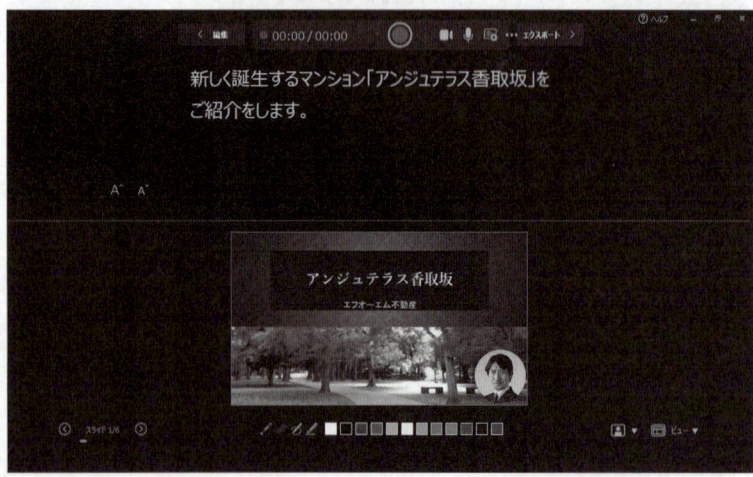

録画画面が表示されます。

※《魅力的なプレゼンテーションをいつでも配信する》が表示された場合は、《閉じる》をクリックして閉じておきましょう。

─────────────────────────

STEP UP その他の方法
（録画画面の表示）

◆《スライドショー》タブ→《設定》グループの《このスライドから録画》

3 録画画面の構成

録画画面の構成は、次のとおりです。

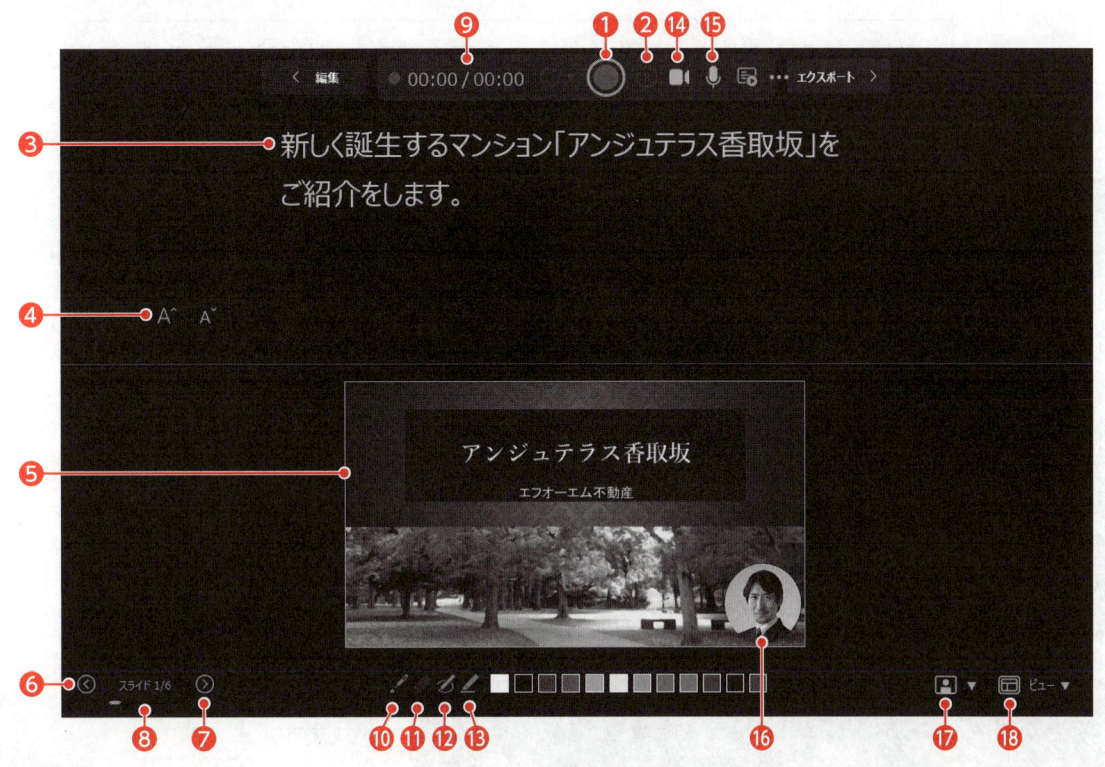

❶記録を開始
3秒のカウントダウン後、録画を開始します。
※録画中は《記録を停止します》に変わります。

❷記録を一時停止します
録画を中断します。
※一時停止中は《記録を再開します》に変わります。

❸テレプロンプター
ノートが表示されます。

❹テキストを拡大します/テキストを縮小します
ノートの文字を拡大または縮小します。

❺スライド
現在表示されているスライドです。

❻前のスライドに戻る
前のスライドを表示します。
※録画の実行中は利用できません。

❼次のスライドを表示
次のスライドを表示します。

❽スライド番号/スライド枚数
表示中のスライドのスライド番号とすべてのスライドの枚数が表示されます。

❾現在のスライドの経過時間/全スライドの時間
表示中のスライドの経過時間とすべてのスライドの時間が表示されます。

❿レーザーポインター
マウスポインターが、レーザーポインターに変わります。
※レーザーポインターを解除するには、[Esc]を押します。

⓫消しゴム
書き込んだペンや蛍光ペンの内容を削除します。
※消しゴムを解除するには、[Esc]を押します。

⓬ペン
ペンでスライドに書き込みをします。
※ペンを解除するには、[Esc]を押します。

⓭蛍光ペン
蛍光ペンでスライドに書き込みをします。
※蛍光ペンを解除するには、[Esc]を押します。

⓮カメラを無効にする/カメラを有効にする
カメラを使った映像の録画のオフとオンを切り替えます。オフにするとボタンに斜線が表示されます。

⓯マイクをオフにする/マイクをオンにする
マイクを使った録音のオフとオンを切り替えます。オフにするとボタンに斜線が表示されます。

⓰レリーフ
カメラをオンにすると、録画中のスライド上に、レリーフが挿入され、カメラの映像が表示されます。

⓱カメラモードの選択
カメラに映っている映像の背景を表示したり、ぼかしたりします。

⓲ビューの選択
テレプロンプター、発表者ビュー、スライド表示を切り替えます。

4　録画の実行

録画を実行し、次のような操作を行いましょう。

・ノートに入力されているナレーション原稿を読み上げながらスライドショーを実行
・スライド2：「邸宅型マンション」を蛍光ペンで強調

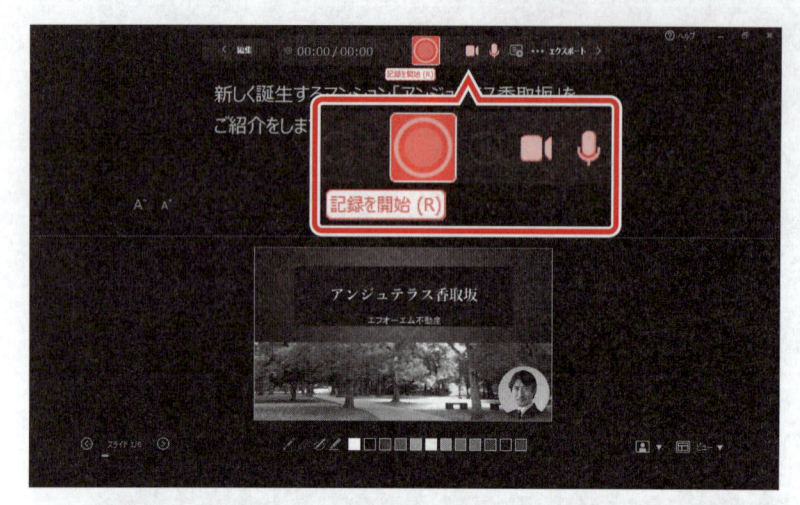

①カメラとマイクがオンになっていること
　を確認します。

※オフの場合は、ボタンに斜線が表示されます。

②《記録を開始》をクリックします。

3秒のカウントダウンのあと、録画が開始
されます。

③ノートを読み上げます。

④《次のスライドを表示》をクリックします。

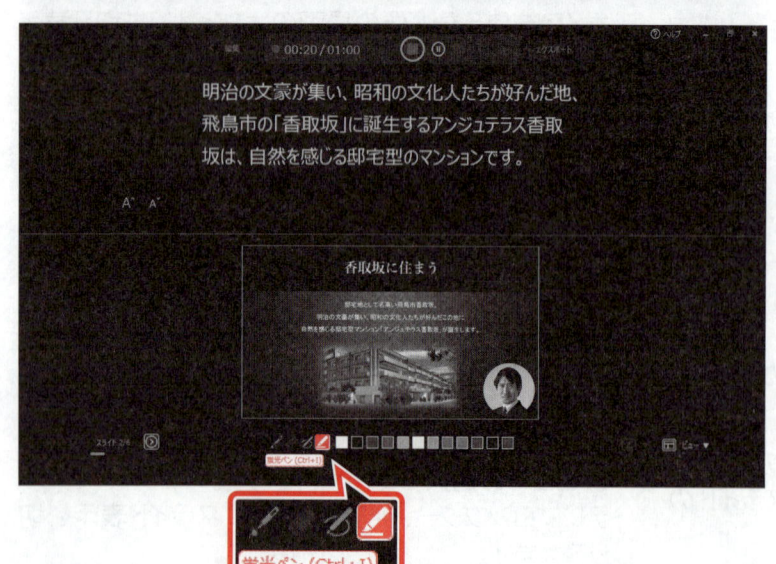

スライド2が表示されます。

⑤ノートを読み上げます。

⑥《蛍光ペン》をクリックします。

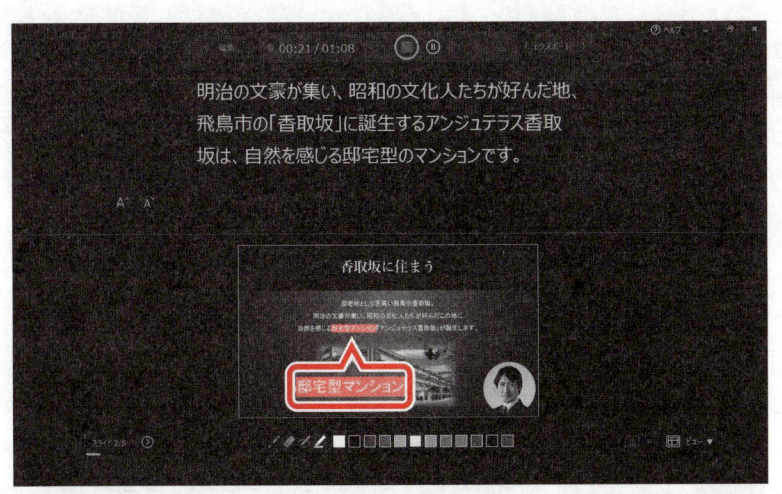

マウスポインターの形が▌に変わります。

⑦「**邸宅型マンション**」の文字上をドラッグします。

※[Esc]を押して、蛍光ペンを解除しておきましょう。

⑧同様に、各スライドのノートを読み上げながら、スライドショーを最後まで実行します。

録画を終了します。

⑨《**プレゼンテーションを編集する**》をクリックします。

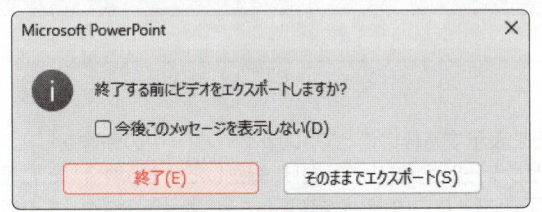

⑩図のようなメッセージが表示されます。

⑪《**終了**》をクリックします。

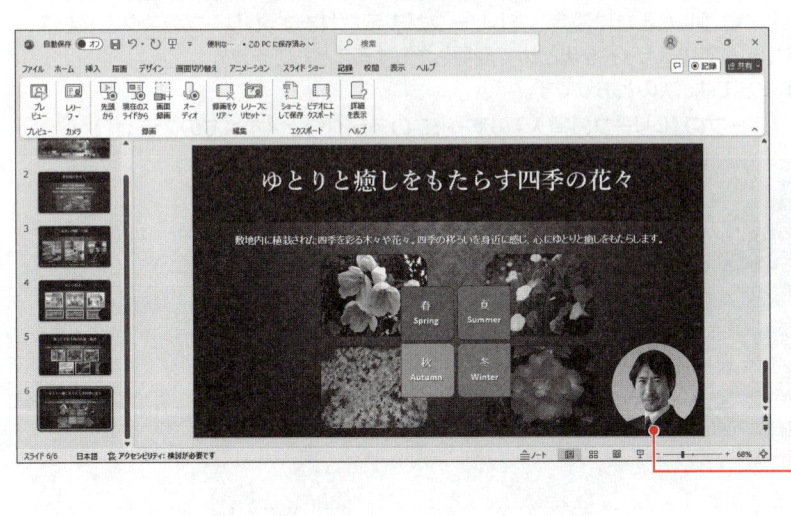

録画が終了し、元の表示に戻ります。

スライドの右下にカメラで撮影されたレリーフが挿入されます。

※カメラを使用せず音声だけを記録した場合は、オーディオ（音声）が挿入されます。

※スライドショーを実行して、記録されたタイミングを確認しておきましょう。

※プレゼンテーションに「便利な機能-5完成」と名前を付けて、フォルダー「第8章」に保存し、閉じておきましょう。

《レリーフ》

STEP UP 録画のやり直し

録画をやり直す場合は、記録されたタイミングやナレーションを削除する必要があります。
記録したタイミングやナレーションなどを削除する方法は、次のとおりです。

◆《記録》タブ→《編集》グループの《録画をクリア》→《すべてのスライドのレコーディングをクリア》

POINT 《記録》タブ

《記録》タブでは、オーディオやビデオを挿入したり、スライドショーでのナレーションやアニメーションのタイミングを記録したりすることができます。

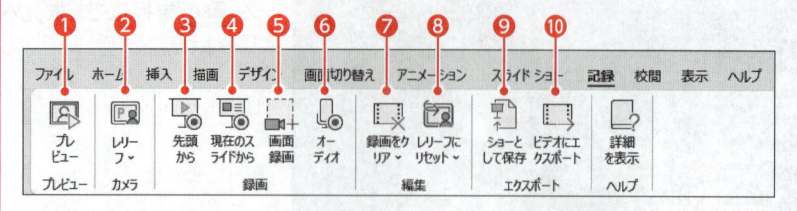

❶ビデオのプレビュー
録画されたビデオをプレビューします。

❷レリーフの挿入
レリーフ（カメラの枠）をスライドに挿入します。

❸先頭から記録
最初のスライドから、ナレーション、画面切り替えやアニメーションのタイミング、インクなどを記録します。

❹このスライドから録画
選択しているスライドから、ナレーション、画面切り替えやアニメーションのタイミング、インクなどを記録します。

❺自動再生に設定された画面録画を挿入する
アプリの操作など、パソコンの画面を録画したビデオを挿入します。開始のタイミングは「自動」に設定されます。

❻オーディオを録音し、それを自動再生に設定する
オーディオを録音して挿入します。開始のタイミングは「自動」に設定されます。

❼録画をクリア
録画した内容を削除します。選択しているスライドだけ記録を削除する場合は、《現在のスライドのレコーディングをクリア》、プレゼンテーション内のすべてのスライドの記録を削除する場合は、《すべてのスライドのレコーディングをクリア》を使います。

❽レリーフにリセット
記録した内容を削除して、レリーフだけの状態にします。選択しているスライドだけの記録を削除する場合は、《現在のスライド》、プレゼンテーション内のすべてのスライドの記録を削除する場合は、《すべてのスライド》を使います。

❾ショーとして保存
プレゼンテーションをPowerPointスライドショーの形式で保存します。保存したファイルをダブルクリックすると、スライドショーが開始します。

❿ビデオにエクスポート
録画やプレゼンテーションをビデオとして保存します。

POINT レリーフの挿入

「レリーフ」とは、スライドにカメラの映像を表示する枠のことで、スライドショー中の映像をリアルタイムで表示できます。発表者の顔を出してプレゼンテーションを実施したり、録画したりする場合などに便利です。また、《カメラの形式》タブを使って、録画前にレリーフの形状を変更したり、カメラのスタイルを適用したりしておくと、カメラをオンにして録画したときに設定したレリーフが表示されます。レリーフのスタイルを特定のスライドだけ変更したり、すべてのスライドをまとめて変更したりすることもできます。
レリーフをスライドに挿入する方法は、次のとおりです。

◆《挿入》タブ→《カメラ》グループの《レリーフの挿入》の▼→《このスライド》／《すべてのスライド》

STEP UP ビデオの字幕

ビデオを録画して挿入すると、《ユーザー補助アシスタント》作業ウィンドウに、《オーディオまたはビデオの字幕がありません》と表示され、アクセシビリティに配慮するように促されます。ビデオに字幕（キャプション）を設定するとアクセシビリティに対応できます。

※字幕（キャプション）の挿入方法や字幕用のキャプションファイルの作成方法は、P.103「STEP UP キャプションの挿入」「STEP UP キャプションファイルの作成」を参照してください。

練習問題

PDF
標準解答 ▶ P.22

OPEN

P 第8章練習問題

あなたは、子どものスマートデバイス利用に関する調査を行い、その結果を定例会で報告するため、配布資料と発表資料を作成しています。
完成図のようなプレゼンテーションを作成しましょう。

● 完成図

セクション「表紙」

1枚目

セクション「調査概要」

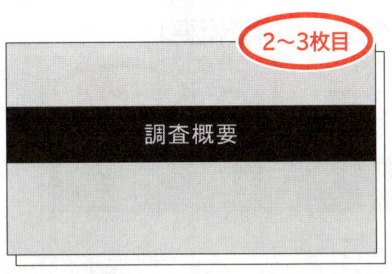

2〜3枚目

セクション「調査結果」

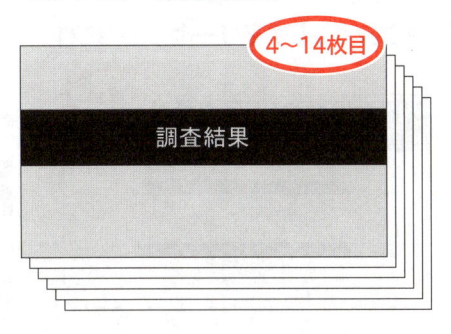

4〜14枚目

セクション「総括」

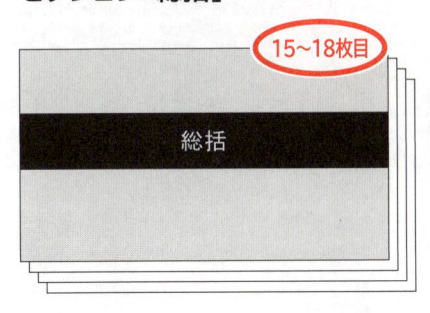

15〜18枚目

セクション「ガイドブックの概要」

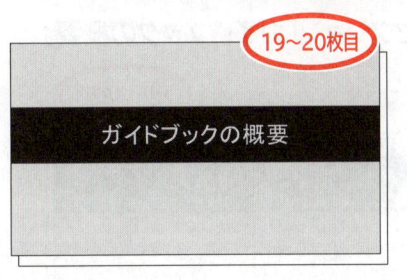

19〜20枚目

① プレゼンテーションに次のようにセクションを追加し、セクション名を設定しましょう。

スライド1	：表紙
スライド2〜5	：総括
スライド6〜7	：調査概要
スライド8〜18	：調査結果
スライド19〜20	：ガイドブックの概要

② すべてのセクションを折りたたみましょう。

HINT セクションを折りたたむには、《ホーム》タブ→《スライド》グループの《セクション》を使います。

③ セクション**「総括」**をセクション**「調査結果」**の下へ移動しましょう。移動後、すべてのセクションを展開して表示しましょう。

HINT セクションの移動は、セクション名をドラッグすると効率的です。

④ プレゼンテーションに**「調査報告書（1月度定例会配布資料）」**と名前を付けて、PDFファイルとして、フォルダー**「第8章練習問題」**に保存しましょう。
次に、作成したPDFファイルを開いて確認し、閉じておきましょう。

※プレゼンテーションに「配布資料完成」と名前を付けて、フォルダー「第8章練習問題」に保存しておきましょう。

完成図のようなプレゼンテーションを作成しましょう。

●完成図

セクション「サマリーセクション」

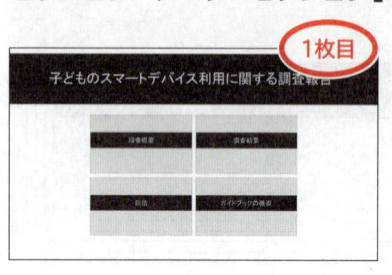

セクション「調査概要」

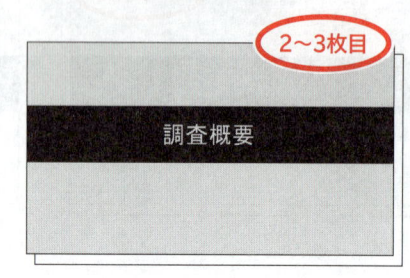

セクション「調査結果」

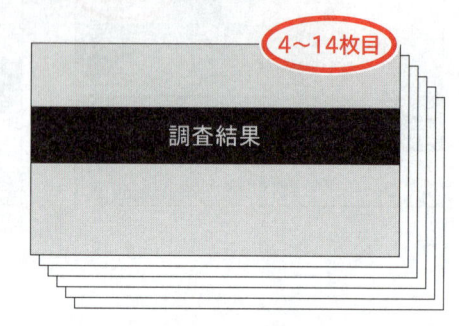

セクション「総括」

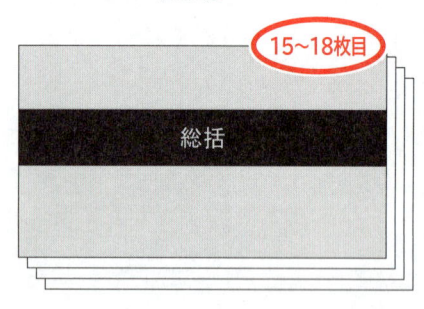

セクション「ガイドブックの概要」

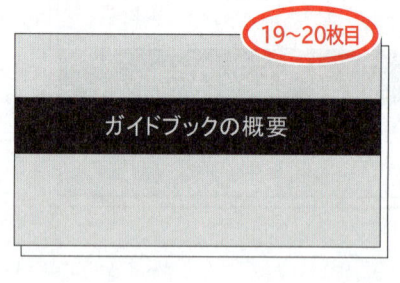

⑤ セクション**「表紙」**を、含まれているスライドごと削除しましょう。

HINT セクションとスライドを同時に削除するには、セクション名を右クリック→《セクションとスライドの削除》を使います。

⑥ サマリーズームを使って、プレゼンテーションの先頭にスライド1、スライド3、スライド14、スライド18にジャンプするスライドを作成しましょう。
次に、サマリーズームのスライドのタイトルに**「子どものスマートデバイス利用に関する調査報告」**と入力しましょう。

⑦ スライドショーを実行して、サマリーズームの動きを確認しましょう。

※プレゼンテーションに「発表資料完成」と名前を付けて、フォルダー「第8章練習問題」に保存し、閉じておきましょう。

総合問題

総合問題1

PDF
標準解答 ▶ P.24

標準解答 ▶ P.24

OPEN

 総合問題1

あなたは、飲料メーカーで商品のプロモーションを担当しており、2025年度上期の販促キャンペーンを社内で提案するためのプレゼンテーションを作成することになりました。
完成図のようなプレゼンテーションを作成しましょう。

※標準解答は、FOM出版のホームページで提供しています。P.5「5 学習ファイルと標準解答のご提供について」を参照してください。

●完成図

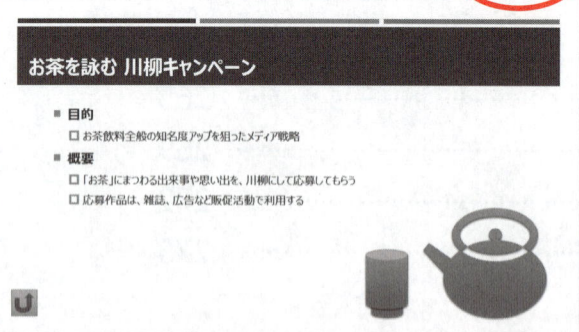

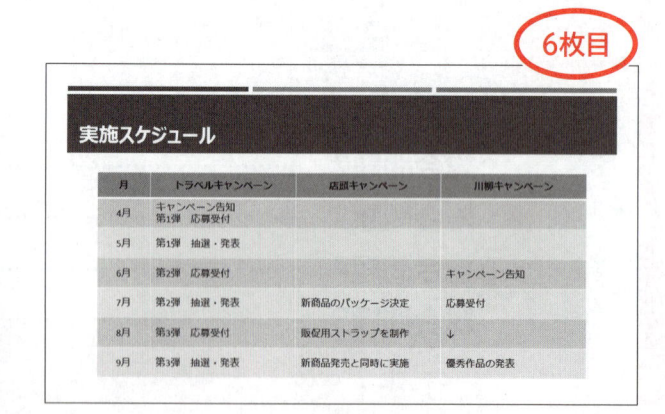

① スライド3に、フォルダー「**総合問題1**」の画像「**パリ**」「**ミラノ**」「**ロンドン**」をまとめて挿入しましょう。
次に、3つの画像のサイズを高さ「**5.5cm**」、幅「**2.81cm**」に変更し、完成図を参考に、左から「**パリ**」「**ミラノ**」「**ロンドン**」と並ぶように、位置を調整しましょう。

[HINT] 画像をまとめて挿入するには、《図の挿入》ダイアログボックスで複数の画像を選択して挿入します。

② スライド5に、図形を組み合わせて湯呑のイラストを作成しましょう。

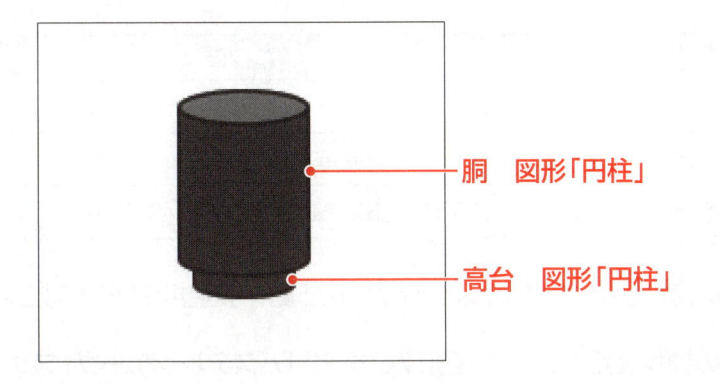

胴　図形「円柱」

高台　図形「円柱」

③ 湯呑の胴と高台をグループ化しましょう。

④ スライド5に、図形を組み合わせて急須のイラストを作成しましょう。

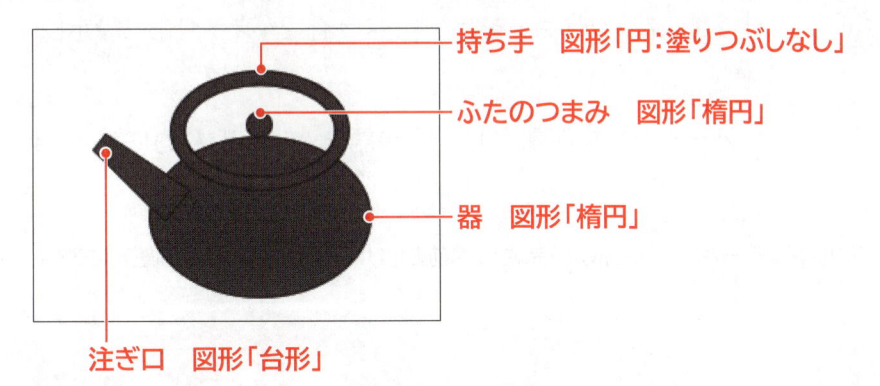

持ち手　図形「円:塗りつぶしなし」

ふたのつまみ　図形「楕円」

器　図形「楕円」

注ぎ口　図形「台形」

⑤ 急須の持ち手と器を「**型抜き/合成**」で結合しましょう。

⑥ 急須の持ち手と器、ふたのつまみ、注ぎ口を「**接合**」で結合しましょう。

⑦ 湯呑と急須のイラストに図形のスタイル「**グラデーション-オリーブ、アクセント2**」を適用しましょう。

⑧ スライド6に、フォルダー「**総合問題1**」のExcelブック「**実施スケジュール**」の表を、貼り付け先のスタイルを使用して貼り付けましょう。
次に、完成図を参考に、挿入した表の位置とサイズを調整しましょう。

⑨ 表に、次のように書式を設定しましょう。

フォントサイズ　：16
表のスタイル　　：中間スタイル2-アクセント2

⑩ 表の1行目を強調し、行方向に縞模様を設定しましょう。
次に、1行目のフォントの色を「**黒、テキスト1**」に変更しましょう。

⑪ 表の2〜7行目の行の高さを均一にしましょう。

HINT 行の高さを揃えるには、《テーブルレイアウト》タブ→《セルのサイズ》グループの《高さを揃える》を使います。

⑫ スライド2の箇条書きの文字をクリックすると、次のリンク先にジャンプするように設定しましょう。

箇条書き	リンク先
ヨーロッパ トラベルキャンペーン	スライド3「ヨーロッパ トラベルキャンペーン」
新発売コーヒー 店頭キャンペーン	スライド4「新発売コーヒー 店頭キャンペーン」
お茶を読む 川柳キャンペーン	スライド5「お茶を読む 川柳キャンペーン」

⑬ スライド3に、完成図を参考に、スライド2に戻る動作設定ボタンを作成しましょう。

⑭ スライド3の動作設定ボタンに、図形のスタイル「**パステル-オリーブ、アクセント2**」を適用しましょう。

⑮ スライド3の動作設定ボタンを、スライド4とスライド5にコピーしましょう。

⑯ スライド2からスライドショーを実行し、スライド2〜スライド5に設定したリンクを確認しましょう。

⑰ プレゼンテーション内の「**読む**」という単語を、すべて「**詠む**」に置換しましょう。

※プレゼンテーションに「総合問題1完成」と名前を付けて、フォルダー「総合問題1」に保存し、閉じておきましょう。

総合問題2

PDF
標準解答 ▶ P.28

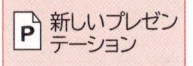

あなたは、スイーツの専門店に勤務しており、お店のフェア開催のお知らせをするため、案内はがきを作成することになりました。
完成図のようなはがきを作成しましょう。

●完成図

① スライドのサイズを「はがき」、スライドの向きを「縦」に設定しましょう。

② スライドのレイアウトを「白紙」に変更しましょう。

③ プレゼンテーションのテーマの配色を「黄色がかったオレンジ」に変更しましょう。

④ グリッド線とガイドを表示し、次のように設定しましょう。

> 描画オブジェクトをグリッド線に合わせる
> グリッドの間隔 ：5グリッド/cm（0.2cm）
> 水平方向のガイドの位置 ： 中心から上側に2.40
> 　　　　　　　　　　　　　中心から下側に2.00
> 　　　　　　　　　　　　　中心から下側に4.40

(HINT) ガイドは3本作成します。2、3本目のガイドは、1本目をコピーします。

⑤ 完成図を参考に、長方形を作成し、次のように入力しましょう。長方形の高さは上側の水平方向のガイドに合わせます。

> Anniversary␣Fair [Enter]
> 2025.4.7（Mon）～4.20（Sun） [Enter]
> [Enter]
> おかげさまで5周年。日ごろのご愛顧に感謝してアニバーサリーフェアを開催します。

※英数字と記号は半角で入力します。
※「～」は「から」と入力して変換します。
※␣は半角空白を表します。

⑥ 長方形に、次のように書式を設定しましょう。

> フォントサイズ ：11
> 図形の枠線 ：枠線なし

⑦ 長方形の「Anniversary Fair」に、次のように書式を設定しましょう。

> フォントサイズ ：30
> フォントの色 ：茶、アクセント4、黒+基本色50％
> 太字
> 文字の影

⑧ 長方形の「2025.4.7（Mon）～4.20（Sun）」に、次のように書式を設定しましょう。

> フォントサイズ ：14
> フォントの色 ：茶、アクセント4、黒+基本色50％
> 太字

⑨ 長方形の「おかげさまで5周年。日ごろのご愛顧に感謝してアニバーサリーフェアを開催します。」に、次のように書式を設定しましょう。

> フォントの色：黒、テキスト1
> 左揃え

⑩ フォルダー「**総合問題2**」の画像「**花**」を挿入しましょう。
次に、画像をトリミングしましょう。トリミングの範囲は、上側と中央の水平方向のガイドに合わせます。

⑪ 完成図を参考に、長方形を作成し、次のように入力しましょう。長方形の高さは下側の水平方向のガイドに合わせます。

スイーツの家Pamomo [Enter]
東京都目黒区自由が丘X-X-X [Enter]
TEL□03-XXXX-XXXX

※英数字と記号は半角で入力します。
※□は全角空白を表します。

⑫ ⑪で作成した長方形に、次のように書式を設定しましょう。

フォントサイズ　　：9
右揃え
図形のスタイル　　：グラデーション-茶、アクセント2
図形の枠線　　　　：枠線なし

⑬ ⑪で作成した長方形の「**スイーツの家Pamomo**」に、次のように書式を設定しましょう。

フォントサイズ　　　　：16
ワードアートのスタイル　：塗りつぶし：白；輪郭：オレンジ、アクセントカラー1；光彩：オレンジ、アクセントカラー1
文字の輪郭　　　　　　：オレンジ、アクセント6、白+基本色40%

(HINT) ワードアートのスタイルと文字の輪郭を設定するには、《図形の書式》タブ→《ワードアートのスタイル》グループを使います。

⑭ 次のように図形を組み合わせて、家のイラストを作成しましょう。
※画面の表示倍率を上げると、操作しやすくなります。

煙突　図形「正方形/長方形」
屋根　図形「二等辺三角形」

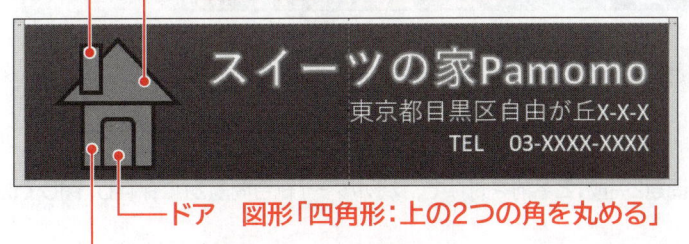

ドア　図形「四角形：上の2つの角を丸める」
壁　図形「正方形/長方形」

⑮ 屋根と煙突、壁を「**接合**」で結合しましょう。

⑯ 屋根と煙突、壁、ドアをグループ化しましょう。

⑰ 家のイラストに図形のスタイル「**透明、色付きの輪郭-オレンジ、アクセント1**」を適用しましょう。

⑱ 「花」の画像の下に横書きテキストボックスを作成し、次のように入力しましょう。

アニバーサリーフェア期間中、店内全品20%オフ！ `Enter`
さらに、2,000円以上お買い上げいただいたお客様 `Enter`
先着100名様にお好きなマカロンを3つプレゼント！

※数字と「, (カンマ)」は半角で入力します。

⑲ テキストボックスのフォントサイズを「**9**」に変更し、完成図を参考に位置を調整しましょう。テキストボックスの上端は中央の水平方向のガイドに合わせます。

⑳ フォルダー「**総合問題2**」の画像「マカロン（ピンク）」「マカロン（黄）」「マカロン（茶）」「マカロン（白）」「マカロン（緑）」を挿入し、次のように設定しましょう。
次に、完成図を参考に位置を調整しましょう。

背景を削除
縦横比「1:1」にトリミング
幅：1.3cm

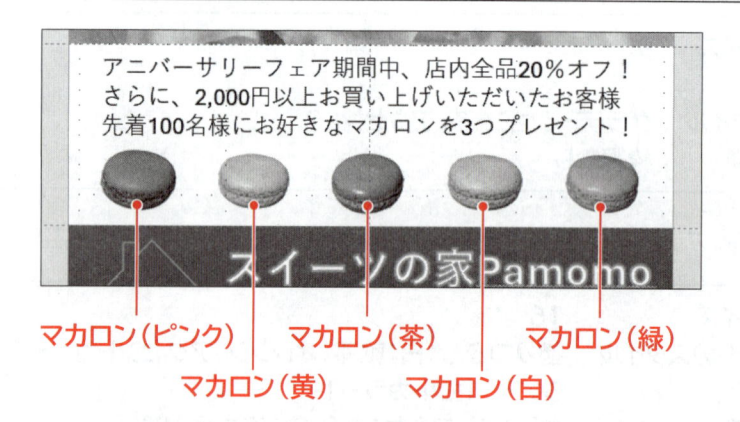

㉑ 次のように5つのマカロンの画像を回転し、等間隔に配置しましょう。

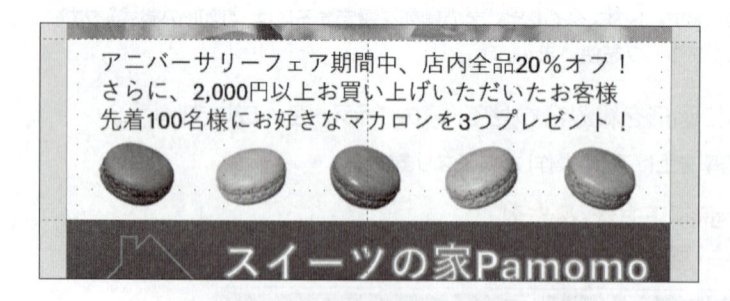

㉒ グリッド線とガイドを非表示にしましょう。

※はがきに「総合問題2完成」と名前を付けて、フォルダー「総合問題2」に保存し、閉じておきましょう。

総合問題3

PDF
標準解答 ▶ P.33

OPEN
P 総合問題3

あなたは、食品会社の経理部に所属しており、2024年度の決算について報告するためのプレゼンテーションを作成することになりました。
完成図のようなプレゼンテーションを作成しましょう。

●完成図

1枚目

2024年度決算報告

FOMフーズ株式会社

2枚目

2024年度 事業概況

- 原価高騰による厳しい市場環境の中、2年連続の営業黒字を達成
- 新シリーズ「ごはんにのっける」が予想を超える売れ行き
- 長期生鮮保存を可能にするパッキング技術の研究開発に投資
- 海外事業拡大のための基盤づくりに着手

景気低迷 / 節約志向 / 低価格志向

©2025 FOMフーズ株式会社 All Rights Reserved.

3枚目

損益計算書（P/L）
（自2024年4月1日～至2025年3月31日）

科目	2024年度実績（千円）	前年比増減（千円）	前年比増減率
売上高	193,524	4,656	2.5%
売上原価	115,805	1,942	1.7%
売上総利益	77,719	2,714	3.6%
販売費及び一般管理費	66,147	1,056	1.6%
営業利益	11,572	1,658	16.7%
営業外収益	923	-159	-14.7%
営業外費用	769	-463	-37.6%
経常利益	11,726	1,962	20.1%
特別利益	137	-632	-82.2%
特別損失	655	-621	-48.7%
税引前当期純利益	11,208	1,951	21.1%
法人税・住民税及び事業税	3,317	1,016	44.2%
当期純利益	7,891	935	13.4%

©2025 FOMフーズ株式会社 All Rights Reserved.

4枚目

利益・売上高推移
（自2020年度～至2024年度）

営業利益・当期純利益 / 売上高

■営業利益 ■当期純利益 ─売上高

2020年度　2021年度　2022年度　2023年度　2024年度

©2025 FOMフーズ株式会社 All Rights Reserved.

5枚目

貸借対照表（B/S）
（2025年3月31日現在）

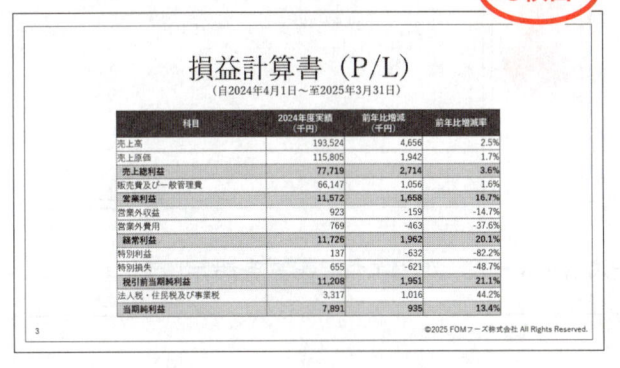

©2025 FOMフーズ株式会社 All Rights Reserved.

6枚目

2025年度事業戦略

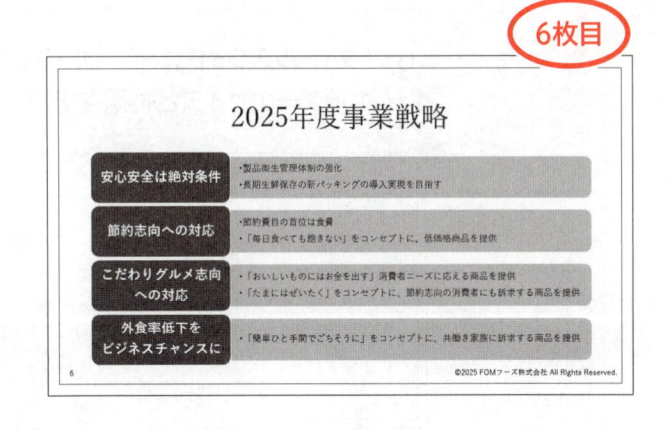

©2025 FOMフーズ株式会社 All Rights Reserved.

① タイトルスライド以外のすべてのスライドに、スライド番号とフッター「©2025␣FOMフーズ株式会社␣All␣Rights␣Reserved.」を挿入しましょう。

※「©」は、「c」と入力して変換します。
※英数字と記号は半角で入力します。
※「␣」は半角空白を表します。

② スライドマスター表示に切り替えましょう。

③ 次のように、スライドマスターにあるスライド番号のプレースホルダーのサイズと位置を調整しましょう。

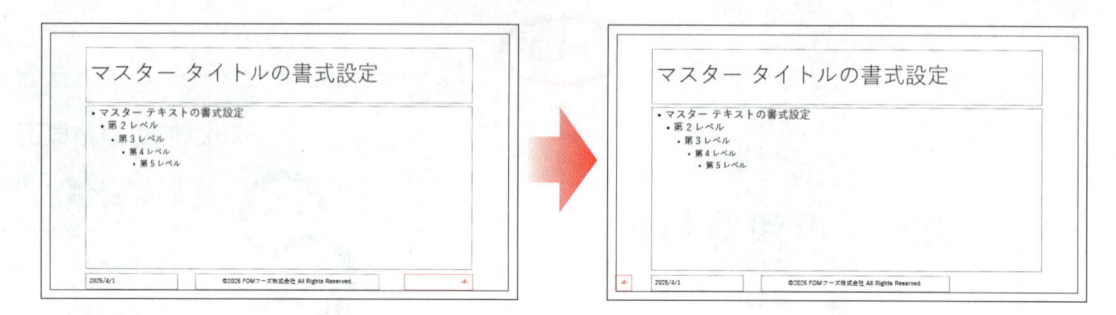

④ 次のように、スライドマスターにあるフッターのプレースホルダーのサイズと位置を調整しましょう。

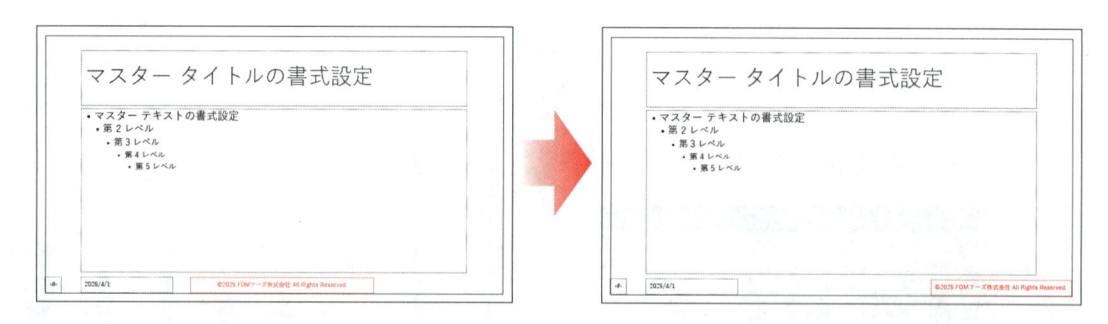

⑤ スライドマスターのタイトルのプレースホルダーに、次のように書式を設定しましょう。

フォント：游明朝 中央揃え

⑥ 「タイトルスライド」レイアウトのスライドマスターにある、タイトルとサブタイトルのプレースホルダーのサイズと位置をそれぞれ調整しましょう。

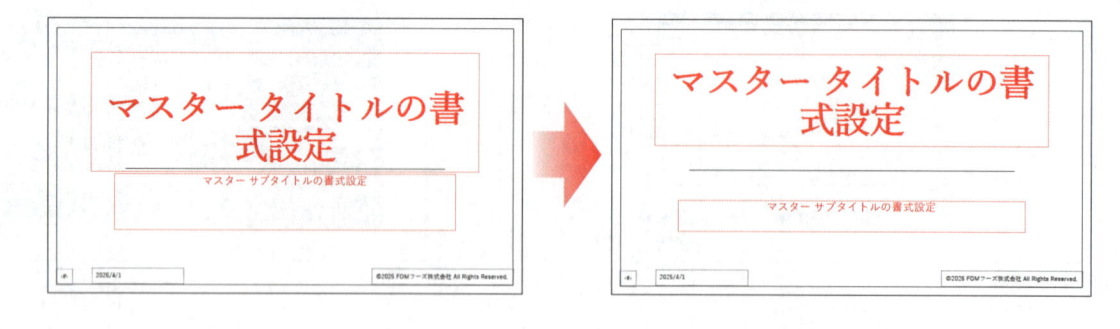

⑦ 「**タイトルスライド**」レイアウトのスライドマスターのタイトルとサブタイトルの間にある直線の太さを、「**2.25pt**」に変更しましょう。

⑧ 「**タイトルスライド**」レイアウトのスライドマスターに横書きテキストボックスを作成し、「**ff**」と半角で入力しましょう。
次に、テキストボックスに次のように書式を設定しましょう。

```
フォント      ：Times New Roman
フォントサイズ ：350
フォントの色   ：薄い青、背景2
太字
斜体
```

⑨ ⑧で作成した「**タイトルスライド**」レイアウトのスライドマスターのテキストボックスを、最背面に移動しましょう。

⑩ スライドマスター表示を閉じましょう。

⑪ スライド3に、フォルダー「**総合問題3**」のExcelブック「**財務諸表**」のシート「**損益計算書**」の表を、元の書式を保持して貼り付けましょう。

⑫ スライド3の表のフォントサイズを「**14**」に変更しましょう。
次に、完成図を参考に、表の位置とサイズを調整しましょう。

⑬ スライド4に、Excelブック「**財務諸表**」のシート「**売上高推移**」のグラフを、元の書式を保持して埋め込みましょう。

⑭ スライド4のグラフのフォントサイズを「**14**」に変更しましょう。
次に、完成図を参考に、グラフの位置とサイズを調整しましょう。

⑮ スライド5に、Excelブック「**財務諸表**」のシート「**貸借対照表**」の表を埋め込みましょう。
次に、完成図を参考に、表の位置とサイズを調整しましょう。

※プレゼンテーションに「総合問題3完成」と名前を付けて、フォルダー「総合問題3」に保存し、閉じておきましょう。

総合問題4

PDF 標準解答 ▶ P.36

OPEN

P 総合問題4

あなたは、学校法人に勤務しており、広報を担当しています。関連する複数の資料をもとに、次年度の入学希望者の保護者に向けた、学校案内のプレゼンテーションを作成することになりました。
完成図のようなプレゼンテーションを作成しましょう。

●完成図

※設問⑯でカメラを有効にして録画した場合、各スライドの右下にカメラで撮影されたビデオ（動画）が挿入されますが、完成図では省略しています。

セクション「表紙」

1枚目

セクション「学校概要」

2枚目 / 3枚目

4枚目 / 5枚目

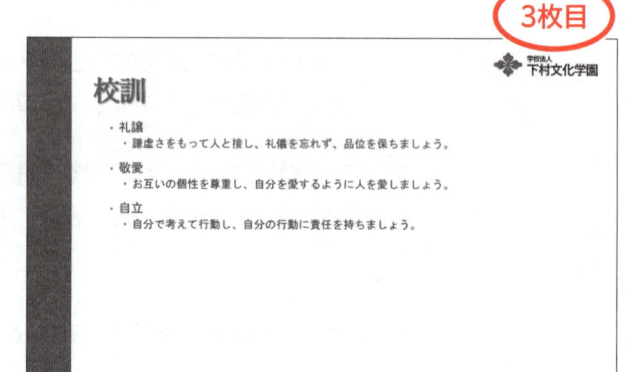

セクション「学科と進路」

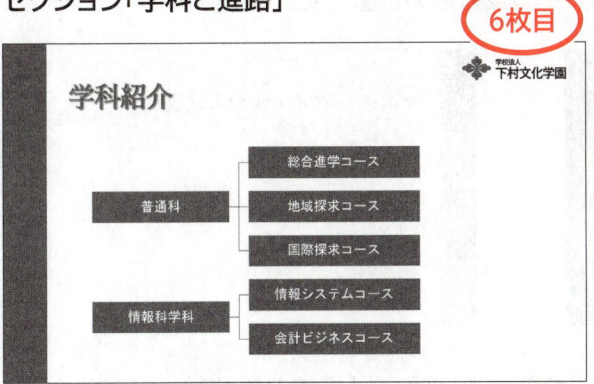

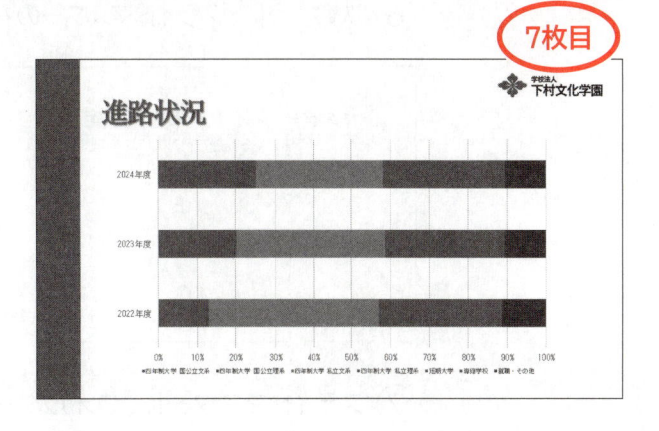

セクション「募集要項」

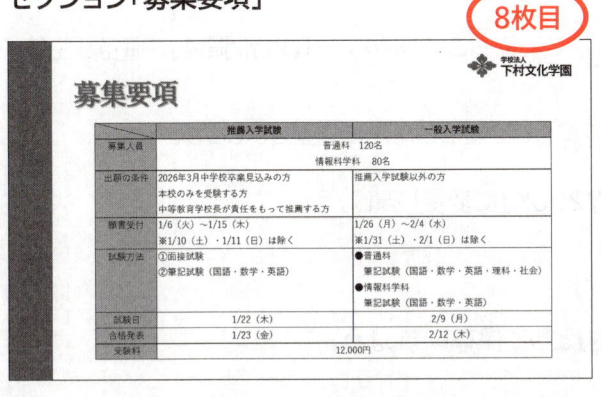

① スライド1のうしろに、フォルダー**「総合問題4」**のWord文書**「学校案内文章」**を挿入しましょう。

※Word文書「学校案内文章」には、見出し1〜見出し3のスタイルが設定されています。

② スライド2〜スライド5をリセットしましょう。
次に、スライド4とスライド5のレイアウトを**「タイトルのみ」**に変更しましょう。

③ スライド3のうしろに、フォルダー**「総合問題4」**のプレゼンテーション**「学校概要」**のすべてのスライドを挿入しましょう。

④ スライドマスター表示に切り替えましょう。

⑤ スライドマスターのタイトルのプレースホルダーに、次のように書式を設定しましょう。

フォント：游明朝 文字の影

1 2 3 4 5 6 7 8 総合問題 実践問題 索引

⑥ 次のように、スライドマスターの右側にある長方形の位置を変更しましょう。

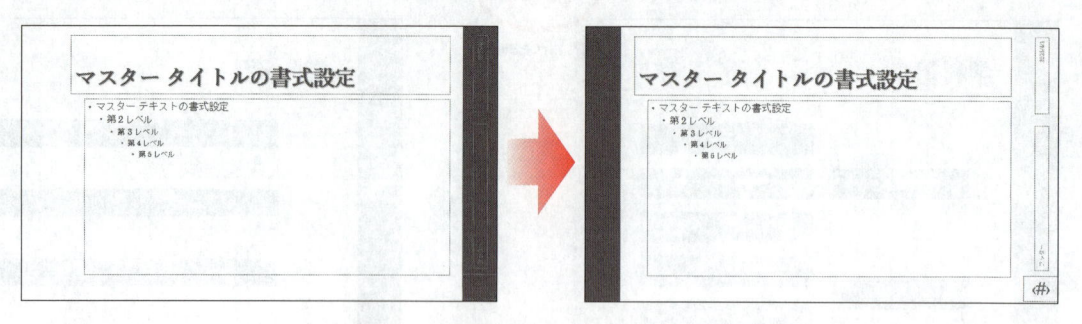

⑦ スライドマスターに、フォルダー「**総合問題4**」の画像「**学校ロゴ**」を挿入しましょう。
次に、完成図を参考に、画像のサイズと位置を調整しましょう。

⑧ 「**タイトルスライド**」レイアウトのスライドマスターに、フォルダー「**総合問題4**」の画像「**生徒**」
を挿入しましょう。
次に、完成図を参考に画像をトリミングし、位置とサイズを調整しましょう。

⑨ ⑧で挿入した画像の色のトーンを「**7200K**」に変更しましょう。

⑩ スライドマスター表示を閉じましょう。

⑪ 現在のデザインを、テーマ「**学校案内**」として保存しましょう。

⑫ スライド7に、フォルダー「**総合問題4**」のExcelブック「**進路状況**」のシート「**構成比**」のグラフを元の書式を保持して埋め込みましょう。
次に、完成図を参考に、グラフのサイズと位置を調整しましょう。

⑬ スライド8に、Excelブック「**募集要項**」の表を図として貼り付けましょう。
次に、完成図を参考に、図のサイズと位置を調整しましょう。

⑭ プレゼンテーションに、次のようにセクションを設定しましょう。

スライド1　　　：セクション名「表紙」 **スライド2〜5**：セクション名「学校概要」 **スライド6〜7**：セクション名「学科と進路」 **スライド8**　　　：セクション名「募集要項」

⑮ プレゼンテーションのアクセシビリティをチェックしましょう。
次に、アクセシビリティチェックの結果を、次のように修正しましょう。

スライド12のグラフ：代替テキスト「推薦入学試験と一般入学試験の募集要項の表」を設定

⑯ 録画を実行し、すべてのスライドを順に切り替えましょう。切り替えのタイミングは任意とします。

※プレゼンテーションに「総合問題4完成」と名前を付けて、フォルダー「総合問題4」に保存し、閉じておきましょう。

あなたは、学校法人に勤務しており、広報を担当しています。次年度の入学希望者の保護者に向けた、学校案内のプレゼンテーションを作成することになり、配布用資料の準備をしているところです。
完成図のようなプレゼンテーションを作成しましょう。

●完成図

1枚目

2枚目

学校法人 下村文化学園

教育方針

- 社会性を育てる
  - 挨拶・礼儀・道徳の指導を重視し、社会に貢献できる人格の形成を目指す。
- 教養を高める
  - 将来の夢の実現に必要な知識や技能を磨き、社会の変化に対応できる能力を身に付けていく。
- 自立心を育てる
  - 自分をとりまく社会について知り、自分の適性を見極めて進路を切り開く自立心を育てる。
- 個性を尊重する
  - 個性を尊重し、自発性と探究心を育て、一人ひとりの能力を引き出す。

3枚目

学校法人 下村文化学園

校訓

- 礼譲
  - 謙虚さをもって人と接し、礼儀を忘れず、品位を保ちましょう。
- 敬愛
  - お互いの個性を尊重し、自分を愛するように人を愛しましょう。
- 自立
  - 自分で考えて行動し、自分の行動に責任を持ちましょう。

4枚目

学校法人 下村文化学園

学園長挨拶

下村文化学園では、3年間の学校生活を通して、自己肯定感を持ち、他者を尊重することのできる人間が育っていくことを願っています。

私たち教職員は、生徒一人ひとりを愛し、自己肯定感を持てるようにきめ細かな支援や指導を心掛けています。

高校3年間という最も多感で、多くの可能性を秘めているこの年代の生徒をお預かりするということは、私たちにとって大きな喜びです。

保護者の皆さまと共に、時に進むべき道を照らし、時に叱咤激励しながら生徒の成長を見守っていきます。

第5代学園長　児玉ゆかり

5枚目

学校法人 下村文化学園

学校沿革

年	内容
1965年（昭和40年）	学校法人下村文化学園設立 初代学園長に下村カオルが就任
1969年（昭和44年）	校歌を制定
1976年（昭和51年）	学校法人下村文化学園設立10周年記念式典を開催
1979年（昭和54年）	第2代学園長に北見美智子が就任
1986年（昭和61年）	学校法人下村文化学園設立20周年記念式典を開催
1992年（平成4年）	第3代学園長に浦賀丈二が就任
1996年（平成8年）	学校法人下村文化学園設立30周年記念式典を開催
2001年（平成13年）	第4代学園長に小山田辰則が就任 地下1階、地上8階建ての本校舎と講堂が完成
2006年（平成18年）	学校法人下村文化学園設立40周年記念式典を開催
2007年（平成19年）	イギリスのメイベルハイスクールと姉妹校締結
2008年（平成20年）	第5代学園長に児玉ゆかりが就任
2016年（平成28年）	学校法人下村文化学園設立50周年記念式典を開催

6枚目

学校法人 下村文化学園

学科紹介

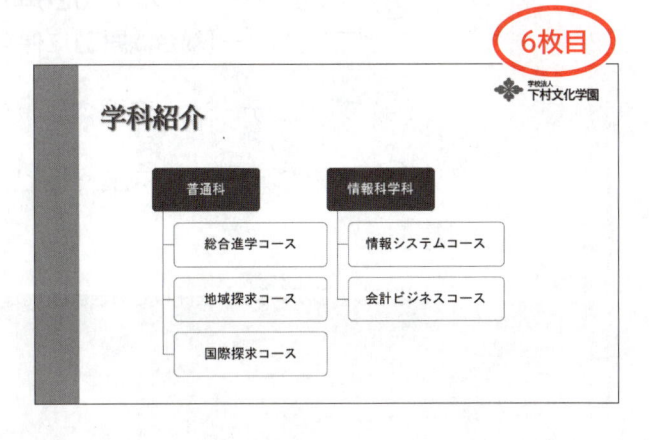

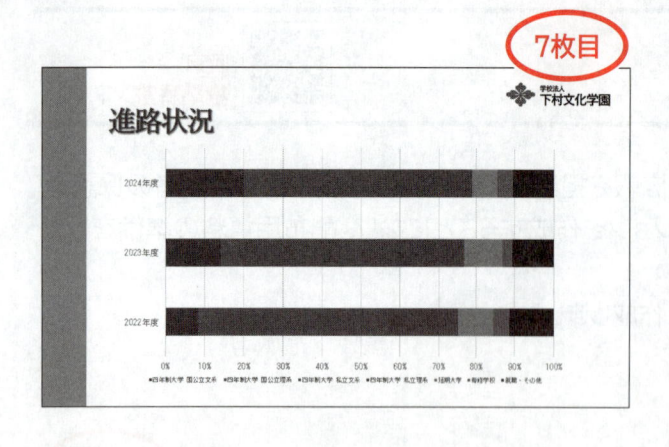

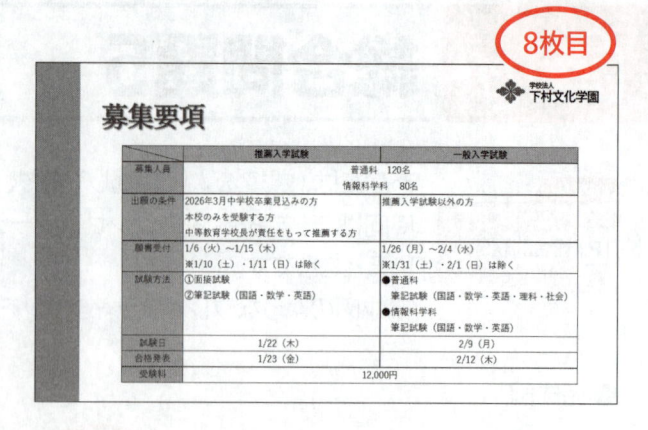

① 開いているプレゼンテーション「**総合問題5**」とプレゼンテーション「**教務チェック結果**」を比較し、校閲を開始しましょう。

② 1件目の変更内容（スライド4）を確認し、《**変更履歴マーカー**》を使って「**教務チェック結果**」の変更内容をすべて反映しましょう。

③ 2件目の変更内容（スライド6）を確認し、《**変更履歴**》作業ウィンドウに「**教務チェック結果**」のスライドを表示しましょう。
次に、「**教務チェック結果**」の変更内容を反映しましょう。

④ 校閲を終了しましょう。

⑤ スライド8に、「**最新情報を確認**」とコメントを挿入しましょう。

⑥ プレゼンテーションのプロパティに、次のように情報を設定しましょう。

> **管理者：入試広報部**
> **会社名：下村文化学園**

⑦ ドキュメント検査を行ってすべての項目を検査し、検査結果からコメントを削除しましょう。

⑧ プレゼンテーションに「**2026年度学校案内（配布用）**」と名前を付けて、PDFファイルとしてフォルダー「**総合問題5**」に保存しましょう。

⑨ プレゼンテーションを開く際のパスワード「**password**」を設定しましょう。

⑩ プレゼンテーションを最終版として保存しましょう。

※プレゼンテーションを閉じておきましょう。

実践問題

実践問題をはじめる前に

本書の学習の仕上げに、実践問題にチャレンジしてみましょう。
実践問題は、ビジネスシーンにおける上司や先輩からの指示・アドバイスをもとに、求められる結果を導き出すためのPowerPointの操作方法を自ら考えて解く問題です。
次の流れを参考に、自分に合ったやり方で、実践問題に挑戦してみましょう。

1 状況や指示・アドバイスを把握する

まずは、ビジネスシーンの状況と、上司や先輩からの指示・アドバイスを確認しましょう。

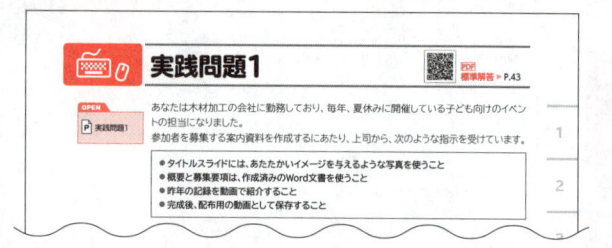

2 条件を確認する

問題文だけでは判断しにくい内容や、補足する内容を「条件」として記載しています。この条件に従って、操作をはじめましょう。
完成例と同じに仕上げる必要はありません。自分で最適と思える方法で操作してみましょう。

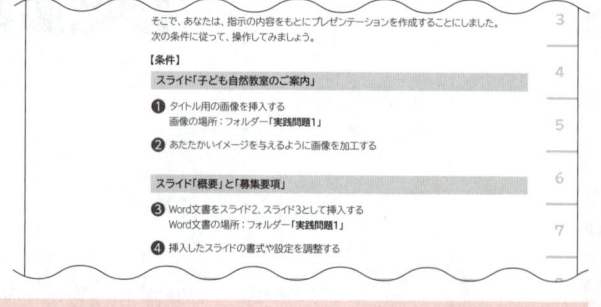

3 完成例・アドバイス・操作手順を確認する

最後に、標準解答で、完成例とアドバイスを確認しましょう。アドバイスには、完成例のとおりに作成する場合の効率的な操作方法や、操作するときに気を付けたい点などを記載しています。
自力で操作できなかった部分は、操作手順もしっかり確認しましょう。
※標準解答は、FOM出版のホームページで提供しています。P.5「5 学習ファイルと標準解答のご提供について」を参照してください。

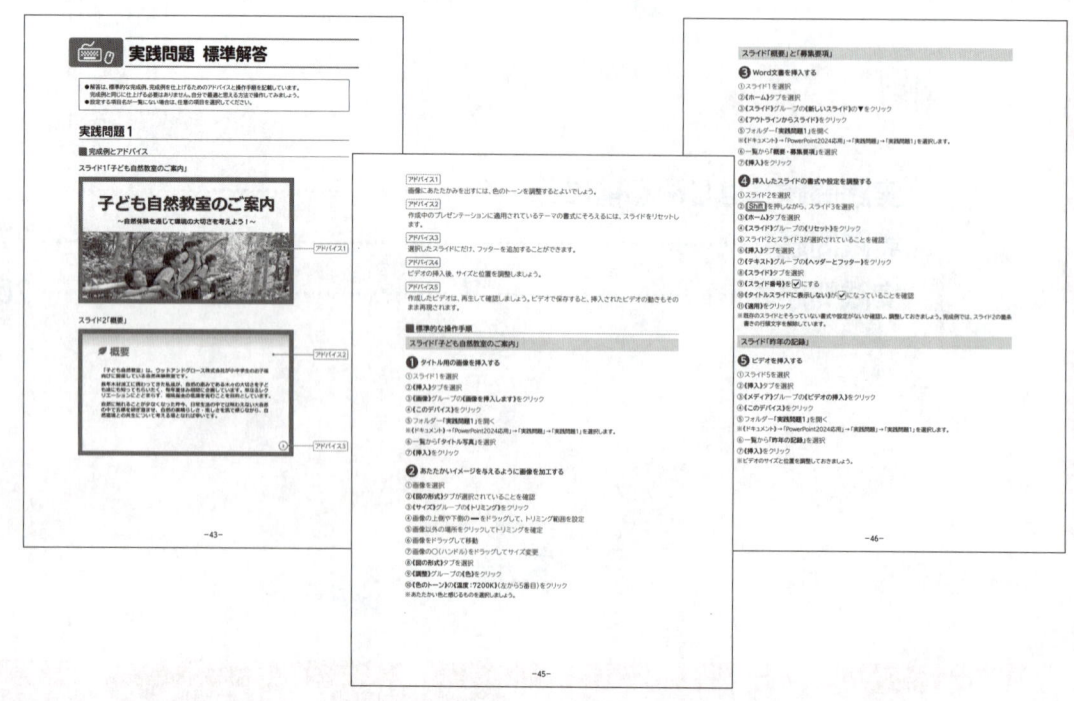

実践問題1

OPEN
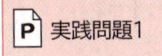
実践問題1

あなたは木材加工の会社に勤務しており、毎年、夏休みに開催している子ども向けのイベントの担当になりました。
参加者を募集する案内資料を作成するにあたり、上司から、次のような指示を受けています。

- タイトルスライドには、あたたかいイメージを与えるような写真を使うこと
- 概要と募集要項は、作成済みのWord文書を使うこと
- 昨年の記録を動画で紹介すること
- 完成後、配布用の動画として保存すること

そこで、あなたは、指示の内容をもとにプレゼンテーションを作成することにしました。
次の条件に従って、操作してみましょう。

【条件】

スライド「子ども自然教室のご案内」

❶ タイトル用の画像を挿入する
画像の場所：フォルダー「**実践問題1**」

❷ あたたかいイメージを与えるように画像を加工する

スライド「概要」と「募集要項」

❸ Word文書をスライド2、スライド3として挿入する
Word文書の場所：フォルダー「**実践問題1**」

❹ 挿入したスライドの書式や設定を調整する

スライド「昨年の記録」

❺ ビデオを挿入する
ビデオの場所：フォルダー「**実践問題1**」

ビデオの作成

❻ 配布用を想定してMPEG-4形式のビデオを作成する
ファイル名：「**子ども自然教室のご案内**」
保存場所　：フォルダー「**実践問題1**」

※プレゼンテーションに「実践問題1完成」と名前を付けて、フォルダー「実践問題1」に保存し、閉じておきましょう。

実践問題2

PDF 標準解答 ▶ P.48

OPEN
P 実践問題2

あなたは、IT関連のニュースを発信するWebメディアを運営する会社で、営業部に所属しています。Webサイトに掲載するバナー広告の募集について、お客様への提案資料を作成したところ、上司から次のような指示を受けました。

- 料金表は、2025年4月改定のExcelのデータを使用すること
- 別の商談にも活用できるように、テンプレートとして作成すること
- テンプレートは、会社のWebサイトと親和性の高いデザインにすること

そこで、あなたは、会社のWebサイトのメインカラー（青緑色）をプレゼンテーションのテーマカラーにし、Webサイトで使われているロゴやコピーライト表記を入れたテンプレートを作成することにしました。
次の条件に従って、操作してみましょう。

【条件】

スライドのカスタマイズ

❶ テーマの配色を変更する

❷ スライドで使用しているレイアウトに、Webサイトのロゴ画像を挿入する
画像の場所：フォルダー「**実践問題2**」

❸ すべてのスライドに、スライド番号とコピーライト「**©2025 Trail Media Limited**」を挿入する

スライド「料金表」

❹ Excelの表を貼り付ける
Excelブックの場所：フォルダー「**実践問題2**」

テンプレートの作成

❺ プレゼンテーションのプロパティに、次の情報を設定する

タイトル：バナー広告掲載のご提案
作成者　：トレイルメディア株式会社

❻ テンプレートとして保存する
ファイル名：「**バナー広告提案書フォーマット**」
保存場所　：フォルダー「**実践問題2**」

※テンプレートを閉じておきましょう。

索引

INDEX 索引

おわりに

最後まで学習を進めていただき、ありがとうございました。PowerPointの学習はいかがでしたか？

本書でご紹介した画像の加工やグラフィックの活用、動画や音声の活用、スライドのカスタマイズは、PowerPointで作るアウトプットの表現の幅を広げる際に役立ちます。また、ほかのアプリとの連携、校閲、検査と保護などは、業務を効率よく進めたり、業務の質を高めたりする際に役立ちます。

もし、難しいなと思った部分があったら、練習問題や総合問題を活用して、学習内容を振り返ってみてください。繰り返すことでより理解が深まります。さらに、実践問題に取り組めば、最適な操作や資料のまとめ方を自ら考えることで、すぐに実務に役立つ力が身に付くことでしょう。

本書での学習を終了された方には、次の書籍をおすすめします。

「よくわかる ここまでできる！パワーポイント動画作成テクニック」では、PowerPointの機能だけを使って、様々な表現の動画を作る方法を学ぶことができます。ぜひ、こちらも挑戦してみてください。Let's Challenge*!!*

FOM出版

よくわかる
Microsoft® PowerPoint® 2024 応用
Office 2024／Microsoft 365 対応

（FPT2419）

2025年 3 月30日　初版発行

著作／制作：株式会社富士通ラーニングメディア

発行者：佐竹　秀彦

発行所：FOM出版（株式会社富士通ラーニングメディア）
エフオーエム
　　　　〒212-0014 神奈川県川崎市幸区大宮町1番地5　JR川崎タワー
　　　　https://www.fom.fujitsu.com/goods/

印刷／製本：株式会社サンヨー